应用型本科机电类专业"十三五"规划精品教材

电子技术基础

DIANZI JISHU JICHU

主　编　刘红梅

副主编　吴何畏　范　敏

参　编　赵小英　梁孔科

華中科技大學出版社
http://www.hustp.com
中国·武汉

内容提要

本书为普通高等学校非电类各专业及其他相近专业的电子技术基础课程教材，主要介绍模拟电路和数字电路的基本理论和基本技术。全书内容分为两个部分，共9章。第一部分为模拟电路部分，包括第1～5章，内容包括半导体器件之二极管、半导体器件之三极管、集成运算放大电路、波形产生电路和放大电路中的反馈；第二部分为数字电路，包括第6～9章，内容包括数字电路基础、组合逻辑电路、时序逻辑电路、数/模与模/数转换电路。另外，在书后还有附录，内容包括半导体分立器件命名方法、集成电路基础知识、常见芯片引脚图。

本书注重基本概念、基本原理与基本计算的介绍，力求叙述简明扼要、通俗易懂，图形符号均采用新国标，每章后附有习题，便于检测学习效果。本书可以作为普通高等院校非电类各专业及其他相近专业的电子技术基础课程教材，也可供有关工程技术人员参考使用。

图书在版编目(CIP)数据

电子技术基础/刘红梅主编. —武汉：华中科技大学出版社，2018.8(2023.8重印)
应用型本科机电类专业"十三五"规划精品教材
ISBN 978-7-5680-3814-0

Ⅰ.①电… Ⅱ.①刘… Ⅲ.①电子技术-高等学校-教材 Ⅳ.①TN

中国版本图书馆CIP数据核字(2018)第188289号

电子技术基础
Dianzi Jishu Jichu

刘红梅 主编

策划编辑：袁 冲
责任编辑：刘 静
封面设计：孢 子
责任监印：朱 玢
出版发行：华中科技大学出版社(中国·武汉) 电话：(027)81321913
武汉市东湖新技术开发区华工科技园 邮编：430223
录 排：武汉正风天下文化发展有限公司
印 刷：武汉邮科印务有限公司
开 本：787mm×1092mm 1/16
印 张：17.75
字 数：443千字
版 次：2023年8月第1版第4次印刷
定 价：39.80元

前言

本书为普通高等学校非电类各专业及其他相近专业的电子技术基础课程教材。本书注重基本概念、基本原理和基本计算的介绍，力求叙述简明扼要、通俗易懂，图形符号均采用新国家标准，可以作为普通高等院校非电类各专业及其他相近专业的电子技术基础课程教材，也可供有关工程技术人员参考使用。从有利于教学需要出发，本书在基本内容和知识体系上做了以下几个方面的调整。

1. 模拟电路部分

(1) 把本书所涉及的各个分立电路集中在本书的第 2 章。

(2)考虑到目前绝大多数情形下，已很少用到变压器耦合的功率放大器，故这部分内容从第 2 章功率放大电路中删去，重点讨论了 OCL 电路、OTL 电路和集成功率放大电路。

(3)为了适当地为学生扩大知识面，本书在有些章最后一节加入趣味阅读部分，提供了一些常见电路。

2. 数字电路部分

(1) 增加了二进制算术运算、美国信息交换标准代码，使得“数”和“码”的概念更加完整。

(2) 对组合电路部分进行精简，去除部分中规模集成器件内部结构介绍，而更注重集成电路的应用。

(3) 时序逻辑电路部分触发器内容按触发器的结构进行编排。

本书理论授课学时为 52～72 学时，包括习题课、课堂讨论等课内教学环节。若教学计划少于 56 学时，建议舍去部分电路内容。

本书共分 9 章，前 5 章为模拟电子技术部分，后 4 章为数字电子技术部分。第 1 章、第 2 章、第 7 章、第 8 章由湖北文理学院刘红梅编写，第 3 章、第 4 章由湖北文理学院吴何畏编写，第 5 章由湖北文理学院理工学院赵小英编写，第 6 章由青岛工学院梁孔科编写，第 9 章和附录由襄阳职业技术学院范敏编写。

受编者学识水平所限，加之时间仓促，书中若有疏漏和错误之处，敬请各位读者不吝指正。

编　者

2017 年 11 月 20 日

目录

第1章 半导体器件之二极管

教学提示：半导体材料的问世促进了科技的发展，二极管是最常用的半导体器件之一。半导体器件的基本结构、基本原理、特性和参数是学习电子技术和分析电子电路必不可少的基础，而PN结又是构成各种半导体器件的共同基础。因此，本章从讨论半导体的导电特性和PN结的单向导电性开始，然后重点介绍二极管的特性和应用，以为以后的学习打下基础。

教学要求：掌握半导体的特性，特别是半导体中载流子的运动特点，掌握PN结的单向导电性，重点是半导体二极管输入与输出特性的分析；掌握二极管最典型的应用——整流电路的工作原理，重点是单相桥式整流装置的构成、电压电流波形的分析和计算；理解半导体二极管和稳压管和结构、工作原理、特性曲线和主要参数；理解滤波电路和集成稳压器的性能分析。

1.1 半导体的基本知识

半导体器件是组成各种电子电路的基础。它由于体积小、质量轻、功耗低且使用寿命长，得到广泛应用。半导体器件主要是利用半导体材料制成的。金属材料铜是电的良导体，它的电阻率为 $1.7\times10^{-8}\ \Omega\cdot m$；玻璃是绝缘体，电阻率为$10^{10}\sim10^{14}\ \Omega\cdot m$；另一类物质，如硅、锗的导电能力介于导体和绝缘体之间，例如纯净的硅在室温下的电阻率为 $2.14\times10^{7}\ \Omega\cdot m$。这类导电能力介于导体和绝缘体之间的材料统称为半导体材料。

半导体材料获得广泛应用的主要原因，不在于它的导电特性介于导体和绝缘体之间，而在于它有以下几个性能。

(1) 热敏性。随着环境温度的升高，半导体的导电能力增强。工程上利用这一特性制成了热敏元件，例如热敏传感器。

(2) 光敏性。有些半导体无光照时基本不导电，而一旦被光照后其导电能力增强。工程上利用这一特性可以制成各种光敏元件，例如光电管、光电池等。

(3) 掺杂特性。纯净的半导体在掺入微量的某种元素后，其导电能力可能增加几十万倍乃至几百万倍。如纯净的半导体单晶硅在室温下电阻率约为 $2.14\times10^{5}\ \Omega\cdot m$，按百万分之一的比例掺入少量杂质(如硼)后，其电阻率急剧下降为 $0.4\ \Omega\cdot m$ 左右，降低至约53.5万分之一。工程上正是利用这一特点制成了半导体二极管、半导体三极管、场效应管和晶闸管等。

1.1.1 本征半导体

本征半导体是指完全纯净的、晶格完整的半导体。常用的本征半导体材料有硅和锗。它们都是四价元素，原子结构的最外层轨道上有四个价电子。硅和锗原子结构图如图1.1.1所示。在本征半导体的晶体结构中，每一个原子与相邻的四个原子结合。每一个原子的一个价电子与另一个原子的一个价电子组成一个电子对。这对价电子是每两个相邻原子共有的，它们把相邻的原子结合在一起，形成共价键结构，如图1.1.2所示。一般来说，半导体中的价电子所受束缚不完全像绝缘体中价电子所受束缚那样强，如果能从外界获得一定的能量(如光照、温升、电磁场激发等)，半导体中的一些价电子就可能挣脱共价键的束缚而成为自由电子，这种现象称为本征激发。这时，共价键中就留下一个空位，这个空位称为空穴，如图1.1.3所示。空穴的出现是半导体区别于导体的一个重要特点。

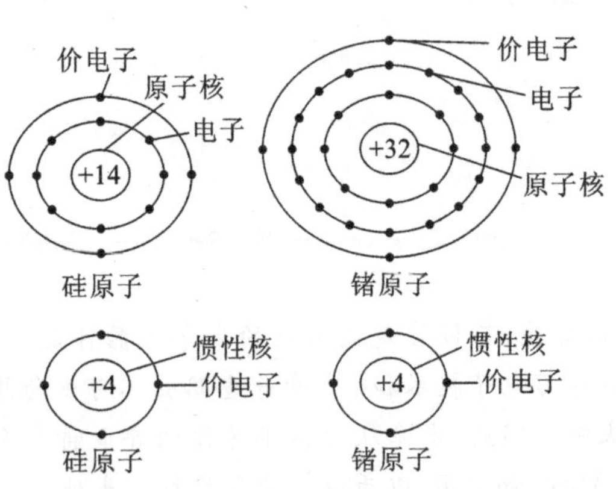

图1.1.1 硅和锗原子结构图

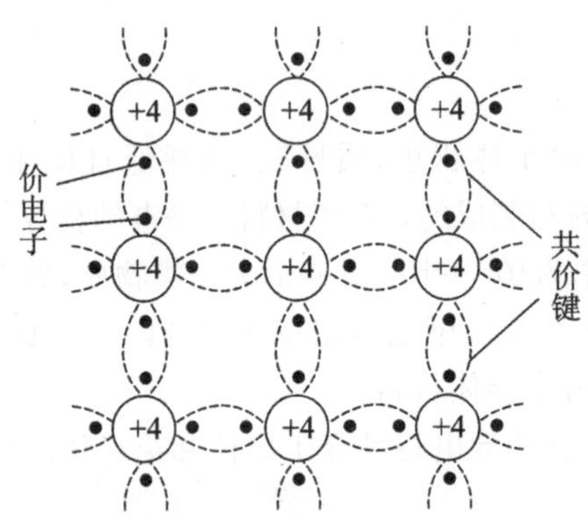

图1.1.2 共价键结构

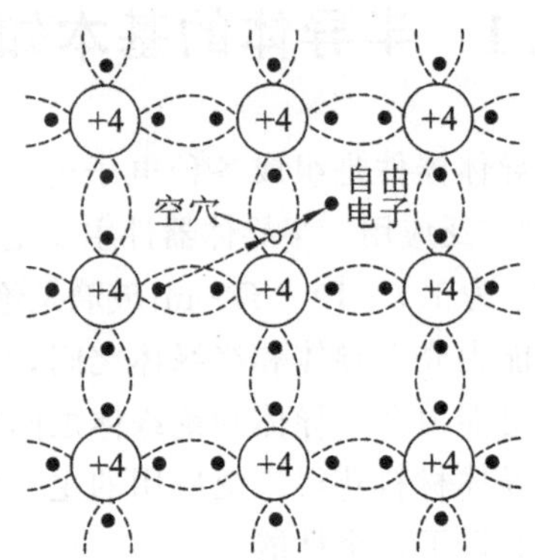

图1.1.3 本征激发产生空穴示意图

自由电子和空穴称为载流子，它们成对出现，同时又不断地复合。在一定的温度下，载流子的产生和复合达到动态平衡，于是半导体中的两种载流子便维持在相同数目。在半导体的两端加上外电压后，半导体中将出现两部分电流，一部分是自由电子定向移动形成的电子电流，另一部分是仍被原子核束缚的价电子递补空穴形成的空穴电流，所以在半导体内部同时存在电子导电和空穴导电，这是半导体导电方式的最大特点之一，也是半导体和导体在导电机理上的区别。

当环境温度、光照等变化时，被激发出的自由电子数增加，空穴数也增加，半导体内载流子浓度就大大增加，半导体的电阻率就减小，这是半导体的电阻率不稳定的原因之一。

1.1.2　N型半导体和P型半导体

虽然本征半导体中有自由电子和空穴两种载流子，但在常温下，自由电子和空穴的数量少，本征半导体的导电能力差。通过扩散制造工艺，在本征半导体中掺入微量（例如百万分之一）其他元素的物质（俗称杂质），所得到的半导体称为杂质半导体。通过掺杂方式，不仅可使杂质半导体的导电能力大大增强，而且根据掺入杂质价电子的不同，可获得电子型（简称N型，"negative"的首字母）半导体和空穴型（简称P型，"positive"的首字母）半导体。

1. N型半导体

在本征半导体中掺入微量的五价元素磷（P）就形成N型半导体。N型半导体晶体结构图和结构示意如图1.1.4所示。由于所掺入的杂质是微量的，所以并不改变本征半导体中原子的晶格排列，只不过使得原来晶格中的某些硅原子被磷原子取代，当拥有五个价电子的磷原子与周围的硅原子组成共价键时，会多出一个价电子，这个价电子很容易成为自由电子。

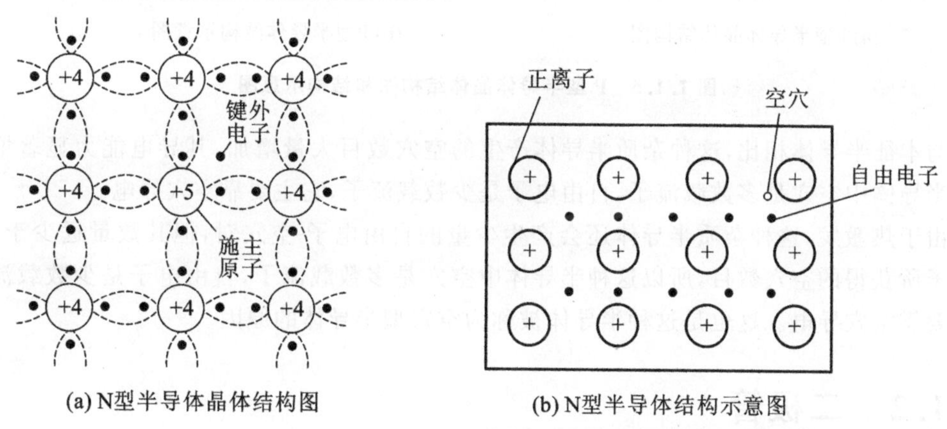

图1.1.4　N型半导体晶体结构图和结构示意图

与本征半导体相比，这种杂质半导体所产生的自由电子数目大量增加，其导电能力显著增强。由于热激发，这种杂质半导体还会产生少量的自由电子-空穴对，但其数量远少于掺入磷原子所获得的自由电子数目，所以这种半导体中自由电子是多数载流子，空穴是少数载流子，它主要靠自由电子导电。这也是这种半导体被称为电子型半导体的原因。

2. P型半导体

在本征半导体中掺入微量的三价元素硼（B）就形成P型半导体，如图1.1.5所示。由于所掺入的杂质微量，所以并不改变本征半导体中原子的晶格排列，只不过使得原来晶格中的某些硅原子被硼原子取代，由于硼原子的最外层有三个价电子，每个硼原子在与三个相邻的硅原子组成三个完整的共价键时，剩下一个相邻的硅原子的共价键由于缺少一个价电子而不完整，其中留下一价电子的空位。这里应注意，由于硼原子呈电中性，该价电子空位呈电中性，因此，该价电子空位不是空穴。但是当另外两个硅原子组成的完整共价键中某一价电子由于热运动获得足够的能量（常温下都能获得）而填补上述硼原子产生的价电子空位时，则硼原子获得一个电子而变成一个不能移动的负离子。与此同时，必然在相邻两硅原子原来完整共价中留下一个空位，这个空位才叫空穴。在电场的作用下，相邻硅原子共价键中的束缚电子很容易逆着电场的方向定向移动，从而填补空穴形成电流，为了与自由电子移动形成的电流相区分，将束缚电子在共价键之间定向形成的电子电流用反向移动的空穴电流来代替。因此，空穴也是载流子。每掺入一个硼原子，硼原子就可以从硅原子接收一个价电子，从而在半导体中产生一个空穴。

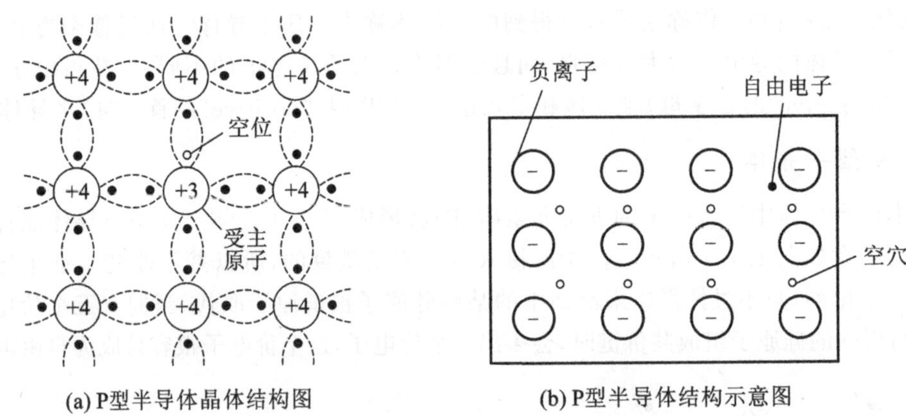

图 1.1.5　P 型半导体晶体结构图和结构示意图

与本征半导体相比，这种杂质半导体产生的空穴数目大量增加，其导电能力显著增强。这种半导体中空穴是多数载流子，自由电子是少数载流子，它主要靠空穴导电。

由于热激发，这种杂质半导体还会产生少量的自由电子-空穴对，但其数量远少于掺入硼原子所获得的空穴数目，所以这种半导体中空穴是多数载流子，自由电子是少数载流子，它主要靠空穴导电。这也是这种半导体被称为空穴型半导体的原因。

1.2　二极管

1.2.1　PN 结的形成和单向导电性

N 型半导体和 P 型半导体的导电能力比本征半导体的导电能力增强了许多，但它们不能直接用来制造半导体器件。通常采用一定的掺杂工艺，使一块半导体一边形成 N 型半导体，另一边形成 P 型半导体，在它们的交界面就形成了 PN 结。PN 结是构成各种半导体器件的基础。那么 PN 结是如何形成的？它有什么特点呢？

一、PN 结的形成

一块半导体晶片的两边经不同的掺杂工艺后分别形成了 P 型半导体和 N 型半导体，如图 1.2.1 所示。由于两边载流子浓度的差异，P 型半导体中的“多子”空穴向 N 区扩散，而 N 型半导体中的“多子”自由电子向 P 区扩散。当“多子”扩散到交界面附近时，自由电子和空穴相复合，在交界面附近只留下不能移动的带正负电的离子，形成一空间电荷区，同时形成的内电场使 P 区的“少子”电子和 N 区的“少子”空穴漂移。扩散运动和漂移运动达到动态平衡时，

PN 结就形成了。在空间电荷区内，能移动的载流子极少，故它又称为耗尽层或阻挡层。

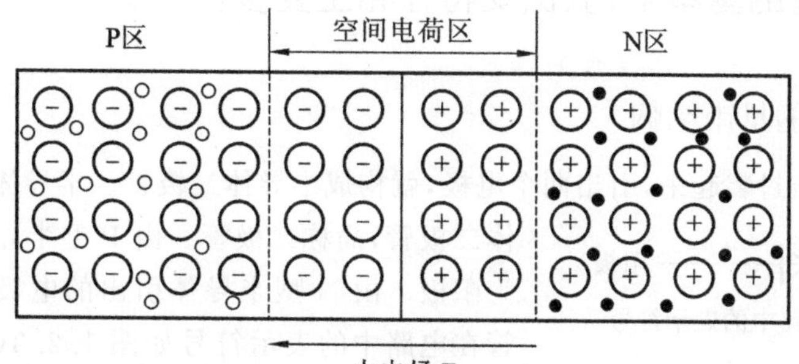

图 1.2.1　PN 结的形成

二、PN 结的单向导电性

上面讨论的是 PN 结在没有外电压时的情况。若在 PN 结两端加上电压会出现什么情况呢？

1. PN 结外加正向电压

PN 结外加正向电压，即电源正极接 P 区，负极接 N 区，如图 1.2.2(a)所示，称为正向偏置。外加的直流电源就在 PN 结上产生一个外电场，其方向由 P 区指向 N 区，与 PN 结上的内电场方向相反，因此外电场削弱内电场，空间电荷区变薄，多数载流子的扩散运动大大超过少数载流子的漂移运动。同时电源不断向 P 区补充空穴，向 N 区补充电子，其结果使电路中形成较大的正向电流，PN 结处于正向导通状态。

2. PN 结外加反向电压

PN 结外加反向电压，即将电源正极接 N 区，负极接 P 区，如图 1.2.2(b)所示，称为反向偏置。这时外电场的方向与内电场的方向一致，空间电荷区变厚，多数载流子的扩散运动受到阻碍，但少数载流子的漂移运动得到加强。由于少数载流子的数目很少，故只有很小的电流通过，PN 处于截止状态。

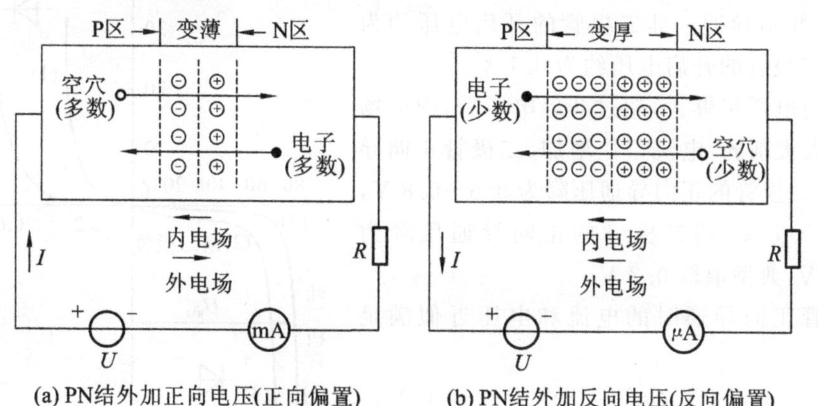

图 1.2.2　PN 结的单向导电性

综上所述，正向偏置时，PN 结处于导通状态，有较大电流通过；反向偏置时，PN 结处于截止状态，反向电流很小，这就是 PN 结的单向导电性。

1.2.2 二极管的基本结构、伏安特性和主要参数

一、二极管的基本结构

将一个 PN 结封装起来，引出两个电极，就构成半导体二极管。半导体二极管又称为晶体二极管，简称二极管。由 P 型半导体引出的电极称为阳极。由 N 型半导体引出的电极称为阴极。二极管在电路中的表示符号如图 1.2.3(a)所示。几种二极管的外形如图 1.2.3(b)所示。

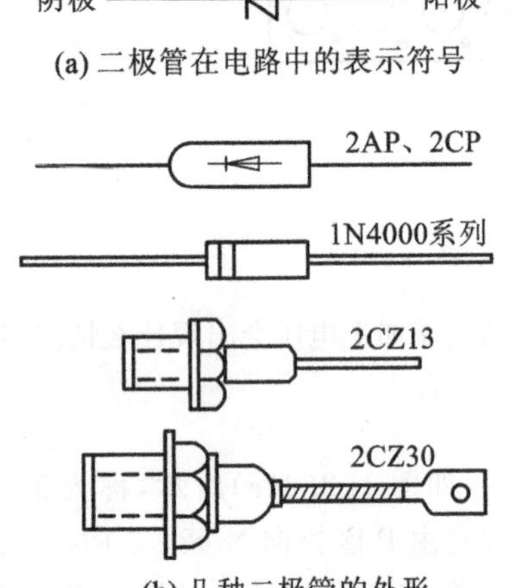

图 1.2.3　二极管在电路中的表示符号和几种二极管的外形

二极管按材料可分为硅二极管、锗二极管和砷化镓二极管等；按工艺结构可分为点接触型二极管、面接触型二极管和平面型二极管。点接触型二极管的 PN 结是由一根很细的金属丝和一块半导体通过瞬间大电流熔接在一起形成的，结面积很小，故不能承受大电流和较高的反向电压。点接触型二极管一般用于高频检波和开关电路。面接触型二极管的 PN 结采用合金法或扩散法形成，结面积比较大，可以承受大电流。但由于结面积比较大，结电容也比较大，故面接触型二极管工作频率低，一般用于低频整流电路。

二、二极管的伏安特性

1. 正向特性

二极管的正向特性对应图 1.2.4 所示曲线的(1)段，此时二极管加正向电压，阳极电位高于阴极电位。当正向电压较小(小于开启电压)时，二极管并不导通。硅二极管的开启电压约为 0.5 V，锗二极管的开启电压约为 0.1 V。

在正向电压足够大，超过开启电压后，内电场的作用被大大削弱，电流很快增加，二极管正向导通，此时硅二极管的正向导通压降为 0.6～0.8 V，典型值取 0.7 V；锗二极管的正向导通压降为 0.1～0.3 V，典型值取 0.2 V。

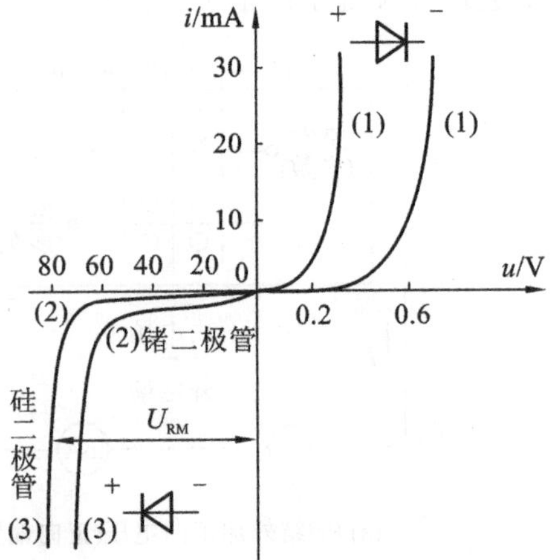

图 1.2.4　二极管的伏安特性曲线

二极管正向导通时的电流和电压近似满足下式：

$$i_D = I_S(e^{u/U_T} - 1) \tag{1.2.1}$$

式中：i_D 为通过二极管的电流；u 为二极管两端的电压；U_T 为温度电压当量，且 $U_T = kT/q$，其中 k 为波耳兹曼常数，$k=1.38\times10^{-23}$ J/K，q 为电子电荷，$q=1.60\times10^{-19}$ C，T 为热力学温度，

即绝对温度(300 K),室温下 $U_T=26$ mV;I_S 为二极管的反向饱和电流。

2. 反向特性

二极管的反向特性对应图 1.2.4 所示曲线的(2)段,此时二极管加反向电压,阳极电位低于阴极电位。应注意:硅二极管的反向电流要比锗二极管的反向电流小得多,小功率硅二极管的反向饱和电流一般小于 0.1 μA,小功率锗二极管的反向饱和电流约为几微安。

3. 击穿特性

当二极管反向电压过高且超过反向击穿电压时,二极管的反向电流急剧增加。二极管的击穿特性对应图1.2.4所示曲线的(3)段。由于这一段电流大、电压高,PN 结消耗的功率很大,PN 结容易因过热而烧坏。一般二极管的反向击穿电压在几十伏。

4. 温度对特性的影响

二极管的核心是 PN 结,它的导电性能与温度有关,温度升高时二极管正向特性曲线向左移动,正向导通电压将略微下降;反向特性曲线向下移动,反向电流显著增加,而反向击穿电压则显著下降,尤其是锗二极管,对温度较为敏感。实验和理论研究都表明,温度每升高 10 ℃,反向饱和电流增大约 1 倍。

三、二极管的主要参数

半导体二极管的寿命很长,在十万小时左右。但如果使用不当,二极管可能很快损坏。因此,应掌握二极管的参数,以正确使用二极管,保证它在电路中安全、可靠地工作。二极管的主要参数如下。

1. 最大整流电流 I_F

最大整流电流是指二极管长时间使用时,允许通过二极管的最大正向平均电流。当实际电流超过该值时,二极管将因 PN 结过热而损坏。大功率二极管在使用时,按规定加装散热片才能在该值下工作。

2. 最高反向工作电压 U_{RM}

最高反向工作电压是指保证二极管不被击穿允许施加的反向电压的最大值。一般半导体器件手册上给出的二极管最高反向工作电压约为反向击穿电压的一半,以确保二极管安全运行。

3. 最大反向电流 I_R

最大反向电流是指在室温下,二极管两端加上最高反向工作电压时的反向电流。最大反向电流越小,说明二极管的单向导电性越好。硅二极管的反向电流较小,一般在几微安以下;锗二极管的反向电流较大,一般在几十微安至几百微安之间。另外,二极管受温度的影响较大,当温度升高时,反向电流会急剧增加,使用二极管时需要加以注意。

4. 最高工作频率 f_M

最高工作频率是指二极管允许工作的最高频率。当外加信号的频率高于此值时,二极管将失去单向导电性。该特性主要是由二极管结电容的大小决定的。在 50 Hz 的工频场

合，一般二极管都可符合要求，但在一些高频电子设备、开关电源等装置中，某些二极管的工作频率比较高，选用二极管的时候应当注意。

二极管的主要参数可以从半导体器件手册中查到。但应指出的是，由于工艺制造的原因，二极管参数的分散性较大，手册上给出的往往是参数值的范围。另外，各种参数是在规定的条件下测得的，在使用时要注意这些条件。特别需要注意的是，使用时，通过二极管的电流不要超过最大整流电流 I_F，二极管两端的电压不要超过最高反向工作电压 U_{RM}，否则会损坏二极管。

1.2.3 二极管的应用

一、二极管的电路模型

二极管的特性是非线性的，为了方便分析和计算，通常根据二极管在电路中的实际状态，在分析误差允许的条件下，把非线性的二极管电路简化为线性电路模型。

当二极管的正向压降远小于外接电路的等效电压时，可用图 1.2.5 中与坐标轴重合的折线近似代替二极管的伏安特性曲线，这样的二极管称为理想二极管。它在电路中相当于一个理想开关，只要二极管外加正向电压稍大于零，它就导通，其管压降为零，相当于开关闭合；当反偏时，二极管截止，其电阻无穷大，相当于开关断开。

当二极管的正向压降与外加电压相比不能忽略时，可采用图 1.2.6 所示的恒压降模型近似代替二极管，该模型由理想二极管与接近实际工作电压的电压源 U_F 串联构成，U_F 不随电流而变。硅二极管的 U_F 通常取为 0.7 V，锗二极管的 U_F 取为 0.2 V。显然，这种模型较理想模型更接近实际二极管。

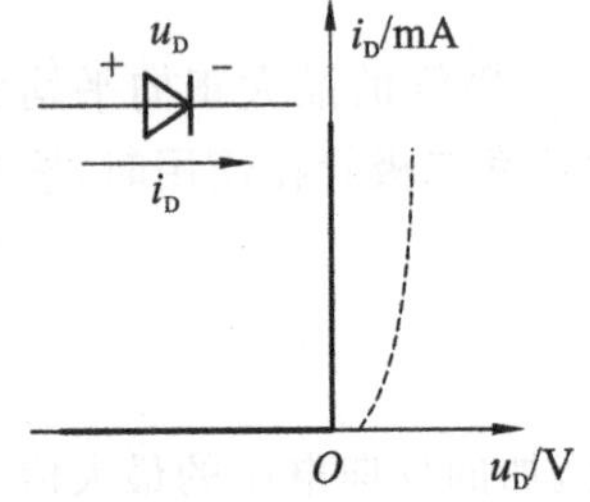

图 1.2.5　二极管的理想模型图

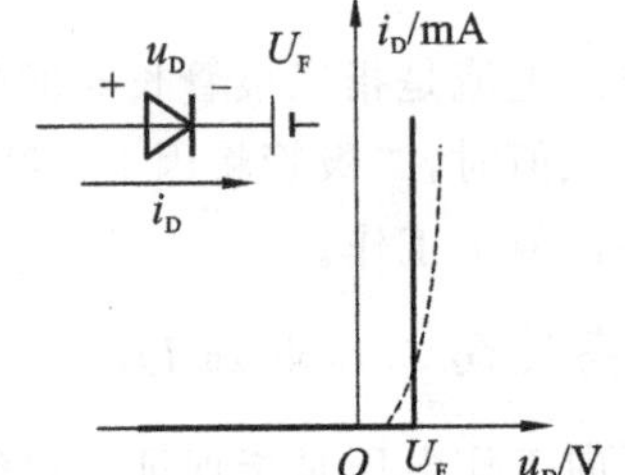

图 1.2.6　二极管的恒压降模型

二、二极管的应用

二极管在电子电路中应用甚广，其依据都在于它的单向导电性。它可以在电路中用来整波、检波和进行元件保护，对信号波形进行整形、限幅，对电路中的电位产生隔离、钳位作用，还可以用作电路中的电子开关等。

【例 1.2.1】 二极管的保护作用(见图 1.2.7)。

【解】 这是经典的保护电路，用二极管保护一般开关及作电子开关的三极管，也称为二保三电路。如果不用二极管，则开关断开时电感线圈(继电器线圈)产生很大的感应电压，对普通开关产生损害，关断次数多了开关触点会发黑起毛，而电子开关很“娇气”，在一次关断过程中就会彻底坏掉。

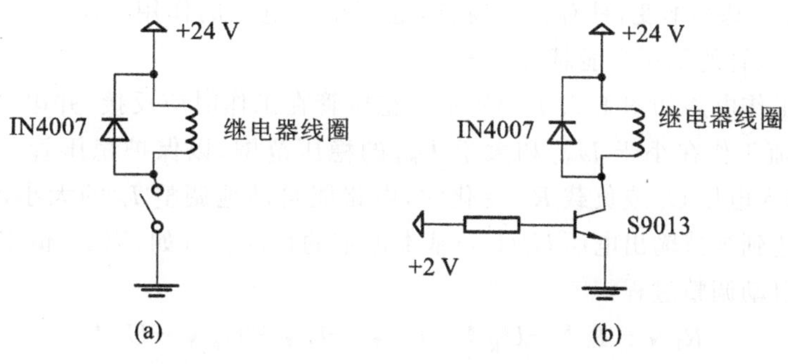

图 1.2.7　例 1.2.1 图

这个二保三电路最初用于保护作电子开关的三极管，效果很好。后来即使是普通开关，也普遍使用这种经典的保护电路，以提高开关的可靠性并延长开关的使用寿命。

【例 1.2.2】　限幅电路图如图 1.2.8(a)所示，已知 $u_i=5\sin\omega t$(见图 1.2.8(b))，假设二极管 D 为理想模型，试分析该电路的工作原理，并作出输出电压 u_o 的波形。

【解】　由于 D 为理想二极管，当 $U_m>2$ V，二极管导通，管压降为 0，此时 $u_o=2$ V。当 $U_m\leqslant 2$ V 时，二极管截止，二极管所在支路断开，R 中无电流，其压降为 0，此时 $u_o=u_i$。根据以上分析，可作出输出电压 u_o 的波形，如图 1.2.8(c)所示。

由图 1.2.8(c)可见，输出电压的正向幅度被限制为 2 V。

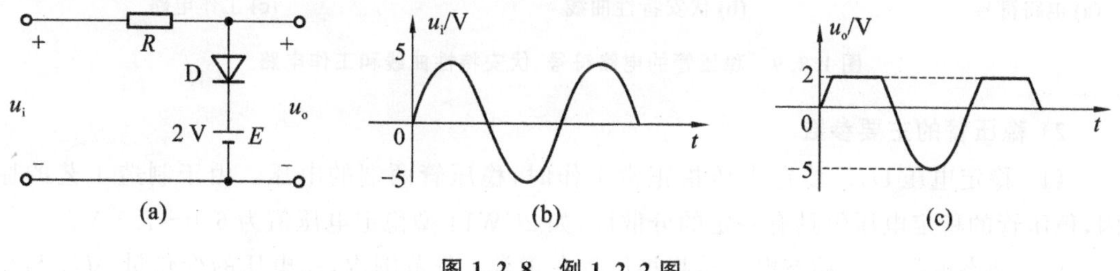

图 1.2.8　例 1.2.2 图

1.2.4　特殊二极管

1. 稳压管

1) 稳压原理

稳压管又称齐纳二极管，它是一种用特殊工艺制造的面接触型硅半导体二极管，具有稳定电压的作用。稳压管的电路符号如图 1.2.9(a)所示。稳压管与普通二极管的主要区别在于，稳压管工作在 PN 结的反向击穿状态。它的反向击穿是可逆的，外加反向电压只要不超过稳压管的允许值，PN 结就不会因过热而损坏，当外加反向电压去除后，稳压管恢复原性能，具有良好的重复击穿特性。

稳压管的伏安特性曲线如图 1.2.9(b)所示。从稳压管的反向特性曲线可以看出，当稳压管正向偏置时，它相当于一个普通二极管；当外加反向电压较小时，反向电流几乎为零；当外加反向电压增高到等于反向击穿电压(也是稳压管的工作电压)时，反向电流 I_Z(稳压管的工作电流)会急剧增加，稳压管反向击穿。在反向击穿区，当 I_Z 在较大范围内变化时，稳

压管两端电压 U_Z 基本不变，具有恒压特性，起到稳定电压的作用。反向特性曲线越陡，动态电阻越小，稳压管的稳压性能越好。

稳压管的工作电路如图 1.2.9(c)所示。稳压管在工作时应反接，并串入一个限流电阻 R，使稳压管电流工作在小于 I_{Zmax} 和大于 I_{Zmin} 的稳压范围，以保护稳压管不会因过热而烧坏。同时，当输入电压 U_i 或负载 R_L 变化时，电路能自动地调整 I_Z 的大小，以改变 R 上的压降 U_R，从而达到维持输出电压 $U_o(U_Z)$ 基本恒定的目的。例如，当 U_i 恒定而 R_L 减小时，将出现如下的自动调整过程：

$$R_L\downarrow - I_o\uparrow - U_R\uparrow - U_o\downarrow - I_Z\downarrow - U_R\downarrow - U_o\uparrow$$

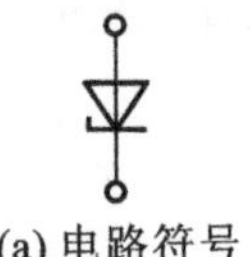
(a) 电路符号

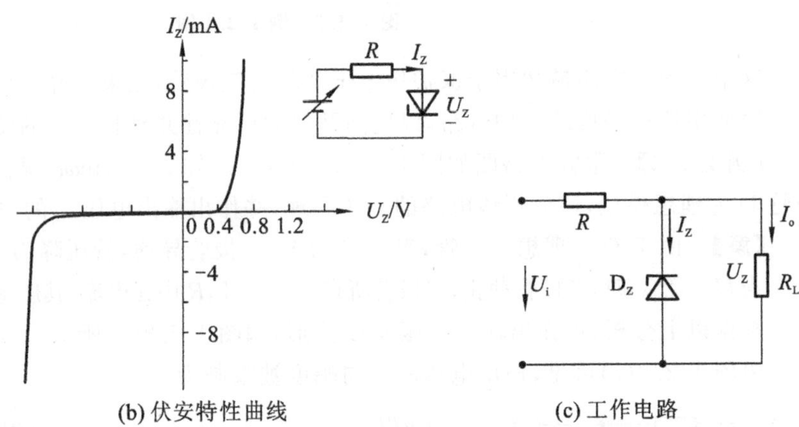

(b) 伏安特性曲线

(c) 工作电路

图 1.2.9　稳压管的电路符号、伏安特性曲线和工作电路

2）稳压管的主要参数

(1) 稳定电压 U_Z。稳定电压指正常工作时，稳压管两端的电压。由于制造工艺的原因，稳压管的稳定电压值具有一定的分散性，如 2CW14 型稳定电压值为 6.0～7.5 V。

(2) 动态电阻 r_Z。动态电阻是指稳压管在正常工作范围内，端电压的变化量 ΔU_Z 与相应电流的变化量 ΔI_Z 的比值，即

$$r_Z=\frac{\Delta U_Z}{\Delta I_Z} \tag{1.2.2}$$

反向特性曲线越陡，r_Z 越小，稳压管的稳压性能就越好。

(3) 稳定电流 I_Z。稳定电流是指稳压管正常工作时的参考电流值，只有 $I\geqslant I_Z$，才能保证稳压管具有较好的稳压性能。

(4) 最大稳定电流 I_{Zmax}。最大稳定电流是指稳压管允许通过的最大反向电流。当 $I>I_{Zmax}$ 时，稳压管会因过热而损坏。

(5) 最大允许功耗 P_{ZM}。稳压管允许的最大功率损耗 $P_{ZM}=U_ZI_{Zmax}$。当 $P>P_{ZM}$ 时，稳压管因发热而击穿。

(6) 电压温度系数 α_U。当温度变化 1 ℃时，稳定电压变化的百分数被定义为电压温度系数。电压温度系数越小，温度稳定性越好，通常硅稳压管在 U_Z 低于 4 V 时具有负电压温度系数，高于 6 V 时具有正电压温度系数，U_Z 在 4～6 V 之间，电压温度系数很小。

【例 1.2.3】 已知图 1.2.10 所示电路中稳压管的稳定电压 $U_Z=6$ V，最小稳定电流 $I_{Zmin}=5$ mA，最大稳定电流 $I_{Zmax}=25$ mA。

(1) 分别计算 U_i 为 10 V、15 V、35 V 三种情况下输出电压 U_o 的值；

(2) 若 $U_i = 35$ V 时负载开路，则会出现什么现象？为什么？

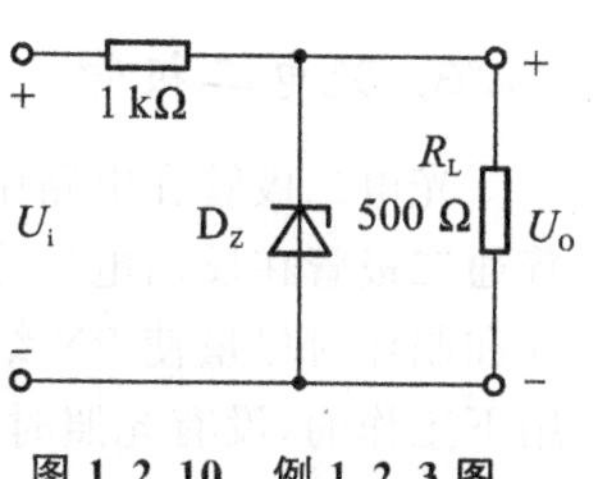

图 1.2.10　例 1.2.3 图

【解】　(1) 当 $U_i = 10$ V 时，若 $U_o = U_Z = 6$ V，则 1 kΩ 电阻的电流为 4 mA，则稳压管电流小于其最小稳定电流，所以稳压管未被击穿，故

$$U_o = \frac{R_L}{R + R_L} \cdot U_i \approx 3.33 \text{ V}$$

同理，当 $U_i = 15$ V 时，稳压管中的电流仍小于最小稳定电流 I_{Zmin}，所以

$$U_o = 5 \text{ V}$$

当 $U_i = 35$ V 时，$I_{Zmin} < I_Z < I_{Zmax}$，$U_o = U_Z = 6$ V。

(2) $I_{D_Z} = (U_i - U_Z)/R = 29 \text{ mA} > I_{Zmax} = 25$ mA，稳压管将因功耗过大而损坏。

2. 发光二极管

发光二极管简称为 LED，发光二极管是一种将电能转化为光能的半导体器件。

发光二极管由一个 PN 结构成。发光二极管是利用 PN 结正向偏置下，注入 N 区和 P 区的载流子被复合时会发出可见光和不可见光的原理制成的。当正向电压为 1.5～3 V 时，有正向电流通过，发光二极管就会发光，发光的亮度与正向工作电流成正比。

根据使用材料不同，发光二极管可发出红色、黄色、绿色、蓝色、紫色等颜色的可见光。发红光、橙光、黄光、绿光、蓝光的发光二极管的工作电压依次升高。

发光二极管的结构图、外形图和电路符号如图 1.2.11 所示。

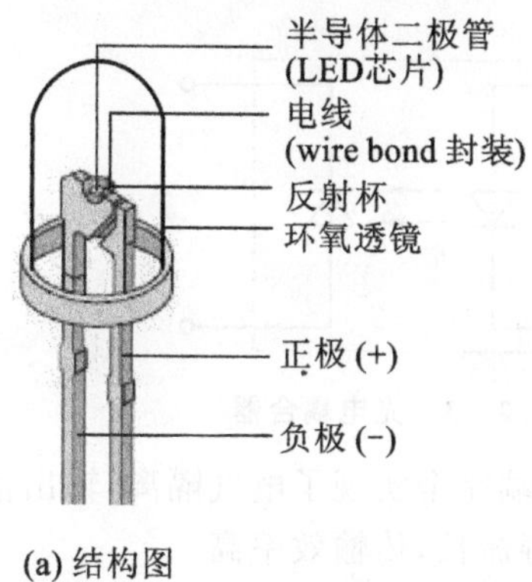

(a) 结构图

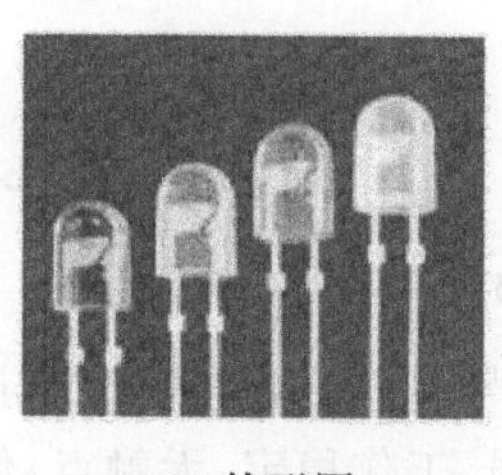

(b) 外形图

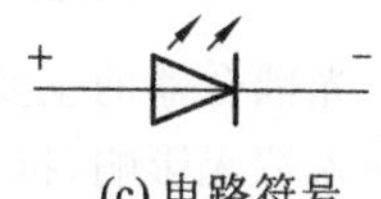

(c) 电路符号

图 1.2.11　发光二极管的结构图、外形图和电路符号

发光二极管应用在电子通信和家用电器的各种电子回路中，通常用于显示各种信息，如家用音响、电视机、手机及商场和售票处的显示看板等。无论是在显示方面，还是在电子通信和照明领域，发光二极管的应用正在迅速增长。高亮度的发光二极管可替代白炽灯等照明器具，具有很大开发潜力，可用于改进各种照明设备。太阳能光伏发电系统已经出现很多年了，但是由于其初期投入高，在建筑照明系统中还没有得到广泛应用。随着发光二极管技术的高速发展，尤其是白光二极管的高效特性，太阳能光伏发电系统与发光二极管灯结合的照明系统将成为建筑照明节能的新途径。

3. 光电二极管

光电二极管在电路中不是做整流元件，而是做把光信号转换成电信号的光电传感器件。普通二极管在反向电压作用时处于截止状态，只能流过微弱的反向电流，而光电二极管在设计和制作时尽量使 PN 结的面积相对较大，以便接收入射光。光电二极管是在反向电压作用下工作的，没有光照时，反向电流极其微弱，叫暗电流；有光照时，反向电流迅速增大到几十微安，称为光电流。光的强度越大，反向电流也越大。光的变化引起光电二极管电流变化，光电二极管就可以把光信号转换成电信号，成为光电传感器件。

光电二极管可分为 PN 型、PIN 型、发射键型和雪崩型四种。光电二极管在消费电子产品，如 CD 播放器、烟雾探测器及控制电视机和空调的红外线遥控设备中也有应用。对许多应用产品来说，可以使用光电二极管或者其他光导材料。它们都可以用于测量光，常常工作在照相机的测光器、路灯亮度自动调节等场合。

长引脚为光电二极管内部二极管负极，但由于光电二极管反用，因此长引脚将接电源的正极，被确定为正极，如图 1.2.12 所示。

4. 光电耦合器

光耦合器(opticalcoupler，英文缩写为 OC)也称光电隔离器或光电耦合器，简称光耦。它是以光为媒介来传输电信号的器件，通常把发光器(红外线发光二极管)与受光器(光敏半导体管)封装在同一管壳内，如图 1.2.13 所示。当输入端加电信号时，发光器发出光线，受光器接收光线之后就产生光电流，光电流从输出端流出，从而实现了“电—光—电”转换。以光为媒介把输入端信号耦合到输出端的光电耦合器，由于具有体积小、寿命长、无触点、抗干扰能力强、输出和输入之间绝缘和单向传输信号等优点，在数字电路上获得广泛的应用。

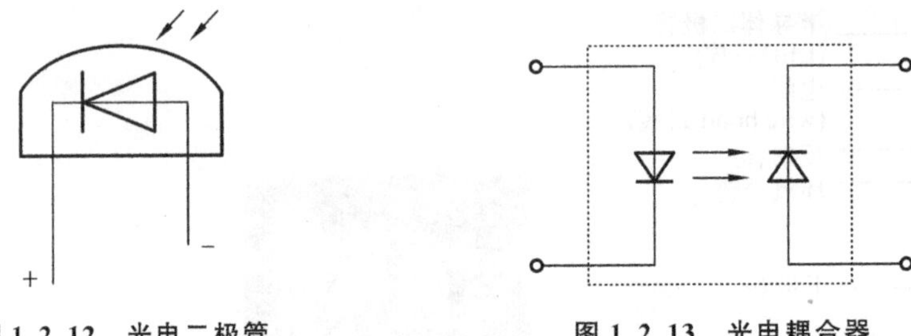

图 1.2.12　光电二极管　　**图 1.2.13　光电耦合器**

光耦合器的主要优点是信号单向传输，输入端与输出端完全实现了电气隔离，输出信号对输入端无影响，抗干扰能力强，工作稳定，无触点，使用寿命长，传输效率高。

光耦的主要作用就是隔离作用，如信号隔离或光电隔离。隔离能起到保护的作用，如一边是微处理器控制电路，另一边是高电压执行端。例如，市电启动的电机、电灯等，就可以用光耦隔离开。当两个不同的型号的光耦只有负载电流不同时，可以用大负载电流的光耦代替小负载电流的光耦。

1.3　直流稳压电源

直流稳压电源最基本的应用遍布于我们的生活中。笔记本电脑、MP3 及很多其他数码产品的电源充电器都属于稳压电源，大部分电子产品的外置电源也是稳压电源。业余电台

爱好者必备的、为家中固定电台供电的 13.8 V 电源更是典型的直流稳压电源。直流稳压电源为使用电台提供了一个稳定的低压直流源。直流稳压电源是实验室和维修领域最常用的基础仪器。通俗来讲，直流稳压电源就是将 220 V 的交流市电转换成用电器所需要的低压直流电。直流稳压电源的组成以及转换的过程如图 1.3.1 所示。

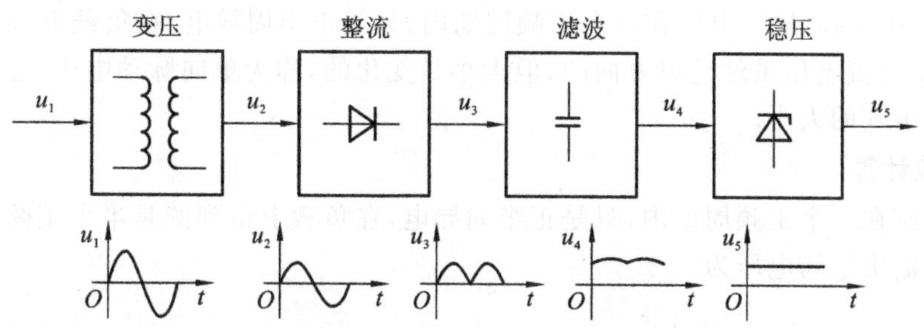

图 1.3.1　直流稳压电源的组成以及转换的过程

各环节的作用如下。

电源变压器：将交流电网电压 220 V 变为整流电路所需电压。

整流电路：将交流电压变为脉动的直流电压。

滤波电路：将脉动直流电压转变为平滑的直流电压。

稳压电路：采用负反馈技术进一步稳定直流电压，减少电网波动和负载变化的影响，保持输出电压的稳定。

在分析整流电路时，为了讨论方便，一般均假定负载均为纯电阻性；电源变压器和二极管是理想器件，即当二极管受到正向电压作用时做短路处理，当受到反向电压作用时做开路处理。

1.3.1　整流电路

1. 单相半波整流电路

单相半波整流电路是最简单的一种整流电路，由整流变压器、整流二极管和负载电阻组成，如图 1.3.2 所示。单相半波整流波形图如图 1.3.3 所示。

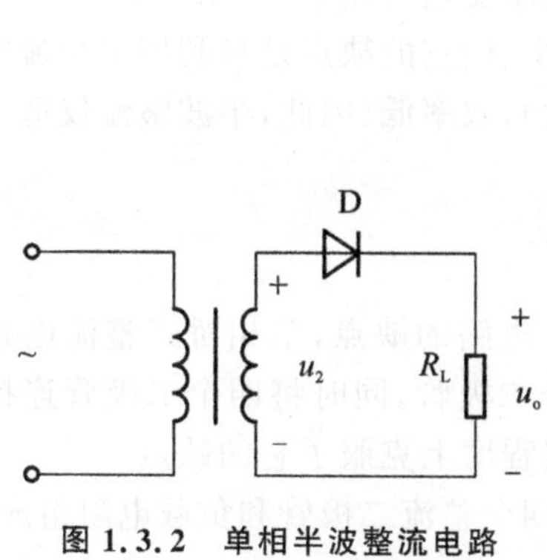

图 1.3.2　单相半波整流电路

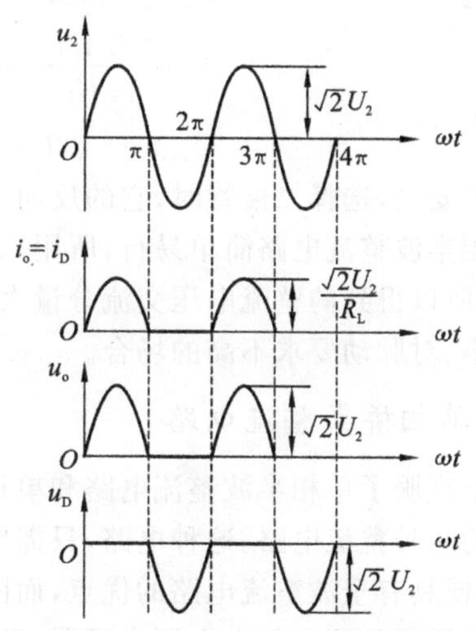

图 1.3.3　单相半波整流波形图

1）工作原理

根据图 1.3.2 可知，设变压器副边电压的有效值为 U_2，则其瞬时值 $u_2=\sqrt{2}U_2\sin\omega t$。由于二极管具有单向导电性，在 u_2 的正半周，二极管 D 外加正向电压而导通。这时负载电阻 R_L 上的电压为 u_o，通过的电流为 i_o；在 u_2 的负半周，二极管 D 外加反向电压而截止，负载电阻 R_L 上没有电压，因此输出电压在一个工频周期内，只是正半周导电。在负载上得到的是半个正弦波，这个整流电压虽然是单方向的，但大小是变化的，称为单向脉动电压。常用一个周期的平均值表示它的大小。

2）参数计算

输出电压在一个工频周期内，只是正半周导电，在负载上得到的是半个正弦波。

负载上输出平均电压为

$$U_o=\frac{1}{2\pi}\int_0^{\pi}\sqrt{2}U_2\sin\omega t\,\mathrm{d}(\omega t)=\frac{\sqrt{2}}{\pi}U_2=0.45U_2 \tag{1.3.1}$$

流过负载和二极管的平均电流为

$$I_D=I_o=\frac{\sqrt{2}U_2}{\pi R_L}=\frac{0.45U_2}{R_L} \tag{1.3.2}$$

二极管所承受的最大反向电压为

$$U_{Rmax}=\sqrt{2}U_2 \tag{1.3.3}$$

脉动系数 S 为

$$S=\frac{\dfrac{U_2}{\sqrt{2}}}{\dfrac{\sqrt{2}U_2}{\pi}}=\frac{\pi}{2}\approx 1.57 \tag{1.3.4}$$

在选择整流元件时，就可以依据提供给负载的直流电压、直流电流和整流元件截止时所能承受的最高反向电压 3 个参数来选择合适的整流元件。

【例 1.3.1】 在图 1.3.2 所示的单相半波整流电路中，已知变压器的副边电压有效值 $U_2=10\text{ V}$，负载电阻 $R_L=500\ \Omega$，试求 U_o、I_o 及 U_{Rmax}。

【解】

$$U_o=0.45U_2=0.45\times 10\text{ V}=4.5\text{ V}$$

$$I_o=\frac{0.45U_2}{R_L}=\frac{4.5}{500}\text{ A}=0.009\text{ A}=9\text{ mA}$$

$$U_{Rmax}=\sqrt{2}U_2=\sqrt{2}\times 10\text{ V}\approx 14.1\text{ V}$$

为了安全，选择二极管时，它的反向工作峰值电压要选得比 U_{Rmax} 大一些。

单相半波整流电路简单易行，所用二极管数量少。但它的缺点是只利用了交流电压的半个周期，所以得到的整流电压交流分量大（即脉动大），效率低。因此，半波整流仅适用于整流电流较小、对脉动要求不高的场合。

2. 单相桥式整流电路

由于克服了单相半波整流电路和单相全波整流电路的缺点，单相桥式整流电路成为使用最多的一种整流电路。这种电路，只需要增加两个二极管，同时将四个二极管连接成“桥”式结构，便具有全波整流电路的优点，而同时在一定程度上克服了它的缺点。

单相桥式整流电路由电源变压器、搭成桥形的四个整流二极管和负载电阻组成。单相桥

式整流电路如图 1.3.4 所示，简化图如图 1.3.5 所示。

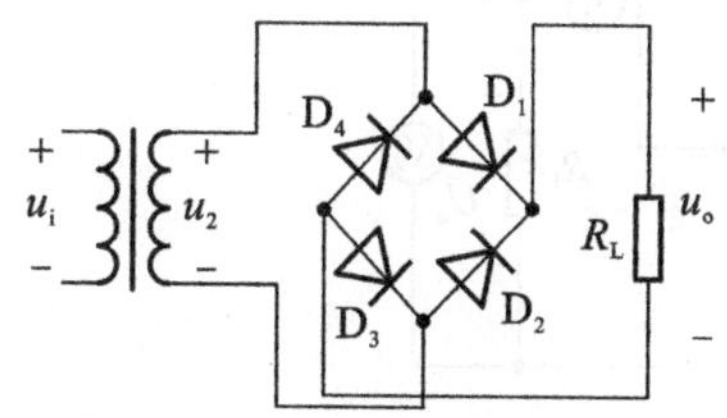

图 1.3.4　单相桥式整流电路

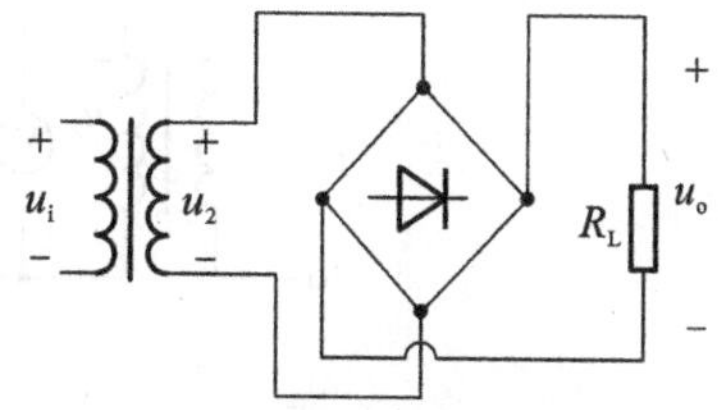

图 1.3.5　单相桥式整流电路简化图

1）工作原理

设变压器的副边电压的有效值为 U_2，则其瞬时值 $u_2=\sqrt{2}U_2\sin\omega t$。在 u_2 的正半周，二极管 D_1、D_3 正偏导通，D_2、D_4 反偏截止，在负载电阻 R_L 上产生上正下负的电压 U_o，波形得到正弦波的正半周；在 u_2 的负半周，二极管 D_2、D_4 正偏导通，D_1、D_3 反偏截止，在负载电阻 R_L 上也产生上正下负的电压 U_o，波形得到正弦波的负半周。在负载电阻上正负半周经过合成，得到的是同一个方向的单向脉动电压，与全波整流电路输出波形完全相同。单相桥式整流波形图如图 1.3.6 所示。

2）参数计算

输出平均电压为

$$U_o=\frac{1}{\pi}\int_0^{\pi}\sqrt{2}U_2\sin\omega t\,d(\omega t)=\frac{2\sqrt{2}}{\pi}U_2=0.9U_2 \tag{1.3.5}$$

流过负载的平均电流为

$$I_o=\frac{U_o}{R_L}=\frac{0.9U_2}{R_L} \tag{1.3.6}$$

流过二极管的平均电流为

$$I_D=\frac{I_o}{2}=\frac{0.45U_2}{R_L} \tag{1.3.7}$$

二极管所承受的最大反向电压为

$$U_{Rmax}=\sqrt{2}U_2 \tag{1.3.8}$$

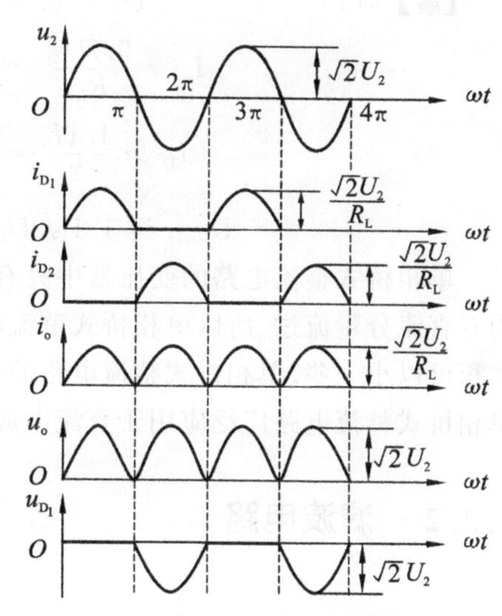

图 1.3.6　单相桥式整流波形图

单相桥式整流电路的脉动系数 S 与单相全波整流电路相同，为

$$S=\frac{\frac{4\sqrt{2}U_2}{3\pi}}{\frac{2\sqrt{2}U_2}{\pi}}=\frac{2}{3}\approx 0.67$$

【例 1.3.2】　二极管为理想元件，u_i 为正弦交流电压，已知交流电压表(V_1) 的读数为 100 V，负载电阻 $R_L=1\ k\Omega$，求开关 S 断开和闭合时直流电压表(V_2) 和电流表(A) 的读数。设各电压表的内阻为无穷大，电流表的内阻为零。

【解】　开关 S 断开，$U_o=0.45\times U_2=0.45\times 100\ V=45\ V$，电压表($V_2$) 的读数为 45 V，$I_o=U_o/R_L=45\ mA$，电流表(A) 的读数为 45 mA。

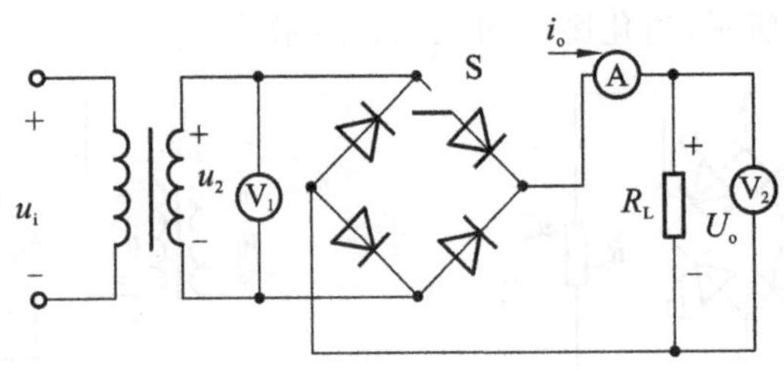

图 1.3.7　例 1.3.2 图

开关 S 闭合，$U_o = 0.9U_2 = 0.9 \times 100\ \text{V} = 90\ \text{V}$，电压表($V_2$)的读数为 90 V，$I_o = U_o / R_L = 90\ \text{mA}$，电流表(A)的读数为 90 mA。

【例 1.3.3】 在图 1.3.4 所示的单相桥式整流电路中，已知变压器的副边电压有效值 $U_2 = 10\ \text{V}$，负载电阻 $R_L = 500\ \Omega$，试求：

(1) U_o、I_o；

(2) 当考虑电网电压波动范围为 ±10% 时，二极管的最大整流平均电流 I_D 与最高反向工作电压 U_{Rmax} 至少应选取多少？

【解】 (1)

$$U_o = 0.9U_2 = 0.9 \times 10\ \text{V} = 9\ \text{V}$$

$$I_o = \frac{0.9U_2}{R_L} = \frac{9}{500}\ \text{A} = 0.018\ \text{A} = 18\ \text{mA}$$

(2)

$$I_D > \frac{1.1I_o}{2} = 1.1 \times \frac{0.018}{2}\ \text{A} = 9.9\ \text{mA}$$

$$U_{Rmax} > 1.1\sqrt{2}U_2 = 1.1\sqrt{2} \times 10\ \text{V} \approx 15.56\ \text{V}$$

单相桥式整流电路的变压器中只有交流电流流过，而半波整流电路和全波整流电路中均有直流分量流过。所以单相桥式整流电路的变压器效率较高，在同样的功率容量条件下，体积可以小一些。单相桥式整流电路的总体性能优于单相半波整流电路和全波整流电路，故单相桥式整流电路广泛应用于直流电源之中。

1.3.2　滤波电路

1. 滤波的基本概念

滤波电路利用电抗性元件对交、直流阻抗的不同实现滤波。电容器 C 对直流开路，对交流阻抗小，所以 C 应该并联在负载两端。电感器 L 对直流阻抗小，对交流阻抗大，因此 L 应与负载串联。经过滤波电路后，既可保留直流分量，又可滤掉一部分交流分量，改变了交直流成分的比例，减小了电路的脉动系数，提高了直流电压的质量。

2. 电容滤波电路

现以单相桥式电容滤波电路为例来说明。单相桥式电容滤波电路如图 1.3.8 所示，它在负载电阻上并联一个滤波电容 C。为了便于说明问题，电路中接了一个开关 S。

(1) 当开关 S 断开时(负载 R_L 未接入)，假设电容 C 上的初始电压为 0，在交流电源的正半周，即 $u_i > 0$ 时，u_i 通过 D_1 及 D_3 向 C 充电；在交流电源的负半周，即 $u_i < 0$ 时，u_i 通过 D_2

及 D_4 向 C 充电。充电时间常数为

$$\tau_o = R_{in}C$$

式中，R_{in} 包括变压器次级线圈的直流电阻和二极管D的正向电阻，一般来说该值很小，因此电容 C 很快地充电到 u_2 的幅值电压。如果变压器次级线圈电压 $u_i < u_C$，则二极管截止，由于电容 C 无放电回路，因此输出电压为一恒定的直流电压，u_C 保持 $\sqrt{2}u_2$ 不变。

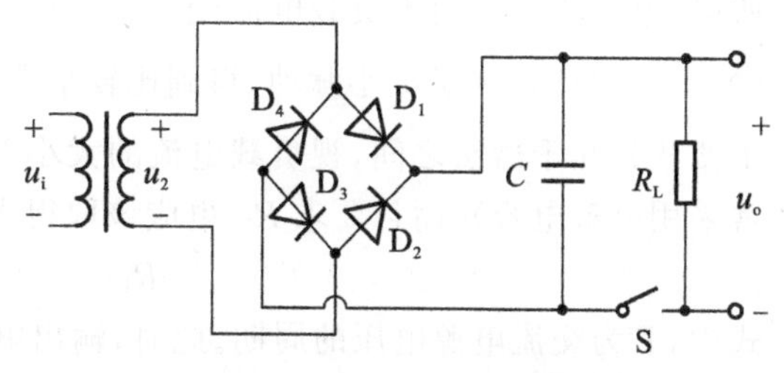

图 1.3.8　单相桥式电容滤波电路

(2) 假设电容 C 已充电至 $\sqrt{2}U_2$，此时接入电阻 R_L（将开关S闭合），则 $u_i < u_C$ 时，二极管截止，电容 C 经 R_L 放电。放电时间常数为 $\tau_d = R_LC$。

一般 τ_d 的值比较大，所以电容 C 两端的电压 u_C 按指数规律慢慢下降。与此同时，u_i 经 D_1 和 D_3 一方面向负载 R_L 提供电流，另一方面向电容 C 充电，充电时间常数 $\tau_o = R_{in}C$ 很小。u_C 随 u_i 升高到接近最大值 $\sqrt{2}U_2$，然后 u_i 开始下降。当 $u_i > u_C$ 时，二极管截止，电容 C 又经 R_L 放电。

电容 C 不断地进行充放电，负载 R_L 上得到的输出电压 $u_o = u_C$ 的脉动大为减少。

根据以上分析可知：经过电容滤波后，输出电压的直流成分提高了，脉动成分减少了，并且电容 C 的放电时间常数越大，放电过程越慢，则输出电压越高，脉动成分减少，滤波效果越好。

由图 1.3.9 可知：在电容滤波电路中，二极管导通时间缩短，并且随着放电时间常数的增大，导通时间缩短。同时，导通时电流的幅值较未加滤波电路之前提高了，电流的平均值（近似等于负载电流的平均值，$I_o = U_o/R_L$）也增大了，所以整流二极管在短时间内会通过一个很大的冲击电流，影响使用寿命。故滤波电路中应选择正向电流较大的整流二极管，并在实际整流电路中并联一个限流电阻，以限制二极管导通时瞬间的冲击电流。

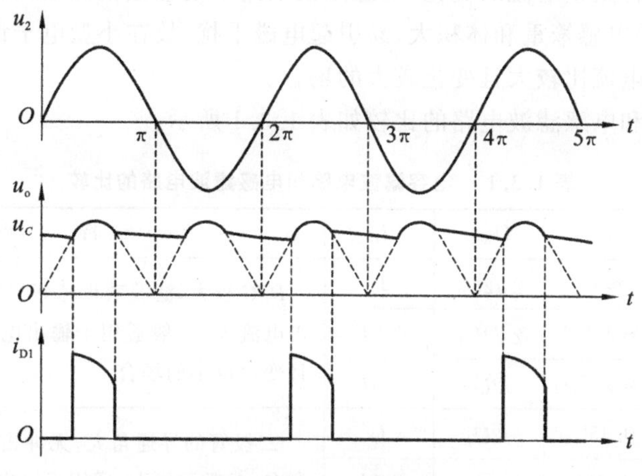

图 1.3.9　电容波滤波形

电容滤波电路的外特性和脉动特性如图 1.3.10 所示。图 1.3.10(a) 描述了电容滤波电路的外特性，即电容滤波电路输出电压平均值 U_o 的大小与 C 和 R_L 大小的关系。空载（$R_L \to \infty$）时，$U_o = \sqrt{2}U_2$。R_L 越小，时间常数 R_LC 越小，放电越快，输出电压平均值 U_o 减小。当 R_L 很小（输出电流很大）时，输出电压平均值 U_o 与桥式整流无电容滤波电路的输出电压的平均值接近（$U_o = 0.9U_2$）。对于电容滤波电路，随着输出电流的增大，输出电压下降得很快。

所以，电容滤波适用于负载电流变化不大的场合。由图 1.3.10 可知，输出电压平均值U_o为$(0.9 \sim \sqrt{2})U_2$。为了减小脉动，得到比较平滑的输出直流电压，C应该取得大一些，一般在几十微法到几千微法之间，视负载电流的大小而定，其耐压应大于输出电压的最大值$\sqrt{2}U_2$（通常采用电解电容）。而且要求R_L也应该取得大一些。一般要求

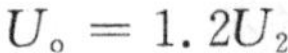

$$R_L C \geqslant (3 \sim 5)T/2$$

式中，T为交流电源电压的周期。此时，输出电压平均值U_o可按下面经验公式计算：

$$U_o = 1.2U_2$$

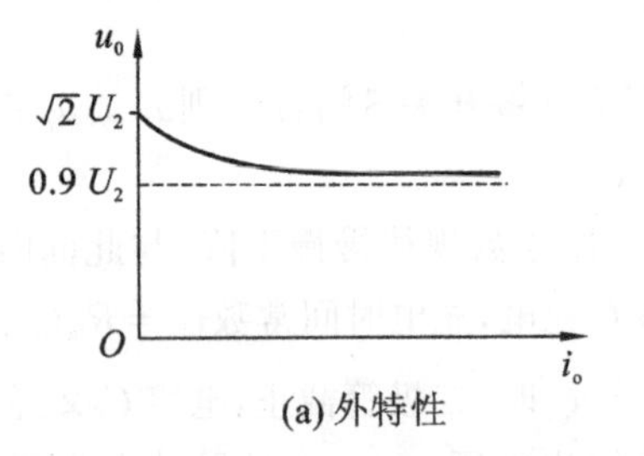

(a) 外特性

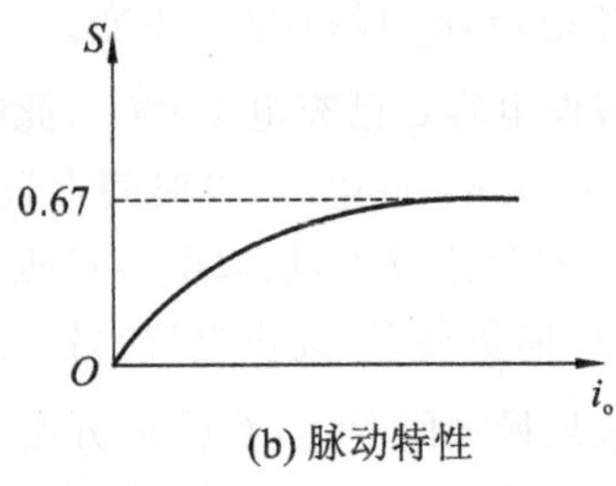

(b) 脉动特性

图 1.3.10 电容滤波电路的外特性和脉动特性

综上所述，电容滤波电路简单，负载上直流电压U_o较高，纹波也较小。但是它的外特性较差，冲击电流较大，只适用于负载变化不大的场合。

3. 电感滤波电路

利用储能元件电感器L上的电流不能突变的性质，把电感L与整流电路的负载R_L相串联，也可以起到滤波的作用。因为电感的基本性质就是当流过它的电流变化时，电感线圈中产生的感应电动势将阻止电流的变化。电感滤波电路中电感量很大，所以一般采用带铁芯的线圈，但是带铁芯的电感笨重和体积大，易引起电磁干扰，故在小型电子设备中很少采用。电感滤波适用于负载电流比较大且变化较大的场合。

电容滤波电路和电感滤波电路的比较如表 1.3.1 所示。

表 1.3.1 电容滤波电路和电感滤波电路的比较

	电路形式	U_o	U_{RM}	I_D	特点
电容滤波	半波整流	$\approx U_2$	$2\sqrt{2}U_2$	I_o	R_LC越大，滤波效果越好。二极管的导通角小，冲击电流大。一般适用于输出电压较高，负载电流小且变化也小的场合
	全波整流	$\approx 1.2U_2$	$2\sqrt{2}U_2$	$0.5I_o$	
	桥式整流	$\approx 1.2U_2$	$\sqrt{2}U_2$	$0.5I_o$	
电感滤波	半波整流	$0.45U_2$	$\sqrt{2}U_2$	I_o	二极管的导通角大，无冲击电流。但由于铁芯的存在，电磁干扰大。适用于输出电压较低，输出电流大且负载变化大的场合
	全波整流	$0.9U_2$	$2\sqrt{2}U_2$	$0.5I_o$	
	桥式整流	$0.9U_2$	$\sqrt{2}U_2$	$0.5I_o$	

4. 复式滤波电路

当用上述的电容滤波电路、电感滤波电路获得的输出波形不理想时，可采用复式滤波电路提高滤波效果。把电容接在负载并联支路，把电感或电阻接在负载串联支路，可以组成复

式滤波电路，达到更佳的滤波效果，这种电路的形状酷似字母 π，所以又叫 π 形滤波器。常见的复式滤波电路如图 1.3.11 所示。

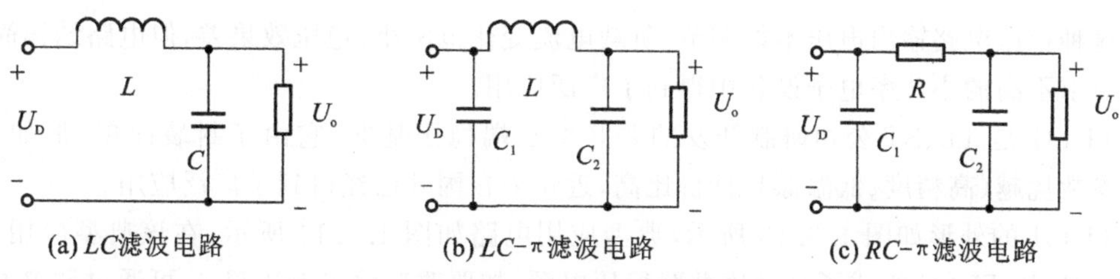

图 1.3.11　常见的复式滤波电路

1.3.3　稳压电路

将不稳定的直流电压变换成稳定且可调的直流电压的电路称为直流稳压电路。

直流稳压电路按调整器件的工作状态可分为线性稳压电路和开关稳压电路两大类。前者使用起来简单易行，但转换效率低，体积大；后者体积小，转换效率高，但控制电路较复杂。随着自关断电力电子器件和电力集成电路的迅速发展，开关电源得到越来越广泛的应用。

1. 并联型稳压电路

并联型稳压电路是在滤波电路后加上稳压管而构成的稳压电路，如图 1.3.12 所示。稳压管的选择应遵循：

$$\left.\begin{aligned} U_Z &= U_o \\ I_{Zmax} &= (1.5 \sim 3) I_{omax} \\ U_i &= (2 \sim 3) U_o \end{aligned}\right\}$$

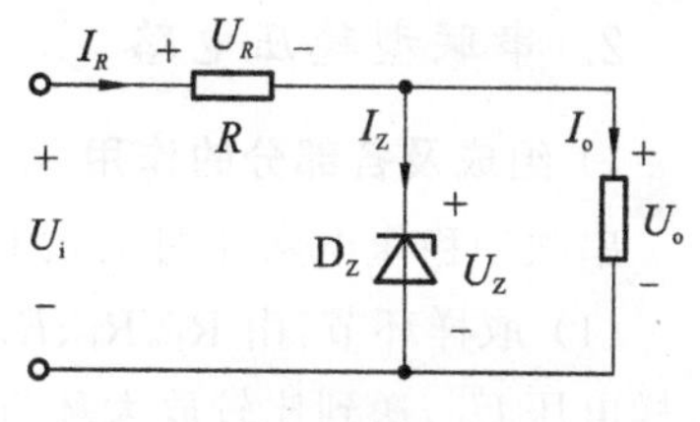

图 1.3.12　并联型稳压电路

稳压原理就是稳压管上电压的微小变化，会引起稳压管电流的较大变化，电阻 R 感应这个电流变化，并调整使输出电压基本维持不变。稳定过程如下。

当负载不变，输入电压 U_i 波动使得输出电压 U_o 升高，其调节过程为

$$U_i\uparrow \rightarrow U_o(U_Z)\uparrow \rightarrow I_Z\uparrow \rightarrow I_R\uparrow \rightarrow U_R\uparrow \rightarrow U_o\downarrow$$

若输入电压 U_i 不变，负载发生变化，如 R_L 减小，其调节过程为

$$R_L\downarrow \rightarrow U_o(U_Z)\downarrow \rightarrow I_Z\downarrow \rightarrow I_R\downarrow \rightarrow U_R\downarrow \rightarrow U_o\uparrow$$

当负载电阻 R_L 和输入电压 U_i 一定时，电阻 R 是根据稳压管的电流不超过正常工作范围来选的。稳压管的电流为 $I_{Zmin} < I_Z < I_{Zmax}$，则

$$I_{Zmin} < \frac{U_i - U_Z}{R} - \frac{U_Z}{R_L} < I_{Zmax} \tag{1.3.9}$$

从而可得电阻 R 的取值范围为

$$\frac{U_i - U_Z}{I_{Zmax} + \frac{U_Z}{R_L}} < R < \frac{U_i - U_Z}{I_{Zmin} + \frac{U_Z}{R_L}} \tag{1.3.10}$$

这种稳压电路输出电压不能调节，负载电流变化范围小，稳压效果差，但电路结构简单，故在要求不高的小功率电子设备中得到了广泛应用。

TL431 是 TL、ST 公司研制开发的并联型三端稳压基准。它由于封装简单（形如三极管）、参数优越（高精度、低温漂）、性价比高，近年来在国外已经得到了广泛应用。

TL431 的外形如图 1.3.13 所示，典型应用电路如图 1.3.14 所示，在该典型应用电路中，R_1、R_2 和 TL431 组成了高精度并联稳压电源，如要改变输出电压 U_{KA}，可通过调整 R_1 和 R_2 的阻值，输出电压 U_{KA} 便可在 U_{ref}（标称 2.5 V）至 36 V 之间任意设定。输出电压计算公式为 $U_{KA} = U_{ref}(1 + R_1/R_2) + I_{ref}R_1$。在实际应用中 I_{ref} 很小，一般忽略不计，所以稳压电路的输出电压可以写成 $U_{KA} = U_{ref}(1 + R_1/R_2)$。

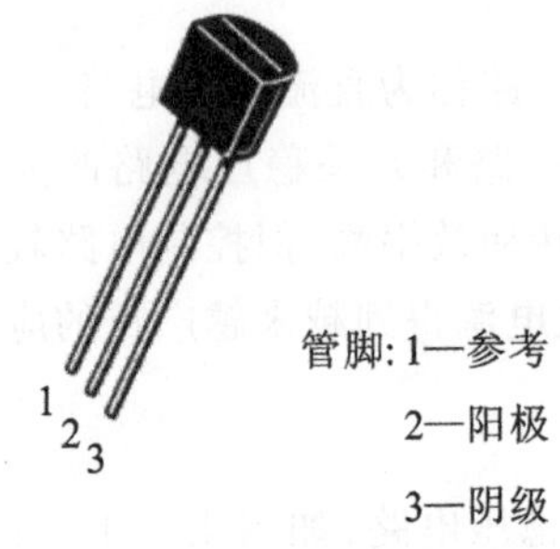

图 1.3.13　TL431 的外形

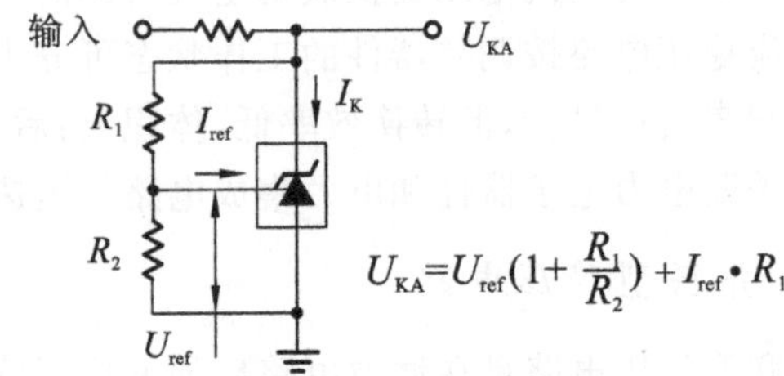

图 1.3.14　TL431 典型应用电路

2. 串联型稳压电路

1）组成及各部分的作用

串联型稳压电路如图 1.3.15 所示。

（1）取样环节：由 R_1、R_P、R_2 组成的分压电路构成，它将输出电压 U_o 分出一部分作为取样电压 U_F，送到比较放大环节。

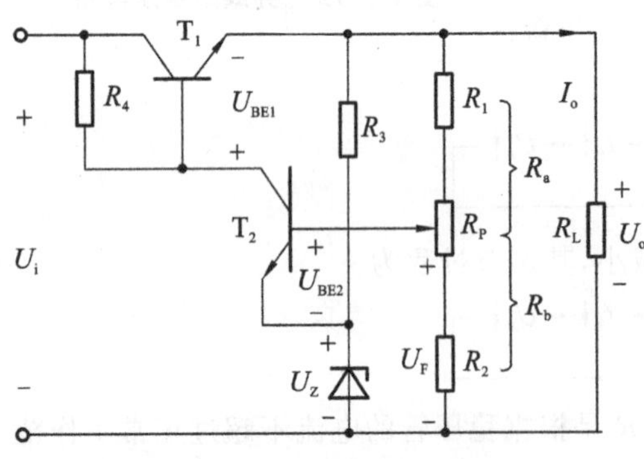

图 1.3.15　串联型稳压电路

（2）基准电压：由稳压二极管 D_Z 和电阻 R_3 构成的稳压电路组成，它为电路提供一个稳定的基准电压 U_Z，作为调整、比较的标准。

（3）比较放大环节：由 T_2 和 R_4 构成的直流放大器组成，其作用是将取样电压 U_F 与基准电压 U_Z 之差放大后去控制调整管 T_1。

（4）调整环节。由工作在线性放大区的功率管 T_1 组成，T_1 的基极电流 I_{B1} 受比较放大电路输出的控制，它的改变又可使集电极电流 I_{C1} 和集、射电压 U_{CE1} 改变，从而达到自动调整稳定输出电压的目的。

2）工作原理

当输入电压 U_i 或输出电流 I_o 变化引起输出电压 U_o 增加时，取样电压 U_F 相应增大，使

T_2 管的基极电流 I_{B2} 和集电极电流 I_{C2} 随之增加，T_2 管的集电极电位 U_{C2} 下降，因此 T_1 管的基极电流 I_{B1} 下降，使得 I_{C1} 下降，U_{CE1} 增加，U_o 下降，使 U_o 保持基本稳定。

同理，当 U_i 或 I_o 变化使 U_o 降低时，调整过程相反，U_{CE1} 将减小，使 U_o 保持基本不变。从上述调整过程可以看出，该电路是依靠电压负反馈来稳定输出电压的。

$$U_o\uparrow \rightarrow U_F\uparrow \rightarrow I_{B2}\uparrow \rightarrow I_{C2}\uparrow \rightarrow U_{C2}\downarrow \rightarrow I_{B1}\downarrow \rightarrow U_{CE1}\uparrow \rightarrow U_o\downarrow$$

设 T_2 发射结电压 U_{BE2} 可忽略，则

$$U_F = U_Z = \frac{R_b}{R_a + R_b} U_o \qquad (1.3.11)$$

或

$$U_o = \frac{R_a + R_b}{R_b} U_Z \qquad (1.3.12)$$

用电位器 R_P 即可调节输出电压 U_o 的大小，但 U_o 必定大于或等于 U_Z。

3）采用集成运算放大器的串联型稳压电路

采用集成运算放大器的串联型稳压电路（见图 1.3.16）组成、工作原理及输出电压的计算与前述电路完全相同，唯一的不同之处是其放大环节采用的是集成运算放大器而不是晶体管。

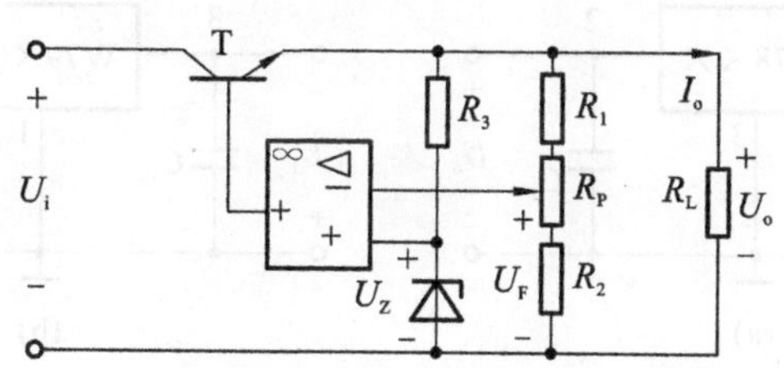

图 1.3.16　采用集成运算放大器的串联型稳压电路

1.3.4　集成稳压器

集成稳压电路是将稳压电路的主要元件甚至全部元件制作在一块硅基片上而形成的集成电路，具有体积小、使用方便、工作可靠等特点。

集成稳压器的种类很多，作为小功率的直流稳压电源，应用最为普遍的是三端式串联型集成稳压器。三端式是指稳压器仅有输入端、输出端和公共端 3 个接线端子，如 W78×× 和 W79××系列三端式串联型集成稳压器。W78××系列三端式串联型集成稳压器输出正电压有 5 V、6 V、8 V、9 V、10 V、12 V、15 V、18 V 和 24 V 等多种。若要获得负输出电压，选用 W79××系列三端式串联型集成稳压器即可。例如，W7805 输出＋5 V 电压，W7905 则输出－5 V 电压。这类三端式串联型集成稳压器在加装散热器的情况下，输出电流为 1.5～2.2 A，最高输入电压为 35 V，最小输入、输出电压差为 2～3 V，输出电压变化率为 0.1％～0.2％。

W78××系列和 W79××系列三端式串联型集成稳压器的管脚排列如图 1.3.17 所示。

典型应用电路如下。

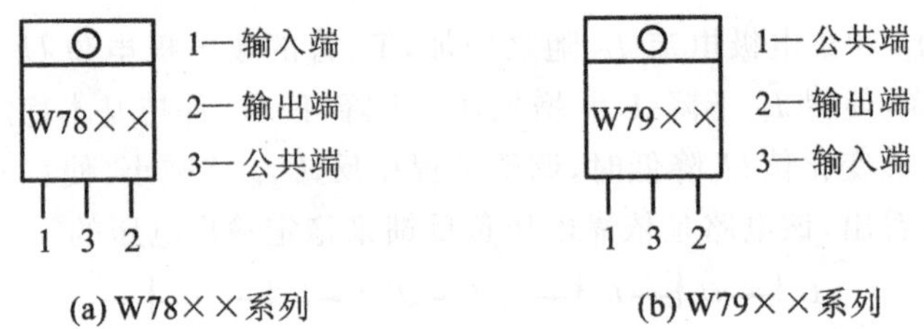

(a) W78××系列　　(b) W79××系列

图 1.3.17　W78××和 W79××系列三端式串联型集成稳压器的管脚排列

1. 输出固定电压的稳压电路

三端固定输出集成稳压器输出固定电压的稳压电路如图 1.3.18 所示。输入电压接在 1、3 端，2、3 端输出固定的、正的直流电压。输入端的 C_1 用以抵消输入端较长接线的电感效应，防止产生自激振荡。C_1 一般为 0.1～1 μF，通常取 0.33 μF。输出端的 C_2 用来改善暂态响应，使瞬间增减负载电流时不致引起输出电压较大的波动，削弱电路的高频噪声。C_2 一般取 1 μF。根据负载的需要选择不同型号的集成稳压器，如需要 12 V 的直流电压时，可选用 W7812 型三端式串联型集成稳压器。由 W79××系列三端式串联型集成稳压器组成的输出固定负电压的稳压电路，其工作原理及组成与由 W7812 型三端式串联型集成稳压器组成的输出固定正电压的稳压电路基本相同。

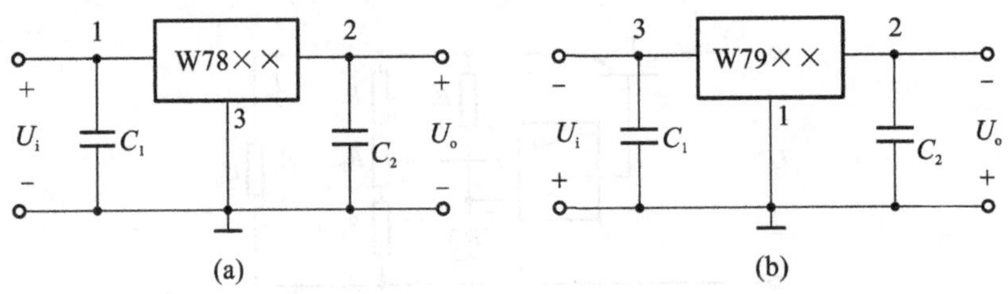

图 1.3.18　三端固定输出集成稳压器输出固定电压的稳压电路

2. 提高输出电压的三端稳压电路

提高输出电压的三端稳压电路如图 1.3.19 所示。R 和 D_Z 组成二极管稳压电路，三端式串联型集成稳压器公共端 3 连接在稳压二极管 D_Z 的上端，显然输出电压为 $U_o = U_{\times\times} + U_Z$。式中，$U_{\times\times}$ 为 W78××系列三端式串联型集成稳压器固定输出正电压。

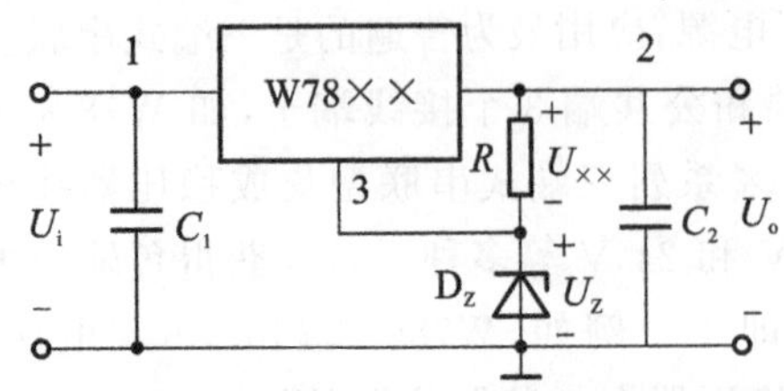

图 1.3.19　提高输出电压的三端稳压电路

3. 输出正、负电压的稳压电路

在电子电路中，常需要同时输出正、负电压的双向直流电源。由集成稳压器组成的正、负双向输出电路形式很多。图 1.3.20 所示是由一块 W7815 三端式串联型集成稳压器和一块 W7915 三端式串联型集成稳压器组成的同时输出＋15 V 和－15 V 电压的稳压电路。

4. 三端式集成稳压器做恒流源使用电路

小电流恒流源电路如图 1.3.21(a)、(b)所示，大电流恒流源电路如图 1.3.22 所示。

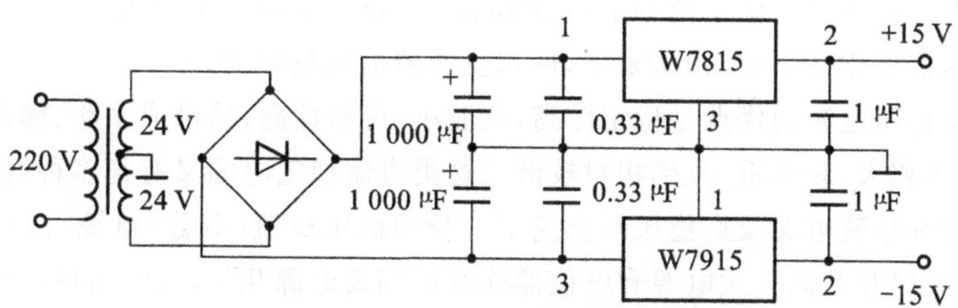

图 1.3.20　输出正、负电压的稳压电路示例

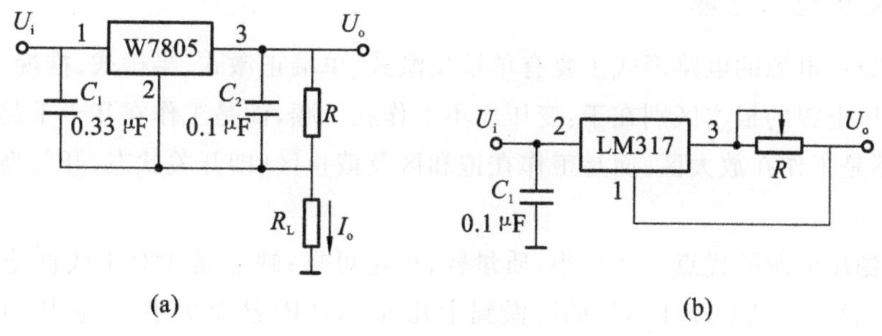

图 1.3.21　小电流恒流源电路

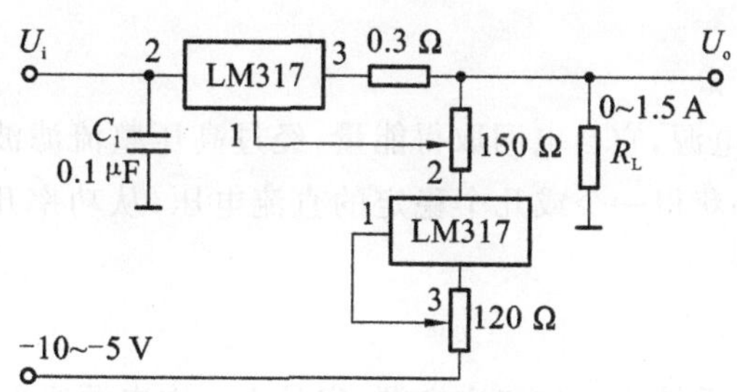

图 1.3.22　大电流恒流源电路

1.3.5　趣味阅读

直流稳压电源按习惯可分为化学电源、线性稳压电源和开关型稳压电源，它们又分别具有各种不同类型。

1. 化学电源

日常所用的干电池、铅酸蓄电池、镍镉电池、镍氢电池和锂离子电池均属于这一类直流稳压电源。它们各有其优缺点。随着科学技术的发展，又产生了智能化电池。在充电电池材料方面，美国研究员发现锰的一种碘化物，用它可以制造出便宜、小巧、放电时间长及多次充电后仍保持性能良好的环保型充电电池。

2. 线性稳压电源

线性稳压电源有一个共同的特点就是它的功率器件调整管工作在线性区，靠调整管之间的电压降来稳定输出。由于调整管静态损耗大，需要安装一个很大的散热器给它散热。而且由于变压器工作在工频(50 Hz)上，所以变压器的质量较大。

该类直流稳压电源的优点是稳定性高，纹波小，可靠性高，易做成多路、输出连续可调的成品；缺点是体积大、较笨重、效率相对较低。这类直流稳定电源又有很多种，按输出性质可分为稳压电源和稳流电源及集稳压和稳流于一身的稳压稳流(双稳)电源，按输出值可分定点输出电源、波段开关调整式电源和电位器连续可调式电源几种，按输出指示可分指针指示型电源和数字显示式型电源等。

3. 开关型稳压电源

开关型稳压电源的电路形式主要有单端反激式、单端正激式、半桥式、推挽式和全桥式。它和线性稳压电源的根本区别在于：变压器不工作在工频，而是工作在几十千赫兹到几兆赫兹；功能管不是工作在放大区，而是工作在饱和区及截止区(即开关状态，开关型稳压电源因此而得名)。

开关型稳压电源的优点是体积小，质量轻，稳定可靠；缺点是相对于线性稳压电源来说纹波较大(一般≤1%VO(P-P)，好的可做到十几 mV(P-P)甚至更小)。它从功率几瓦到几千瓦均有产品，价位为每瓦 3 元到每瓦十几万元。下面就一般习惯分类介绍几种开关型稳压电源。

1) AC/DC 电源

该类电源也称一次电源，它自电网取得能量，经过高压整流滤波得到一个直流高压，供 DC/DC 变换器在输出端获得一个或几个稳定的直流电压，从功率几瓦到几千瓦均有产品，以用于不同场合。

2) DC/DC 电源

DC/DC 电源在通信系统中也称二次电源，它是由一次电源或直流电池组提供一个直流输入电压，经 DC/DC 变换以后在输出端获一个或几个直流电压。

3) 通信电源

通信电源实质上就是 DC/DC 变换器式电源，只是它一般以直流－48 V 或－24 V 供电，并用后备电池做 DC 供电的备份，将 DC 的供电电压变换成电路的工作电压。一般它又分中央供电通信电源、分层供电通信电源和单板供电通信电源三种，以单板供电通信电源可靠性最高。

4) 电台电源

电台电源输入 AC 220 V/110 V，输出 DC 13.8 V，功率由所供电台的功率确定，从电流几安到几百安均有产品。为防止 AC 电网断电影响电台工作，而需要有电池组作为备份，所以此类电源除输出一个 13.8 V 直流电压外，还具有对电池充电自动转换功能。

5) 模块电源

随着科学技术飞速发展，对电源可靠性、容量与体积比要求越来越高，模块电源越来越显示其优越性，它工作频率高、体积小、可靠性高，便于安装和组合扩容，所以越来越被广泛采用。目前，国内虽有相应模块生产，但因生产工艺未能赶上国际水平，故障率较高。

DC/DC 模块电源目前虽然成本较高，但从产品的漫长的应用周期的整体成本角度来看，特别是从因系统故障而导致的高昂的维修成本及商誉损失的角度来看，选用模块电源还是比较合算的。在此还值得一提的是罗氏变换器电路，它的突出优点是结构简单、效率高及输出电压和电流的纹波值接近于零。

6）特种电源

高电压小电流电源、大电流电源、400 Hz 输入的 AC/DC 电源等，可归于此类，可根据特殊需要选用。开关电源的价位一般为 2～8 元/瓦，特殊小功率和大功率电源价格稍高，为 11～13 元/瓦。

习　题

一、选择题

1. 本征半导体又叫(　　)。

A. 普通半导体　　B. P 型半导体　　C. 掺杂半导体　　D. 纯净半导体

2. 锗二极管的死区电压为(　　)。

A. 0.3 V　　B. 0.5 V　　C. 1 V　　D. 0.7 V

3. 杂质半导体中多数载流子的浓度主要取决于(　　)。

A. 温度　　B. 掺杂工艺　　C. 掺杂浓度　　D. 晶体缺陷

4. 题图 1.1 所示的四个硅二极管处于导通的是(　　)。

A. (a)　　B. (b)　　C. (c)　　D. (d)

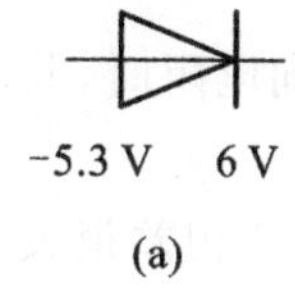

(a)

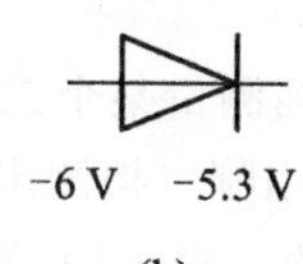

(b)

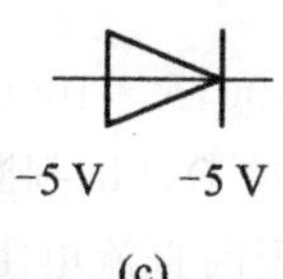

(c)

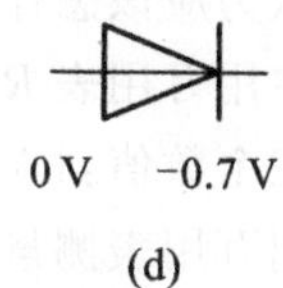

(d)

题图 1.1

5. 稳压管(　　)。

A. 是二极管　　B. 不是二极管　　C. 是特殊的二极管

6. 把一个二极管直接同一个电动势为 1.5 V、内阻为零的电池正向连接，该管(　　)。

A. 被击穿　　B. 电流为零

C. 电流正常　　D. 因电流过大而使管子烧坏

7. 稳压二极管的正常工作状态是(　　)。

A. 导通状态　　B. 截止状态　　C. 反向击穿状态　　D. 任意状态

8. 全波整流电路中，每个二极管承受的最高反向电压为(　　)。

A. U_2　　B. $\sqrt{2}U_2$　　C. 1.2 U_2　　D. $2\sqrt{2}U_2$

9. 在有电容滤波的单相半波整流电路中，若要使输出的直流电压平均值为 60 V，则变压器的次级低电压应为(　　)。

A. 50 V　　B. 60 V　　C. 72 V　　D. 27 V

10. 在题图 1.2 所示的电路中，正确的稳压电路为(　　)。

A. (a)　　B. (b)　　C. (c)　　D. (d)

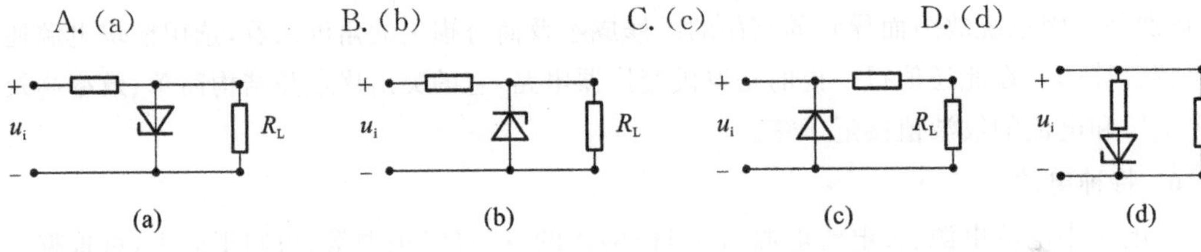

题图 1.2

11. 桥式整流电容滤波电路中，要在负载上得到直流电压 7.2 V，则变压器二次电压 u_2 应为(　　)V。

A. $8.6\sqrt{2}\sin\omega t$　　B. $6\sqrt{2}\sin\omega t$　　C. $7\sin\omega t$　　D. $7.2\sqrt{2}\sin\omega t$

12. 要同时得到−12 V 和+9 V 的固定电压输出，应采用的三端式稳压器分别为(　　)。

A. W7812，W7909　　B. W7812，W7809

C. W7912，W7909　　D. W7912，W7809

二、简答题

1. 如何用万用表的欧姆挡来辨别一个二极管的阴、阳两极？(提示：模拟万用表的黑表笔接表内直流电源的正极，红表笔接负极)
2. 有人用万用表测二极管的反向电阻时，为了使表笔和管脚接触良好，用两只手捏紧被测二极管脚与表笔接触处，测量结果发现二极管的反向阻值比较小，认为二极管的性能不好，但二极管在电路中工作正常，试问这是什么原因？
3. 能否用 1.5 V 的干电池以正向接法直接加至二极管的两端？估计会出现什么问题？你认为应该怎样解决？
4. 在用万用表 $R\times10$，$R\times100$，$R\times1000$ 三个欧姆挡测量某个二极管的正向电阻时，共测得三个数值：4 kΩ，85 Ω，680 Ω。试判断它们各是用哪一挡测出的。
5. 用万用表测量二极管的正向直流电阻 R_F，选用的量程不同，测得的电阻值相差很大。现用 MF30 型万用表测量某二极管的正向电阻，结果如题表 1.1 所示，试分析所得阻值不同的原因。

题表 1.1

电阻量程	×1	×10	×100	×1 000
测得电阻值	31 Ω	210 Ω	1.1 kΩ	11.5 kΩ

6. 现有两个稳压管，它们的稳定电压分别为 6 V 和 8 V，正向导通电压均为 0.7 V。试问：

(1) 若将它们串联相接，则可得到几种稳压值？各为多少？

(2) 若将它们并联相接，则又可得到几种稳压值？各为多少？

7. 在单相桥式整流电容滤波电路中，发生下列情况之一时，对电路正常工作有什么影响？

(1) 负载开路；

(2) 滤波电容短路；

(3) 滤波电容断路；

(4) 整流桥中一个二极管断路；

（5）整流桥中一个二极管极性接反。

8. 指出题图 1.3 所示电路中哪些可以作为直流电源的滤波电路，简述理由。

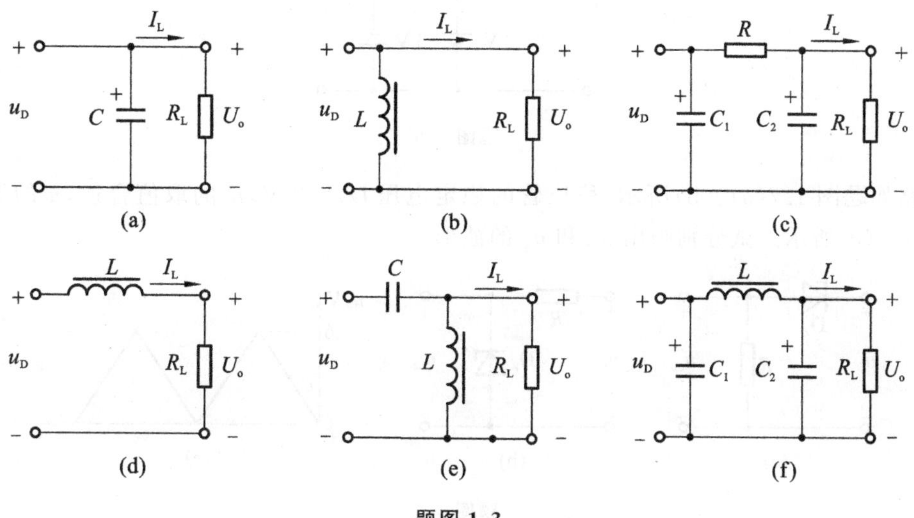

题图 1.3

9. 电路如题图 1.4 所示，试合理连线，构成 5 V 的直流电源。

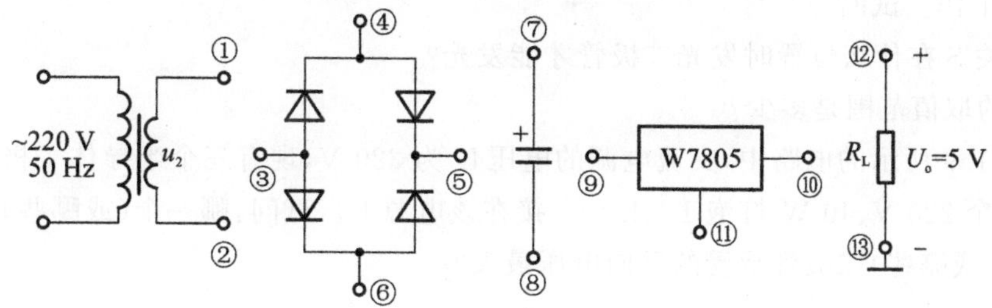

题图 1.4

三、分析计算题

1. 写出题图 1.5 所示各电路的输出电压值，设二极管导通电压 $U_D=0.7$ V。

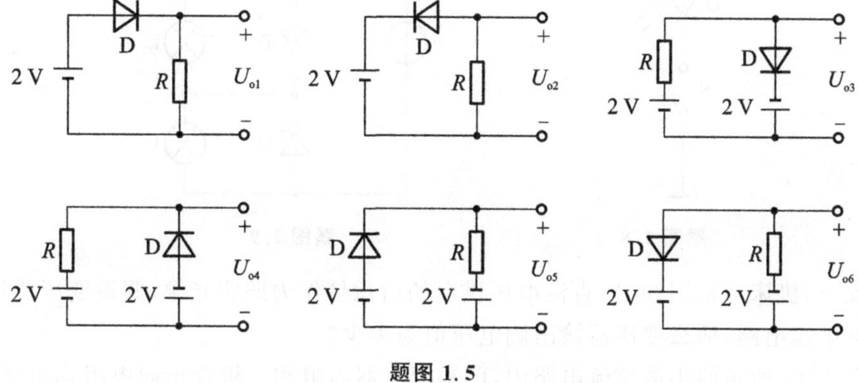

题图 1.5

2. 电路如题图 1.6 所示，已知 $u_i=5\sin\omega t$，二极管导通电压 $U_D=0.7$ V。试画出 u_i 与 u_o 的波形，并标出幅值。

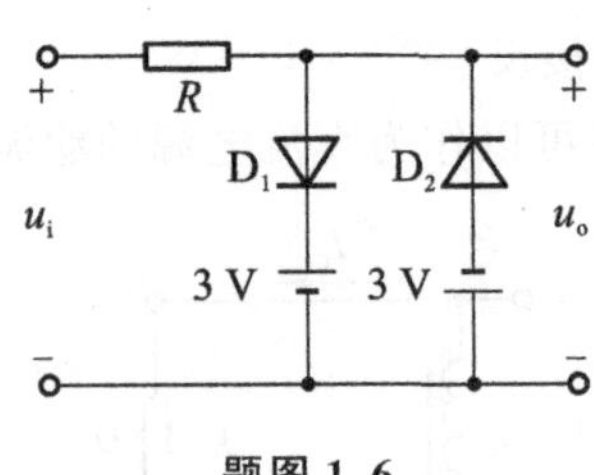

题图 1.6

3. 电路如题图 1.7(a)、(b)所示，稳压管的稳定电压 $U_Z=3$ V，R 的取值合适，u_i 的波形如图 1.7(c)所示。试分别画出 u_{o1} 和 u_{o2} 的波形。

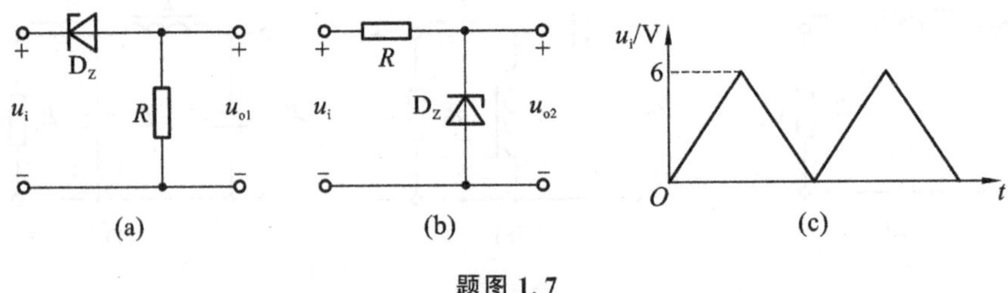

题图 1.7

4. 在题图 1.8 所示的电路中，发光二极管导通电压 $U_D=1.5$ V，正向电流在 5～15 mA 时才能正常工作。试问：

(1) 开关 S 在什么位置时发光二极管才能发光？

(2) R 的取值范围是多少？

5. 在题图 1.9 所示的电路中，交流电源的电压 U 为 220 V，现有三个半导体二极管 D_1、D_2、D_3 和三个 220 V、40 W 灯泡 L_1、L_2、L_3 接在该电源上。试问：哪一个(或哪些)灯泡最亮？哪一个(或哪些)二极管承受的反向电压最大？

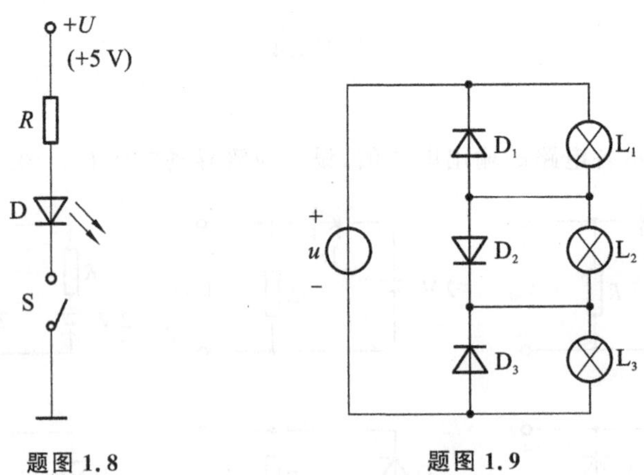

题图 1.8　　题图 1.9

6. 为了安全，机床上常用 36 V 直流电压供电的白炽灯作为照明光源，假设变压器输出侧采用半波整流电路，那么变压器输出侧电压值为多少？

7. 在题图 1.10 所示的半波整流电路中，已知变压器内阻和二极管正向电阻均可忽略不计，$R_L=200$～500 Ω，输出电压平均值 $U_{o(AV)}\approx 10$ V。

(1) 变压器次级电压有效值 U_2 是多少？

(2) 考虑到电网电压波动范围为±10%，二极管的最大整流电流 I_F 应取多少？

8. 在题图 1.11 所示的桥式整流电路中，已知电网电压波动范围为±10%，现有一个二极管，其最大整流电流 $I_F=300$ mA，最高反向工作电压 $U_{RM}=25$ V，它能否用于电路中？简述理由。

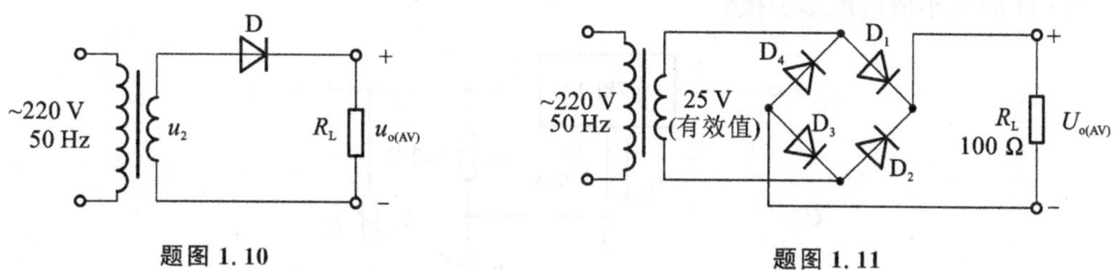

题图 1.10　　题图 1.11

9. 在题图 1.12 所示桥式整流电容滤波电路中，已知变压器次级电压 $u_2=10\sqrt{2}\sin\omega t$，电容的取值满足 $R_LC=(3\sim5)\frac{T}{2}(T=20\text{ ms})$，$R_L=100\ \Omega$。要求：

(1) 估算输出电压平均值 $U_{o(AV)}$；

(2) 估算二极管的正向平均电流 $I_{D(AV)}$ 和反向峰值电压 U_{RM}；

(3) 试选取电容 C 的容量及耐压；

(4) 如果负载开路，$U_{o(AV)}$ 将发生什么变化？

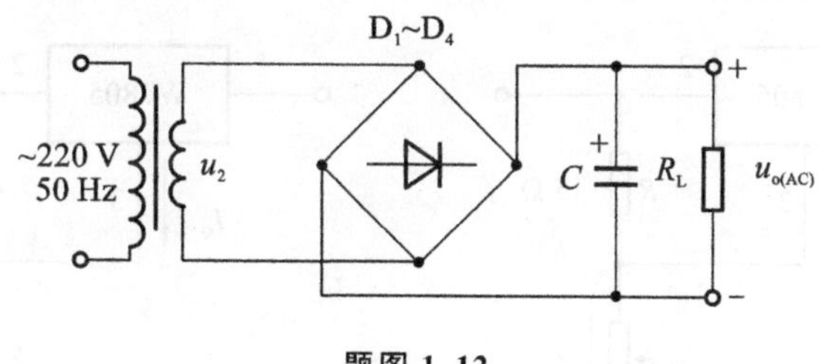

题图 1.12

10. 如题图 1.13 所示的桥式整流电路中，设 $u_2=\sqrt{2}U_2\sin\omega t$，试分别画出下列情况下输出电压 u_{AB} 的波形。

(1) S_1、S_2、S_3 打开，S_4 闭合。

(2) S_1、S_2 闭合，S_3、S_4 打开。

(3) S_1、S_4 闭合，S_2、S_3 打开。

(4) S_1、S_2、S_4 闭合，S_3 打开。

(5) S_1、S_2、S_3、S_4 全部闭合。

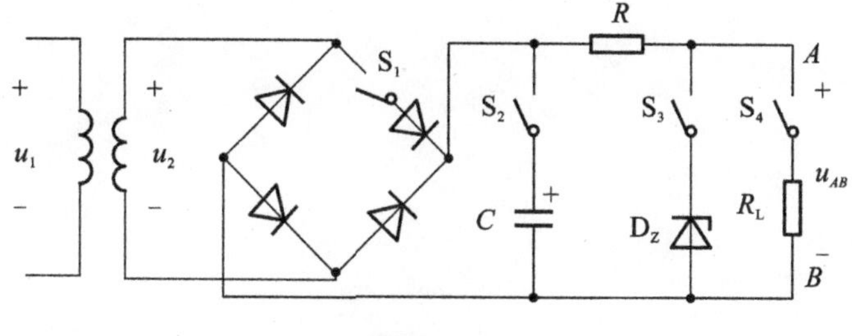

题图 1.13

11. 在题图 1.14 所示的直流稳压电源中，W78L12 的最大输出电流 $I_{omax}=0.1$ A，输出电压为12 V，1、2 端之间电压大于 3 V 才能正常工作。试问：

(1) 输出电压 U_o 的调节范围；

(2) U_i的最小值应取多少伏？

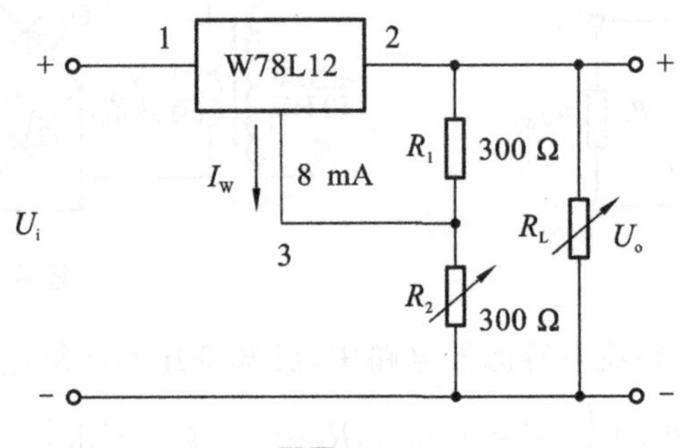

题图 1.14

12. 题图 1.15 所示的电路为两个三端式串联型集成稳压器，已知电流 $I_Q=5$ mA。

(1) 写出题图 1.15(a)中的 I_o 的表达式，并算出具体数值；

(2) 写出题图 1.15(b)中的 U_o 的表达式，并算出当 $R_2=5\ \Omega$ 时的具体数值；

(3) 指出这两个电路分别具有什么功能。

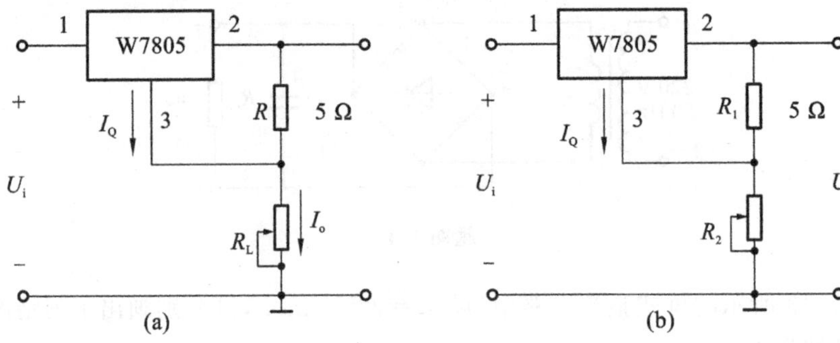

题图 1.15

第2章　半导体器件之三极管

教学提示：三极管的主要用途之一是利用其放大作用组成放大电路。在生产和科学实验中，往往要求用微弱的信号去控制较大功率的负载。放大电路应用十分广泛，是电子设备中最普遍的一种基本单元。本章所介绍的是由分立元件组成的各种常用基本放大电路，将讨论它们的电路结构、工作原理、分析方法及特点和应用。

教学要求：重点是理解三极管放大作用、输入/输出特性的分析；掌握放大电路的组成及实现放大作用的基本原理；掌握电子电路最常用的两种分析方法，并且利用这两种方法对单管共射放大电路做出详细分析；掌握单管共射放大电路的参数计算、波形分析；掌握多级放大电路的耦合方式及参数计算。

2.1　双极型三极管

半导体三极管是电子技术中最主要、最基本的器件，它是电路中核心的放大器件。根据内部结构和工作原理不同，半导体三极管可分为双极型三极管和单极型三极管。本节介绍双极型三极管，它又称双极型晶体三极管、三极管或晶体管等。双极型三极管由于其中有空穴和自由电子两种载流子参与导电而得名。它由两个PN结组成。由于内部结构的特点，双极型三极管表现出电流放大作用和开关作用，这促使电子技术有了质的飞跃。本部分围绕双极型三极管的电流放大作用这个核心问题来讨论它的基本结构、工作原理、特性曲线及主要参数。

2.1.1　双极型三极管的基本结构和类型

双极型三极管的种类很多，按功率大小可分为大功率管和小功率管，按电路中的工作频率可分为高频管和低频管，按半导体材料不同可分为硅管和锗管，按结构不同可分为NPN型管和PNP型管。无论是NPN型还是PNP型，双极型三极管都分为三个区，即发射区、基区和集电区，由三个区各引出一个电极，分别称为发射极(E)、基极(B)和集电极(C)，发射区和基区之间的PN结称为发射结，集电区和基区之间的PN结称为集电结。双极型三极管的结构和符号如图2.1.1所示，图2.1.1中发射极箭头所示方向表示发射极电流的流向。在电路中，晶体管用字符T表示。具有电流放大作用的双极型三极管，在内部结构上具有

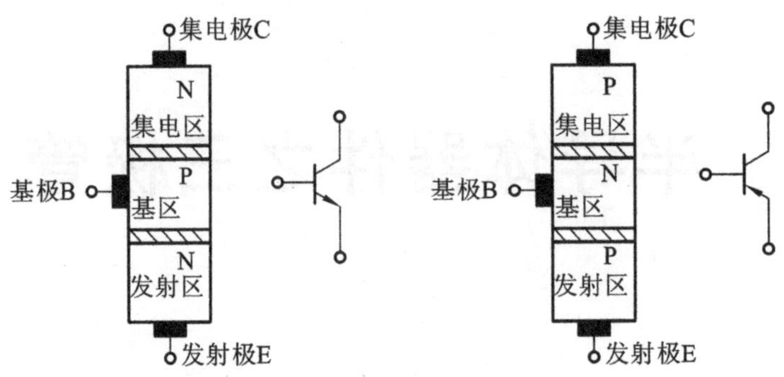

图 2.1.1　双极型三极管的结构和符号

其特殊性:其一是发射区掺杂浓度大于集电区掺杂浓度,集电区掺杂浓度远大于基区掺杂浓度;其二是基区很薄,一般只有几微米厚。这些结构上的特点是双极型三极管具有电流放大作用的内在依据。

2.1.2　双极型三极管的电流放大原理

上面介绍了双极型三极管具有电流放大用的内部条件,现以 NPN 型管为例来说明双极型三极管各极间电流分配关系及电流放大作用。为实现双极型三极管的电流放大作用,还必须具有一定的外部条件,这就是要给双极型三极管的发射结加上正向电压,集电结加上反向电压。如图 2.1.2 所示,U_{BB}为基极电源,与基极电阻 R_B 及三极管的基极 B、发射极 E 组成基极-发射极回路(称作输入回路),U_{BB}使发射结正偏,U_{CC}为集电极电源,与集电极电阻 R_C 及三极管的集电极 C、发射极 E 组成集电极-发射极回路(称作输出回路),U_{CC}使集电结反偏。图 2.1.2 中,发射极 E 是输入/输出回路的公共端,因此称采用这种接法的电路为共发射极放大电路,改变可变电阻 R_B,测基极电流 I_B、集电极电流 I_C 和发射结电流 I_E,结果如表 2.1.1 所示。

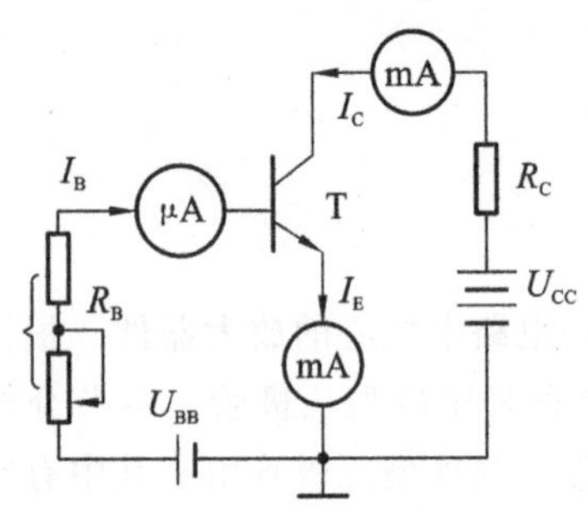

图 2.1.2　共发射极放大电路

表 2.1.1　三极管电流测试数据

I_B/μA	0	20	40	60	80	100
I_C/mA	0.005	0.99	2.08	3.17	4.26	5.40
I_E/mA	0.005	10.01	2.12	3.23	4.34	5.50

从实验结果可得以下结论。

(1) $I_E=I_B+I_C$。此关系就是双极型三极管的电流分配关系,它符合基尔霍夫电流定律。

(2) I_E 和 I_C 几乎相等,但远远大于基极电流 I_B,从第四列和第五列的实验数据可知 I_C 与 I_B 的比值分别为

$$\bar{\beta}=\frac{I_C}{I_B}=\frac{2.08}{0.04}=52,\quad \bar{\beta}=\frac{I_C}{I_B}=\frac{3.17}{0.06}=52.8$$

I_B 的微小变化会引起 I_C 较大的变化，计算可得

$$\beta=\frac{\Delta I_C}{\Delta I_B}=\frac{I_{C5}-I_{C4}}{I_{B5}-I_{B4}}=\frac{3.17-2.08}{0.06-0.04}=\frac{1.09}{0.02}=54.5$$

计算结果表明，微小的基极电流变化，可以控制比之大数十倍至数百倍的集电极电流的变化，这就是双极型三极管的电流放大作用。$\bar{\beta}$、β 称为电流放大系数。

通过了解双极型三极管内部载流子的运动规律，可以解释双极型三极管的电流放大原理。本书从略。

通俗来讲，双极型三极管自身并不能把小电流变成大电流，它仅仅起着一种控制作用，控制着电路中的电源，按确定的比例提供 I_B、I_C 和 I_E 这三个电流。为了容易理解，用水流比喻电流（见图 2.1.3）。这是粗、细两根水管，粗的管子内装有闸门，这个闸门由细的管子中的水量控制着开启程度。如果细管子中没有水流，粗管子中的闸门就会关闭。注入细管子中的水量越大，闸门就开得越大，相应地，流过粗管子的水就越多，这就体现出“以小控制大，以弱控制强”的道理。由图 2.1.3 可见，细管子的水与粗管子的水在下端汇合到一根管子中。三极管的基极 B、集电极 C 和发射极 E 就对应着图 2.1.3中的细管、粗管和粗细交汇的管子。

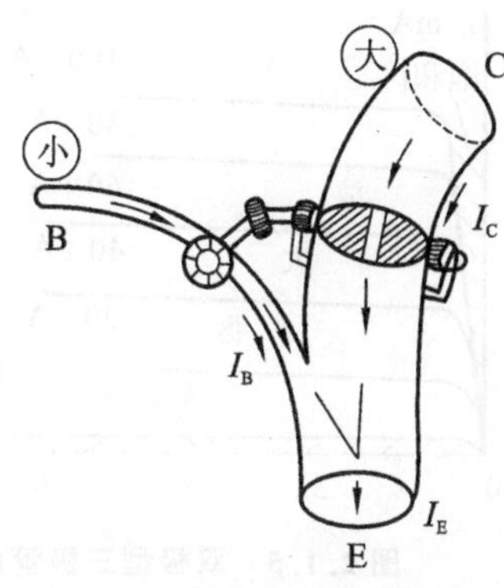

图 2.1.3　用水流比喻电流

2.1.3　双极型三极管的输入/输出特性

双极型三极管的特性曲线是用来表示各个电极间电压和电流之间的相互关系的，它反映出双极型三极管的性能，是分析放大电路的重要依据。特性曲线可由实验测得，也可在晶体管图示仪上直观地显示出来。

1. 输入特性曲线

双极型三极管的输入特性曲线表示了以 U_{CE} 为参考变量时，I_B 和 U_{BE} 的关系，即

$$I_B=f(U_{BE})\big|_{U_{BE}=\text{常数}}$$

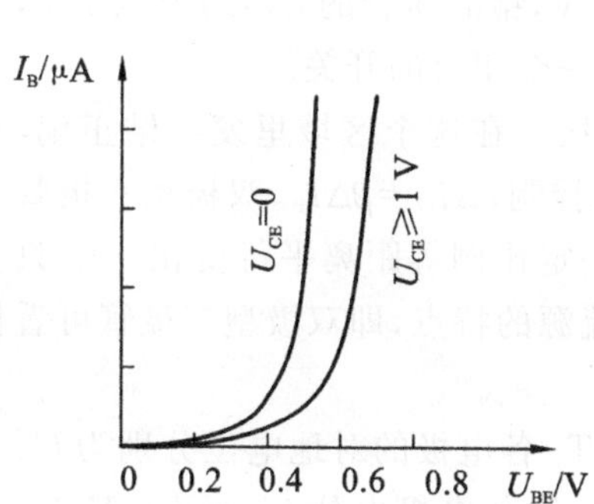

图 2.1.4　双极型三极管的输入特性曲线

图 2.1.4 所示为双极型三极管的输入特性曲线。由 2.1.4 图可见，输入特性有以下几个特点。

（1）输入特性也有一个“死区”。在“死区”内，U_{BE} 虽已大于零，但 I_B 几乎仍为零。当 U_{BE} 大于某一值后，I_B 才随 U_{BE} 的增大而明显增大。和二极管一样，硅晶体管的死区电压 U_T（或称为门槛电压）约为 0.5 V，发射结导通电压 U_{BE} = 0.6～0.7 V；锗晶体管的死区电压 U_T 约为 0.2 V，导通电压为 0.2～0.3 V。若为 PNP 型管，则发射结导通电压 U_{BE} 分别为 −0.7～−0.6 V 和 −0.3～−0.2 V。

（2）一般情况下，$U_{CE}>1$ V 以后，输入特性几乎与 $U_{CE}=1$ V 时的特性重合，因为 $U_{CE}>$

1 V 后，I_B 无明显改变。双极型三极管工作在放大状态时，U_{CE}总是大于 1 V 的(集电结反偏)，因此常用 $U_{CE} \geqslant 1$ V 的一条曲线来代表所有输入特性曲线。

温度增加时，由于热激发形成的载流子增多，在同样的 U_{BE}下，I_B 增大，若想保持 I_B 不变，可减小 U_{BE}。

2. 输出特性曲线

双极型三极管的输出特性曲线表示以 I_B 为参考变量时，I_C 和 U_{CE}的关系，即

$$I_C = f(U_{CE})\big|_{I_B=\text{常数}}$$

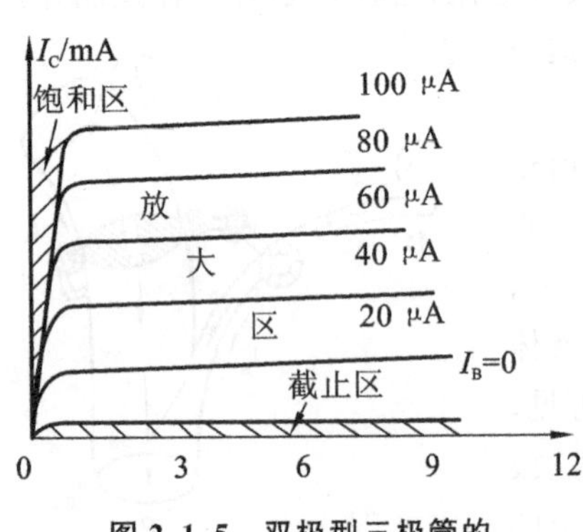

图 2.1.5　双极型三极管的输出特性曲线

图 2.1.5 所示是双极型三极管的输出特性曲线。当 I_B 改变时，可得一组曲线族。由图 2.1.5 可见，输出特性曲线可分放大区、截止区和饱和区三个区域。

(1) 截止区：$I_B=0$ 的特性曲线以下区域称为截止区。在这个区域中，集电结处于反偏，$U_{BE} \leqslant 0$，发射结反偏或零偏，即 $U_C > U_E \geqslant U_B$。电流 I_C 很小(等于反向穿透电流 I_{CEO})。工作在截止区时，双极型三极管在电路中犹如一个断开的开关。

(2) 饱和区：特性曲线靠近纵轴的区域是饱和区。当 $U_{CE} < U_{BE}$时，发射结、集电结均处于正偏，即 $U_B > U_C > U_E$。在饱和区，I_B 增大，I_C 几乎不再增大，双极型三极管失去放大作用。规定 $U_{CE} = U_{BE}$时的状态称为临界饱和状态，用 U_{CES}表示，此时集电极临界饱和电流：

$$I_{CS} = \frac{U_{CC} - U_{CES}}{R_C} \approx \frac{U_{CC}}{R_C}$$

基极临界饱和电流：

$$I_{BS} = \frac{I_{CS}}{\beta}$$

当集电极电流 $I_C > I_{CS}$时，认为双极型三极管已处于饱和状态。$I_C < I_{CS}$时，双极型三极管处于放大状态。

双极型三极管深度饱和时，硅晶体管的 U_{CE}约为 0.3 V，锗晶体管的 U_{CE}约为 0.1 V，由于深度饱和时 U_{CE}约等于 0，双极型三极管在电路中犹如一个闭合的开关。

(3) 放大区：特性曲线近似水平直线的区域为放大区。在这个区域里发射结正偏，集电结反偏，即 $U_C > U_B > U_E$。其特点是 I_C 的大小受 I_B 的控制，$\Delta I_C = \beta \Delta I_B$，双极型三极管具有电流放大作用。在放大区，$\beta$ 约等于常数，I_C 几乎按一定比例等距离平行变化。I_C 只受 I_B 的控制，几乎与 U_{CE}的大小无关。特性曲线反映出恒流源的特点，即双极型三极管可看作受基极电流控制的受控恒流源。

【例 2.1.1】 用直流电压表测得放大电路中晶体管 T_1 各电极的对地电位分别为 $U_X = +10$ V，$U_Y = 0$ V，$U_Z = +0.7$ V，如图 2.1.6(a)所示，T_2 管各电极电位 $U_X = +0$ V，$U_Y = -0.3$ V，$U_Z = -5$ V，如图 2.1.6(b)所示，试判断 T_1 和 T_2 各是何类型、何种材料的三极管，X、Y、Z 各是何电极？

【解】 工作在放大区的 NPN 型管应满足 $U_C > U_B > U_E$，PNP 型管应满足$U_C < U_B <$

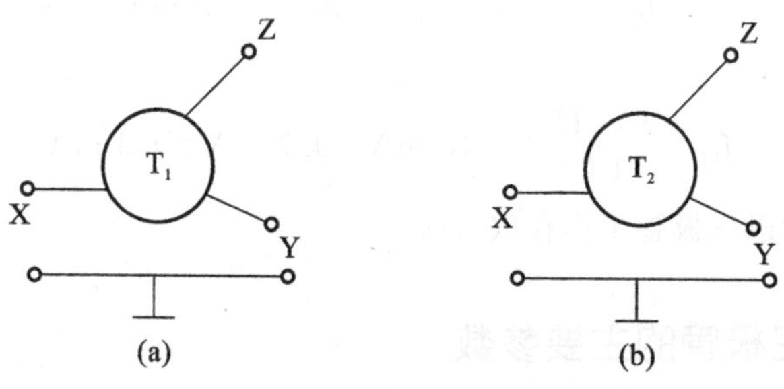

图 2.1.6　例 2.1.1 图

U_E，因此分析时，先找出三个电极的最高或最低电位，确定集电极，而电位差为导通电压的就是发射极和基极，根据发射极和基极的电位差值判断三极管的材质。

(1) 在图 2.1.6(a)中，Z 与 Y 的电压为 0.7 V，可确定为硅晶体管，因为 $U_X > U_Z > U_Y$，所以 X 为集电极，Y 为发射极，Z 为基极，满足 $U_C > U_B > U_E$ 的关系，管子为 NPN 型。

(2) 在图 2.1.6(b)中，X 与 Y 的电压为 0.3 V，可确定为锗晶体管，又因 $U_Z < U_Y < U_X$，所以 Z 为集电极，X 为发射极，Y 为基极，满足 $U_C < U_B < U_E$ 的关系，管子为 PNP 型。

【例 2.1.2】 在图 2.1.7 所示的电路中，双极型三极管均为硅晶体管，$\beta=30$，试分析各硅晶体管的工作状态。

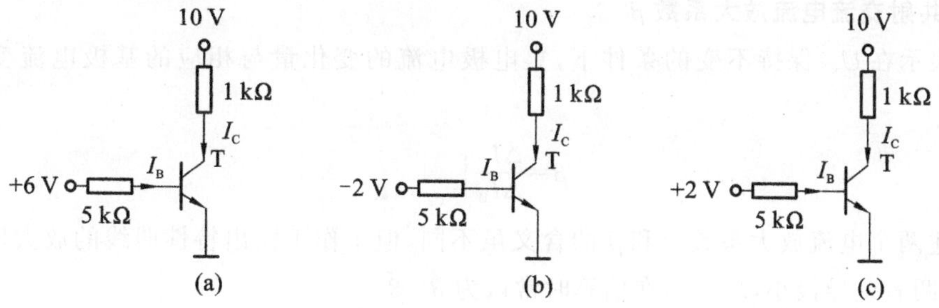

图 2.1.7　例 2.1.2 图

【解】 (1) 对于图 2.1.7(a)，因为基极偏置电源＋6 V 大于三极管的导通电压，故三极管的发射结正偏，三极管导通，基极电流为

$$I_B = \frac{6-0.7}{5}\ \text{mA} = \frac{5.3}{5}\ \text{mA} = 1.06\ \text{mA}$$

$$I_C = \beta I_B = 30 \times 1.06\ \text{mA} = 31.8\ \text{mA}$$

临界饱和电流为

$$I_{CS} = \frac{10 - U_{CES}}{1\ 000} = 10\ \text{mA} - 0.7\ \text{mA} = 9.3\ \text{mA}$$

因为 $I_C > I_{CS}$，所以三极管工作在饱和区。

(2) 对于图 2.1.7(b)，因为基极偏置电源－2 V 小于三极管的导通电压，三极管的发射结反偏，三极管截止，所以三极管工作在截止区。

(3) 对于图 2.1.7(c)，因为基极偏置电源＋2 V 大于三极管的导通电压，故三极管的发射结正偏，三极管导通基极电流为

$$I_B = \frac{2-0.7}{5}\ \text{mA} = \frac{1.3}{5}\ \text{mA} = 0.26\ \text{mA}$$

$$I_C=\beta I_B=30\times0.26\ \text{mA}=7.8\ \text{mA}$$

临界饱和电流为

$$I_{CS}=\frac{10-U_{CES}}{1\ 000}=10\ \text{mA}-0.7\ \text{mA}=9.3\ \text{mA}$$

因为 $I_C<I_{CS}$，所以三极管工作在放大区。

2.1.4 双极型三极管的主要参数

双极型三极管的参数用来表示双极型三极管的各种性能的指标，是评价双极型三极管的优劣和选用双极型三极管的依据，也是计算和调整双极型三极管电路时必不可少的根据。双极型三极管主要参数有以下几个。

1. 电流放大系数

1）共射直流电流放大系数 $\bar{\beta}$

它表示集电极电压一定时，集电极电流和基极电流之间的关系，即

$$\bar{\beta}=\frac{I_C-I_{CEO}}{I_B}\approx\frac{I_C}{I_B}$$

2）共射交流电流放大系数 β

它表示在 U_{CE} 保持不变的条件下，集电极电流的变化量与相应的基极电流变化量之比，即

$$\beta=\left.\frac{\Delta I_C}{\Delta I_B}\right|_{U_{CE}=\text{常数}}$$

上述两个电流放大系数 $\bar{\beta}$ 和 β 的含义虽不同，但工作于输出特性曲线的放大区的平坦部分时，两者差异极小，故今后在估算时常认为 $\bar{\beta}=\beta$。

由于制造工艺上的分散性，同一类型双极型三极管的 β 值差异很大。常用的小功率管，β 值一般为 20～200。β 过小，双极型三极管电流放大作用小；β 过大，双极型三极管工作稳定性差。一般选用 β 为40～100 的双极型三极管较为合适。

2. 极间反向饱和电流 I_{CBO} 和 I_{CEO}

1）集电结反向饱和电流 I_{CBO}

它是指发射极开路、集电结加反向电压时的集电极电流。常温下，硅管的 I_{CBO} 在纳安(10^{-9})的量级，通常可忽略。

2）集电极-发射极反向饱和电流 I_{CEO}

它是指基极开路时，集电极与发射极之间的反向电流，又称穿透电流。穿透电流的大小受温度的影响较大，在数值上约为 I_{CBO} 的 β 倍，穿透电流小的双极型三极管热稳定性好。

3. 极限参数

双极型三极管的极限参数规定了使用时不许超过的限度。双极型三极管的主要极限参数如下。

1）集电极最大允许耗散功率 P_{CM}

双极型三极管电流 I_C 与电压 U_{CE} 的乘积称为集电极耗散功率，这个功率导致集电结发热，温度升高。而双极型三极管的结温是有一定限度的，一般硅管的最高结温为 100～150 ℃，锗管的最高结温为 70～100 ℃，超过这个限度，三极管的性能就要变坏，甚至烧毁。因此，根据双极型三极管的允许结温定出了集电极最大允许耗散功率 P_{CM}，工作时双极型三极管消耗功率必须小于 P_{CM}。可以在输出特性的坐标系上画出 $P_{CM}=I_C U_{CE}$ 的曲线，称为集电极最大功率损耗线，如图 2.1.8 所示。曲线的左下方均满足 $P_C < P_{CM}$ 的条件，为安全区；右上方为过损耗区。

2）反向击穿电压 $U_{(BR)CEO}$

反向击穿电压 $U_{(BR)CEO}$ 是指基极开路时，加于集电极与发射极之间的最大允许电压。使用时如果超出这个电压，将导致集电极电流 I_C 急剧增大，这种现象称为击穿。击穿造成双极型三极管永久性损坏。一般取电源 $U_{CC} < U_{(BR)CEO}$。

3）集电极最大允许电流 I_{CM}

由于结面积和引出线的关系，还要限制双极型三极管的集电极最大允许电流，如果超过这个电流使用，双极型三极管的 β（频率特性如图 2.1.9 所示）就要显著下降，甚至双极型三极管可能损坏。I_{CM} 表示 β 值下降到正常值 2/3 时的集电极电流。通常 I_C 不应超过 I_{CM}。

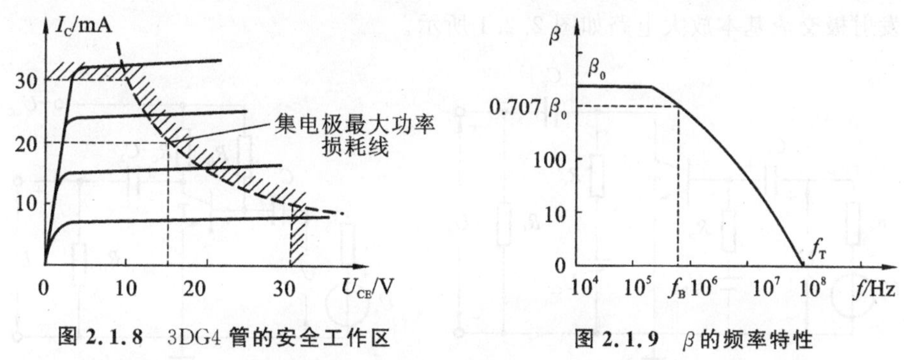

图 2.1.8　3DG4 管的安全工作区　　　图 2.1.9　β 的频率特性

P_{CM}、$U_{(BR)CEO}$ 和 I_{CM} 这三个极限参数决定了双极型三极管的安全工作区。图 2.1.8 根据 3DG4 管的三个极限参数 $P_{CM}=300$ mW，$I_{CM}=30$ mA，$U_{(BR)CEO}=30$ V，画出了它的安全工作区。

4. 温度对双极型三极管参数的影响

几乎所有的双极型三极管参数都与温度有关，因此不容忽视。温度对下列三个参数的影响最大。

1）温度对 I_{CBO} 的影响

I_{CBO} 是少数载流子形成的，与 PN 结的反向饱和电流一样，受温度影很大。无论硅管或锗管，作为工程上的估算，一般都按温度每升高 10 ℃，I_{CBO} 增大一倍来考虑。

2）温度对 β 的影响

温度升高时 β 增大。实验表明，对于不同类型的双极型三极管，β 随温度增长的情况是不同的，一般认为，以 25 ℃时测得的 β 值为基数，温度每升高 1 ℃，β 增加 0.5%～1%。

3）温度对发射结电压 U_{BE} 的影响

和二极管的正向特性一样，温度每升高 1 ℃，$|U_{BE}|$ 减小 2～2.5 mV。

因为 $I_{CEO}=(1+\beta)I_{CBO}$，而 $I_C=\beta I_B+(1+\beta)I_{CBO}$，所以温度升高使集电极电流 I_C 升高。换言之，集电极电流 I_C 随温度变化而变化。

2.2 三极管在放大区的应用

模拟信号是时间的连续函数，处理模拟信号的电路称为模拟电子电路。

模拟电子电路中的三极管通常都工作在放大状态，它和电路中的其他元件一起构成各种用途的放大电路。而基本放大电路又是构成各种复杂放大电路和线性集成电路的基本单元。三极管基本放大电路按结构有共发射极基本放大电路、共集电极基本放大电路和共基极基本放大电路三种，本书讨论前两种放大电路。

2.2.1 共发射极基本放大电路

1. 共发射极基本放大电路的组成

共发射极交流基本放大电路如图 2.2.1 所示。

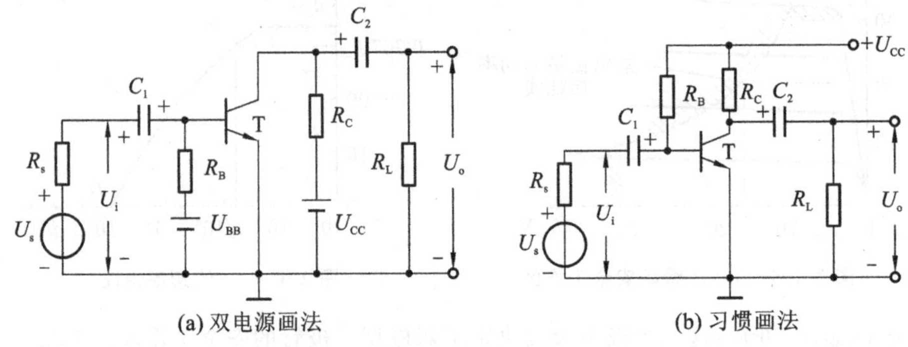

图 2.2.1 共发射级交流基本放大电路

在图 2.2.1(a)所示的共发射极交流基本放大电路中，输入端接低频交流电压信号 U_s（如音频信号，频率为 20 Hz～20 kHz），输出端接负载电阻 R_L（可能是小功率的扬声器微型继电器或后一级基本放大电路等），输出电压用 U_o 表示。电路中各元件作用如下。

（1）集电极电源 U_{CC} 是基本放大电路的能源，为输出信号提供能量，并保证发射结处于正向偏置、集电结处于反向偏置，使三极管工作在放大区。U_{CC} 取值一般为几伏到几十伏。

（2）三极管 T 是基本放大电路的核心元件。利用三极管在放大区的电流控制作用，即 $i_C=\beta i_B$ 的电流放大作用，将微弱的电信号进行放大。

（3）集电极电阻 R_C 是三极管的集电极负载电阻，它将集电极电流的变化转换为电压的变化，实现电路的电压放大作用。R_C 一般为几千欧到几十千欧。

（4）基极电阻 R_B 用以保证三极管工作在放大状态。改变 R_B 使三极管有合适的静态工

作点。R_B 一般取几十千欧到几百千欧。

(5) 耦合电容 C_1、C_2 起隔直流通交流的作用。在信号频率范围内,认为容抗近似为零。所以分析电路时,在直流通路中电容视为开路,在交流通路中电容视为短路。C_1、C_2 一般为十几微法到几十微法的有极性的电解电容。

2. 静态分析

基本放大电路未接入 U_s 前称静态。动态则指加入 U_s 后的工作状态。静态分析就是确定静态值,即直流电量,由电路中的 I_B、I_C 和 U_{CE} 一组数据来表示。这组数据是三极管输入/输出特性曲线上的某个工作点,习惯上称静态工作点,用 $Q(I_B, I_C, U_{CE})$ 表示。

基本放大电路质量的好坏与静态工作点的合适与否关系甚大。动态分析则是在已设置了合适的静态工作点的前提下,讨论基本放大电路的电压放大倍数、输入电阻和输出电阻等技术指标。

共发射极基本放大电路的交直流通路如图 2.2.2 所示。

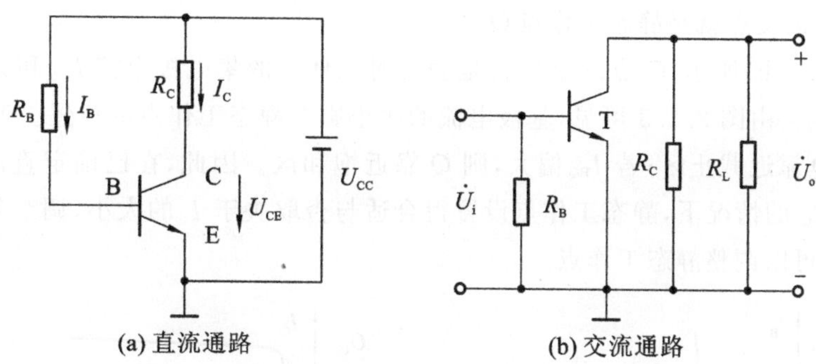

图 2.2.2　共发射极基本放大电路的交直流通路

1) 用估算法求静态工作点

由基本放大电路的直流通路确定静态工作点。

将耦合电容 C_1、C_2 视为开路,画出图 2.2.2(a)所示的共发射极基本放大电路的直流通路,由电路得

$$\left.\begin{aligned} I_B &= \frac{U_{CC}-U_{BE}}{R_B} \approx \frac{U_{CC}}{R_B} \\ I_C &= \beta I_B \\ U_{CE} &= U_{CC}-I_C R_C \end{aligned}\right\} \tag{2.2.1}$$

用式(2.2.1)可以近似估算此基本放大电路的静态工作点。三极管导通后,若为硅管,U_{BE} 的大小为 0.6~0.7 V;若为锗管,U_{BE} 的大小为 0.2~0.3 V。而当 U_{CC} 较大时,U_{BE} 可以忽略不计。

2) 用图解法求静态工作点

(1) 用输入特性曲线确定 I_{BQ} 和 U_{BEQ}。

根据图 2.2.2(a)所示电路中的输入回路,可列出输入回路电压方程:

$$U_{CC} = I_B R_B + U_{BE} \tag{2.2.2}$$

同时 U_{BE} 和 I_B 还符合三极管输入特性曲线所描述的关系,输入特性曲线用函数式表示为

$$I_{B}=f(U_{BE})\Big|_{U_{CE}=\text{常数}} \tag{2.2.3}$$

用作图的方法在输入特性曲线所在的 $U_{BE}-I_{B}$ 平面上作出式(2.2.3)对应的直线，那么求得的两线的交点就是静态工作点 Q，如图 2.2.3(a)所示，Q 点的坐标就是静态时的基极电流 I_{BQ} 和基极与发射极间电压 U_{BEQ}。

(2) 用输出特性曲线确定 I_{CQ} 和 U_{CEQ}。

由图 2.2.2(a)所示电路中的输出回路和三极管的输出特性曲线，可以写出下面两式：

$$U_{CC}=I_{C}R_{C}+U_{CE} \tag{2.2.4}$$

$$I_{C}=f(U_{CE})\Big|_{I_{B}=\text{常数}} \tag{2.2.5}$$

三极管的输出特性可根据已选定管子型号在手册上查找，或从图示仪上描绘，而式(2.2.4)为一直线方程，其斜率为 $\tan\alpha=-1/R_{C}$，在横轴的截距为 U_{CC}，在纵轴的截距为 U_{CC}/R_{C}。这一直线很容易在图 2.2.3(b)上作出。因为它是由直流通路得出的，且与集电极负载电阻有关，故称为直流负载线。由于已确定了 I_{BQ} 的值，因此直流负载线与 $I_{B}=I_{BQ}$ 所对应的那条输出特性曲线的交点就是静态工作点 Q。

如图 2.2.3(b)所示，Q 点的坐标就是静态时晶体管的集电极电流 I_{CQ} 和集电极与发射极间电压 U_{CEQ}。由图 2.2.3 可见，基极电流的大小影响静态工作点的位置。若 I_{BQ} 偏小，则静态工作点 Q 靠近截止区；若 I_{BQ} 偏大，则 Q 靠近饱和区。因此，在已确定直流电源 U_{CC} 和集电极电阻 R_{C} 的情况下，静态工作点设置得合适与否取决于 I_{B} 的大小，调节基极电阻 R_{B}，改变电流 I_{B}，可以调整静态工作点。

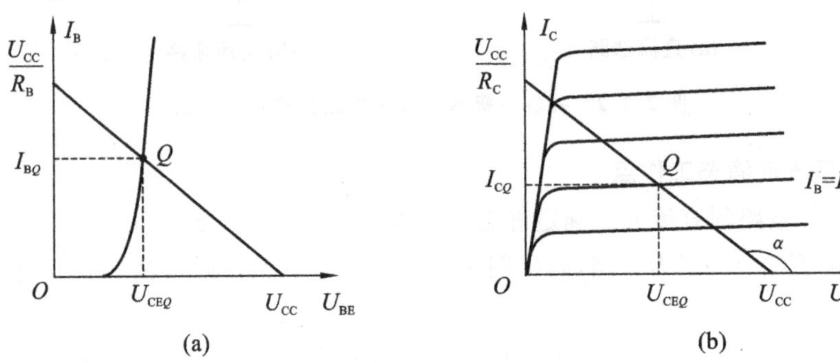

图 2.2.3 用图解法求静态工作点

3. 动态分析

静态工作点确定以后，基本放大电路在输入电压信号 U_{s} 的作用下，若三极管能始终工作在特性曲线的放大区，则基本放大电路输出端就能获得基本上不失真的放大的输出电压信号 U_{o}。基本放大电路的动态分析，就是要对基本放大电路中信号的传输过程、基本放大电路的性能指标等进行分析讨论，这也是模拟电子电路所要讨论的主要问题。微变等效电路法和图解法是动态分析的基本方法。

1) 信号在基本放大电路中的传输与放大

以图 2.2.4(a)为例来讨论。I_{B}、I_{C}、U_{CE} 表示直流分量(静态值)，i_{b}、i_{c}、u_{ce} 表示输入信号

作用下的交流分量(有效值用 I_b、I_c、U_{ce})，i_B、i_C、u_{CE} 表示总电流或总电压，这点务必搞清。

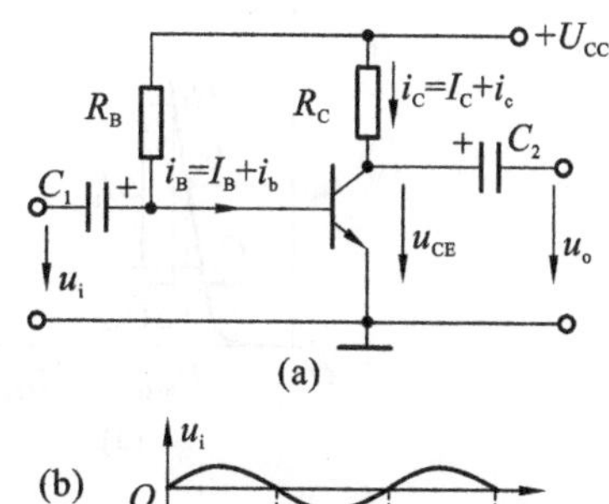

设输入信号 u_i 为正弦信号，通过耦合电容 C_1 加到三极管的基极和发射极，产生电流 i_b，因而基极电流 $i_B=I_B+i_b$。集电极电流受基极电流的控制，$i_C=I_C+i_c=\beta(I_B+i_b)$。电阻 R_C 上的压降为 i_CR_C，它随 i_C 成比例地变化。而集电极与发射极间的管压降 $u_{CE}=U_{CC}-i_CR_C=U_{CC}-(I_C+i_c)R_C=U_{CE}-i_cR_C$，它随 i_CR_C 的增大而减小。耦合电容 C_2 阻隔直流分量 U_{CE}，将交流分量 $u_{ce}=-i_cR_C$ 送至输出端，这就是放大后的信号电压 $u_o=u_{ce}=-i_cR_C$。u_o 为负，说明 u_i、i_b、i_c 为正半周时，u_o 为负半周，它与输入信号电压 u_i 反相。图 2.2.4(b)～图 2.2.4(f)所示为基本放大电路中各有关电压和电流的信号波形。

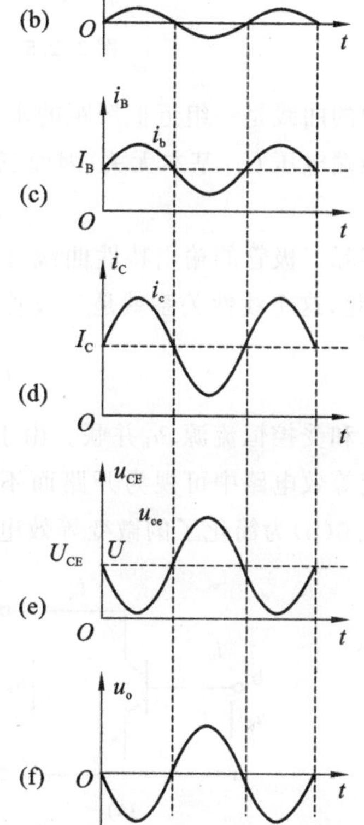

图 2.2.4　放大电路中电压、电流的波形

综上所述，可归纳以下几点。

(1) 无输入信号时，三极管的电压、电流都是直流分量。有输入信号后，i_B、i_C、u_{CE} 都在原来静态值的基础上叠加了一个交流分量。虽然 i_B、i_C、u_{CE} 的瞬时值是变化的，但它们的方向始终不变，即均是脉动直流量。

(2) 输出 u_o 与输入 u_i 频率相同，且幅度 u_o 比 u_i 大得多。

(3) 电流 i_b、i_c 与输入 u_i 同相，输出电压 u_o 与输入 u_i 反相，即共发射极基本放大电路具有“倒相”作用。

2）微变等效电路法

(1) 三极管的微变等效电路。所谓三极管的微变等效电路，就是三极管在小信号(微变量)的情况下工作在特性曲线直线段时，将三极管(非线性元件)用一个线性电路代替。

由图 2.2.5(a)所示三极管的输入特性曲线可知，在小信号作用下，Q_1～Q_2 工作范围内的曲线可视为直线，其斜率不变。两变量的比值称为三极管的输入电阻，即

$$r_{be}=\left.\frac{\Delta U_{BE}}{\Delta I_B}\right|_{U_{CE}=\text{常数}}=\frac{u_{be}}{i_b} \tag{2.2.6}$$

式(2.2.6)表示三极管的输入回路可用管子的输入电阻 r_{be} 来等效代替，其等效电路如图 2.2.6(b)所示。根据半导体理论及文献资料，工程中低频小信号下的 r_{be} 可用下式估算：

$$r_{be}=300\ \Omega+(1+\beta)\frac{26\ \text{mV}}{I_{EQ}} \tag{2.2.7}$$

小信号低频下工作时的晶体管的 r_{be} 一般为几百欧到几千欧。

由图 2.2.5(b)三极管的输出特性曲线可知，在小信号作用下，Q_1～Q_2 工作范围内，放

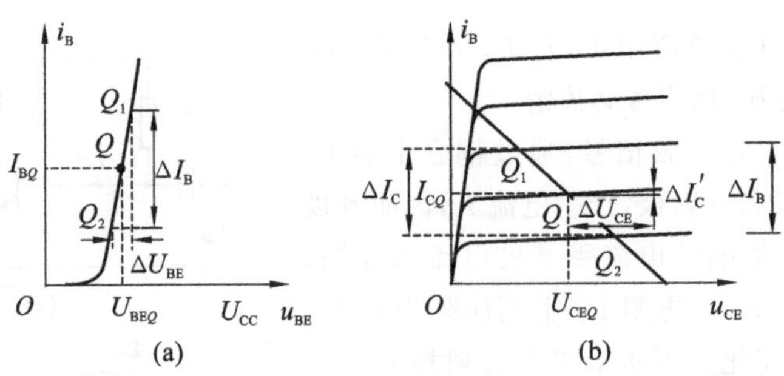

图 2.2.5 从三极管的特性曲线求 r_{be}、β 和 r_{ce}

大区中的曲线是一组近似等距的水平线，它反映了集电极电流 I_C 只受基极电流 I_B控制而与管子两端电压 U_{CE}基本无关，因而三极管的输出回路可等效为一个受控的恒流源，即

$$\Delta I_C=\beta\Delta I_B,\quad i_c=\beta i_b$$

实际三极管的输出特性曲线并非与横轴绝对平行。当 I_B 为常数时，ΔU_{CE}变化会引起$\Delta I_C'$变化，这个线性关系就是三极管的输出电阻 r_{ce}，即

$$r_{ce}=\left.\frac{\Delta U_{CE}}{\Delta I_C'}\right|_{I_B=常数}=\frac{u_{ce}}{i_c}$$

r_{ce}和受控恒流源 βi_b并联。由于输出特性近似为水平线，r_{ce}又为几十千欧到几百千欧，在微变等效电路中可视为开路而不予考虑。三极管的微变等效电路如图 2.2.6(a)所示。图 2.2.6(b)为简化了的微变等效电路。

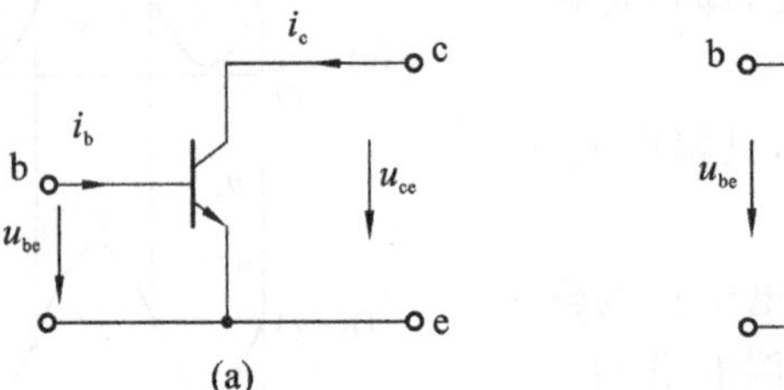

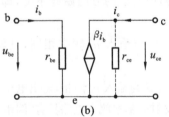

图 2.2.6 三极管的微变等效电路

(2) 共发射极基本放大电路的微变等效电路。可由基本放大电路的直流通路确定静态工作点。基本放大电路的交流通路则反映了信号的传输过程，通过它可以分析计算基本放大电路的性能指标。图 2.2.7(a)所示是图 2.2.1(b)所示共发射极基本放大电路的交流通路。

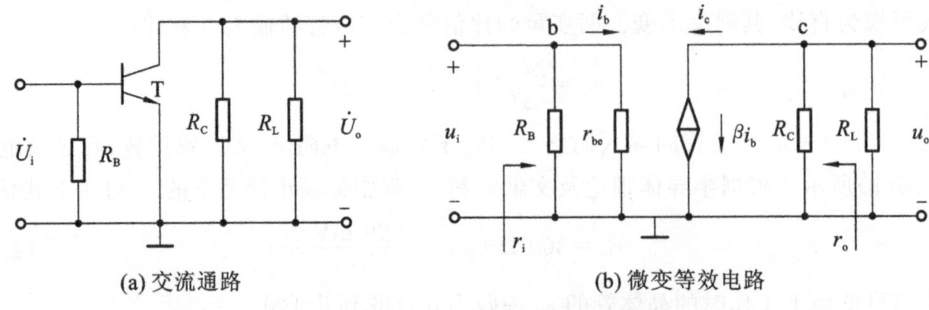

图 2.2.7 共发射级基本放大电路的交流通路及微变等效电路

C_1、C_2 的容抗对交流信号而言可忽略不计，在交流通路中视作短路；直流电源 U_{CC} 为恒压源，两端无交流压降也可视作短路。据此作出图 2.2.7(a)所示的交流通路。将交流通路中的三极管用微变等效电路来取代，可得图 2.2.7(b) 所示的共发射极基本放大电路的微变等效电路。

3）动态性能指标的计算

(1) 电压放大倍数 A_u。电压放大倍数是小信号电压放大电路的主要技术指标。设输入为正弦信号，图 2.2.7(b)中的电压和电流都可用相量表示。

由图 2.2.7(b)可列出

$$\dot{U}_o = -\beta \dot{I}_b \cdot (R_C /\!/ R_L)$$

$$\dot{U}_i = \dot{I}_b r_{be}$$

$$A_u = \frac{\dot{U}_o}{\dot{U}_i} = \frac{-\beta \dot{I}_b (R_C /\!/ R_L)}{\dot{I}_b r_{be}} = -\beta \frac{R'_L}{r_{be}} \tag{2.2.8}$$

其中，$R'_L = R_C /\!/ R_L$。A_u 为复数，它反映了输出电压与输入电压之间大小和相位的关系。

式(2.2.8)中的负号表示共发射极基本放大电路的输出电压与输入电压的相位反相。

当基本放大电路输出端开路(未接负载电阻 R_L)时，可得空载时的电压放大倍数(A_{uo})为

$$A_{uo} = -\beta \frac{R_C}{r_{be}} \tag{2.2.9}$$

比较式(2.2.8)和式(2.2.9)，可得出：基本放大电路接有负载电阻 R_L 时的电压放大倍数比空载时降低了。R_L 越小，电压放大倍数越低。一般共发射极基本放大电路为提高电压放大倍数，总希望负载电阻 R_L 大一些。

输出电压$\dot{U}_o$输入信号源电压$\dot{U}_s$之比，称为源电压放大倍数(A_{U_s})，即

$$A_{U_s} = \frac{\dot{U}_o}{\dot{U}_s} = \frac{\dot{U}_o}{\dot{U}_i} \cdot \frac{\dot{U}_i}{\dot{U}_s} = A_u \cdot \frac{r_i}{R_s + r_i} \approx \frac{-\beta R'_L}{R_s + r_{be}} \tag{2.2.10}$$

式(2.2.10)中，$r_i = R_B /\!/ r_{be} \approx r_{be}$(通常 $R_B \gg r_{be}$)。可见 R_s 越大，电压放大倍数越低。一般共发射极基本放大电路为提高电压放大倍数，总希望信号源内阻 R_s 小一些。

(2) 输入电阻 r_i。基本放大电路的输入端与信号源(或前一级放大电路)相通，输出端与负载(或下一级放大电路)相连。所以，基本放大电路与信号源、负载之间是互相联系又互相影响的关系，这种影响可以用输入电阻和输出电阻表示。

基本放大电路一定要有前级(信号源)为其提供信号，那么就要从信号源取电流。输入电阻是衡量基本放大电路从其前级所取的电流的大小的参数。输入电阻越大，从其前级取得的电流越小，对前级的影响越小。一般希望基本放大电路的输入电阻大一些。

图 2.2.2(a)所示共发射级基本放大电路的输入电阻可通过图 2.2.8 所示的等效电路计算得出。由图 2.2.8 可知，

$$r_i = \frac{\dot{U}_i}{\dot{I}_i} = R_B /\!/ r_{be} \tag{2.2.11}$$

一般有 $R_B \gg r_{be}$，所以 $r_i \approx r_{be}$。

(3) 输出电阻 r_o。基本放大电路是负载(或后一级基本放大电路)的等效信号源，其等效内阻就是基本放大电路的输出电阻 r_o，它是基本放大电路的性能参数。它的大小影响本

级和后一级基本放大电路的工作情况。基本放大电路的输出电阻 r_o，即从基本放大电路输出端看进去的戴维宁等效电路的等效内阻，实际采用以下方法计算。

将输入信号源短路，但保留信号源内阻，在输出端加一信号 U_o'，以产生一个电流 I_o'，则基本放大电路的输出电阻为

$$r_o=\left.\frac{U_o'}{I_o'}\right|_{U_s=0}$$

图 2.2.2(a)所示共发射级基本放大电路的输出电阻可通过图 2.2.9 所示的等效电路计算得出。由图可知，当 $U_s=0$ 时，$I_b=0$，$\beta I_b=0$，而在输出端加一信号 U_o，产生的电流 I_o 就是电阻 R_C 中的电流，取电压与电流之比为输出电阻。

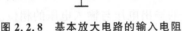

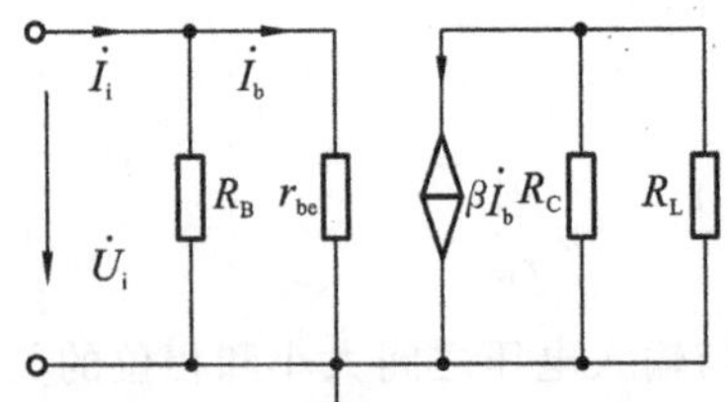

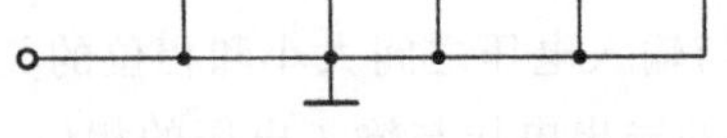

图 2.2.8　基本放大电路的输入电阻

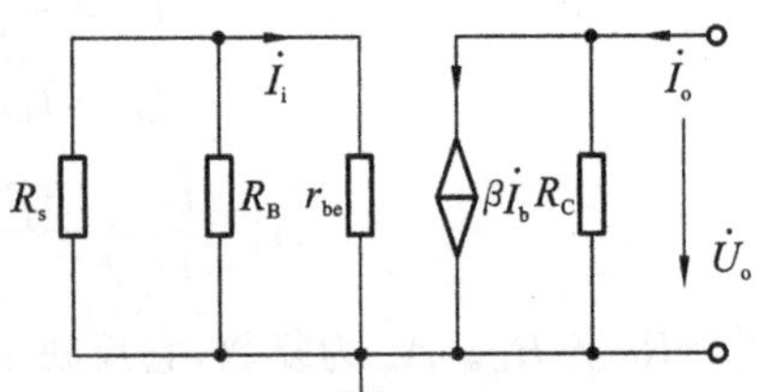

图 2.2.9　基本放大电路的输出电阻

$$r_o=\left.\frac{\dot{U}_o}{\dot{I}_o}\right|_{\dot{U}_s=0,R_L=\infty}=R_C \tag{2.2.12}$$

计算输出电阻的另一种方法是，假设基本放大电路负载开路(空载)时输出电压为 U_o'，接上负载后输出端电压为 U_o，则

$$U_o=\frac{R_L}{r_o+R_L}U_o'$$

$$r_o=\left(\frac{U_o'}{U_o}-1\right)R_L \tag{2.2.13}$$

由此可见，输出电阻越小，负载得到的输出电压越接近输出信号，或者说输出电阻越小，负载的大小变化对输出电压的影响越小，带载能力就越强。

一般输出电阻越小越好。原因是：第一，基本放大电路对后一级基本放大电路来说，相当于信号源的内阻，若 r_o 较大，则使后一级基本放大电路的有效输入信号降低，使后一级基本放大电路的 A_{U_s} 降低；第二，基本放大电路的负载发生变动，若 r_o 较大，必然引起基本放大电路输出电压有较大的变动，也即基本放大电路带负载能力较差。总之，希望基本放大电路的输出电阻 r_o 越小越好。

【例 2.2.1】　图 2.2.1 所示的共发射极交流基本放大电路，已知 $U_{CC}=12$ V，$R_B=300$ kΩ，$R_C=4$ kΩ，$R_L=4$ kΩ，$R_s=100$ Ω，三极管的 $\beta=40$。求：

(1) 估算静态工作点；

(2) 计算电压放大倍数；

(3) 计算输入电阻和输出电阻。

【解】　(1) 估算静态工作点。

由图 2.2.2(a)所示的直流通路得

$$I_B\approx\frac{U_{CC}}{R_B}=\frac{12}{300}\ \text{mA}=40\ \mu\text{A}$$

$$I_C = \beta I_B = 40 \times 40\ \mu A = 1.6\ mA$$

$$U_{CE} = U_{CC} - I_C R_C = 12\ V - 1.6 \times 4\ V = 5.6\ V$$

(2) 计算电压放大倍数。

首先画出如图 2.2.2(b)所示的交流通路，然后画出如图 2.2.7(b)所示的微变等效电路，可得

$$r_{be} = 300\ \Omega + (1+\beta)\frac{26}{I_E} = 300\ \Omega + 41 \times \frac{26}{1.6}\ \Omega = 0.966\ k\Omega$$

$$\dot{U}_o = -\beta \dot{I}_b \cdot (R_C /\!/ R_L)$$

$$\dot{U}_i = \dot{I}_b r_{be}$$

$$A_u = \frac{\dot{U}_o}{\dot{U}_i} = \frac{-\beta \dot{I}_b.(R_C /\!/ R_L)}{\dot{I}_b r_{be}} = -40 \times \frac{2}{0.966} = -82.8$$

(3) 计算输入电阻和输出电阻。

根据式(2.2.11)和式(2.2.12)得

$$r_i = \frac{\dot{U}_i}{\dot{I}_i} = R_B /\!/ r_{be} \approx 0.966\ k\Omega$$

$$r_o = R_C = 4\ k\Omega$$

4. 基本放大电路其他性能指标的介绍

输入信号经基本放大电路放大后，输出波形与输入波形不完全一致称为波形失真，而由于三极管特性曲线的非线性引起的失真称为非线性失真。下面分析静态工作点的位置对输出波形的影响。

1) 波形的非线性失真

如果静态工作点太低，如图 2.2.10 所示 Q' 点，从输出特性可以看到，当输入信号 u_i 在负半周时，三极管的工作范围进入截止区。这样就使 i_c' 的负半周波形和 v_o' 的正半周波形都严重失真(输入信号 u_i 为正弦波)，如图 2.2.10 所示。这种失真称为截止失真。

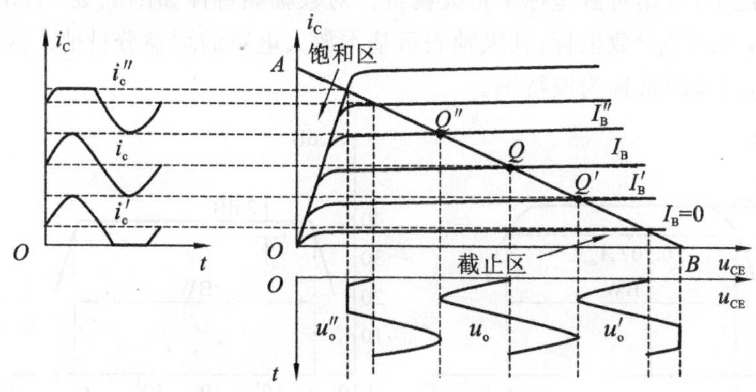

图 2.2.10　静态工作点位置与非线性失真的关系

消除截止失真的方法是提高静态工作点的位置，适当减小输入信号 u_i 的幅值。对于图 2.2.1 所示的共发射极交流基本放大电路，可以减小 R_B 阻值，增大 I_{BQ}，使静态工作点上移来消除截止失真。

如果静态工作点太高，如图 2.2.10 所示 Q''点，从输出特性可以看到，当输入信号 u_i 在正半周时，三极管的工作范围进入了饱和区。这样就使 i_c''的正半周波形和 u_o''的负半周波形都严重失真，如图 2.2.10 所示。这种失真称为饱和失真。

消除饱和失真的方法是降低静态工作点的位置，适当减小输入信号 u_i 的幅值。对于图 2.2.1 所示的共发射极交流基本放大电路，可以增大 R_B阻值，减小 I_{BQ}，使静态工作点下移来消除饱和失真。

总之，设置合适的静态工作点，可避免基本放大电路产生非线性失真。如图 2.2.10 所示，Q 点选在放大区的中间，相应的 i_c 和 u_o 都没有失真。但是还应注意，即使 Q 点设置合适，若输入 u_i 的信号幅度过大，则可能既产生饱和失真又产生截止失真。

2）通频带

由于基本放大电路含有电容元件（耦合电容 C_1、C_2 及布线电容、PN 结的结电容），当频率太高或太低时，微变等效电路不再是电阻性电路，输出电压与输入电压的相位发生了变化，电压放大倍数也将减小，所以交流基本放大电路只能在中间某一频率范围（简称中频段）内工作。通频带就是反映基本放大电路对信号频率的适应能力的性能指标。图 2.2.11(a)所示为电压放大倍数 A_u 与频率 f 的关系曲线，称为幅频特性。可见在低频段 A_u 有所减小，这是因为当频率低时，耦合电容的容抗不可忽略，信号在耦合电容上的电压降增加。在高频段 A_u 下降的原因是高频时三极管的 β 值下降和电路的布线电容、PN 结的结电容的影响。

图 2.2.11(a)所示的幅频特性中，其中频段的电压放大倍数为 A_{um}。当电压放大倍数下降到$\frac{1}{\sqrt{2}}A_{um}$（约 $0.707A_{um}$）时，所对应的两个频率分别称为上限频率 f_H和下限频率 f_L，f_H-f_L 的频率范围称为基本放大电路的通频带（或称带宽）BW。

$$BW=f_H-f_L$$

由于一般 $f_L \ll f_H$，故 $BW \approx f_H$。通频带越宽，表示基本放大电路的工作频率范围越大。

对于频带的基本放大电路，如果幅频特性的频率坐标用十进制坐标，可能难以表达完整。在这种情况下，可用对数坐标来扩大视野。对数幅频特性如图 2.2.11(b)所示，其横轴表示信号频率，用的是对数坐标；其纵轴表示基本放大电路的增益分贝值。这种画法首先是由波特提出的，故该图常称为波特图。

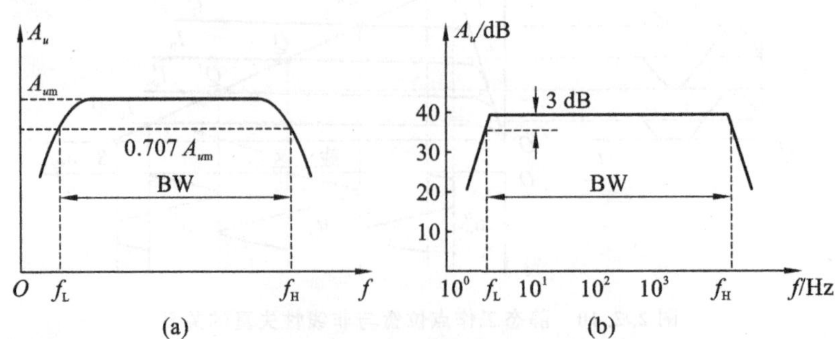

图 2.2.11　放大电路通频带

在工程中，为了便于计算，常用分贝(dB)表示放大倍数（增益）。

$$A_u = 20\lg A_u$$

而

$$20\lg\left(\frac{1}{\sqrt{2}}\right) = -3\ \text{dB}$$

因此，在工程上通常把 $f_H - f_L$ 的频率范围称为放大电路的“-3 dB”通频带(简称 3 dB 带宽)。

3）最大输出幅度

最大输出幅度是指输出波形的非线性失真在允许限度内，基本放大电路所能供给的最大输出电压(或输出电流)，一般指有效值，以 U_{omax}(或 I_{omax})表示。

图解法能直观地分析基本放大电路的工作过程，估算电压放大倍数，清晰地观察到波形失真情况，估算出不失真时最大限度的输出幅度。但图解法也有其局限性，作图过程烦琐，误差大，且不能计算输入电阻、输出电阻、多级放大电路及反馈放大电路等。图解法适于分析在大信号下工作的基本放大电路(功率放大电路)，对小信号放大电路用微变等效电路则简便得多。

2.2.2　静态工作点稳定电路

前面的讨论已明确：放大必须有个合适的静态工作点，以保证较好的放大效果，并不引起非线性失真。下面讨论影响静态工作点变动的主要原因及能够稳定工作点的偏置电路。

1. 温度对静态工作点的影响

静态工作点不稳定的主要原因是温度变化和更换三极管的影响。下面着重讨论温度变化对静态工作点的影响。对于图 2.2.1(a)所示的共发射极交流基本放大电路，其偏置电流为

$$I_B = \frac{U_{CC} - U_{BE}}{R_B} \approx \frac{U_{CC}}{R_B}$$

可见，U_{CC} 及 R_B 一经选定，I_B 就被确定了，故该电路称为固定偏置放大电路。

此电路简单，易于调整，但温度变化导致集电极电流 I_C 增大时，输出特性曲线族将向上平移，如图 2.2.12 中虚线所示。因为当温度升高时，I_{CBO} 要增大。由于 $I_{CEO} = (1+\beta) I_{CBO}$，故 I_{CEO} 也要增大。又因为 $I_C = \beta I_B + I_{CEO}$，$I_{CEO}$ 的增大将使整个输出特性曲线族向上平移。如图 2.2.12 所示，这时静态工作点将从 Q 点移到 Q_2 点。I_{CQ} 增大，U_{CEQ} 减小，工作点向饱和区移动。这是造成静态工作点随温度变化的主要原因。

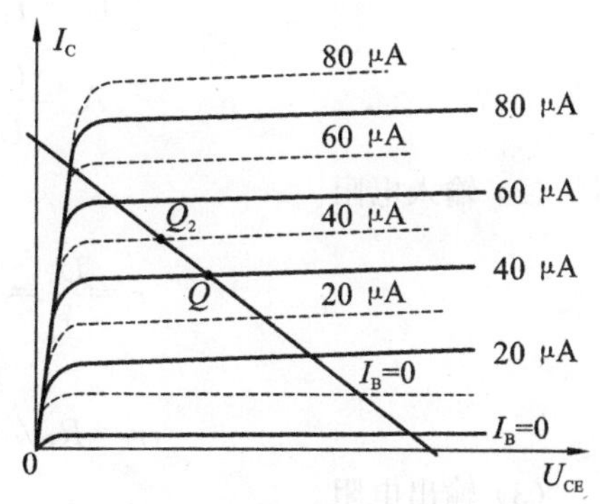

图 2.2.12　温度对 Q 点的影响

2. 分压式偏置放大电路

通过前面的分析我们知道：三极管的参数 I_{CEO} 随温度升高对工作点的影响，最终都表现在使静态工作点电流 I_C 增加，流过 R_C 后静态工作点电压 U_{CE} 下降上。所以我们设法使 I_C 在温度变化时能维持恒定，则静态工作点就可以保持稳定了。

图 2.2.13(a)所示的分压式偏置放大电路，正

是基于这一思想，首先利用 R_{B1}、R_{B2} 的分压为基极提供一个固定电压。当 $I_1 \gg I_B$（5 倍以上），则认为 I_B 不影响 U_B，基极电位为

$$U_B=\frac{R_{B2}}{R_{B1}+R_{B2}}U_{CC} \tag{2.2.14}$$

其次在发射极串接一个电阻 R_E，使得温度 $T\uparrow\rightarrow I_C\uparrow\rightarrow I_E\uparrow\rightarrow U_E\uparrow\rightarrow U_{BE}\downarrow\rightarrow I_B\downarrow\rightarrow I_C\downarrow$。

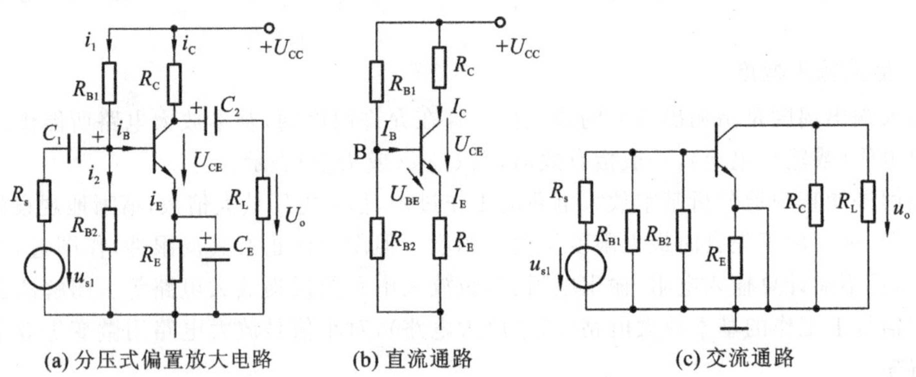

图 2.2.13　分压式偏置放大电路

当温度升高使 I_C 增大时，电阻 R_E 上的压降 I_ER_E 增加，也即发射极电位 U_E 升高，而基极电位 U_B 固定，所以净输入电压 $U_{BE}=U_B-U_E$ 减小，从而使输入电流 I_B 减小，最终导致集电极电流 I_C 减小，这样在温度变化时静态工作点便得到了稳定，但是 R_E 的存在使得输入电压 u_i 不能全部加在 B、E 两端，使 u_o 减小，造成了 A_u 的减小。为了克服这一不足，在 R_E 两端再并联一个旁路电容 C_E，使得对于直流 C_E 相当于开路，仍能稳定静态工作点，而对于交流信号，C_E 相当于短路，这使输入信号不受损失，电路的放大倍数不至于因为稳定了静态工作点而下降。一般旁路电容 C_E 取几十微法到几百微法。图 2.2.13 中 R_E 越大，稳定性越好。但过大的 R_E 会使 U_{CE} 下降，影响输出 u_o 的幅度，通常小信号放大电路中 R_E 取几百欧到几千欧。

第一，画出微变等效电路，如图 2.2.14 所示，电路中的电容对于交流信号来说可视为短路，R_E 被 C_E 交流旁路掉了。图 2.2.14 中，$R_B=R_{B1}/\!/R_{B2}$。

（1）电压放大倍数。

$$\dot{U}_o=-\beta\dot{I}_bR'_L$$

$$R'_L=R_C/\!/R_L$$

$$\dot{U}_i=\dot{I}_br_{be}$$

$$A_u=\frac{\dot{U}_o}{\dot{U}_i}=\frac{-\beta\dot{I}_bR'_L}{\dot{I}_br_{be}}=\frac{-\beta R'_L}{r_{be}} \tag{2.2.15}$$

（2）输入电阻。

$$r_i=\frac{\dot{U}_i}{\dot{I}_i}=\frac{\dot{U}_i}{\dfrac{\dot{U}_i}{R_{B1}}+\dfrac{\dot{U}_i}{R_{B2}}+\dfrac{\dot{U}_i}{r_{be}}} \tag{2.2.16}$$

$$r_i=R_B/\!/r_{be}=R_{B1}/\!/R_{B2}/\!/r_{be}\approx r_{be}$$

（3）输出电阻。

$$r_o=R_C \tag{2.2.17}$$

第二，若电路中无旁路电容 C_E，对于交流信号而言，R_E 未被 C_E 交流旁路掉，其微变等效电路如图 2.2.15 所示，图中 $R_B=R_{B1}/\!/R_{B2}$。分析如下。

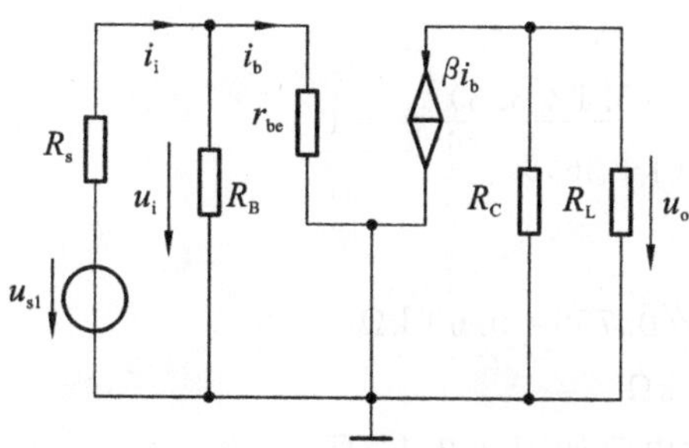

图 2.2.14　含 C_E 的微变等效电路

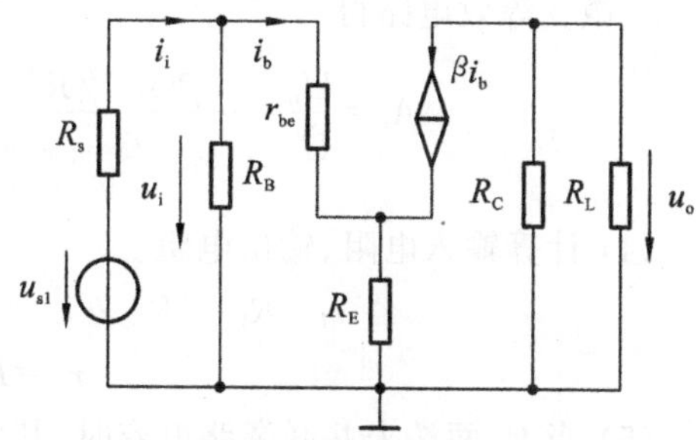

图 2.2.15　不含 C_E 的微变等效电路

（1）电压放大倍数。

$$\begin{aligned}\dot{U}_o&=-\beta\dot{I}_bR_L'\\ R_L'&=R_C/\!/R_L\\ \dot{U}_i&=\dot{I}_br_{be}+(1+\beta)\dot{I}_bR_E\end{aligned}\tag{2.2.18}$$

$$A_u=\frac{\dot{U}_o}{\dot{U}_i}=\frac{-\beta\dot{I}_bR_L'}{\dot{I}_br_{be}+(1+\beta)\dot{I}_bR_E}=\frac{-\beta R_L'}{r_{be}+(1+\beta)R_E}\tag{2.2.19}$$

（2）输入电阻。

$$\dot{U}_i=\dot{I}_br_{be}+(1+\beta)\dot{I}_bR_E$$

$$r_i=\frac{\dot{U}_i}{\dot{I}_i}=\frac{\dot{U}_i}{\dfrac{\dot{U}_i}{R_B}+\dfrac{\dot{U}_i}{r_{be}+(1+\beta)R_E}}=\frac{\dot{U}_i}{\dfrac{\dot{U}_i}{R_{B2}}+\dfrac{\dot{U}_i}{R_{B2}}+\dfrac{\dot{U}_i}{r_{be}+(1+\beta)R_E}}\tag{2.2.20}$$

$$r_i=R_{B1}/\!/R_{B2}/\!/[r_{be}+(1+\beta)R_E]$$

（3）输出电阻。

$$r_o=R_C$$

【例 2.2.2】　图 2.2.13 所示的分压式偏置放大电路中，已知 $U_{CC}=24\ \text{V}$，$R_{B1}=33\ \text{k}\Omega$，$R_{B2}=10\ \text{k}\Omega$，$R_C=3.3\ \text{k}\Omega$，$R_E=1.5\ \text{k}\Omega$，$R_L=5.1\ \text{k}\Omega$，三极管 $\beta=66$，设 $R_s=0$。求：

（1）估算静态工作点；

（2）画微变等效电路；

（3）计算电压放大倍数；

（4）计算输入电阻、输出电阻；

（5）当 R_E 两端未并联旁路电容时，画出其微变等效电路，计算电压放大倍数、输入电阻和输出电阻。

【解】　（1）估算静态工作点。

$$U_{BE}=0.7\ \text{V}$$

$$U_B=\frac{R_{B2}}{R_{B1}+R_{B2}}U_{CC}=\frac{10}{33+10}\times24\ \text{V}=5.6\ \text{V}$$

$$I_C\approx I_E=\frac{U_B-U_{BE}}{R_E}\approx\frac{U_B}{R_E}=\frac{5.6}{1.5}\ \text{mA}=3.7\ \text{mA}$$

$$U_{CE}\approx U_{CC}-I_C(R_C+R_E)=24\ \text{V}-3.7\times(3.3+1.5)\ \text{V}=5.76\ \text{V}$$

(2) 画微变等效电路,如图 2.2.14 所示。

(3) 计算电压放大倍数。

由微变等效电路得

$$A_u=\frac{\dot{U}_o}{\dot{U}_i}=\frac{-\beta(R_L/\!/R_C)}{r_{be}}=\frac{-66\times(5.1/\!/3.3)}{300+(1+66)\times\dfrac{26}{3.7}}=-171$$

(4) 计算输入电阻、输出电阻。

$$r_i=R_{B1}/\!/R_{B2}/\!/r_{be}=33/\!/10/\!/0.758=0.69\ \mathrm{k\Omega}$$

$$r_o=R_C=3.3\ \mathrm{k\Omega}$$

(5) 当 R_E 两端未并联旁路电容时,其微变等效电路如图 2.2.15 所示。

电压放大倍数:

$$r_{be}=300\ \Omega+(1+66)\times\frac{26}{3.8}\ \Omega=0.771\ \mathrm{k\Omega}$$

$$A_u=\frac{\dot{U}_o}{\dot{U}_i}=\frac{-\beta(R_L/\!/R_C)}{r_{be}+(1+\beta)R_E}=\frac{-66\times(5.1/\!/3.3)}{0.771+(1+66)\times1.5}=-1.3$$

输入电阻、输出电阻:

$$r_i=R_{B1}/\!/R_{B2}/\!/[r_{be}+(1+\beta)R_E]=33/\!/10/\!/[0.771+(1+66)\times1.5]=7.66\ \mathrm{k\Omega}$$

$$r_o=R_C=3.3\ \mathrm{k\Omega}$$

从计算结果可知,去掉旁路电容后,电压放大倍数减小了,输入电阻增大了。这是因为电路引入了串联负反馈。负反馈内容在下一章讨论。

2.2.3 共集电极基本放大电路

由交流通路可见,集电极是输入回路和输出回路的公共端。输入回路为基极到集电极的回路,输出回路为发射极到集电极的回路。所以,从电路连接特点而言,射极输出器为共集电极基本放大电路(见图 2.2.16)。

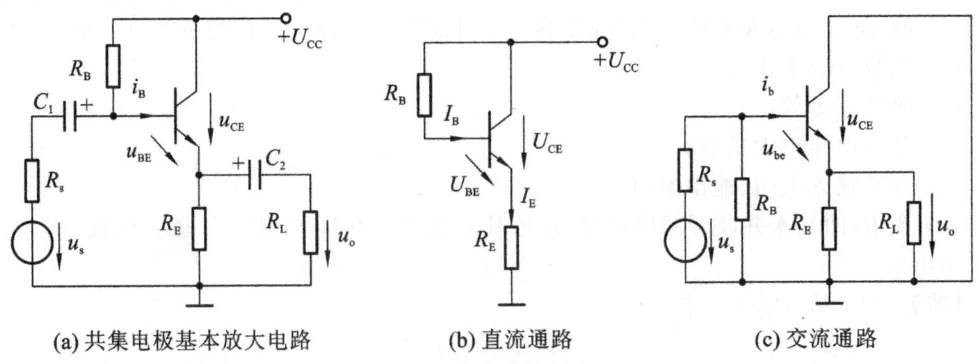

图 2.2.16　共集电极基本放大电路

与已讨论过的共发射极基本放大电路相比,射极输出器有着明显的特点,学习时务必注意。

1. 静态分析

图 2.2.16(b)所示为射极输出器的直流通路，由此确定静态值。

$$U_{CC}=I_BR_B+U_{BE}+I_ER_E,\quad I_E=I_B+I_C=(1+\beta)I_B$$

$$\left.\begin{aligned}I_B&=\frac{U_{CC}-U_{BE}}{R_B+(1+\beta)R_E}\\I_E&=\frac{U_{CC}-U_{BE}}{\dfrac{R_B}{1+\beta}+R_E}\\U_{CE}&=U_{CC}-I_ER_E-(1+\beta)R_E\end{aligned}\right\}\tag{2.2.21}$$

2. 动态分析

由图 2.2.16(c)所示的交流通路画出微变等效电路，如图 2.2.17 所示。

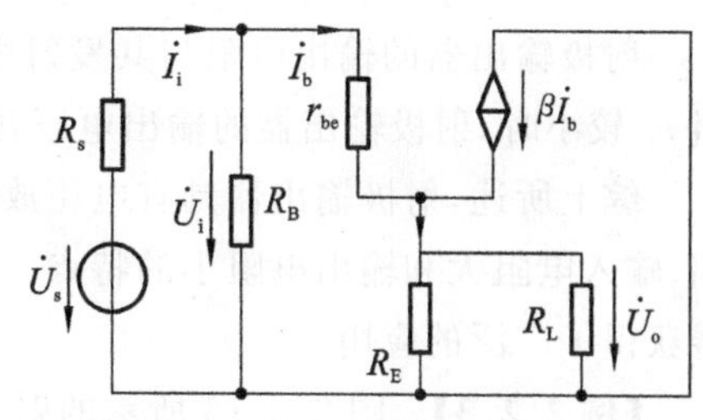

图 2.2.17　微变等效电路

1）电压放大倍数

由微变等效电路及电压放大倍数的定义得

$$\dot{U}_o=(1+\beta)\dot{I}_b(R_E/\!/R_L)$$

$$\dot{U}_i=\dot{I}_br_{bc}+\dot{U}_o=\dot{I}_br_{bc}+(1+\beta)\dot{I}_b(R_E/\!/R_L)$$

$$A_u=\frac{\dot{U}_o}{\dot{U}_i}=\frac{(1+\beta)\dot{I}_b(R_E/\!/R_L)}{\dot{I}_br_{be}+(1+\beta)\dot{I}_b(R_E/\!/R_L)}=\frac{(1+\beta)(R_E/\!/R_L)}{r_{be}+(1+\beta)(R_E/\!/R_L)}\tag{2.2.22}$$

从式 (2.2.22) 可以看出，射极输出器的电压放大倍数恒小于 1，但接近 1。

若$(1+\beta)(R_E/\!/R_L)\gg r_{be}$，则 $A_u\approx 1$，输出电压$\dot{U}_o\approx\dot{U}_i$，$A_u$ 为正数，说明$\dot{U}_o$与$\dot{U}_i$ 不但大小基本相等并且相位相同，即输出电压紧紧跟随输入电压的变化而变化。因此，射极输出器也称为电压跟随器。

值得指出的是，尽管射极输出器无电压放大作用，但射极电流 I_e 是基极电流 I_b 的$(1+\beta)$倍，输出功率也近似是输入功率的$(1+\beta)$倍，所以射极输出器具有一定的电流放大作用和功率放大作用。

2）输入电阻

由图 2.2.17 所示的微变等效电路及输入电阻的定义得

$$r_i=\frac{\dot{U}_i}{\dot{I}_i}=\frac{\dot{U}_i}{\dfrac{\dot{U}_i}{R_B}+\dfrac{\dot{U}_i}{r_{be}+(1+\beta)(R_E/\!/R_L)}}=\frac{1}{\dfrac{1}{R_B}+\dfrac{1}{r_{be}+(1+\beta)(R_E/\!/R_L)}}$$

$$=R_B/\!/[r_{be}+(1+\beta)(R_E/\!/R_L)]$$

一般 R_B和$[r_{be}+(1+\beta)(R_E/\!/R_L)]$都要比 r_{be} 大得多，因此射极输出器的输入电阻比共发射极基本放大电路的输入电阻要大。射极输出器的输入电阻高达几十千甚至几百千欧。

3）输出电阻

根据输出电阻的定义，用加压求流法计算输出电阻，其等效电路如图 2.2.18 所示。图中已去掉独立源(信号源$\dot{U}_s$)。在输出端加上电压 $\dot{U}_o'$，产生电流 $\dot{I}_o'$。由图 2.2.18 得

$$\dot{I}_o'=-\dot{I}_b-\dot{\beta i}_b+\dot{I}_e=-(1+\beta)\dot{I}_b+\dot{I}_e=(1+\beta)\frac{\dot{U}_o'}{r_{be}+(R_B/\!/R_s)}+\frac{\dot{U}_o'}{R_E}$$

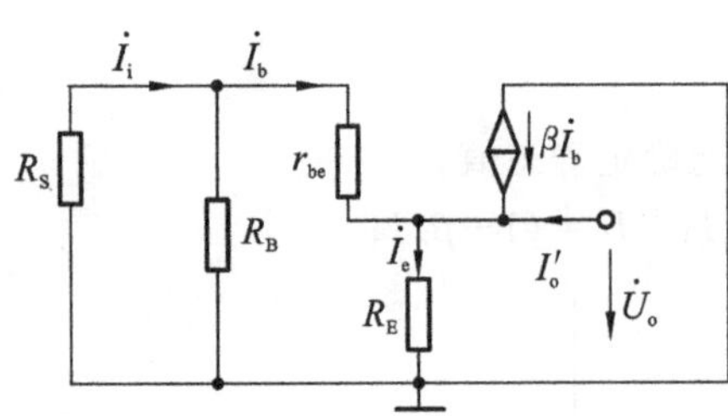

图 2.2.18　共集电极基本放大电路的输出电阻

$$r_o=\frac{\dot{U}_o}{\dot{I}'_o}=\frac{\dot{U}'_o}{\frac{\dot{U}'_o}{r_{be}+(R_B+R_E)}+\frac{\dot{U}'_o}{R_E}}=R_E/\!/\frac{r_{be}+(R_B/\!/R_s)}{1+\beta}$$

在一般情况下，$R_B\gg R_s$，所以 $r_o\approx R_E/\!/\frac{r_{bc}+R_s}{1+\beta}$。而通常，$R_E\gg\frac{r_{bc}+R_s}{1+\beta}$，因此输出电阻又可近似为$\frac{r_{be}+R_s}{\beta}$。若 $r_{be}\gg R_s$，则 $r_o\approx\frac{r_{be}}{\beta}$。

射极输出器的输出电阻与共发射极基本放大电路相比是较小的，一般为几欧到几十欧。当 r_o 较小时，射极输出器的输出电压几乎具有恒压性。

综上所述，射极输出器具有电压放大倍数恒小于 1 但接近于 1、输入电压和输出电压同相、输入电阻大和输出电阻小的特点。尤其是输入电阻大和输出电阻小的特点，使射极输出器获得了广泛的应用。

【例 2.2.3】 图 2.2.16 所示的射极输出器。已知 $U_{CC}=12$ V，$R_B=120$ kΩ，$R_E=4$ kΩ，$R_L=4$ kΩ，$R_s=100$ Ω，三极管 $\beta=40$。求：

(1) 估算静态工作点；

(2) 画微变等效电路；

(3) 计算电压放大倍数；

(4) 计算输入电阻、输出电阻。

【解】 (1) 估算静态工作点。

$$I_B=\frac{U_{CC}-U_{BE}}{R_B+(1+\beta)R_E}=\frac{12-0.6}{120+(1+40)\times 4}\text{ mA}=40\ \mu\text{A}$$

$$I_C=\beta I_B=40\times 40\ \mu\text{A}=1.6\text{ mA}$$

$$U_{CE}=U_{CC}-I_ER_E\approx 12\text{ V}-1.6\times 4\text{ V}=5.44\text{ V}$$

(2) 画微变等效电路，如图 2.2.17 所示。

(3) 计算电压放大倍数。

$$A_u=\frac{(1+\beta)(R_E/\!/R_L)}{r_{be}+(1+\beta)(R_E/\!/R_L)}=\frac{(1+40)\times(4/\!/4)}{0.95+(1+40)\times(4/\!/4)}=0.99$$

其中：

$$r_{bc}=300+(1+\beta)\frac{26}{I_E}=300\ \Omega+(1+40)\times\frac{26}{1.64}\ \Omega=0.95\text{ k}\Omega$$

(4) 计算输入电阻、输出电阻。

$$r_i=R_B/\!/[r_{be}+(1+\beta)(R_E/\!/R_L)]=120/\!/[0.95+41\times(4/\!/4)]\text{k}\Omega=49\text{ k}\Omega$$

$$r_o=R_E/\!/\frac{r_{be}+(R_B/\!/R_s)}{1+\beta}=4/\!/\frac{0.95+(0.1/\!/120)}{1+40}\text{ k}\Omega=25.3\ \Omega$$

3. 射极输出器的作用

射极输出器由于输入电阻大，常被用于多级放大电路的输入级。这样，可减轻信号源的负

担,又可获得较大的信号电压。这对内阻较大的电压信号来讲更有意义。在电子测量仪器的输入级采用共集电极基本放大电路作为输入级,较大的输入电阻可减小对测量电路的影响。

射极输出器由于输出电阻小,常被用于多级放大电路的输出级。当负载变动时,因为射极输出器具有几乎为恒压源的特性,输出电压不随负载变动而保持稳定,具有较强的带负载能力。

射极输出器也常作为多级放大电路的中间级。射极输出器的输入电阻大,即前一级的负载电阻大,可提高前一级的电压放大倍数;射极输出器的输出电阻小,即后一级的信号源内阻小,可提高后一级的电压放大倍数。这对于多级共发射极基本放大电路来讲,射极输出器起到了阻抗变换作用,提高了多级共发射极基本放大电路的总的电压放大倍数,改善了多级共发射极基本放大电路的工作性能。

由三极管构成的基本放大器有三种组态,即共射放大器、射极跟随器和共基极放大器。它们的交流性能有差别,用途亦不同。三种电路的比较可参见表 2.2.1 三种组态的比较。

表 2.2.1　三种组态的比较

组　态	共　射	射　随	共基(自学)
电压放大倍数	较大	近似为 1	较大
电流放大倍数	较大	较大	近似为 1
输入电阻	适中	很大	较小
输出电阻	适中	很小	适中
通频带	较窄	较宽	很宽
相位关系	输入与输出反相	输入与输出同相	输入与输出同相
用途	(放大交流信号) 可做多级放大器的中间级	(缓冲、隔离) 可做多级放大器的输入级、输出级和中间级	(提高频率特性) 可用作宽带放大器

注:带有发射极电阻的共射放大器,其电压放大倍数会大幅下降,同时输入电阻也会增加,若要增大电压放大倍数,可以在发射极电阻的两端并联旁路电容。

三极管的三种组态放大电路尽管接法不同,但有一点是相同的,即三极管的发射结加正向偏置电压,集电结加反向偏置电压。由于输入信号和输出信号的公共端不同,交流信号在放大过程中的流通途径不相同,从而使得放大电路的性能也有所不同。表 2.2.1 列出了共发射极、共集电极、共基极三种组态电路的结构特点及用途。

2.2.4　多级放大电路

实际电子设备中,输入信号是很微弱的,要将信号放大到足以推动负载,仅用单级放大是不可能实现的,必须使用多级放大。多级放大器由若干个单级放大器连接而成,这些单级放大器根据其功能和在电路中的位置,可划分为输入级、中间级和输出级,如图 2.2.19 所示。

图 2.2.19　多级放大器框图

放大器级与级之间的连接称为耦合。通过耦合将信号源或前级的输出信号不失真地传输到后级的输入端。耦合方式有阻容耦合、直接耦合和变压器耦合三种。变压器耦合用变压器作为耦合元件，由于变压器体积大、质量轻，目前已很少采用，这里只讨论应用较多的前两种耦合方式。

1. 阻容耦合

阻容耦合利用电容和电阻作为耦合元件将前后两级放大电路连接起来。其中电容器称为耦合电容。典型的两级阻容耦合放大器如图 2.2.20(a)所示。图 2.2.20(a)中的第一级的输出信号通过电容 C_2、R_{b2} 和第二级的输入端相连接。

阻容耦合的优点：前级和后级的直流通路彼此隔开，各级的静态工作点相互独立，互不影响。这就给分析、设计和调试电路带来很大的方便。此外，阻容耦合还具有体积小、质量轻的优点，因此在多级交流放大电路中得到了广泛应用。

阻容耦合的缺点：因电容对交流信号具有一定的容抗，在传输过程中信号会衰减；对直流信号(或变化缓慢的信号)容抗很大，不便于传输；在集成电路中，制造大电容很困难，不利于集成化。

2. 直接耦合

将前级放大电路和后级放大电路直接相连的耦合方式称为直接耦合，如图 2.2.20(b)所示。直接耦合所用元件少，体积小，低频特性好，便于集成化。直接耦合既可以放大交流信号，也可以放大直流信号。

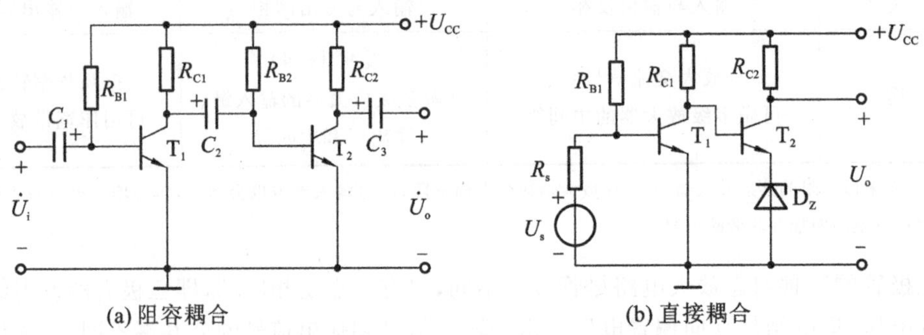

图 2.2.20　多级放大电路耦合方式

直接耦合的缺点：前级和后级的直流通路相通，使得各级静态工作点相互影响。另外，由于温度变化等原因，放大电路在输入信号为零时，输出端出现信号不为零的现象，即产生零点漂移。零点漂移严重时将会影响放大器的正常工作，必须采取措施予以解决。直接耦合放大器多用于直流放大器。

在直接耦合放大电路中，若将输入端短接(让输入信号为零)，在输出端接上记录仪，可发现输出端随时间仍有缓慢的无规则的信号输出，如图 2.2.21 所示。这种现象称为零点漂移。零点漂移现象严重时，能够淹没真正的输出信号，使电路无法正常工作。所以，零点漂移是衡量直接耦合放大器性能的一个重要指标。

衡量放大器零点漂移不能单纯地看输出零漂电压的大小，还要看它的电压放大倍数。

因为电压放大倍数越大，输出零漂电压就越大，所以零点漂移一般都用输出零漂电压折合到输入端来衡量，称为输入等效零漂电压。

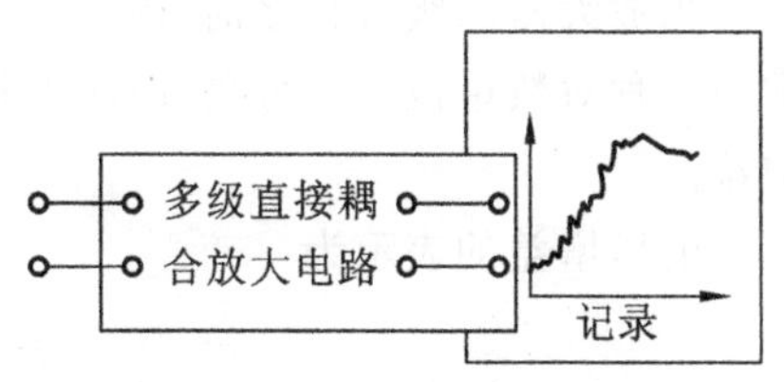

图 2.2.21　零点漂移现象

引起零点漂移的原因很多，最主要的是温度对三极管参数的影响所造成的静态工作点波动，而在多级直接耦合放大器中，前级静态工作点的微小波动都能像信号一样被后面逐级放大并且输出。因而，整个放大电路的零点漂移指标主要由第一级电路的零点漂移决定。所以，为了提高放大器放大微弱信号的能力，在增大电压放大倍数的同时，必须减小输入级的零点漂移。因温度变化对零点移漂影响最大，故常称零点漂移为温漂。

减小零点漂移的措施很多，但第一级采用差动放大电路是多级直接耦合放大电路的主要手段。

3. 多级放大电路分析

计算多级放大器的电压放大倍数时，应考虑前后级之间的相互影响。此时可把后级的输入电阻看成前级的负载，也可以把前级等效成一个具有内阻的信号源，经过这样处理，将多级放大器化为单级放大器，便可应用单级放大器的计算公式来计算。

对于两级放大器(见图 2.2.22)，前级的电压放大倍数为

$$A_{u1}=\frac{U_{o1}}{U_{i1}}$$

后级的放大倍数为

$$A_{u2}=\frac{U_{o2}}{U_{i2}}$$

两级总的放大倍数为

$$A_u=\frac{U_{o2}}{U_{i1}}=\frac{U_{o2}}{U_{i2}}\times\frac{U_{o1}}{U_{i1}}=A_{u1}\times A_{u2}$$

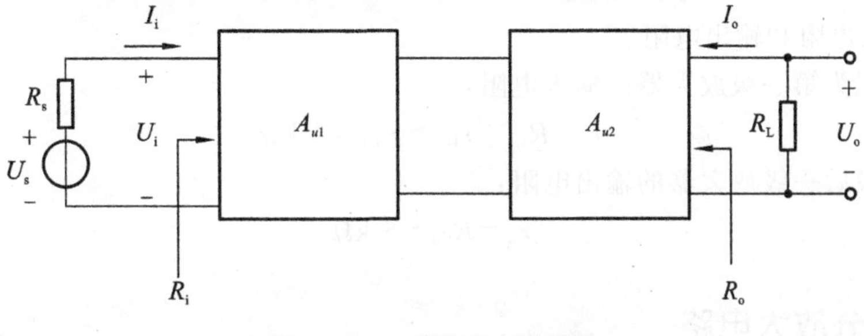

图 2.2.22　两级放大器级联

上述表明，总的电压放大倍数等于两级电压放大倍数的乘积。由此可以推出 n 级放大器总的电压放大倍数为

$$A_u=A_{u1}A_{u2}\cdots A_{un} \tag{2.2.23}$$

多级放大器的输入电阻就是第一级放大器的输入电阻，其输出电阻就是最后一级放大器的输出电阻。

当放大器的级数较多时，电压放大倍数将很大，表示和计算都不方便。为了简便起见，常用一种对数单位——分贝(dB)来表示电压放大倍数。用分贝表示的电压放大倍数称为增益。

电压增益的表示为

$$G_u = 20\lg \frac{U_o}{U_i} = 20\lg A_u$$

【例 2.2.4】 两级阻容耦合放大电路如图 2.2.20(a)所示，已知 $U_{CC}=20\ \text{V}$，$R_{B1}=500\ \text{k}\Omega$，$R_{B2}=200\ \text{k}\Omega$，$R_{C1}=6\ \text{k}\Omega$，$R_{C2}=3\ \text{k}\Omega$，$r_{be1}=1\ \text{k}\Omega$，$r_{be2}=0.6\ \text{k}\Omega$，$\beta_1=\beta_2=50$，求：

(1) 两级放大器总的电压放大倍数；

(2) 输入电阻和输出电阻。

【解】 (1) 两级放大器的总电压放大倍数。

第一级负载电阻为

$$R'_{L1} = R_{C1} // r_{i2} = \frac{R_{C1} r_{i2}}{R_{C1} + r_{i2}} = \frac{6\times 0.6}{6+0.6}\ \text{k}\Omega = 0.55\ \text{k}\Omega$$

其中，

$$r_{i2} = R_{B2} // r_{be2} \approx r_{be2} = 0.6\ \text{k}\Omega$$

第二级负载电阻为

$$R'_{L2} = R_{C2} // R_L = \frac{R_{C2} R_L}{R_{C2} + R_L} = \frac{3\times 2}{3+2}\ \text{k}\Omega = 1.2\ \text{k}\Omega$$

第一级电压放大倍数为

$$A_{u1} = -\frac{\beta_1 R'_{L1}}{r_{be1}} = -\frac{50\times 0.55}{1} = -27.5$$

第二级电压放大倍数为

$$A_{u2} = -\frac{\beta_2 R'_{L2}}{r_{be2}} = -\frac{50\times 1.2}{0.6} = -100$$

总的电压放大倍数为

$$A_u = A_{u1} A_{u2} = (-27.5)\times(-100) = 2\ 750$$

(2) 输入电阻和输出电阻。

输入电阻为第一级放大器的输入电阻：

$$r_i = R_{B1} // r_{be1} \approx r_{be1} = 1\ \text{k}\Omega$$

输出电阻为最后一级放大器的输出电阻：

$$r_o = R_{C2} = 3\ \text{k}\Omega$$

2.2.5 差分放大电路

在自动控制及测量系统中，需将温度、压力等非电量经传感器转换成电信号。这类信号变化一般极其缓慢，利用阻容耦合和变压器耦合不可能传输这种信号，必须采用直接耦合放大电路。另外，在模拟集成电路中，为了避免制作大电容，其内部电路都采用直接耦合方式。

差动放大电路是抑制零点漂移最有效的电路。因此，多级直接耦合放大电路的前置级广泛采用这种电路。

1. 基本差分放大电路

1）组成

图 2.2.23 所示为基本差分放大电路，它是由两个完全对称的共发射极基本放大电路组成的。输入信号 u_{i1} 和 u_{i2} 从两个三极管的基极输入，称为双端输入。输出信号从两个集电极之间取出，称为双端输出。R_E 为差分放大电路的公共发射极电阻，用来决定三极管的静态工作电流和抑制零点漂移。R_C 为集电极的负载电阻，电路采用 $+U_{CC}$ 和 $-U_{EE}$ 双电源供电。

2）静态分析

当输入信号为零时，放大电路的直流通路如图 2.2.24 所示。

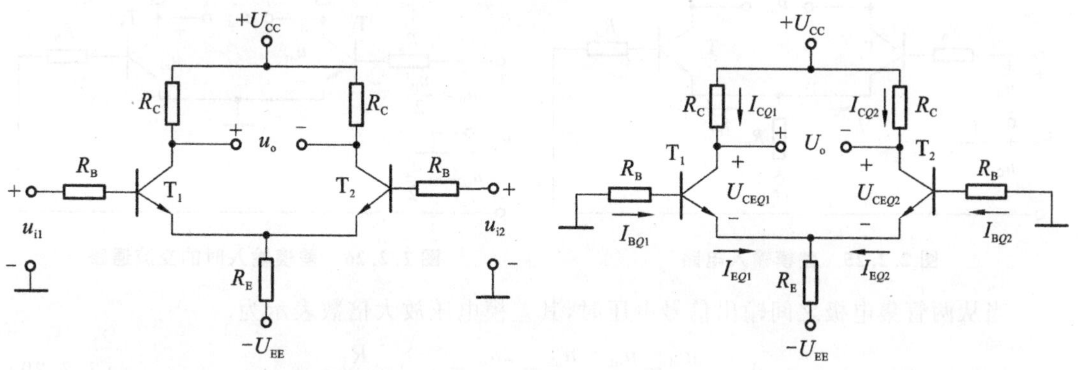

图 2.2.23　基本差分放大电路　　　**图 2.2.24　基本差分放大电路的直流通路**

由于电路左右对称，因此有 $I_{BQ1}=I_{BQ2}=I_{BQ}$，$I_{CQ1}=I_{CQ2}=I_{CQ}$，$I_{EQ1}=I_{EQ2}=I_{EQ}$，$U_{CEQ1}=U_{CEQ2}=U_{CEQ}$。由基极回路可得直流电压方程式为

$$I_{BQ}R_B+U_{BEQ}+2I_{EQ}R_E=U_{EE}$$

经化简后得

$$I_{EQ}=\frac{U_{EE}-U_{BEQ}}{2R_E+\dfrac{R_B}{1+\beta}} \tag{2.2.24}$$

通常满足 $U_{EE}\gg U_{BEQ}$，$2R_E\gg\dfrac{R_B}{1+\beta}$ 条件，近似可得

$$I_{EQ}\approx\frac{U_{EE}}{2R_E} \tag{2.2.25}$$

$$I_{CQ}\approx I_{EQ} \tag{2.2.26}$$

$$I_{BQ}=\frac{I_{CQ}}{\beta} \tag{2.2.27}$$

$$U_{CEQ}\approx U_{CC}+U_{EE}-I_{CQ}(R_C+2R_E) \tag{2.2.28}$$

3）动态分析

（1）差模信号输入。在放大器的两个输入端分别输入大小相等、相位相反的信号，即 $u_{i1}=-u_{i2}$，这种输入方式称为差模输入方式，所输入的信号称为差模输入信号。差模输入信号用 u_{id} 来表示。图 2.2.25 所示的输入就是差模输入，信号加在两个三极管的基极之间，由于电路对称，各三极管基极对地之间的信号，就是大小相等、相位相反的信号。

由 2.2.25 图可知，$u_{i1}=-u_{i2}=\frac{1}{2}u_{id}$。由于两管的输入电压极性相反，因此流过两管的差模信号电流的方向也相反。若 T_1 管的电流增加，则 T_2 管的电流减小；T_1 管 C 极的电位下降，T_2 管 C 极的电位上升，$u_{od}\neq 0$。

另外，在电路完全对称的条件下，i_{E1} 增加的量与 i_{E2} 减小的量相等，所以流过 R_E 的电流变化为零，即 R_E 电阻两端没有差模信号电压产生，可以认为 R_E 对差模信号呈短路状态，从而得到差模输入时的交流通路，如图 2.2.26 所示。

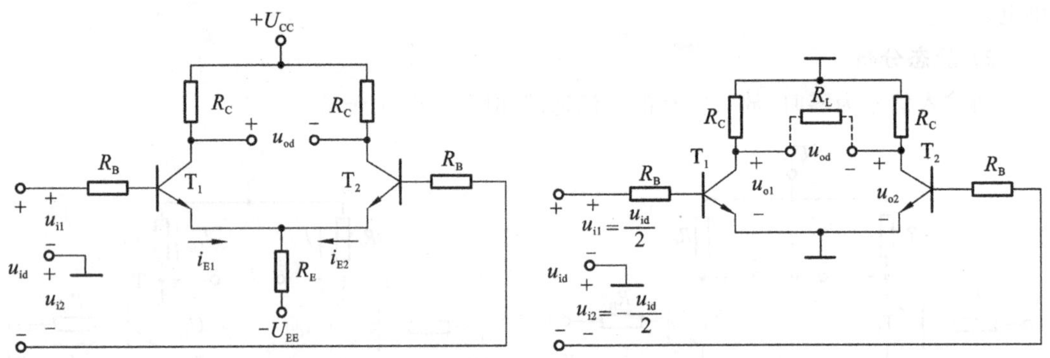

图 2.2.25　差模输入电路　　　　图 2.2.26　差模输入时的交流通路

当从两管集电极之间输出信号电压时，其差模电压放大倍数表示为

$$A_{ud}=\frac{u_{od}}{u_{id}}=\frac{u_{o1}-u_{o2}}{u_{i1}-u_{i2}}=\frac{2u_{o1}}{2u_{i1}}=-\beta\frac{R_C}{r_{be}+R_B} \tag{2.2.29}$$

当在两个三极管的集电极之间接上负载 R_L 时，差模电压放大倍数为

$$A_{ud}=-\beta\frac{R_L'}{r_{be}+R_b} \tag{2.2.30}$$

式中，$R_L'=R_C/\!/(R_L/2)$。因为当输入差模输入信号时，两管集电极电位的变化等值反相。可见，负载电阻 R_L 的中点是交流地电位，所以在差动输入的半边等效电路中，负载电阻是 $R_L/2$。

综上分析可知，双端输入、双端输出差分放大电路的差模电压放大倍数与单管共发射极基本放大电路的电压放大倍数相同。可见，差分放大电路是用增加了一个单管共发射极基本放大电路作为代价来换取对零点漂移的抑制能力的。

由电路可得差模输入电阻为

$$r_{id}=2(R_B+r_{be}) \tag{2.2.31}$$

两集电极之间的差模输出电阻为

$$r_{od}=2R_C \tag{2.2.32}$$

(2) 共模信号输入。在放大器的两输入端分别输入大小相等、极性相同的信号，即 $u_{i1}=u_{i2}$，这种输入方式称为共模输入，所输入的信号称为共模输入信号。共模输入信号常用 u_{ic} 来表示。图 2.2.27 所示的输入就属于共模输入，因为两管基极连接在一起，两管基极对地的信号是完全相同的。

由图 2.2.27 可知，因为 $u_{i1}=u_{i2}=u_{ic}$，故两管的电流同时增大或同时减小；由于电路对称，两管集电极的电位同时降低或同时升高，降低量或升高量也相等，则 $u_{oc}=0$。其双端输

出的共模电压放大倍数为

$$A_{uc}=\frac{u_{oc}}{u_{ic}}=0 \tag{2.2.33}$$

在实际中，共模输入信号是反映温度漂移（简称温漂）干扰或噪声等无用信号的。因为温度的变化、噪声的干扰对两管的影响是相同的，可等效为输入端的共模输入信号，在电路对称的情况下，共模输出电压为零。

即使电路不完全对称，也可通过发射极电阻 R_E，产生 $2R_E$ 效果的共模负反馈，使每一个三极管的共模输出电压减小。这是因为共模输入信号输入时，两管电流同时增大或同时减小，即 R_E 电阻上的共模输入信号电压是两管发射极共模信号电流相加后产生的，故 R_E 电阻对每一个管子来说都将产生 $2R_E$ 的共模负反馈效果，所以其共模交流通路如图 2.2.28 所示。

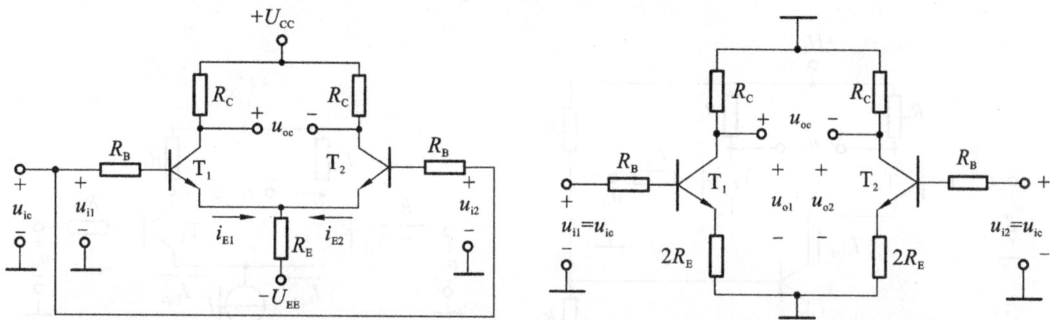

图 2.2.27　共模输入电路　　　　图 2.2.28　共模输入时的交流通路

根据 T_1 管或 T_2 管的单管共模电压放大倍数的定义，有

$$A_{uc1}=\frac{u_{o1}}{u_{i1}},\quad A_{uc2}=\frac{u_{o2}}{u_{i2}}$$

$$A_{uc1}=A_{uc2}=\frac{-\beta R_C}{R_B+r_{be}+2(1+\beta)R_E} \tag{2.2.34}$$

由 A_{uc1}（A_{uc2}）的表达式可以看出，R_E 越大，A_{uc1}（A_{uc2}）值就越小，共模输出电压 u_{o1} 和 u_{o2} 也小，从而使共模输出电压 u_{oc} 更小。

（3）一般输入。对于图 2.2.23 所示的电路，若两个输入的信号大小不等，则此时可认为差分放大电路既有差模输入信号输入，又有共模输入信号输入。

差模输入信号分量为两输入信号之差，用 u_{id} 表示，即

$$u_{id}=u_{i1}-u_{i2} \tag{2.2.35}$$

共模输入信号分量为两输入信号的算术平均值，用 u_{ic} 表示，即

$$u_{ic}=\frac{1}{2}(u_{i1}+u_{i2}) \tag{2.2.36}$$

于是，加在两输入端上的信号可分解为

$$u_{i1}=\frac{u_{id}}{2}+u_{ic} \tag{2.2.37}$$

$$u_{i2}=-\frac{u_{id}}{2}+u_{ic} \tag{2.2.38}$$

2. 具有恒流源的差分放大电路

从前面分析可知，R_E 电阻对差分放大电路的性能影响极大。对差模输入信号来说，R_E

相当于短路，即 R_E 对差模输入信号没有负反馈作用；对共模输入信号来说，R_E 将产生 $2R_E$ 效果的负反馈。为了抑制共模输入信号，可将 R_e 值取得大一些。但 R_E 值太大，又将引起差分放大管的静态电流减小。若将 R_E 改为恒流源，则不但有更深的共模负反馈效果，而且能使差分放大管的静态电流不减小。于是，差分放大电路的性能将进一步提高。

具有恒流源的差分放大电路如图 2.2.29(a)所示，T_3、R_1、R_2 和 R_3 组成恒流源，当 R_1、R_2 和 R_3 电阻选定后，I_{CQ3}电流就是常数值，即具有恒流特性。由于 T_3 的 C 与 E 极间的动态电阻 r_{ce}极大，T_3 对差分放大电路而言，可视为一个理想的恒流源 I，于是得到简化的电路如图 2.2.29(b)所示。

差分放大管的发射极接恒流源后，T_1 和 T_2 的静态电流为

$$I_{EQ1}=I_{EQ2}=\frac{1}{2}I \tag{2.2.39}$$

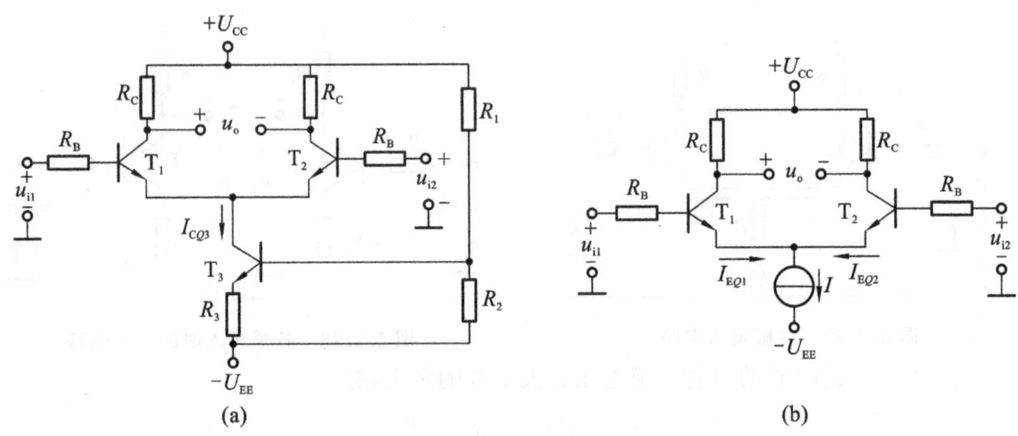

图 2.2.29 具有恒流源的差分放大电路

对于差模输入信号，两管电流一增一减，且增大量等于减小量，所以两管瞬时电流相加后仍等于恒流值 I。因此，恒流源对差模输入信号的放大不会产生负反馈。

对于共模输入信号，由于恒流源电流 I 恒定，所以两管电流同时增大或同时减小都是不可能的，故抑制共模输入信号输出十分理想。

电路的差模电压放大倍数计算公式为

$$A_{ud}=-\beta\frac{R_C}{R_B+r_{be}} \tag{2.2.40}$$

差模输入电阻与式(2.2.31)一样，差模输出电阻与式(2.2.32)一样。

3. 共模抑制比

实际应用中，差分放大电路的两输入信号中既有有用的差模输入信号成分，又有无用的共模输入信号成分，此时可利用叠加原理来求总的输出电压，即

$$u_o=A_{ud}\times u_{id}+A_{uc}\times u_{ic} \tag{2.2.41}$$

在差分放大电路的输出电压中，总希望差模输出电压越大越好，而共模输出电压越小越好。为了表明差分放大电路对差模输入信号的放大能力及对共模输入信号的抑制能力，常用共模抑制比 K_{CMR} 作为一项重要技术指标来衡量，其定义为放大电路对差模信号的电压放大倍数 A_{ud} 与对共模信号的电压放大倍数 A_{uc} 之比的绝对值，即

$$K_{CMR}=\left|\frac{A_{ud}}{A_{uc}}\right| \tag{2.2.42}$$

共模抑制比有时也用分贝(dB)来表示，即

$$K_{CMR}=20\lg\left|\frac{A_{ud}}{A_{uc}}\right| \tag{2.2.43}$$

显然，共模抑制比越大，差分放大电路分辨差模信号的能力就越强，受共模输入信号的影响就越小。对于双端输出的差分放大电路，若电路完全对称，则共模电压放大倍数 $A_{uc}=0$，$K_{CMR}=\infty$。

4. 差分放大电路的几种接法

差分放大电路有两个输入端和两个输出端，所以在信号输入、输出方式上可以根据需要灵活选择。

1）双端输入、单端输出

在图 2.2.30 所示的电路中，输出信号只从 T_1 管的集电极对地输出，这种输出方式称为单端输出。由于只取出单管的集电极信号电压，此信号电压只有双端输出信号电压的一半，因而差模电压放大倍数也只有双端输出时的一半。若 $R_L'=R_C /\!/ R_L$，则差模电压放大倍数、差模输入电阻及差模输出电阻分别计算如下：

$$A_{ud}=\frac{u_o}{u_{i1}-u_{i2}}=-\beta\frac{R_L'}{2(R_B+r_{be})} \tag{2.2.44}$$

$$r_{id}=2(R_B+r_{be}) \tag{2.2.45}$$

$$r_{od}=R_C \tag{2.2.46}$$

信号也可以从 T_2 管的集电极输出，此时式(2.2.44)中无负号，表示同相输出。

2）单端输入、双端输出

将差分放大电路的一个输入端接地，信号只从另一个输入端输入，这种连接方式称为单端输入，如图 2.2.31 所示。当在 T_1 管的输入端与地之间加 u_i 信号后，T_1 管电流 i_{E1} 增大时，由于恒流源电流 I 恒定，则 T_2 管电流 i_{E2} 必然减小，而且增大量等于减小量。这就表明，T_2 管的输入端虽然接地，但输入信号 u_i 均匀地分配给两管的输入回路，则有

$$u_{i1}=\frac{1}{2}u_i,\quad u_{i2}\approx-\frac{1}{2}u_i$$

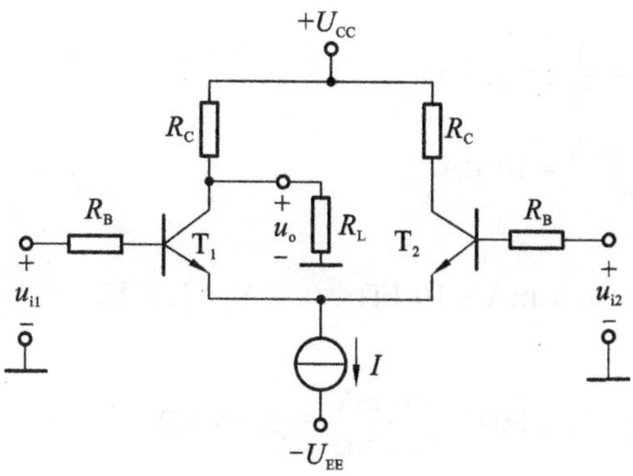

图 2.2.30　双端输入、单端输出差分放大电路

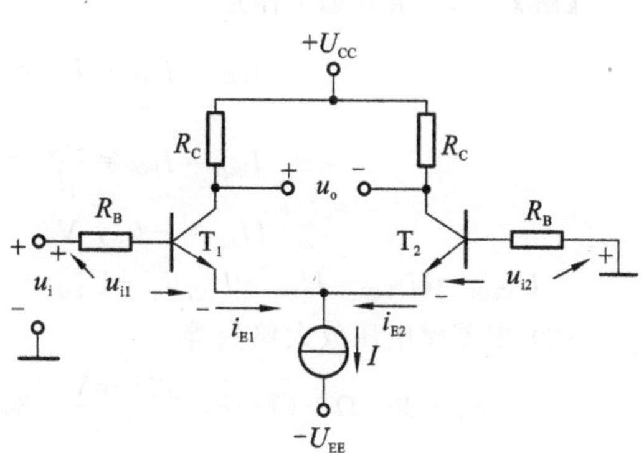

图 2.2.31　单端输入、双端输出差分放大电路

可见，在单端输入的差分放大电路中，虽然信号只从一端输入，但另一管的输入端也得到了大小相等、相位相反的输入信号，与双端输入电路工作状态相同。因此，双端输入的差模电压放大倍数等的各种计算均适用于单端输入的情况，有

$$A_{ud}=-\beta\frac{R_C}{R_B+r_{be}} \tag{2.2.47}$$

$$r_{id}=2\ (R_B+r_{be}) \tag{2.2.48}$$

$$r_{od}=2R_C \tag{2.2.49}$$

3）单端输入、单端输出

如图 2.2.32 所示，由于单端输入与双端输入情况相同，因而单端输入、单端输出电路的计算与双端输入、单端输出电路的计算相同，有

$$A_{ud}=-\beta\frac{R_L'}{2(R_B+r_{be})} \tag{2.2.50}$$

$$r_{id}=2\ (R_B+r_{be}) \tag{2.2.51}$$

$$r_{od}=R_C \tag{2.2.52}$$

【例 2.2.5】 在图 2.2.29 所示的双端输入、双端输出的恒流源差分放大电路中，试求：

(1) 电路的静态工作点；

(2) 差模电压放大倍数 A_{ud}、差模输入电阻 r_{id}、差模输出电阻 r_{od} 和共模抑制比 K_{CMR}；

(3) 当 $u_{i1}=20$ mV，$u_{i2}=10$ mV 时，输出 u_o 的值是多少？

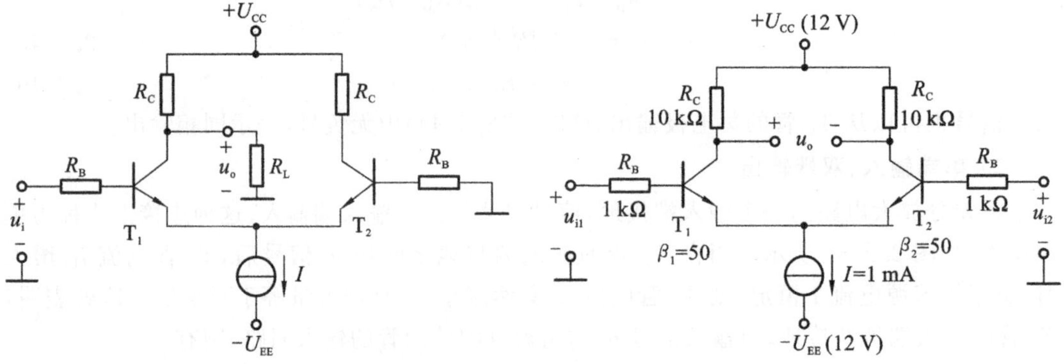

图 2.2.32 单端输入、单端输出差分放大电路　　图 2.2.33 例 2.2.5 图

【解】 (1) 求静态工作点。

$$I_{CQ1}=I_{CQ2}\approx I_{EQ1}=I_{EQ2}=\frac{1}{2}I=0.5\ \text{mA}$$

$$I_{BQ1}=I_{BQ2}=\frac{I_{CQ1}}{\beta_1}=\frac{0.5\ \text{mA}}{50}=10\ \mu\text{A}$$

$$U_{EQ}\approx-0.7\ \text{V}$$

$$U_{CEQ1}=U_{CEQ2}=U_{CC}-I_{CQ1}R_C-U_{EQ}=12\ \text{V}-0.5\ \text{mA}\times10\ \text{k}\Omega+0.7\ \text{V}=7.7\ \text{V}$$

(2) 求差模电压放大倍数等。

$$r_{be}=300\ \Omega+(1+\beta)\times\frac{26\ \text{mV}}{I_{EQ}}=300\ \Omega+(1+50)\times\frac{26\ \text{mV}}{0.5\ \text{mA}}\approx2.95\ \text{k}\Omega$$

$$A_{ud}=-\beta\frac{R_C}{R_B+r_{be}}=-50\times\frac{10\ \text{k}\Omega}{1\ \text{k}\Omega+2.95\ \text{k}\Omega}=-126.6$$

$$r_{id}=2(R_B+r_{be})=2\times(1\ \text{k}\Omega+2.95\ \text{k}\Omega)=7.9\ \text{k}\Omega$$

$$r_{od}=2R_C=20\ \text{k}\Omega$$

$$K_{CMR}=\infty$$

(3) 根据式(2.2.35)与式(2.2.36)分别得差模输入分量 $u_{id}=u_{i1}-u_{i2}=10$ mV，共模输入分量 $u_{ic}=\frac{1}{2}(u_{i1}+u_{i2})=15$ mV，输出为

$$u_o=A_{ud}\times u_{id}+A_{uc}\times u_{ic}=-126.6\times 10\ \text{mV}+0\times 15\ \text{mV}=-1.226\ \text{V}$$

2.2.6　功率放大电路

功率放大器在各种电子设备中有着极为广泛的应用。从能量控制的观点来看，功率放大器与电压放大器没有本质上的区别，只是完成的任务不同，电压放大器主要是不失真地放大电压信号，而功率放大器是为负载提供足够的功率。因此，对电压放大器的要求是要有足够大的电压放大倍数，对功率放大器的要求则与前者不同。

1. 功率放大器的特点

功率放大器因其任务与电压放大器不同，所以具有以下特点。

1）尽可能大的最大输出功率

为了获得尽可能大的输出功率，要求功率放大器中功放管的电压和电流有足够大的幅度，因而要求充分利用功放管的三个极限参数，即功放管的集电极电流接近 I_{CM}，管压降最大时接近 $U_{(BR)CEO}$，耗散功率接近 P_{CM}。在保证管子安全工作的前提下，尽量增大输出功率。

2）尽可能高的功率转换效率

功放管在信号作用下向负载提供的输出功率是由直流电源供给的直流功率转换而来的，在转换的同时，功放管和电路中的耗能元件都要消耗功率。所以，要求尽量减小电路的损耗，来提高功率转换效率。

3）允许的非线性失真

工作在大信号极限状态下的功放管，不可避免地存在非线性失真。不同的功率放大电路对非线性失真的要求是不一样的。因此，只要将非线性失真限制在允许的范围内就可以了。

4）采用图解分析法

电压放大器工作在小信号状况下，能用微变等效电路进行分析，而功率放大器的输入是放大后的大信号，不能用微变等效电路进行分析，须用图解分析法。

2. 功率放大器的分类

1）甲类

甲类功率放大器中晶体管的 Q 点设在放大区的中间，三极管在整个周期内，集电极都有电流。导通角为 360°，Q 点和电流波形如图 2.2.34(a)所示。工作于甲类状态下时，三极管的静态电流 I_C 较大，而且，无论有没有信号，电源都要始终不断地输出功率。在没有信号时，电源提供的功率全部消耗在三极管上；有信号输入时，随着信号增大，输出的功率也增大。但是，即使在理想情况下，效率也仅为50%。所以，甲类功率放大器的缺点是损耗大、效率低。前面我们学习的三极管放大电路基本上都属于这一类。

2）乙类

为了提高效率，必须减小静态电流 I_C，将 Q 点下移。若将 Q 点设在静态电流 $I_C=0$ 处，即 Q 点在截止区，三极管只在信号的半个周期内导通，称此为乙类功率放大器。在乙类状态下，信号等于零时，电源输出的功率也为零。信号增大时，电源供给的功率也随着增大，从而提高了效率。乙类状态下的 Q 点与电流波形如图 2.2.34(b)示。

3）甲乙类

若将 Q 点设在 $I_C\approx0$ 但 $I_C\neq0$ 处，即 Q 点在放大区且接近截止区，三极管在信号的半个周期以上的时间内导通，称此为甲乙类功率放大器。由于 $I_C\approx0$，因此甲乙类功率放大器的工作状态接近乙类功率放大器的工作状态。甲乙类状态下的 Q 点与电流波形如图 2.2.34(c)所示。

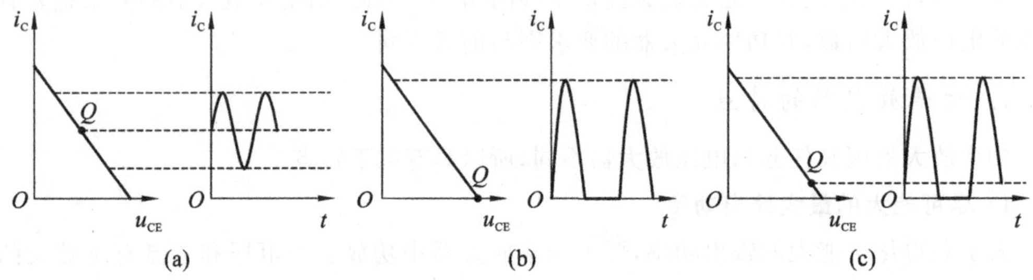

图 2.2.34　Q 点设置与三种工作状态

3. 乙类互补对称式功率放大电路

1）组成

乙类互补对称式功率放大电路是由两个射极输出器组成的功率放大器，如图 2.2.35 所示。信号从基极输入，从射极输出，R_L 为负载，输出端没有耦合电容，故它又称为无输出电容的功率放大器，简称 OCL 电路。

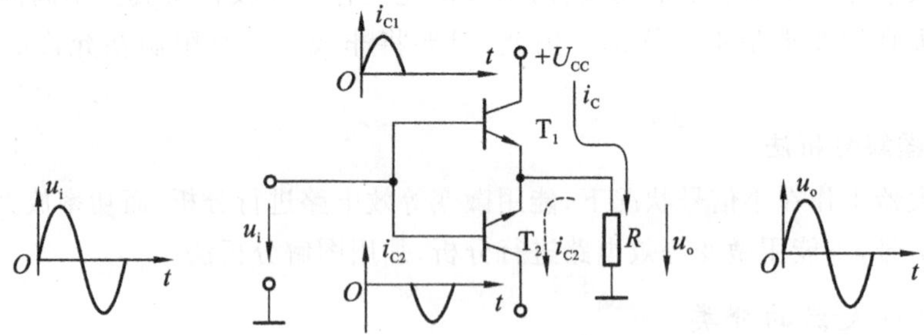

图 2.2.35　乙类互补对称式功率放大电路

T_1 和 T_2 分别为 NPN 型管和 PNP 型管，但两管的材料和参数相同，把这种现象称为互补对称。把 T_1 和 T_2 称为功放管，在此电路中，两管基极没有偏置电流，所以，电路工作在乙类状态下。功放管静态耗损为 0。电路由 $+U_{cc}$ 和 $-U_{cc}$ 对称的双电源供电。

2）工作原理

设两管的死区电压均等于零。当输入信号 $u_i=0$ 时，各三极管的集电极电流 $i_{CQ}=0$，两管均处于截止状态，故输出 $u_o=0$。

当输入端加一正弦交流信号，在正半周时，由于 $u_i>0$，即 T_1 发射结正偏导通、T_2 反偏截止，i_{C1} 流过负载电阻 R_L；即 T_2 把信号的正半周传递给 R_L；在负半周时，由于 $u_i<0$，T_1 发射结反偏截止、T_2 正偏导通，电流 i_{C2} 通过负载电阻 R_L，但方向与正半周相反。

这样 T_1、T_2 管交替工作，流过的 R_L 电流为一完整的正弦波信号，解决了乙类互补对称放大电路中效率与失真的矛盾。这种 T_1、T_2 管交替工作的方式称为推挽式，T_1、T_2 管又称为乙类推挽式功率放大器。

3）输出功率及转换效率

（1）输出功率 P_o。如果输入信号为正弦波，那么输出功率为输出电压、电流有效值的乘积。设输出电压幅度为 U_{om}，则输出功率为

$$P_o=\left(\frac{U_{om}}{\sqrt{2}}\right)^2\frac{1}{R_L}=\frac{1}{2}\frac{U_{om}^2}{R_L}$$

（2）电源提供的功率 P_E。电源提供的功率 P_E 为电源电压与平均电流的积，即

$$P_E=U_{CC}I_{dc}$$

输入为正弦波时，每个电源提供的电流都是半个正弦波，幅度为 $\frac{U_{om}}{R_L}$，平均值为 $\frac{1}{\pi}\frac{U_{om}}{R_L}$，因此，每个电源提供的功率为

$$P_{E1}=P_{E2}=\frac{1}{\pi}\frac{U_{om}}{R_L}\cdot U_{CC}$$

两个电源提供的总功率为

$$P_E=P_{E1}+P_{E2}=\frac{2}{\pi}\frac{U_{om}}{R_L}\cdot U_{CC}$$

（3）转换效率 η。效率为负载得到的功率与电源供给功率的比值，代入 P_o、P_E 的表达式，可得效率为

$$\eta=\frac{\frac{1}{2}\frac{U_{om}^2}{R_L}}{\frac{2}{\pi}\frac{U_{om}U_{CC}}{R_L}}=\frac{\pi}{4}\frac{U_{om}}{U_{CC}}$$

可见，η 正比于 U_{om}，U_{om} 最大时，P_o 最大，η 最大。忽略三极管的饱和压降时，$U_{OM}\approx U_{CC}$，因此

$$\eta_M=\frac{\pi}{4}=78.5\%$$

$$P_{OM}=\frac{1}{2}\frac{U_{CC}^2}{R_L}$$

（4）功率管的最大管耗。电源提供的功率一部分输出到负载，另一部分消耗在三极管上，由前面的分析可得到两个三极管的总管耗为

$$P_T=P_E-P_o=\frac{2}{\pi}\frac{U_{om}}{R_L}\cdot U_{CC}-\frac{1}{2}\frac{U_{om}^2}{R_L}$$

由于两个三极管参数完全对称，因此，每个三极管的管耗为总管耗的一半，即

$$P_{C1}=P_{C2}=\frac{1}{2}P_T$$

由式可以看出，管耗 P_T 与 U_{om} 有关，实际进行设计时，必须找出对三极管最不利的情况，即最大管耗 P_{CM}。将 P_T 对 U_{om} 求导，并令导数为零，即

令 $\frac{dP_C}{dU_{om}}=\frac{2}{\pi}\frac{U_{CC}}{R_L}-\frac{U_{om}}{R_L}=0$，可得管耗最大时，$U_{om}=\frac{2}{\pi}U_{CC}$，最大管耗为

$$P_{CM}=\frac{2}{\pi}\frac{\frac{2}{\pi}U_{CC}}{R_L}\cdot U_{CC}-\frac{1}{2}\frac{\left(\frac{2}{\pi}U_{CC}\right)^2}{R_L}=\frac{2}{\pi^2}\frac{U_{CC}^2}{R_L}=\frac{4}{\pi^2}P_{OM}\approx 0.4P_{OM}$$

$$P_{C1M}=P_{C2M}=\frac{1}{\pi^2}\frac{U_{CC}^2}{R_L}\approx 0.2P_{OM}$$

(5) 功率管的选择。根据乙类状态及理想条件，功率管的极限参数 P_{TM}、$U_{(BR)CEO}$、I_{CM} 可分别按下式选取

$$\left.\begin{aligned}I_{CM}&\geqslant\frac{U_{CC}}{R_L}\\U_{(BR)CEO}&\geqslant 2U_{CC}\\P_{CM}&\geqslant 0.2P_{OM}\end{aligned}\right\}$$

互补对称电路中，一管导通、一管截止，截止管承受的最高反向电压接近 $2U_{CC}$。

【例 2.2.6】 试设计一个图 2.2.35 所示的乙类互补对称式功率放大电路，要求能给 8 Ω 的负载提供 20 W 功率，为了避免三极管饱和引起的非线性失真，要求 U_{CC} 比 U_{om} 高出 5 V，求：

(1) 电源电压 U_{CC}；

(2) 每个电源提供的功率；

(3) 效率 η；

(4) 单管的最大管耗；

(5) 功率管的极限参数。

【解】 (1) 求电源电压。

由式 $P_o=\frac{1}{2}\frac{U_{om}^2}{R_L}$ 可得

$$U_{om}=\sqrt{2P_oR_L}=\sqrt{2\times 20\times 8}\ \text{V}=17.9\ \text{V}$$

由 $U_{CC}-U_{om}>5$ V，得 $U_{CC}>17.9$ V$+5$ V$=22.9$ V，可取 $U_{CC}=23$ V。

(2) 求每个电源提供的功率。

$$P_{E1}=P_{E2}=\frac{1}{\pi}\frac{U_{om}}{R_L}\cdot U_{CC}=16.4\ \text{W}$$

(3) 求效率。

$$\eta=\frac{P_o}{P_E}=\frac{P_o}{2P_{E1}}=\frac{20}{2\times 16.4}=61\%$$

(4) 求管耗。

$$P_{C1M}=P_{C2M}=\frac{1}{\pi^2}\frac{U_{CC}^2}{R_L}=6.7\ \text{W}$$

(5) 求极限参数。

$$I_{CM} \geqslant \frac{U_{CC}}{R_L} = \frac{23}{8}\ \text{mA} = 2.875\ \text{mA}$$

$$U_{(BR)CEO} \geqslant 2U_{CC} = 2 \times 23\ \text{V} = 46\ \text{V}$$

$$P_{CM} \geqslant 0.2P_{OM} = 6.6\ \text{W}$$

4）存在缺点及消除方法

在理想情况下，乙类互补对称式功率放大电路的输出没有失真。实际的乙类互补对称式功率放大电路，由于两功放管没有直流偏置，只有当输入信号 u_i 大于三极管的死区电压（NPN 型硅管约为 0.5 V，PNP 型锗管约为 0.1 V）时，三极管才能导通。当输入信号 u_i 低于这个数值时，功放管 T_1 和 T_2 都截止，i_{C1} 和 i_{C2} 基本为零，负载 R_L 上无电流通过，出现一段死区，如图 2.2.36 所示。这种现象称为交越失真。

为了减小或克服交越失真，改善输出波形，通常给两个功放管的发射结加一个较小的正向偏置，使两管在输入信号为零时，都处于微导通状态，如图 2.2.37 所示。

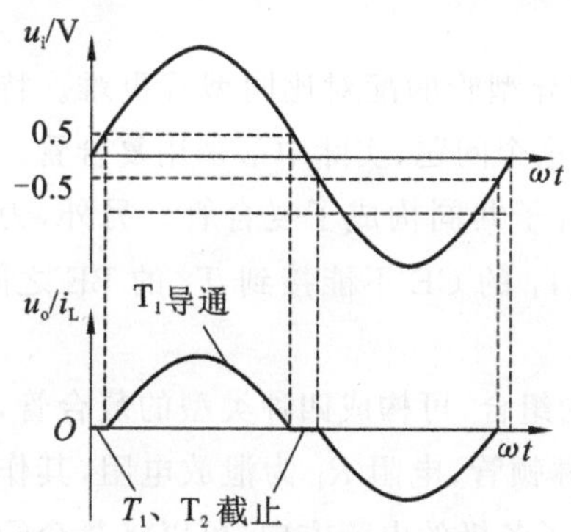

图 2.2.36　交越失真波形图

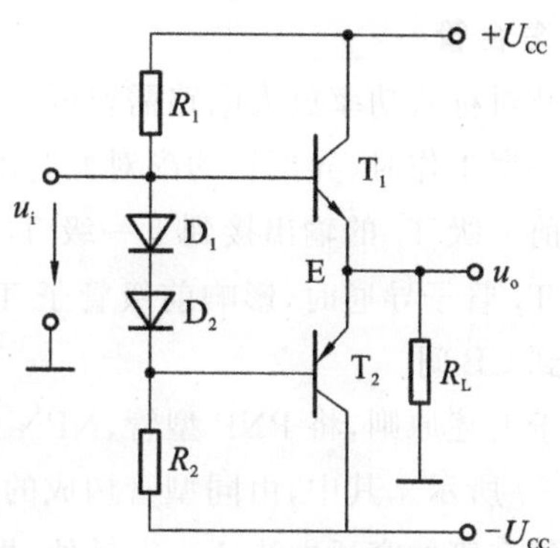

图 2.2.37　甲乙类互补对称式功率放大电路

由 R_1、R_2 组成的偏置电路，提供 T_1 和 T_2 的偏置，使它们微弱导通，这样在两管轮流交替工作时，过渡平顺，减少了交越失真。功放管静态工作点不为零，而是有一定的正向偏置，电路工作在甲乙类状态，把这种电路称为甲乙类互补对称式功率放大器。

甲乙类互补对称式功率放大器中，两功放管发射结偏置在一定范围内增大时，功放管工作状态越靠近甲类，有利于改善交越失真。两功放管发射结偏置在一定范围内减少时，功放管工作状态就越靠近乙类，有利于提高功率放大电路的效率。

4. 单电源互补对称式功率放大电路

图 2.2.38 所示为单电源互补对称式功率放大电路，简称 OTL 电路。电路中放大元件仍是两个不同类型但特性和参数对称的三极管，其特点是由单电源供电，输出端通过大电容量的耦合电容 C_L 与负载电阻 R_L 相连。

OTL 电路的工作原理与 OCL 电路的基本相同。

静态时，因为两管对称，穿透电流 $I_{CEO1} = I_{CEO2}$，所以中点电位 $U_A = \frac{1}{2}U_{CC}$，即电容 C_L 两端的电压 $U_{C_L} = \frac{1}{2}U_{CC}$。

动态有信号时，如不计 C_L 的容抗及电源内阻，在 u_i 正半周 T_1 导通、T_2 截止。电源 U_{CC}

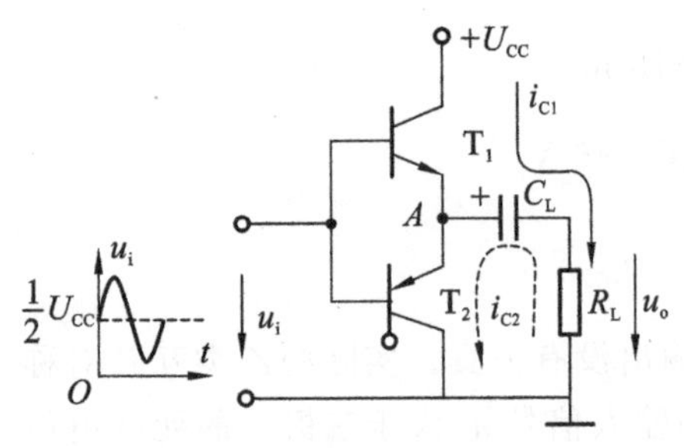

图 2.2.38 OTL 乙类互补对称式功率放大电路

向 C_L 充电并在 R_L 两端输出正半周波形；在 u_i 负半周 T_1 截止、T_2 导通，C_L 向 T_2 放电提供电，并在 R_L 两端输出正半周波形。只要 C_L 容量足够大，放电时间常数 R_LC_L 远大于输入信号最低工作频率所对应的周期，C_L 两端的电压就可认为近似不变，始终保持为 $\frac{1}{2}U_{CC}$。因此，T_1 和 T_2 的电源电压都是 $\frac{1}{2}U_{CC}$。

讨论 OCL 电路所引出的计算 P_o、P_E、η 等的公式中，只要以 $\frac{1}{2}U_{CC}$ 代替式中的 U_{CC}，就可以用于 OTL 电路的公式计算。

5. 采用复合管的准互补对称式功率放大电路

1）复合管

互补对称式功率放大电路需要两个管子配对，一般异型管的配对比同型管更难。特别是在大功率工作时，异型管的配对尤为困难。为了解决这个问题，实际中常采用复合管。

将前一级 T_1 的输出接到下一级 T_2 的基极，两级管子共同构成了复合管。另外，为避免后级 T_2 管子导通时，影响前级管子 T_1 的动态范围，T_1 的 CE 不能接到 T_2 的 BE 之间，必须接到 CB 间。

基于上述原则，将 PNP 型管、NPN 型管进行不同的组合，可构成四种类型的复合管，如图 2.2.39 所示。其中，由同型管构成的复合管称为达林顿管，电阻 R_1 为泄放电阻，其作用是减小复合管的穿透电流 I_{CEO}。另外，根据不同类型管子各极的电流方向，可以将复合管进行等效，四种复合管的等效类型如图 2.2.39 所示。可以看出，复合管的类型与第一级管子

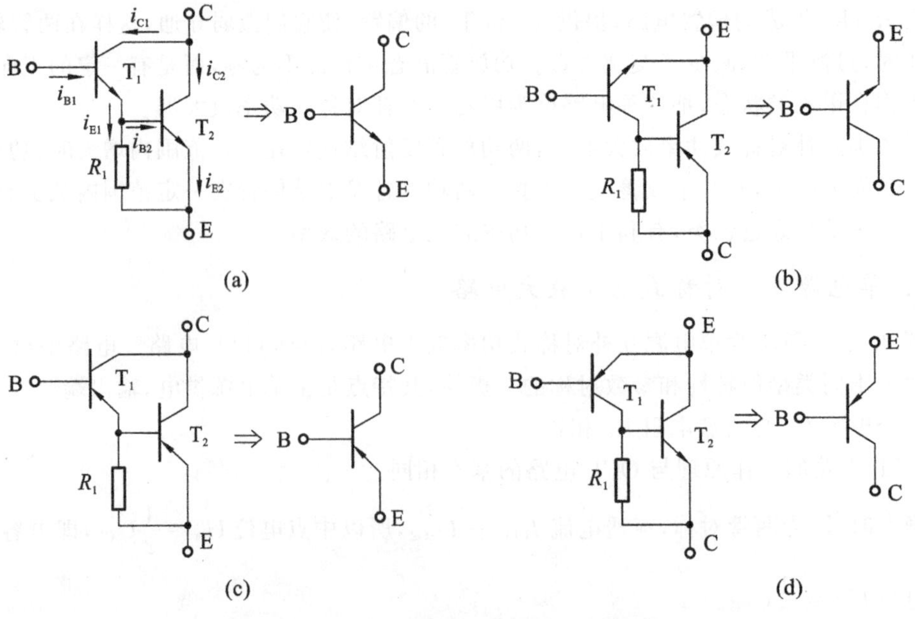

(a)　(b)

(c)　(d)

图 2.2.39 四种类型的复合管及其等效类型

的类型相同；如果两管电流放大系数分别为 β_1、β_2，等效电流放大系数近似为

$$\beta \approx \beta_1 \cdot \beta_2$$

如果复合管中 T_1 为小功率管，T_2 为大功率管，在构成互补对称式功率放大电路时，用复合管代替互补管，例如，用图 2.2.39(b)和图 2.2.39(c)的同型复合管和异型复合管来代替图 2.2.38 中的 NPN 型管、PNP 型管，就可用一对同型的大功率管和一对异型的小功率管构成互补对称式功率放大电路，从而解决了异型大功率管配对难的问题。

另外，可以得到复合管的等效输入电阻为

$$r_{be} \approx r_{be1} + (1+\beta_1) r_{be2}$$

可以看出，复合管的等效电流放大倍数和输入电阻都很大，因此复合管还可用于中间级。

2）异型复合管组成的准互补对称式功率放大电路

异型复合管组成的准互补对称式功率放大电路如图 2.2.40 所示。图 2.2.40 中，调整 R_3 和 R_4 可以使 T_3、T_4 有一个合适的静态工作点，R_5 和 R_6 为改善偏置热稳定性的发射极电阻，R_L 短路时，还可限制复合管电流的增长，起到一定的保护作用。电路的工作情况与互补对称式功率放大电路的相同。

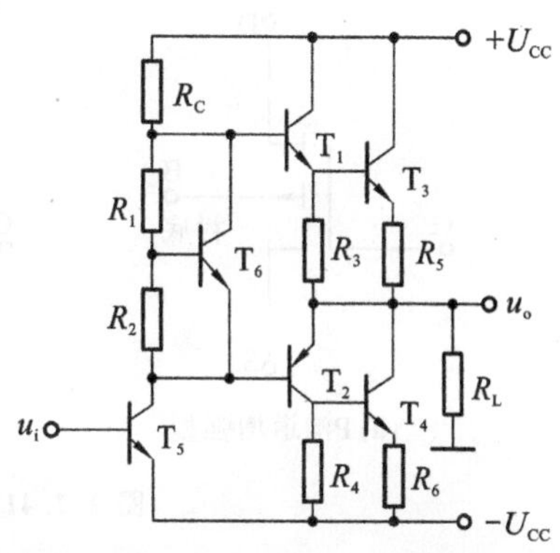

图 2.2.40　异型复合管组成的准互补对称式功率放大电路

2.2.7　绝缘栅场效应管（选学）

双极型三极管(BJT)是利用基极电流 I_B 控制集电极电流 I_C 工作的电流控制型器件；而场效应管(FET)是一种由输入电压来控制其输出电流大小的半导体三极管，所以是电压控制型器件。场效应管工作时，内部参与导电的只有一种载流子，因此场效应管又称为单极型三极管。在场效应管中，导电的途径称为沟道。场效应管的基本工作原理是通过外加电场对沟道的厚度和形状进行控制，来改变沟道的电阻，从而改变电流的大小。

按结构不同，场效应管分为结型场效应管(junction field effect transistor，JFET)和绝缘栅场效应管(insulated gate field effect transistor，IGFET)。由于后者的性能更为优越，并且制造工艺简单，便于集成化，无论是在分立元件中还是在集成电路中，其应用范围远胜于前者，所以这里仅介绍后者。

1. 绝缘栅场效应管的基本结构和工作原理

绝缘栅场效应管通常由金属、氧化物和半导体制成，所以又称为金属-氧化物-半导体场效应管(metal-oxide-semiconductor FET，简称为 MOSFET)。这种场效应管由于栅极被绝缘层(SiO_2)隔离，所以称为绝缘栅场效应管。

按导电类型不同，MOSFET 可分为增强型和耗尽型，每类又可分为 N 沟道和 P 沟道两种，各类绝缘栅场效应管在电路中的符号如图 2.2.41 所示。下面以 N 沟道 MOSSFET 为例讨论绝缘栅场效应管的工作原理，P 沟道 MOSFET 的工作原理与 N 沟道 MOSFET 的类似，此处不再讨论。

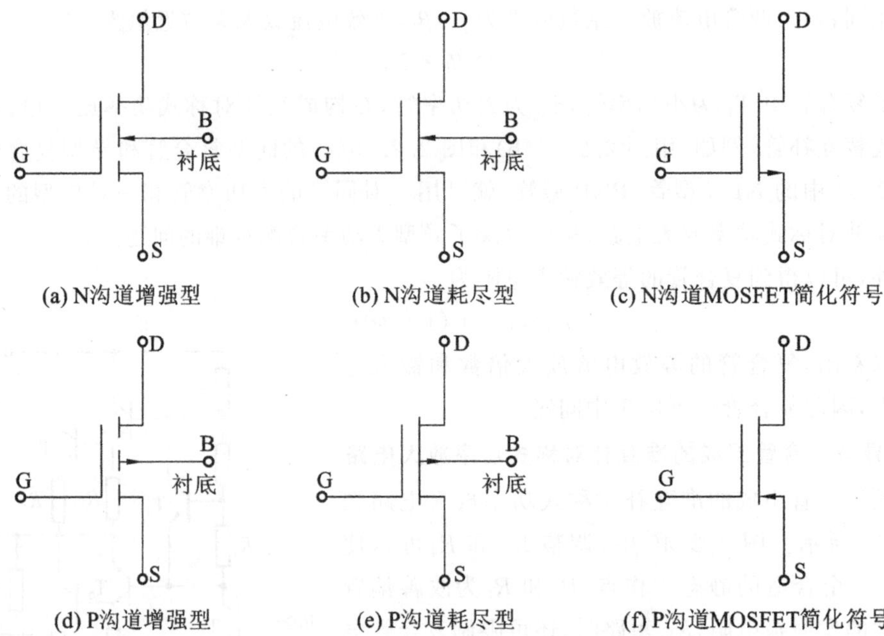

图 2.2.41 绝缘栅场效应管在电路中的符号

2. N 沟道增强型 MOSFET

1）结构

N 沟道增强型 MOSFET 的结构示意图如图 2.2.42 所示。将一块掺杂浓度较低的 P 型半导体作为衬底，然后在其表面上覆盖一层 SiO_2 绝缘层，再在 SiO_2 绝缘层上刻出两个窗口，通过扩散工艺形成两个高掺杂的 N 型区(用 N^+ 表示)，并在 N^+ 区和 SiO_2 的表面各自喷上一层金属铝，分别引出源极 S、漏极 D 和控制栅极 G。B 为从衬底引出的金属电极，通常情况下将它和源极在内部相连。

2）工作原理

N 沟道增强型 MOSFET 导电沟道形成如图 2.2.43 所示。它利用 u_{GS} 来控制“感应电荷”的多少，以改变由这些“感应电荷”形成的导电沟道的状况，达到控制漏极电流 i_D 的目的。

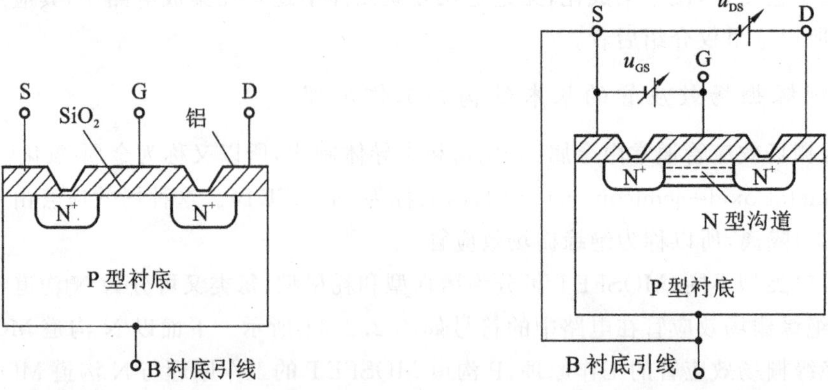

图 2.2.42 N 沟道增强型 MOSFET 的结构示意图　**图 2.2.43 N 沟道增强型 MOSFET 导电沟道形成**

当 $u_{GS}=0$ 时，N沟道增强型MOSFET在漏极和源极的两个N^+区之间是P型衬底，漏极、源极之间相当于两个背靠背的PN结，所以无论漏极、源极之间加上何种极性的电压，总是不导通的，$i_D=0$。

为了方便，假定 $u_{DS}=0$，当 $u_{GS}>0$ 时，则在 SiO_2 的绝缘层中，产生了一个垂直半导体表面，由栅极指向P型衬底的电场。这个电场排斥空穴吸引电子，当 $u_{GS}>U_T$（开启电压）时，在绝缘栅下的P型区中形成了一层以电子为主的N型层。由于源极和漏极均为N^+型，故此N型层在漏极、源极间形成电子导电的沟道，称为N型沟道。此时在漏极、源极间加 u_{DS}，则形成电流 i_D。显然，此时改变 u_{GS}，则可改变沟道的宽窄，即改变沟道电阻的大小，从而控制了漏极电流 i_D的大小。这类场效应管由于在 $u_{GS}=0$ 时，$i_D=0$，只有在 $u_{GS}>U_T$后才出现沟道，形成电流，故称为增强型。

3）特性曲线

由于场效应管的输入电流近乎零，故不讨论其输入特性。

N沟道增强型MOSFET可以用转移特性、输出特性表示 i_D、u_{GS}、u_{DS}之间的关系，如图2.2.44所示。

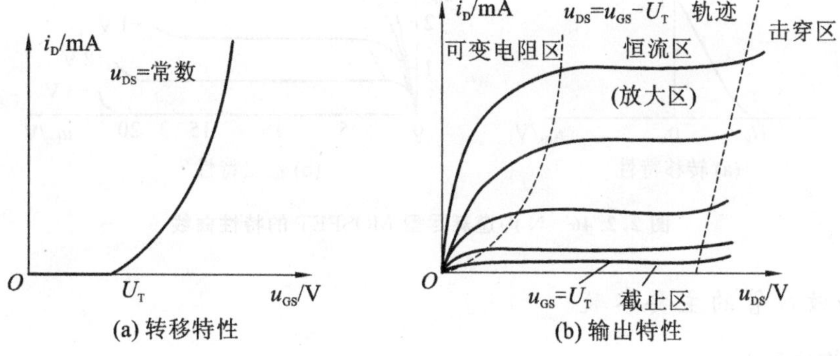

图2.2.44　N沟道增强型MOSFET的特性曲线

转移特性是指 u_{DS}保持不变，i_D与 u_{GS}的函数关系，即 $i_D=f(u_{GS})\big|_{u_{DS}=常数}$。当 $u_{GS}<U_T$时，因没有导电沟道，$i_D=0$；当 $u_{GS}\geqslant U_T$时，形成导电沟道，产生漏极电流 i_D；u_{GS}增大，i_D增大。

输出特性是指 u_{GS}保持不变，i_D与 u_{DS}的函数关系，即 $i_D=f(u_{DS})\big|_{u_{GS}=常数}$。它可分为4个工作区，即可变电阻区、恒流区（放大区）、击穿区和截止区。

3. N沟道耗尽型MOSFET

1）结构

N沟道耗尽型MOSFET在制造过程中，预先在 SiO_2 绝缘层中掺入大量的正离子。因此，当 $u_{GS}=0$ 时，这些正离子产生的电场也能在P型衬底中“感应”出足够的电子，形成N型沟道，如图2.2.45所示。

2）工作原理

当 $u_{DS}>0$ 时，将产生较大的漏极电流 i_D。如果使 $u_{GS}<0$，则它将削弱正离子所形成的

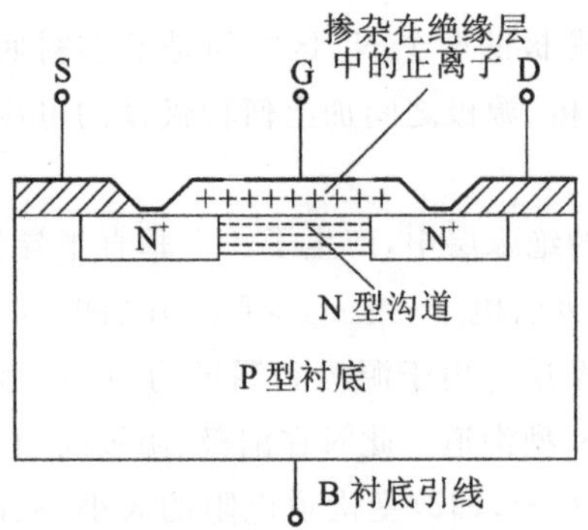

图 2.2.45　N 沟道耗尽型 MOSFET 的结构示意图

电场，使 N 型沟道变窄，从而使 i_D减小。当 u_{GS}小到某一数值时，导电沟道消失，$i_D=0$。使 $i_D=0$ 的 u_{GS}称为夹断电压，用 U_P 表示。$u_{GS}<U_P$，导电沟道消失，故这类 MOSFET 称为耗尽型。

3）特性曲线

N 沟道耗尽型 MOSFET 的特性曲线如图 2.2.46所示。N 沟道耗尽型 MOSFET 的特性也分为转移特性和输出特性。图 2.2.46 中：I_{DSS}表示 $u_{GS}=0$ 时的漏极电流；U_P 表示夹断电压，是使 $i_D=0$ 的 u_{GS}的值。

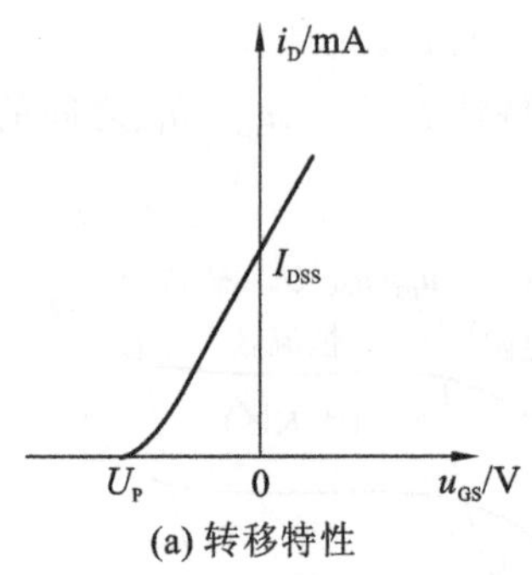

(a) 转移特性

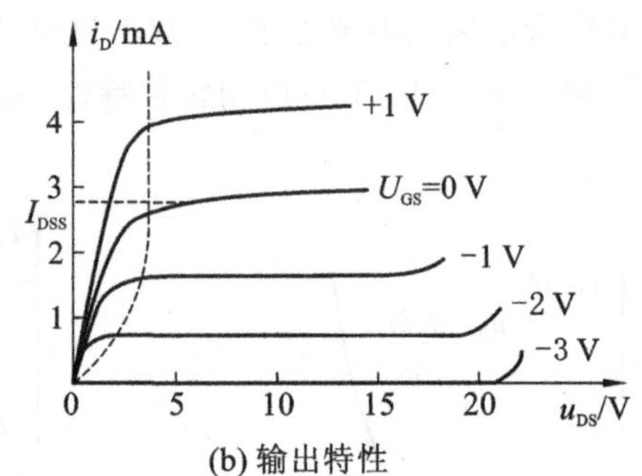

(b) 输出特性

图 2.2.46　N 沟道耗尽型 MOSFET 的特性曲线

4. 场效应管的主要参数

1）开启电压 U_T

U_T是增强型 MOSFET 的重要参数。

定义：当 u_{DS}一定时，漏极电流 i_D达到某一数值（如 10 μA）时所需加的 u_{GS}值。

2）夹断电压 U_P

U_P 是耗尽型绝缘栅场效应管和结型场效应管的重要参数。

定义：当 u_{DS}一定时，使 i_D减小到某一个微小电流（如 1 μA，50 μA）时所需 u_{GS}的值。

3）低频跨导 g_m

此参数用于描述栅、源电压 u_{GS}对漏极电流 i_D的控制作用，它的定义是当 u_{DS}一定时，i_D与 u_{GS}的变化量之比，即

$$g_m=\left.\frac{\partial i_D}{\partial u_{GS}}\right|_{u_{DS}=\text{常数}}$$

式中，低频跨导 g_m的单位是西门子（S）。

4）漏源间击穿电压 $U_{DS(BR)}$

定义：在场效应管输出特性曲线上，当漏极电流 i_D急剧上升产生雪崩击穿时的电压 u_{DS}。工作时，外加在漏极、源极之间的电压不得超过此值。

5）最大漏极电流 I_{DM}

定义：场效应管在给定的散热条件下所允许的最大漏极电流。

6）漏极最大允许耗散功率 P_{DM}

$P_{DM}=i_D u_{DS}$，它受场效应管的最高工作温度的限制。

2.2.8　趣味电路

学生在科技活动中常常要制作一些带有音频放大电路的作品，如助听器、对讲机和喊话器等。在装配这些电路时，如能应用一块外围电路简单、调试方便的集成电路来担任功率放大任务，则将使作品的成功率及性能大大提高。本书介绍的就是这样一块集成音频功率放大电路——LM386。

1. 性能特点

LM386 是一种低电压小功率的集成音频功率放大电路，它采用 8 脚双列直插式封闭，图 2.2.47 所示为它的引脚排列图。它的第 6 脚为电源正极，第 4 脚接地，第 2、3 脚为选择输入端，第 5 脚为输出端，第 1、8 脚增益控制端，第 7 脚为旁路端。它具有以下特点。

(1) 工作电压范围宽(4～12 V)。

(2) 静态耗电少。

(3) 电压增益可调(20～200 倍)。

(4) 外接元件极少，制作电路简单，应用广泛。

(5) 频带宽(300 kHz)。

(6) 输出功率适中(在 12 V 电源电压时为 660 MW)。

它广泛应用在各种通信设备中，如小型收录机、对讲机等电子装置，被广大的无线电爱好者称为“万能功放电路”。

2. 使用方法

LM386 典型应用电路如图 2.2.48 所示。具体应用时注意以下几点。

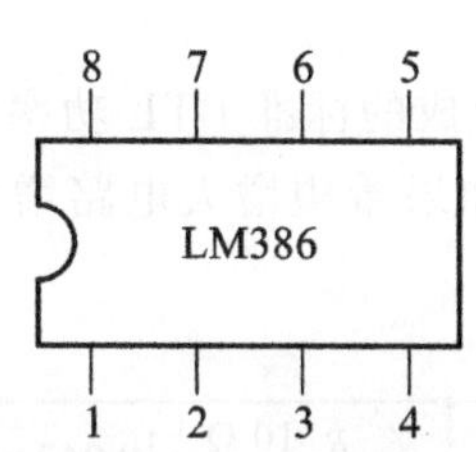

图 2.2.47　LM386 引脚排列图

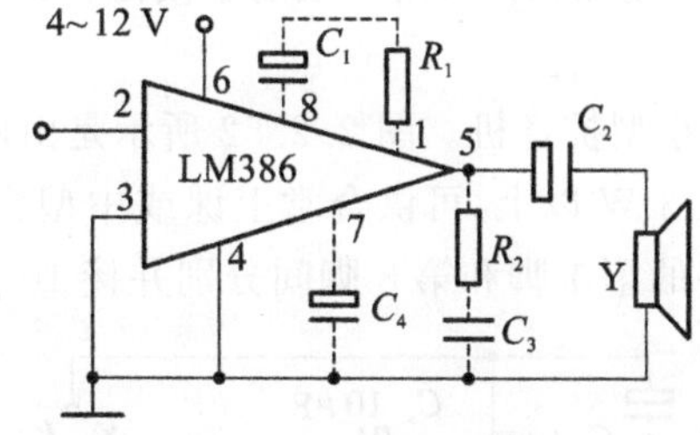

图 2.2.48　LM386 典型应用电路

(1) 若需调节 LM386 放大倍数，可在它的第 1、8 脚间接一个 2 kΩ 左右的可变电阻 R_1 和一个 10 μF 的电容 C_1，改变 R_1 可使增益在 20～200 间可调。当 $R_1=0$ 时，放大倍数为 200；当第 1、8 脚悬空时，放大倍数为 20。

(2) 第 3 脚和第 2 脚分别为同相输入端和反相输入端，可根据需要选择其中一端，另一端地。图 2.2.48 所示为反相输入，这时，输出与输入的相位相反。

(3) 若要使扬声器发出的声音柔和动听，可在第 5 脚与地之间接上一个小电容 C_3 和一个小阻值的电阻 R_2，在第 7 脚与地之间接上一个几十微法的电容 C_4，能防止 LM386 自激。这些在图 2.2.46 所示中已用虚线画出，要求不高时均可略去不用。

(4) 因管脚间距小，焊接时要锉尖烙铁头，不然容易搭锡短路，最好将一个双列 8 脚集成电路插座先焊好，再插入集成块，这样既可防止烫坏集成电路，又便于进行调换。

(5) 整机焊接好，检查无误后，接通电源，在无信号输入的情况下，静态电流应在7 mA左右，用手触及输入端，喇叭中应有明显的感应杂音，否则应检查各元件、线路是否接错。

3. 制作实例

(1) 喊话器。电路如图 2.2.49 所示。它可用四节干电池做电源。驻极体话筒 MIC 把声音转变成电信号，通过耦合电容 C_2 加到 LM386 的输入端第 2、3 脚之间。经 LM386 放大后由第 5 脚输出，通过 C_4 推动扬声器发出洪亮的声音。

(2) 简易对讲机。电路如图 2.2.50 所示。双方扬声器兼作各方送话器，通过开关 K 由主机方控制"讲"与"听"两种状态，变压器 B(袖珍收音机用输出变压器)和对讲机可装在一个小盒子里，子机扬声器装在另一个小盒子里，通话时双方拿在手里，十分方便。

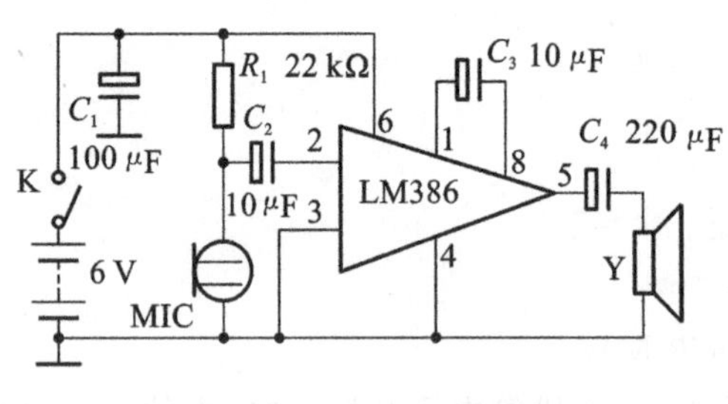

图 2.2.49 喊话器电路

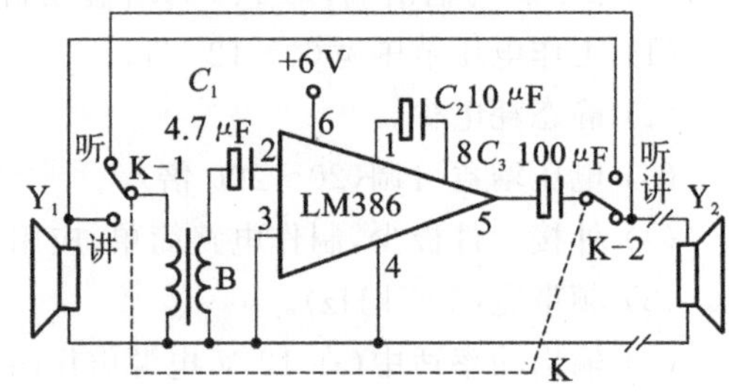

图 2.2.50 简易对讲机电路

(3) 最简单的收音机。在使用 LM386 的过程中，发现其高频特性很好，使用它可制作一台简单的收音机，电路如图 2.2.51 所示。制作这种收音机对初学者来说十分简单。由于 LM386 的输入端是微电流偏置，而且有很好的频响，所以能直接和 LC 谐振电路相接而完成检波。实践证明，采用一般的中波磁性天线收听中波广播，其性能不比任何直放式收音机的差。

(4) 小型扩音机。图 2.2.52 所示是由两块 LM386 组成的标准 BTL 功率放大器，其输出功率在 3 W 以上，可供合堂上课或中型会议扩音用。如果希望增大电路增益，可在两块集成电路的第 1 脚和第 8 脚间分别并接 10 μF 电容。

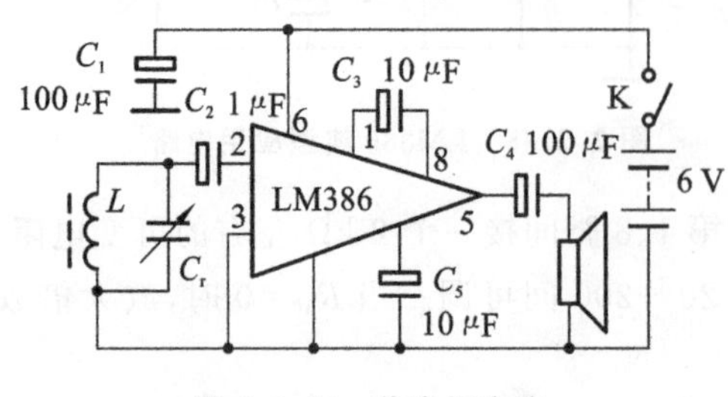

图 2.2.51 收音机电路

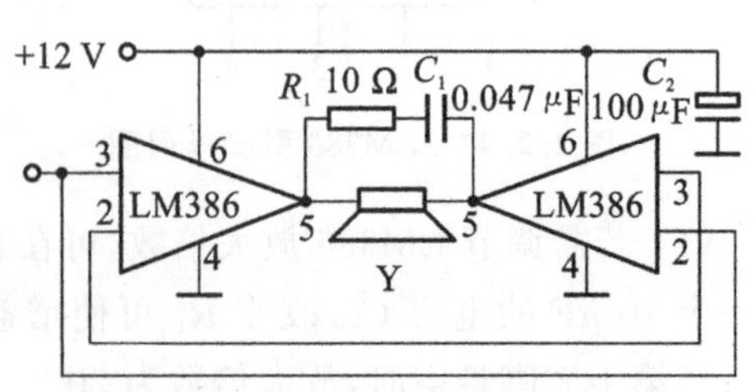

图 2.2.52 小型扩音机电路

习　题

一、选择题

1. 三极管具有电流放大能力，必须满足的外部条件是(　　)。

   A. 发射结正偏、集电结正偏　　B. 发射结反偏、集电结反偏

   C. 发射结正偏、集电结反偏　　D. 发射结反偏、集电结正偏

2. NPN 型管和 PNP 型管的区别是(　　)。

   A. 由两种不同材料硅和锗制成的

   B. 掺入杂质元素不同

   C. P 区和 N 区的位置不同

3. 测得三极管 $I_B=30\ \mu A$ 时，$I_C=2.4\ mA$，$I_B=40\ \mu A$ 时，$I_C=3\ mA$，则该管的交流电流放大系数为(　　)。

   A. 80　　B. 60　　C. 75　　D. 100

4. 某三极管的发射极电流等于 1 mA，基极电流等于 20 μA，则它的集电极电流等于(　　)mA。

   A. 0.98　　B. 1.02　　C. 0.8　　D. 1.2

5. 某三极管的 $P_{CM}=100\ mW$，$I_{CM}=20\ mA$，$U_{(BR)CEO}=15\ V$，则下列状态下三极管能正常工作的是(　　)。

   A. $U_{CE}=3\ V$，$I_C=10\ mA$　　B. $U_{CE}=2\ V$，$I_C=40\ mA$

   C. $U_{CE}=6\ V$，$I_C=20\ mA$　　D. $U_{CE}=20\ V$，$I_C=2\ mA$

6. 硅管放大电路中，静态时测得集电极与发射极之间直流电压 $U_{CE}=0.3\ V$，则此时三极管工作于(　　)状态。

   A. 饱和　　B. 截止

   C. 放大　　D. 无法确定

7. 在基本放大电路中，基极电阻 R_B 的作用是(　　)。

   A. 放大电流　　B. 调节偏流 I_B

   C. 把放大了的电流转换成电压　　D. 防止输入信号交流短路

8. 关于 BJT 放大电路中的静态工作点(简称 Q 点)，下列说法中不正确的是(　　)。

   A. Q 点过高会产生饱和失真

   B. Q 点过低会产生截止失真

   C. 导致 Q 点不稳定的主要原因是温度变化

   D. Q 点可采用微变等效电路法求得

9. (　　)情况下，可以用 H 参数小信号模型分析放大电路。

   A. 正弦小信号　　B. 低频大信号

   C. 低频小信号　　D. 高频小信号

10. 在题图 2.1 所示的电路中，出现下列(　　)故障必使三极管截止。

    A. R_{B1} 开路　　B. R_{B2} 开路　　C. R_C 短路　　D. C_E 短路

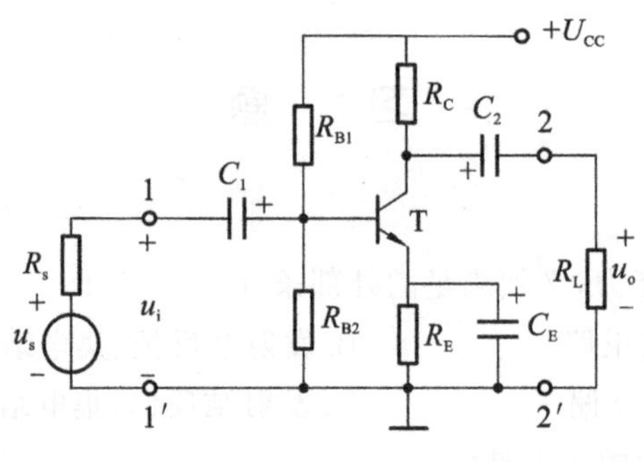

题图 2.1

11. 下列关于共集电极基本放大电路的特点描述,不正确的为(　　)。
    A. 输入电阻高且与负载有关　　B. 输出电阻小且与信号源电阻有关
    C. 电压放大倍数小于 1 且近似等于 1　　D. 输出电压与输入电压相位相同
    E. 电压放大倍数和电流放大倍数均大于 1
12. 已知两共发射极基本放大电路空载时电压放大倍数绝对值分别为 A_{u1} 和 A_{u2},若将它们接成两级放大电路,则其放大倍数绝对值为(　　)。
    A. $A_{u1}A_{u2}$　　B. $A_{u1}+A_{u2}$　　C. 大于 $A_{u1}A_{u2}$　　D. 小于 $A_{u1}A_{u2}$
13. 把差分放大电路中的发射极公共电阻改为电流源可以(　　)。
    A. 增大差模输入电阻　　B. 提高共模增益
    C. 提高差模增益　　D. 提高共模抑制比
14. 对恒流源而言,下列说法不正确的为(　　)。
    A. 可以用作偏置电路　　B. 可以用作有源负载
    C. 交流电阻很大　　D. 直流电阻很大
15. 直接耦合电路中存在零点漂移主要是因为(　　)。
    A. 三极管的非线性　　B. 电阻阻值有误差
    C. 三极管参数受温度影响　　D. 静态工作点设计不当
16. 差分放大电路由双端输入改为单端输入,则差模电压放大倍数(　　)。
    A. 不变　　B. 提高一倍
    C. 提高两倍　　D. 减小为原来的一半
17. 功率放大电路按(　　)原则分为甲类、甲乙类和乙类三种类型。
    A. 按三极管的导通角不同　　B. 按电路的最大输出功率不同
    C. 按所用三极管的类型不同　　D. 按放大电路的负载性质不同
18. 对于题图 2.2 所示的复合管,已知 T_1 的 $\beta_1=30$,T_2 的 $\beta_2=50$,则复合后的 β 约为(　　)。
    A. 1 500　　B. 80　　C. 50　　D. 30

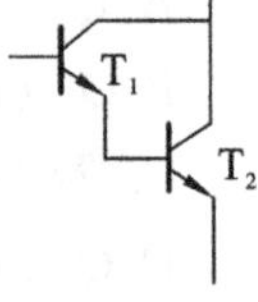

题图 2.2

19. 乙类互补对称式功率放大电路会产生交越失真的原因是(　　)。
    A. 输入电压信号过大　　B. 三极管电流放大倍数太大
    C. 晶体管输入特性的非线性　　D. 三极管电流放大倍数太小
20. 关于复合管,下列描述正确的是(　　)。
    A. 复合管的管型取决于第一个三极管
    B. 复合管的输入电阻比单管的输入电阻大

C. 只要将任意两个三极管相连，就可构成复合管

D. 复合管的管型取决于最后一个三极管

21. 与甲类功率放大方式相比，乙类互补对称式功放的主要优点是(　　)。

A. 不用输出变压器　　B. 不用输出端大电容

C. 效率高　　D. 无交越失真

22. 功率放大电路的转换效率是指(　　)。

A. 输出功率与三极管所消耗的功率之比

B. 输出功率与电源提供的平均功率之比

C. 三极管所消耗的功率与电源提供的平均功率之比

23. 功率放大电路负载上所获得的功率来源于(　　)。

A. 输入信号　　B. 功放管　　C. 直流电源

二、简答题

1. 三极管放大电路为什么要设置静态工作点？它的作用是什么？
2. 在分压式偏置放大电路中，怎样才能使静态工作点稳定？发射极电阻的旁路电容 C_E 的作用是什么？为什么？
3. 多级放大电路的通频带为什么比单级放大电路的通频带要窄？
4. 放大电路的甲类、乙类和甲乙类三种工作状态各有什么优缺点？
5. 什么是交越失真？如何克服交越失真？试举例说明。
6. 为什么增强型绝缘栅场效应管放大电路无法采用自给偏压电路？
7. 为什么在绝缘栅场效应管低频放大电路中，其输入端耦合电容通常取值很小，而在三极管低频放大电路中，其输入端的耦合电容往往取值较大？

三、分析计算题

1. 在一个放大电路中，三个三极管的三个管脚①、②、③的电位如题表 2.1 所示，将每只管子所用材料(Si 或 Ge)、类型(NPN 或 PNP)及管脚为哪个极(e、b 或 c)填入表内。

题表 2.1

管号		T_1	T_2	T_3	管号		T_1	T_2	T_3
管脚电位/V	①	0.7	6.2	3	电极名称	①			
	②	0	6	10		②			
	③	5	3	3.7		③			
材料					类型				

2. 试判断题图 2.3 所示各三极管的工作状态。

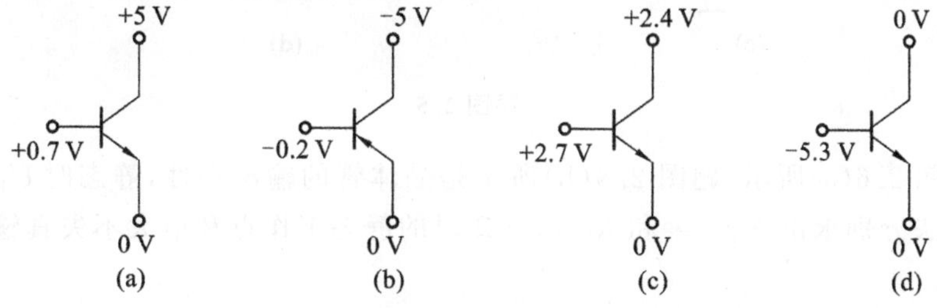

题图 2.3

3. 试判断题图 2.4 所示的电路是否具有放大作用？为什么？若不能，应如何改正？

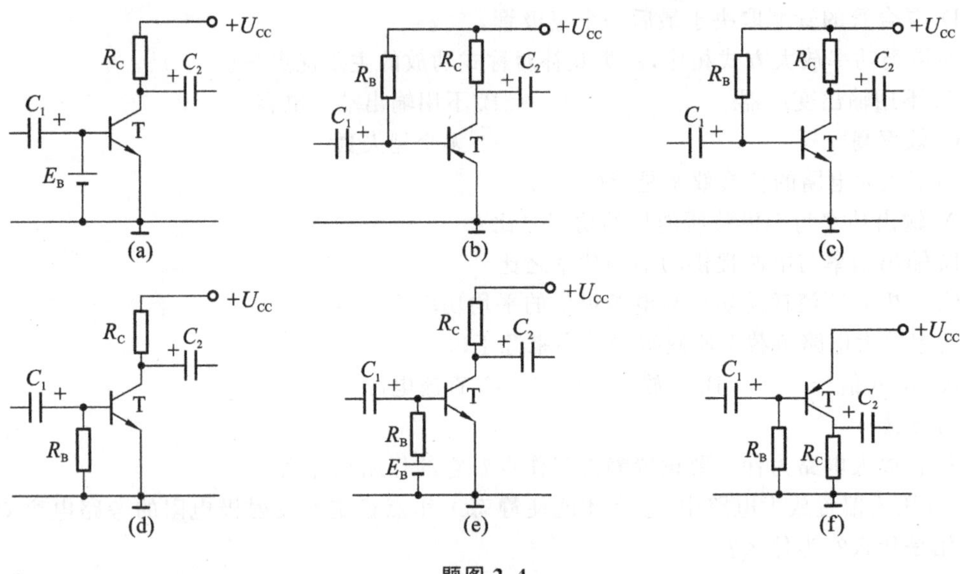

题图 2.4

4. 画出题图 2.5 所示各电路的直流通路和交流通路。设所有电容对交流信号均可视为短路。

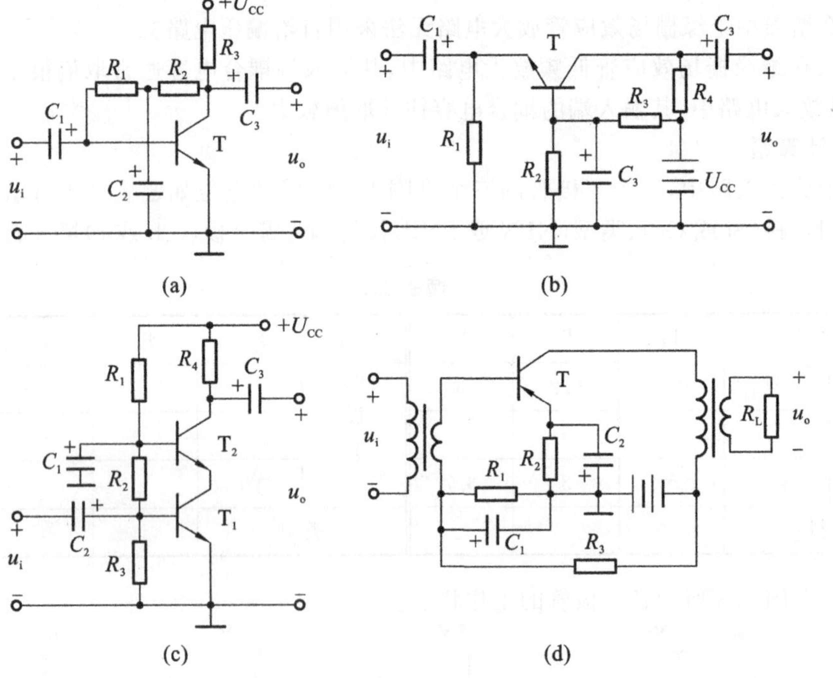

题图 2.5

5. 电路如题图 2.6(a)所示，题图 2.6(b)所示是晶体管的输出特性，静态时 $U_{BEQ}=0.7\ V$。利用图解法分别求出 $R_L=\infty$ 和 $R_L=3\ k\Omega$ 时的静态工作点和最大不失真输出电压 U_{om}（有效值）。

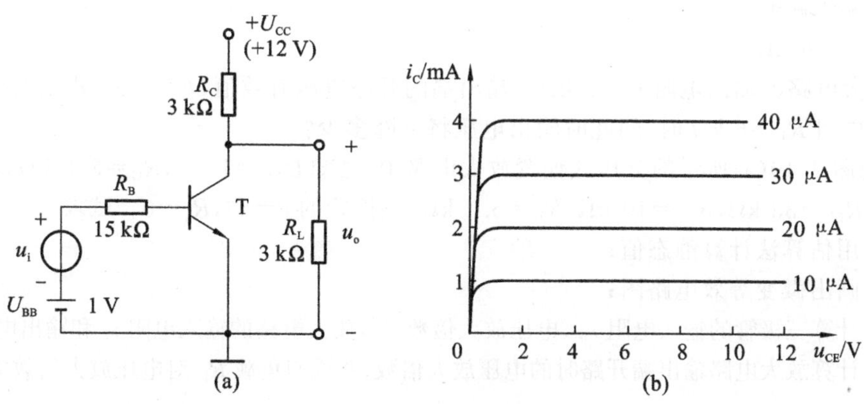

题图 2.6

6. 在题图 2.6 所示电路中，由于电路参数不同，在信号源电压为正弦波时，测得输出波形如图 2-7(a)、(b)、(c)所示，试说明电路分别产生了什么失真，如何消除。

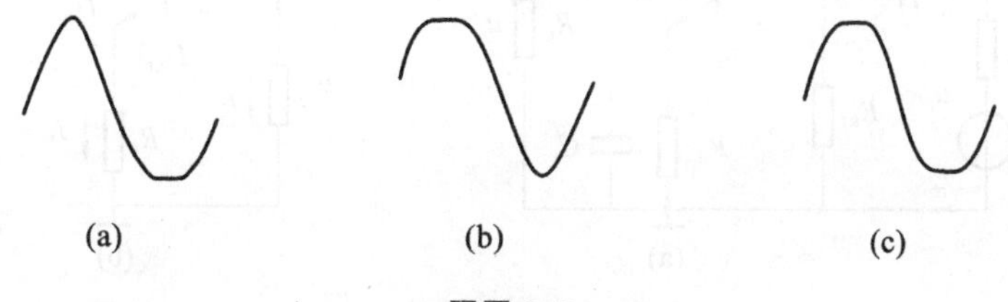

题图 2.7

7. 三极管放大电路如题图 2.8 所示，已知 $U_{CC}=12$ V，$R_C=3$ kΩ，$R_B=240$ kΩ，三极管的 $\beta=40$，试求：

(1) 估算各静态值 I_B，I_C，U_{CE}；

(2) 在静态时，C_1 和 C_2 上的电压各为多少？极性如何？

8. 在题图 2.9 中，若调节 R_B，使 $U_{CE}=3$ V，则此时 R_B 为多少？若调节 R_B，使 $I_C=1.5$ mA，此时 R_B 又等于多少？

9. 在题图 2.9 中，若 $U_{CC}=10$ V，现要求 $U_{CE}=5$ V，$I_C=2$ mA，$\beta=40$，试求 R_C 和 R_B 的阻值。

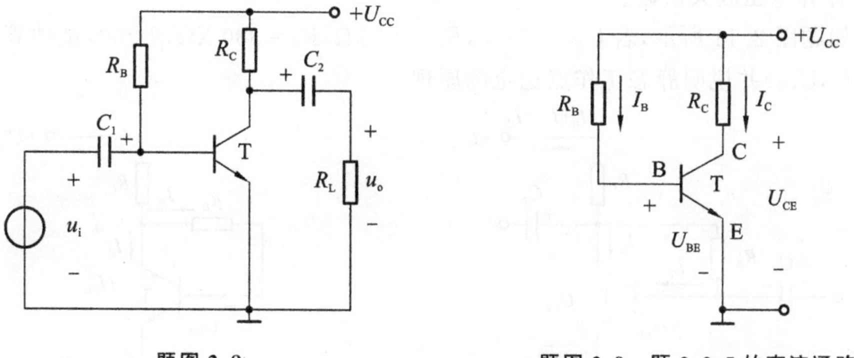

题图 2.8　　　　题图 2.9　题 2.2.5 的直流通路

10. 在题图 2.9 中，在下列两种情况下，试利用微变等效电路法计算放大电路的电压放大倍数 A_u。(假设 $r_{be}=1$ kΩ)

(1) 输出端开路；

(2) $R_L=6\ \mathrm{k\Omega}$。

11. 某放大电路的输出电阻 $r_o=4\ \mathrm{k\Omega}$。输出端的开路电压有效值 $U_o=2$ V，若该电路现接有负载电阻 $R_L=6\ \mathrm{k\Omega}$ 时，问此时输出电压将下降多少？

12. 在题图 2.10(a)所示的分压式偏置放大电路中，已知 $U_{CC}=15$ V，$R_C=3.3\ \mathrm{k\Omega}$，$R_E=1.5\ \mathrm{k\Omega}$，$R_{B1}=33\ \mathrm{k\Omega}$，$R_{B2}=10\ \mathrm{k\Omega}$，$R_L=5.1\ \mathrm{k\Omega}$，三极管的 $\beta=66$，$R_s=0$。试求：

(1) 用估算法计算静态值；

(2) 画出微变等效电路图；

(3) 计算三极管的输入电阻 r_{be}，电压放大倍数 A_u，放大电路的输入电阻 r_i 和输出电阻 r_o；

(4) 计算放大电路输出端开路时的电压放大倍数，并说明负载 R_L 对电压放大倍数的影响。

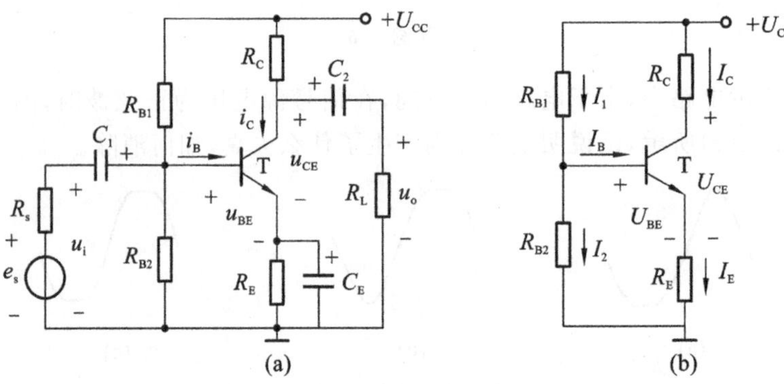

题图 2.10

13. 在上一题中，若 $R_s=1\ \mathrm{k\Omega}$，试计算输出端接有负载时的电压放大倍数 $A_u=\dfrac{\dot{U}_o}{\dot{U}_i}$ 和 $A_{us}=\dfrac{\dot{U}_o}{\dot{E}_s}$，并说明信号源内阻 R_s 对电压放大倍数的影响。

14. 若将题图 2.10(a)所示电路中的旁路电容 C_E 除去，试问：

(1) 静态值有无变化；

(2) 画出微变等效电路图；

(3) 计算电压放大倍数。

15. 电路如题图 2.11 所示，若 $U_{CC}=20$ V，$R_C=10\ \mathrm{k\Omega}$，$R_B=330\ \mathrm{k\Omega}$，$\beta=50$，试估算其静态值（$I_C$，$I_B$，$U_{CE}$）并说明静态工作点稳定的原理。

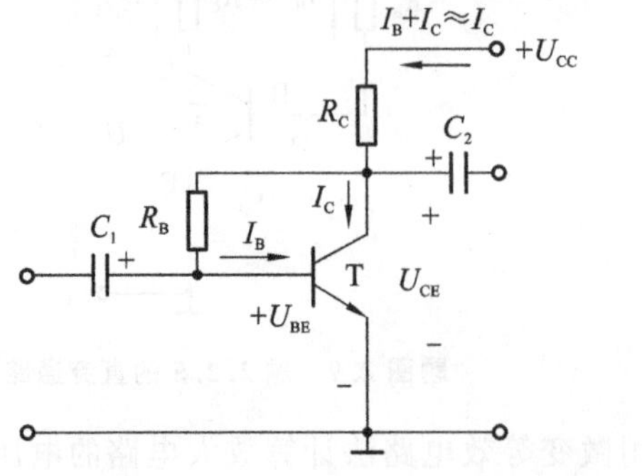

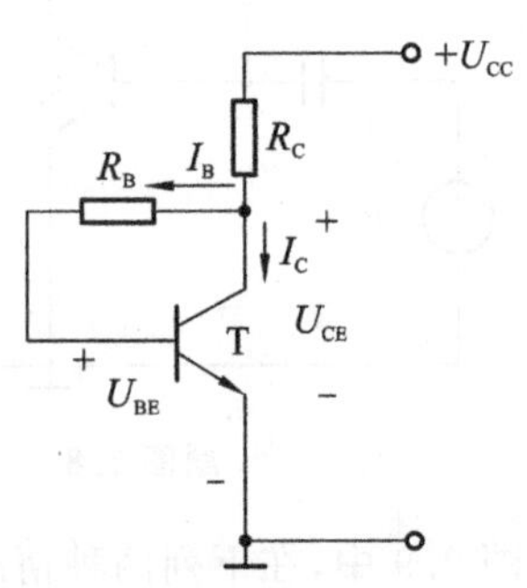

题图 2.11

16. 在题图 2.12 所示的射极输出器电路中，若已知 $R_s=50\ \Omega$，$R_{B1}=100\ k\Omega$，$R_{B2}=30\ k\Omega$，$R_E=1\ k\Omega$，三极管的 $\beta=50$，$r_{be}=1\ k\Omega$ 试求 A_u，r_i，r_o。

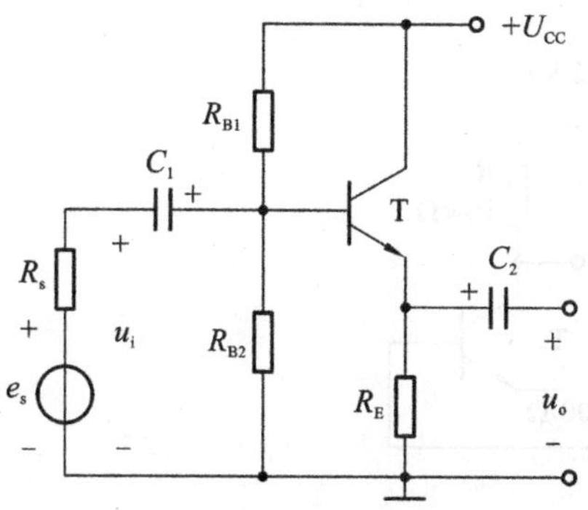

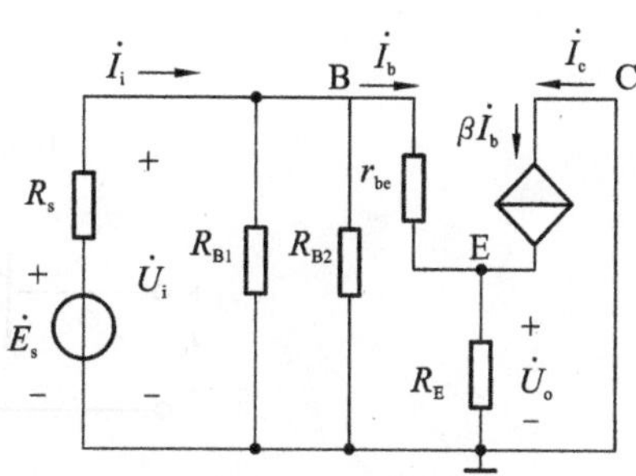

题图 2.12

17. 在题图 2.13 所示的电路中，若三极管的 $\beta=60$，输入电阻 $r_{be}=1.8\ k\Omega$，信号源的输入信号 $E_S=15\ mV$，内阻 $R_s=0.6\ k\Omega$，各元件的数值如图中所示。试求：

(1) 输入电阻 r_i 和输出电阻 r_o；

(2) 输出电压 U_o；

(3) 若 $R_E''=0$，则 U_o 又等于多少？

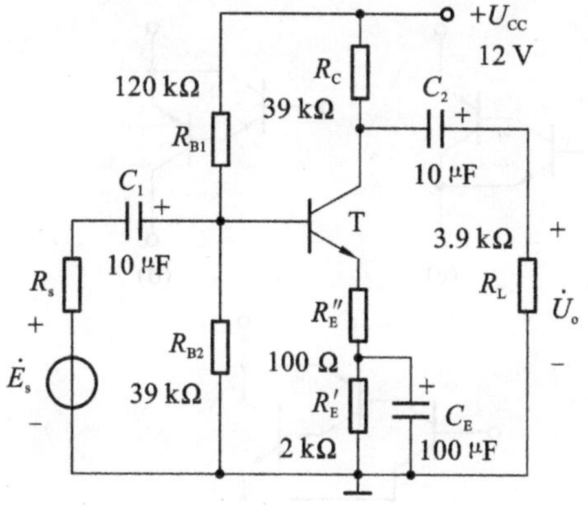

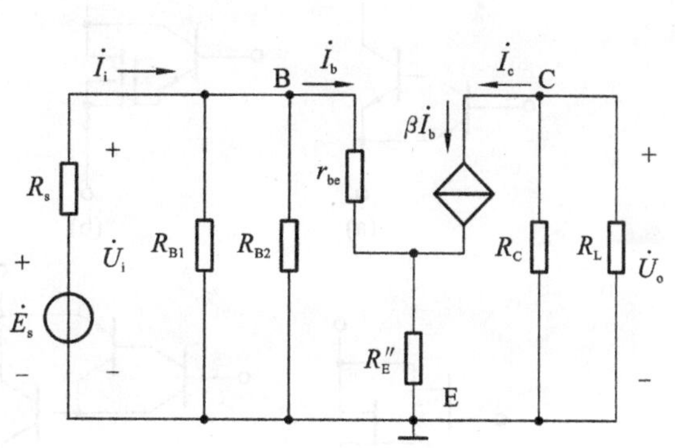

题图 2.13

18. 题图 2.14 所示电路的静态工作点合适，电容值足够大，试指出 T_1、T_2 所组成电路的组态，写出 A_u、r_i 和 r_o 的表达式。

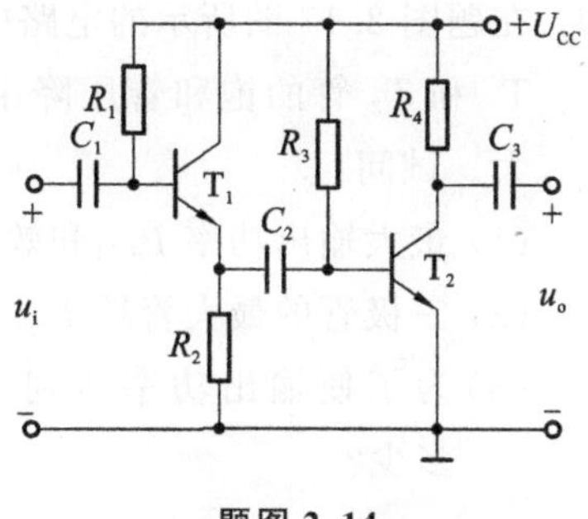

题图 2.14

19. 题图 2.15 所示电路参数理想对称，三极管的 β 均为 50，$r'_{be}=100\ \Omega$，$U_{BEQ}\approx 0.7$。试计算 R_W 滑动端在中点时 T_1 管和 T_2 管的发射极静态电流 I_{EQ}，以及动态参数 A_d 和 r_i。

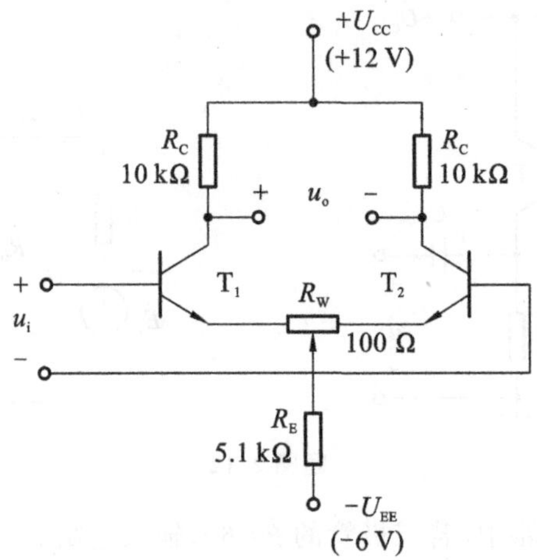

题图 2.15

20. 题图 2.16 中的哪些接法可以构成复合管？标出它们等效管的类型(如 NPN 型、PNP 型、N 沟道结型……)及管脚(B、E、C、D、G、S)。

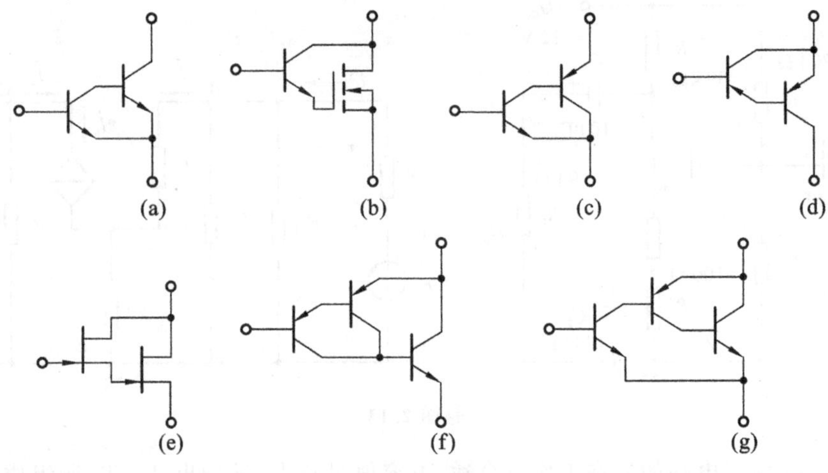

题图 2.16

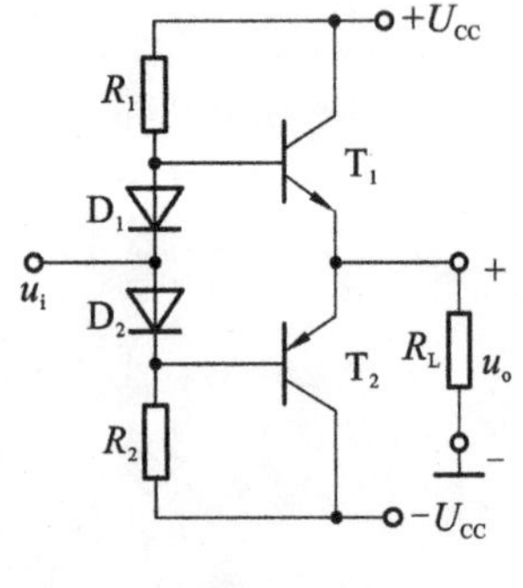

题图 2.17

21. 在题图 2.17 图所示的电路中，已知 $U_{CC}=16\ \text{V}$，$R_L=4\ \Omega$，T_1 和 T_2 管的饱和管压降 $|U_{CES}|=2\ \text{V}$，输入电压足够大。试问：

(1) 最大输出功率 P_{OM} 和效率 η 各为多少？

(2) 三极管的最大管耗 P_{Tmax} 为多少？

(3) 为了使输出功率达到 P_{OM}，输入电压的有效值约为多少？

22. 在题图 2.18 所示的场效应管分压式偏置放大电路中，若已知 $R_{G1}=2\ \mathrm{M\Omega}$，$R_{G2}=47\ \mathrm{k\Omega}$，$R_G=10\ \mathrm{M\Omega}$，$R_D=30\ \mathrm{k\Omega}$，$R_s=2\ \mathrm{k\Omega}$，$U_{DD}=18\ \mathrm{V}$，且静态时 $U_{GS}=-0.2\ \mathrm{V}$，$g_m=1.2\ \mathrm{mA/V}$，试求：
    (1) 静态值 I_D 和 U_{DS}；
    (2) A_u，r_i 和 r_o；
    (3) 若不要旁路电容 C_s，则 A_{uf} 为多少？

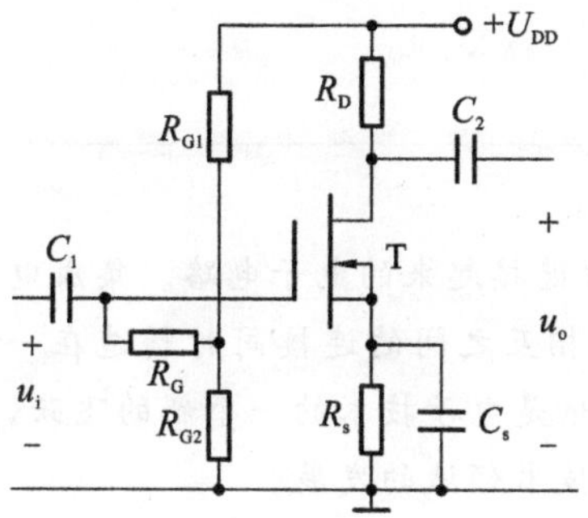

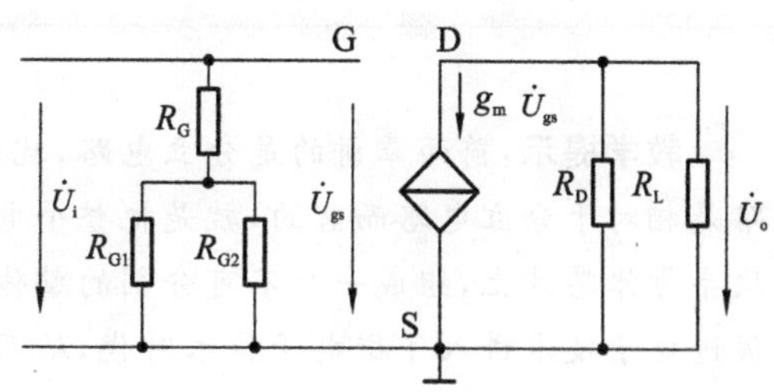

题图 2.18

第3章 集成运算放大电路

教学提示：前两章讲的是分立电路，就是由各种单个器件连接起来的电子电路。集成电路是相对于分立电路而言的，就是把整个电路的各个器件及相互之间的连接同时制造在一块半导体芯片上，组成一个不可分割的整体。集成电路的问世是电子技术的一个新的飞跃，促进电子技术进入了微电子技术时代，从而促进了各个科学技术领域的发展。

教学目标：掌握集成运算放大电路的组成和内部电路原理；掌握集成运算放大器的两种典型电路；能熟练完成对比例电路、求和运算电路、积分运算电路、微分运算电路、对数电路和指数电路、除法运算电路和乘法运算电路的分析和参数计算；掌握两种常用的信号处理电路，以及有源滤波器和电压比较器的工作原理和作用。

3.1 集成运算放大器的简单介绍

集成电路(integrated circuit，简称 IC)自 1958 年问世以来，发展速度惊人。从电子测量仪器、计算机系统到通信设备，从国防尖端到工业及民用领域，都与 IC 密切相关。IC 产业成为衡量综合国力的重要标志和发展电子信息技术的核心。集成电路是信息技术产业群的核心和基础，建立在集成电路技术进步基础上的全球信息化、网格化和知识经济浪潮，使集成电路产业的地位越来越重要。集成电路对国民经济、国防建设和人民生活的影响也越来越大。

集成电路按其功能可分为模拟集成电路和数字集成电路。模拟集成电路是微电子技术的核心技术之一，因而模拟集成电路成为信息时代的重要技术发展目标。

集成运算放大器(简称集成运放，英文简称为 op-amp)是最重要的模拟集成电路器件，其名称来源于该器件的早期应用——用于模拟计算机中求解微分方程和积分方程等数学运算。现在集成运算放大器的应用范围已大大拓展。它由于具有高增益、高输入电阻和低输出电阻的特性，被广泛应用于各种电子电路中。

1. 集成运算放大器的特点和组成

集成运算放大器的内部实际上是一个高增益的直接耦合多级放大器，它一般由输入级、中间级、输出级和偏置电路四个部分组成。现以图 3.1.1 所示的简单的集成运算放大器内电路为例进行介绍。

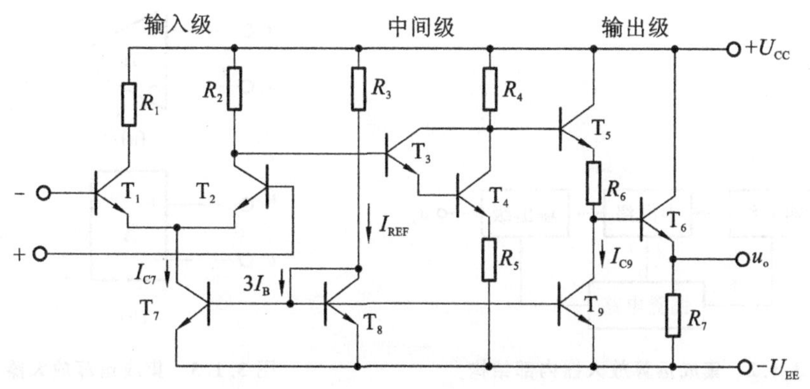

图 3.1.1　简单的集成运算放大器内电路

1）输入级

输入级由 T_1 和 T_2 组成，这是一个双端输入、单端输出的差分放大电路，T_3 是其发射极恒流源。输入级是提高运算放大器质量的关键部分，要求其输入电阻高。为了能减小零点漂移和抑制共模干扰信号，输入级都采用具有恒流源的差分放大电路，所以又称差动输入级。

2）中间级

中间级由复合管 T_3 和 T_4 组成。中间级通常是共发射极基本放大电路，其主要作用是提供足够大的电压放大倍数，故又称电压放大级。为增大电压放大倍数，有时采用恒流源代替集电极负载电阻 R_3。

3）输出级

输出级的主要作用是输出足够的电流以满足负载的需要，要求输出电阻小、带负载能力强。输出级一般由射极输出器组成，更多的是采用互补对称推挽放大电路。

输出级由 T_5 和 T_6 组成，这是一个射极输出器，R_6 的作用是使直流电平移，即通过 R_6 对直流的降压来实现零输入时零输出。T_9 用做 T_5 发射极的恒流源负载。

4）偏置电路

偏置电路的作用是为各级提供合适的工作电流，它一般由各种恒流源电路组成。

T_7～T_9 组成恒流源形式的偏置电路。T_8 的基极与集电极相连，使 T_8 工作在临界饱和状态，故它仍有放大能力。由于 T_7～T_9 的基极电压及参数相同，因而 T_7～T_9 的电流相同。一般 T_7～T_9 的基极电流之和 $3I_B$ 可忽略不计，于是有 $I_{C7}=I_{C9}=I_{REF}$，$I_{REF}=(U_{CC}+U_{EE}-U_{BEQ})/R_3$，当 I_{REF} 确定后，I_{C7} 和 I_{C9} 就成为恒流源。由于 I_{C7}、I_{C9} 与 I_{REF} 是镜像关系，故称这种恒流源为镜像电流源。

集成运算放大器采用正、负电源供电。“＋”为同相输入端，由此端输入信号，则输出信号与输入信号同相。“－”为反相输入端，由此端输入信号，则输出信号与输入信号反相。

集成运算放大器内部结构如图 3.1.2 所示。集成运算放大器符号如图 3.1.3 所示，其中图 3.1.3(a)为国际通用符号，图 3.1.3(b)为国内通用符号。

2. 集成运算放大器的主要技术参数

集成运算放大器的参数是评价其性能的依据。为了正确地挑选和使用集成运算放大器，必须掌握其各参数的含义。

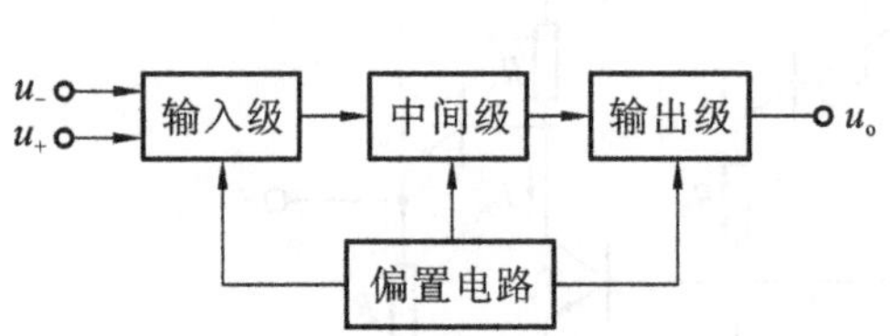

图 3.1.2 集成运算放大器内部结构

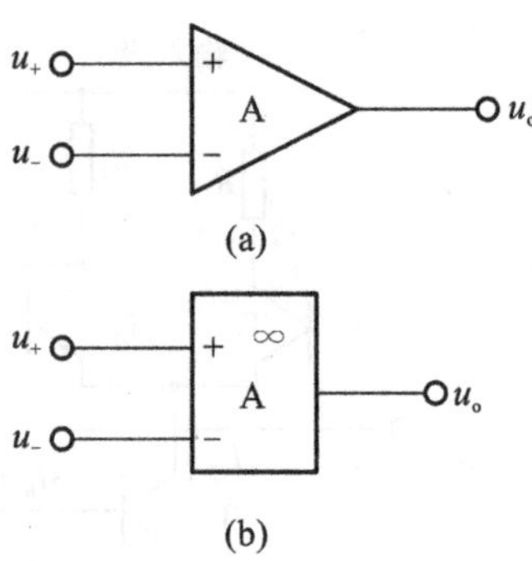

图 3.1.3 集成运算放大器符号

1）差模电压增益 A_{ud}

差模电压增益 A_{ud} 是指在标称电源电压和额定负载下，开环运用时对差模输入信号的电压放大倍数。A_{ud} 是频率的函数，但通常给出的是直流开环增益。

2）共模抑制比 K_{CMR}

共模抑制比是指集成运算放大器的差模电压增益与共模电压增益之比，并用对数表示，即

$$K_{CMR}=20\lg\left|\frac{A_{ud}}{A_{uc}}\right| \tag{3.1.1}$$

K_{CMR} 越大越好。

3）差模输入电阻 r_{id}

差模输入电阻是指集成运算放大器对差模输入信号所呈现的电阻，即集成运算放大器两输入端之间的电阻。

4）输入偏置电流 I_{IB}

输入偏置电流 I_{IB} 是指集成运算放大器在静态时，流经两个输入端的基极电流的平均值，即

$$I_{IB}=\frac{I_{B1}+I_{B2}}{2} \tag{3.1.2}$$

输入偏置电流越小越好，通用型集成运算放大器的输入偏置电流 I_{IB} 为几个微安（μA）数量级。

5）输入失调电压 U_{IO} 及其温漂 dU_{IO}/dT

一个理想的集成运算放大器能实现零输入时零输出。而实际的集成运算放大器，当输入电压为零时，存在一定的输出电压，将其折算到输入端就是输入失调电压，它在数值上等于输出电压为零输入端应施加的直流补偿电压。它反映了差动输入级元件的失调程度。通用型集成运算放大器的 U_{IO} 之值为 2～10 mV，高性能集成运算放大器的 U_{IO} 小于 1 mV。

输入失调电压对温度的变化率 dU_{IO}/dT 称为输入失调电压的温度漂移（简称温漂），用以表征 U_{IO} 受温度变化的影响程度。它一般以 μV/℃为单位。通用型集成运算放大器的温漂指标为 μV/℃数量级。

6）输入失调电流 I_{IO} 及其温漂 dI_{IO}/dT

一个理想的集成运算放大器两输入端的静态电流应该完全相等。实际上，当集成运算放大器的输出电压为零时，流入两输入端的电流不相等，这个静态电流之差 $I_{IO}=I_{B1}-I_{B2}$ 就

是输入失调电流。造成输入电流失调的主要原因是差分对管的 β 失调。I_{IO} 越小越好，一般为 1～10 nA。

输入失调电流对温度的变化率 dI_{IO}/dT 称为输入失调电流的温度漂移，用以表征 I_{IO} 受温度变化的影响程度。这类温度漂移一般为 1～5 nA/℃，好的可达 pA/℃数量级。

7）输出电阻 r_o

在开环条件下，集成运算放大器输出端等效为电压源时的等效动态内阻称为集成运算放大器的输出电阻，记为 r_o。r_o 的理想值为零，实际值一般为 100 Ω～1 kΩ。

8）开环带宽 BW

开环带宽 BW 又称 −3 dB 带宽，是指集成运算放大器在放大小信号时，开环差模增益下降3 dB时所对应的频率 f_H。μA741 的 f_H 约为 7 Hz，如图 3.1.4 所示。

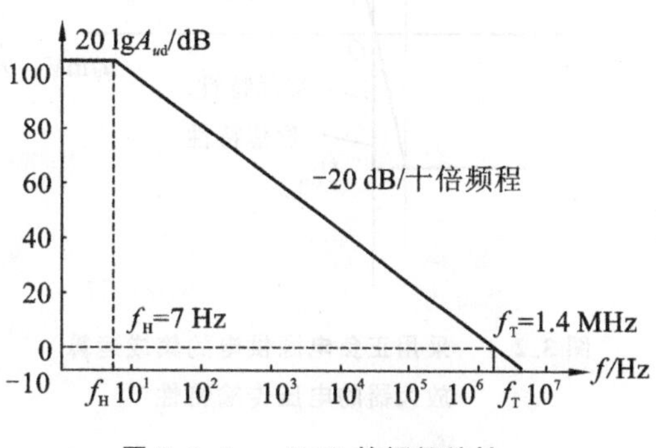

图 3.1.4　μA741 的幅频特性

9）单位增益带宽 BW_G

当信号频率增大到使运算放大器的开环增益下降到 0 dB 时所对应的频率范围称为单位增益带宽。μA741 的 $A_{ud}=2\times10^5$，$f_T=2\times10^5\times7$ Hz$=1.4$ MHz，如图 3.1.4 所示。

10）转换速率 S_R

转换速率又称上升速率或压摆率，通常是指集成运算放大器闭环状态下，输入为大信号（例如阶跃信号）时，放大电路输出电压对时间的最大变化速率，即

$$S_R=\left.\frac{du_o(t)}{dt}\right|_{max} \tag{3.1.3}$$

S_R 的大小反映了集成运算放大器的输出对于高速变化的大输入信号的响应能力。S_R 越大，表示集成运算放大器的高频性能越好，如 μA741 的 $S_R=0.5$ V/μs。

此外，还有最大差模输入电压 U_{idmax}、最大共模输入电压 U_{icmax}、最大输出电压 U_{omax} 及最大输出电流 I_{omax} 等参数。

3.2　集成运算放大器的电压传输特性及分析依据

一般情况下，我们把在电路中的集成运算放大器看作理想集成运算放大器。

1. 集成运算放大器的电压传输特性

集成运算放大器输出电压 u_o 与输入电压 u_+-u_- 之间的关系曲线称为电压传输特性。对于采用正负电源供电的集成运算放大器，电压传输特性如图 3.2.1 所示。

两个工作区：

（1）线性区：

$$u_o=A_{ud}(u_+-u_-)$$

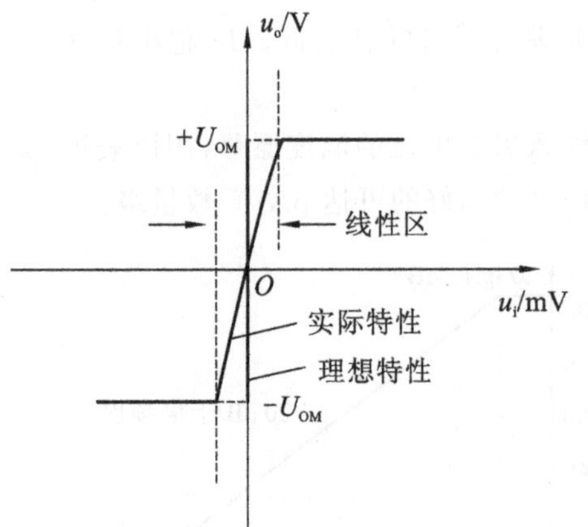

图 3.2.1　采用正负电源供电的集成运算放大器的电压传输特性

(2) 饱和区：

$$u_o = +U_{OM} \text{或} -U_{OM}$$

【例 3.2.1】 集成运算放大器 F007 的正负电源的电压为±15 V，开环电压放大倍数 $A=2\times10^5$，输出最大电压(即 $\pm U_{sat}$)为±13 V。今分别加下列输入电压，求输出电压及其极性：

(1) $u_+=+15\ \mu V, u_-=-10\ \mu V$；

(2) $u_+=-5\ \mu V, u_-=+10\ \mu V$；

(3) $u_+=0\ V, u_-=+5\ mV$；

(4) $u_+=+5\ mV, u_-=0\ V$。

【解】

$$u_+-u_-=\frac{u_o}{A}=\frac{\pm13}{2\times10^5}\ V=\pm65\ \mu V$$

只要两个输入端之间的电压绝对值超过 65 μV，输出电压就达到正或负的饱和值。

(1) $u_+=+15\ \mu V, u_-=-10\ \mu V$。

输出电压：

$$u_o=2\times10^5\times(15+10)\times10^{-6}\ V=+5\ V$$

(2) $u_+=-5\ \mu V, u_-=+10\ \mu V$。

输出电压：

$$u_o=2\times10^5\times(-5-10)\times10^{-6}\ V=-3\ V$$

(3) $u_+=0\ V, u_-=+5\ mV$。

输出电压：

$$u_o=-13\ V$$

(4) $u_+=+5\ mV, u_-=0\ V$。

输出电压：

$$u_o=+13\ V$$

2. 理想集成运算放大器的理想化性能指标

(1) 开环电压放大倍数 $A_{ud}=\infty$。

(2) 输入电阻 $r_{id}=\infty$。

(3) 输出电阻 $r_{od}=\infty$。

(4) 共模抑制比 $K_{CMR}=\infty$。

此外，理想集成运算放大器没有失调，没有失调温度漂移等。尽管理想集成运算放大器并不存在，但由于集成运算放大器的技术指标都比较接近于理想值，在具体分析时将其理想化是允许的，这种分析所带来的误差一般比较小，可以忽略不计。

3. 集成运算放大器工作在线性区的分析依据

对于理想集成运算放大器，由于其 $A_{ud}=\infty$，因而若在其两个输入端之间加无穷小电压，则输出电压将超出其线性范围。因此，只有引入负反馈，才能保证理想集成运算放大器工作在线性区。

理想集成运算放大器线性区的特点是存在着虚短和虚断两个概念。

1）虚短概念

当理想集成运算放大器工作在线性区时，输出电压在有限值之间变化，而理想集成运算放大器的 $A_{ud}=\infty$，故 $u_{id}=u_{od}/A_{ud}\approx 0$。由 $u_{id}=u_{+}-u_{-}\approx 0$，得

$$u_{+}\approx u_{-} \tag{3.2.1}$$

即反相输入端与同相输入端的电压几乎相等，近似于短路又不是真正短路，我们将此称为虚短路，简称虚短。

另外，当同相输入端接地时，使 $u_{+}=0$，则有 $u_{-}\approx 0$。这说明同相输入端接地时，反相输入端电位接近于地电位，所以反相输入端称为虚地。

2）虚断概念

理想集成运算放大器的输入电阻 $r_{id}\to\infty$，两个输入端的电流 $i_{+}=i_{-}\approx 0$，这表明流入理想集成运算放大器同相输入端和反相输入端的电流几乎为零，所以称为虚断路，简称虚断。

3.3　集成运算放大器在线性区的应用

3.3.1　在信号运算方面的应用

1. 反相输入放大与同相输入放大

1）反相输入放大

图 3.3.1 所示为反相输入放大电路。输入信号 u_i 经过电阻 R_1 加到集成运算放大器的反相输入端，反馈电阻 R_F 接在输出端和反相输入端之间，构成电压并联负反馈，则集成运算放大器工作在线性区；同相输入端加平衡电阻 R_2，主要是使同相输入端与反相输入端外接电阻相等，即 $R_2=R_1 /\!/ R_F$，以保证集成运算放大器处于平衡对称的工作状态，从而消除输入偏置电流及其温度漂移的影响。

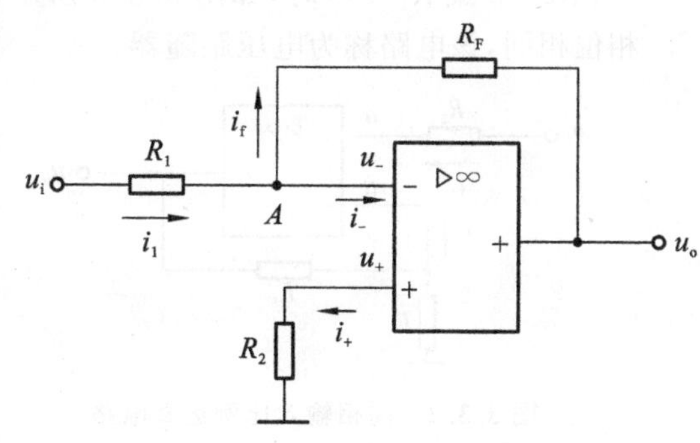

图 3.3.1　反相输入放大电路

根据虚断的概念，$i_{+}=i_{-}\approx 0$，得 $u_{+}=0$，$i_i=i_f$。又根据虚短的概念，$u_{-}\approx u_{+}=0$，故称 A 点为虚地点。虚地是反相输入放大电路的一个重要特点。又因为有

$$i_1=\frac{u_i}{R_1},\quad i_f=-\frac{u_o}{R_1}$$

所以有

$$\frac{u_i}{R_1}=-\frac{u_o}{R_F}$$

移项后得电压放大倍数

$$A_u=\frac{u_o}{u_i}=-\frac{R_F}{R_1}$$

或

$$u_o = -\frac{R_F}{R_1} \times u_i \tag{3.3.1}$$

上式表明，电压放大倍数与 R_F 成正比，与 R_1 成反比。式中负号表明输出电压与输入电压相位相反。当 $R_1 = R_F = R$ 时，$u_o = -u_i$，输入电压与输出电压大小相等、相位相反，反相输入放大电路称为反相器。

由于反相输入放大电路引入的是深度电压并联负反馈，因此它使输入电阻和输出电阻都减小，输入电阻和输出电阻分别为

$$r_{id} \approx R_1, \quad r_{od} \approx 0$$

2）同相输入放大

在图 3.3.2 中，输入信号 u_i 经过电阻 R_2 接到集成运算放大器的同相输入端，反馈电阻接到其反相输入端，构成了电压串联负反馈。

根据虚断概念，$i_+ \approx 0$，可得 $u_+ = u_i$。又根据虚短概念，有 $u_+ \approx u_-$，于是有

$$u_i \approx u_- = \frac{R_1}{R_1 + R_F} u_o$$

移项后得电压放大倍数

$$A_u = \frac{u_o}{u_i} = 1 + \frac{R_F}{R_1}$$

或

$$u_o = \left(1 + \frac{R_F}{R_1}\right) u_i \tag{3.3.2}$$

当 $R_F = 0$ 或 $R_1 \to \infty$ 时，如图 3.3.3 所示，此时 $u_o = u_i$，即输出电压与输入电压大小相等、相位相同，该电路称为电压跟随器。

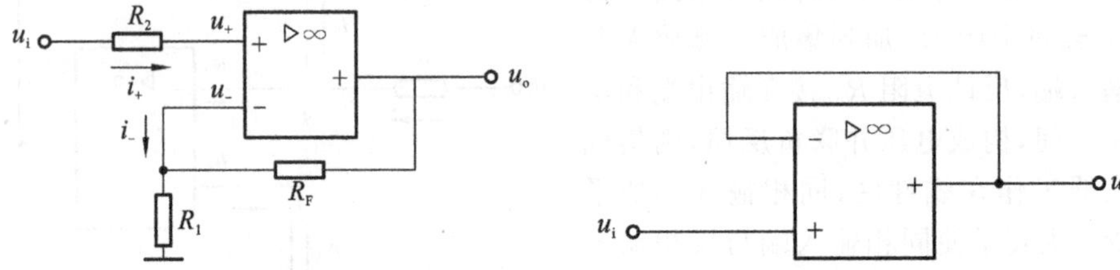

图 3.3.2　同相输入比例运算电路　　图 3.3.3　电压跟随器

由于同相输入放大电路引入的是深度电压串联负反馈，因此它使输入电阻增大、输出电阻减小，输入电阻和输出电阻分别为

$$r_{id} \to \infty, \quad r_{od} \approx 0$$

【例 3.3.1】 电路如图 3.3.4 所示，试求当 R_5 的阻值为多大时，才能使 $u_o = -55u_i$？

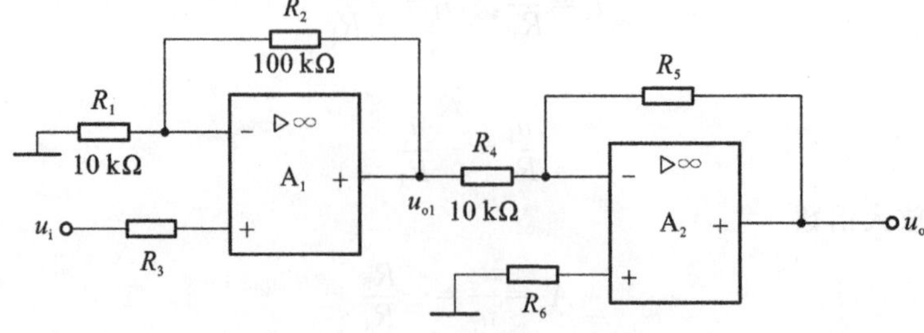

图 3.3.4　例 3.3.1 图

【解】　在图 3.3.4 所示的电路中，A_1 构成同相输入放大，A_2 构成反相输入放大，因此有

$$u_{o1}=\left(1+\frac{R_2}{R_1}\right)u_i=\left(1+\frac{100}{10}\right)u_i=11u_i$$

$$u_o=-\frac{R_5}{R_4}u_{o1}=-\frac{R_5}{10}\times 11u_i=-55u_i$$

化简后得 $R_5=50\ \text{k}\Omega$。

2. 加法运算与减法运算

1）加法运算

在自动控制电路中，往往需要将多个采样信号按一定的比例叠加起来输入到放大电路中，这就需要用到加法运算电路。反相加法运算电路如图 3.3.5 所示。

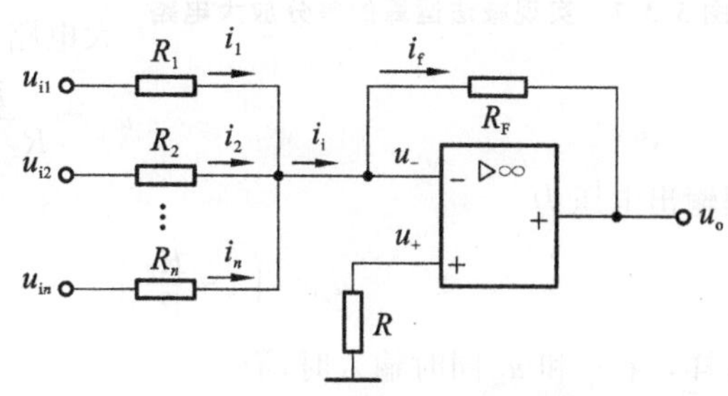

图 3.3.5　反相加法运算电路

根据虚断的概念及结点电流定律，可得 $i_f=i_i=i_1+i_2+\cdots+i_n$。再根据虚短的概念可得

$$i_1=\frac{u_{i1}}{R_1},i_2=\frac{u_{i2}}{R_2},\cdots,i_n=\frac{u_{in}}{R_n}$$

则输出电压为

$$u_o=-R_Fi_f=-R_F\left(\frac{u_{i1}}{R_1}+\frac{u_{i2}}{R_2}+\cdots+\frac{u_{in}}{R_n}\right) \tag{3.3.3}$$

式(3.3.3)实现了各信号的比例加法运算。如果取 $R_1=R_2=\cdots=R_n=R_F$，则有

$$u_o=-(u_{i1}+u_{i2}+\cdots+u_{in}) \tag{3.3.4}$$

2）减法运算

(1) 利用反相求和实现减法运算。

电路如图 3.3.6 所示。第一级为反相放大电路，若取 $R_{F1}=R_1$，则 $u_{o1}=-u_{i1}$。第二级为反相加法运算电路，可导出

$$u_o=-\frac{R_{F2}}{R_2}(u_{o1}+u_{i2})=\frac{R_{F2}}{R_2}(u_{i1}-u_{i2})$$

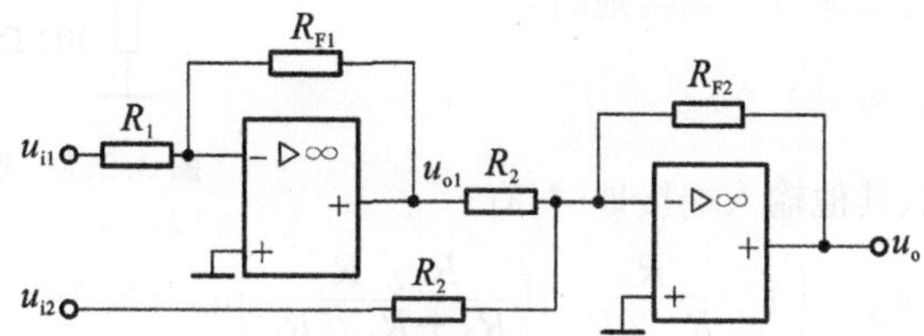

图 3.3.6　利用反相求和实现减法运算的电路

若取 $R_2=R_{F2}$，则有

$$u_o=u_{i1}-u_{i2} \tag{3.3.5}$$

于是实现了两信号的减法运算。

(2) 利用差分放大电路实现减法运算。

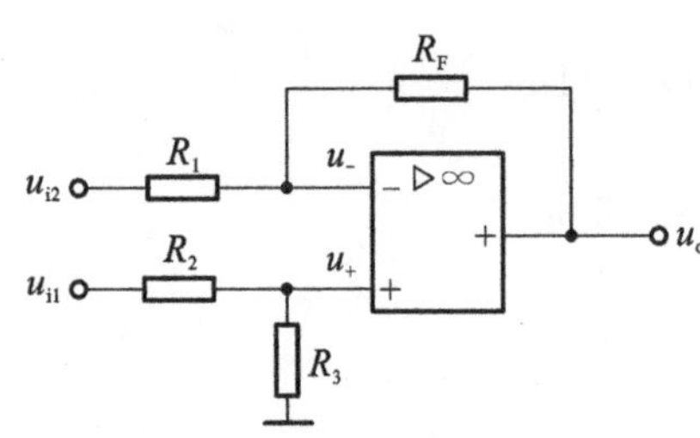

图 3.3.7　实现减法运算的差分放大电路

电路如图 3.3.7 所示。u_{i2} 经 R_1 加到反相输入端，u_{i1} 经 R_2 加到同相输入端。

根据叠加定理，首先令 $u_{i1}=0$，当 u_{i2} 单独作用时，电路成为反相输入放大电路，其输出电压为

$$u_{o2}=-\frac{R_F}{R_1}u_{i2}$$

再令 $u_{i2}=0$，当 u_{i1} 单独作用时，电路成为同相输入放大电路，同相输入端电压为

$$u_+=\frac{R_3}{R_2+R_3}u_{i1}$$

则输出电压为

$$u_{o1}=\left(1+\frac{R_F}{R_1}\right)u_+=\left(1+\frac{R_F}{R_1}\right)\left(\frac{R_3}{R_2+R_3}\right)u_{i1}$$

这样，当 u_{i1} 和 u_{i2} 同时输入时，有

$$u_o=u_{o1}+u_{o2}=\left(1+\frac{R_F}{R_1}\right)\left(\frac{R_3}{R_2+R_3}\right)u_{i1}-\frac{R_F}{R_1}u_{i2}$$

当 $R_1=R_2=R_3=R_F$ 时，有

$$u_o=u_{i1}-u_{i2}$$

于是实现了两信号的减法运算。

图 3.3.7 所示的减法运算电路是差分放大电路，具有输入电阻低和增益调整难两大缺点。为满足高输入电阻及增益可调的要求，工程上常采用由多级运算放大器组成的差分放大电路。

【例 3.3.2】加减法运算电路如图 3.3.8 所示，求输出电压与各输入电压之间的关系。

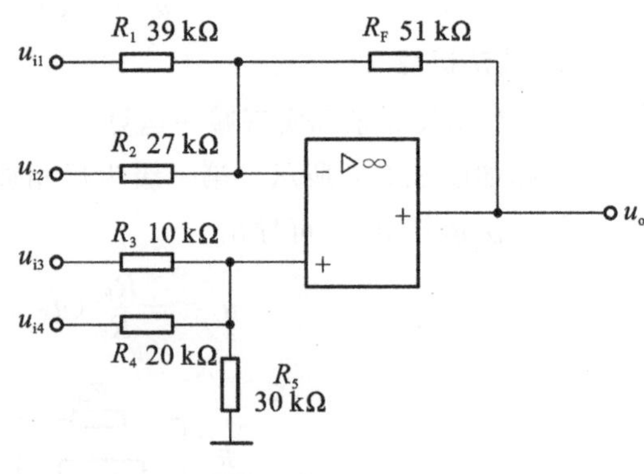

图 3.3.8　例 3.3.2 图

【解】　本题输入信号有四个，可利用叠加法求解。

(1) 当 u_{i1} 单独输入、其他输入端接地时，有

$$u_{o1}=-\frac{R_F}{R_1}u_{i1}\approx-1.3u_{i1}$$

(2) 当 u_{i2} 单独输入、其他输入端接地时，有

$$u_{o2}=-\frac{R_F}{R_2}u_{i2}\approx-1.9u_{i2}$$

(3) 当 u_{i3} 单独输入、其他输入端接地时，有

$$u_{o3}=\left(1+\frac{R_F}{R_1/\!/R_2}\right)\left(\frac{R_4/\!/R_5}{R_3+R_4/\!/R_5}\right)u_{i3}\approx2.3u_{i3}$$

(4) 当 u_{i4} 单独输入、其他输入端接地时，有

$$u_{o4}=\left(1+\frac{R_F}{R_1/\!/R_2}\right)\left(\frac{R_3/\!/R_5}{R_4+R_3/\!/R_5}\right)u_{i4}\approx1.15u_{i4}$$

由此可得到

$$u_o = u_{o1} + u_{o2} + u_{o3} + u_{o4} = -1.3u_{i1} - 1.9u_{i2} + 2.3u_{i3} + 1.15u_{i4}$$

3. 积分运算与微分运算

1）积分运算

图 3.3.9 所示为积分运算电路。

根据虚地的概念，$u_A \approx 0$，$i_R = u_i/R$。再根据虚断的概念，有 $i_C \approx i_R$，即电容 C 以 $i_C = u_i/R$ 进行充电。假设电容 C 的初始电压为零，那么

$$u_o = -\frac{1}{C}\int i_C \mathrm{d}t = -\frac{1}{C}\int \frac{u_i}{R}\mathrm{d}t = -\frac{1}{RC}\int u_i \mathrm{d}t$$

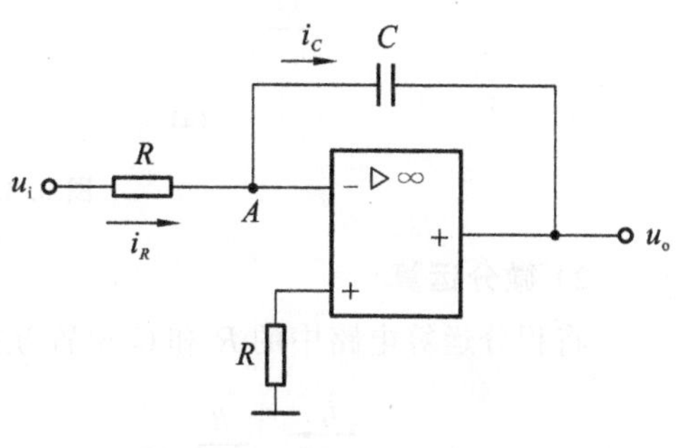

图 3.3.9　积分运算电路

上式表明，输出电压为输入电压对时间的积分，且相位相反。当求解 t_1 到 t_2 时间段的积分值时，有

$$u_o = -\frac{1}{RC}\int_{t_1}^{t_2} u_i \mathrm{d}t + u_o(t_1) \quad (3.3.6)$$

式中，$u_o(t_1)$ 为积分起始时刻 t_1 的输出电压，即积分的起始值；积分的终值是 t_2 时刻的输出电压。当 u_i 为常量 U_i 时，有

$$u_o = -\frac{1}{RC}U_i(t_2 - t_1) + u_o(t_1)$$

积分运算电路的波形变换作用如图 3.3.10 所示。当输入为阶跃波时，若初始时刻电容上的电压为零，则输出电压波形如图 3.3.10(a) 所示。当输入分别为方波和正弦波时，输出电压波形分别如图 3.3.10(b) 和图 3.3.10(c) 所示。

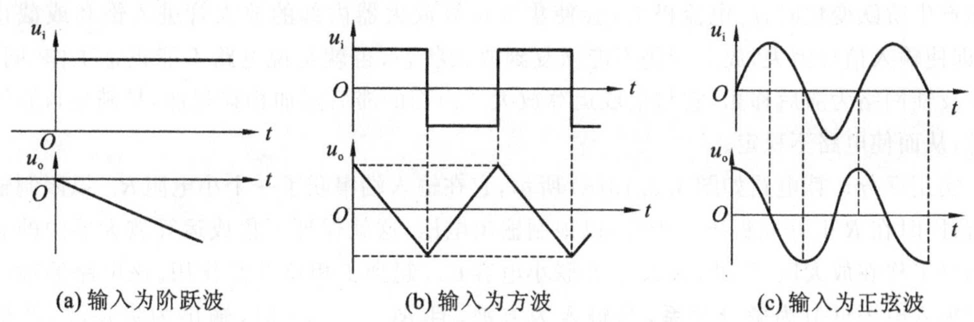

图 3.3.10　积分运算在不同输入情况下的波形

【例 3.3.3】　电路及输入分别如图 3.3.11(a) 和图 3.3.11(b) 所示，电容器 C 的初始电压 $u_C(0) = 0$，试画出输出电压 u_o 稳态的波形，并标出 u_o 的幅值。

【解】　当 $t = t_1 = 40\ \mu\mathrm{s}$ 时，有

$$u_o(t_1) = -\frac{u_i}{RC}t_1 = -\frac{-10\ \mathrm{V} \times 40 \times 10^{-6}\ \mathrm{s}}{10 \times 10^3\ \Omega \times 5 \times 10^{-9}\ \mathrm{F}} = 8\ \mathrm{V}$$

当 $t = t_2 = 120\ \mu\mathrm{s}$ 时，有

$$u_o(t_2) = u_o(t_1) - \frac{u_i}{RC}(t_2 - t_1) = 8\ \mathrm{V} - \frac{5\ \mathrm{V} \times (120 - 40) \times 10^{-6}\ \mathrm{s}}{10 \times 10^3\ \Omega \times 5 \times 10^{-9}\ \mathrm{F}} = 0\ \mathrm{V}$$

输出波形如图 3.3.11(b) 所示。

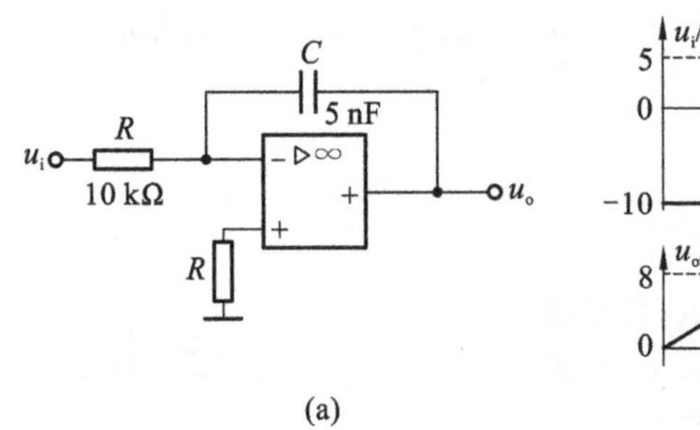

(a)

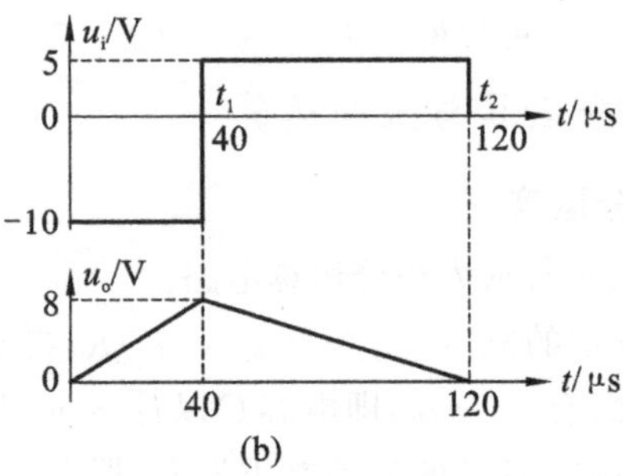

(b)

图 3.3.11　例 3.3.3 图

2）微分运算

将积分运算电路中的 R 和 C 位置互换，就可得到微分运算电路，如图 3.3.12 所示。

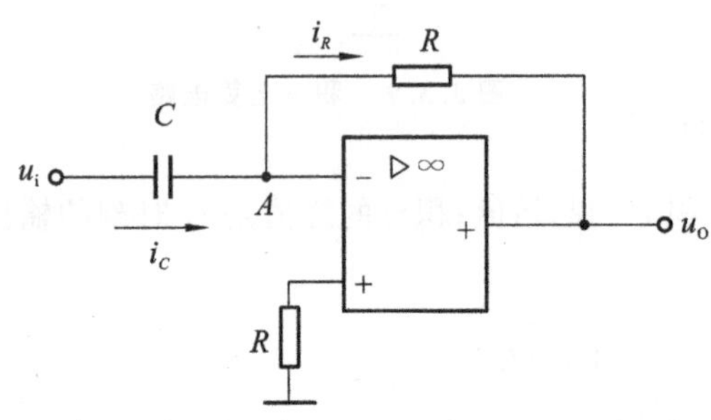

图 3.3.12　微分运算电路

在这个电路中，A 点为虚地，即 $u_A \approx 0$。再根据虚断的概念，则有 $i_R \approx i_C$。假设电容 C 的初始电压为零，那么有 $i_C = C\dfrac{du_i}{dt}$，则输出电压为

$$u_o = -i_R R = -RC\frac{du_i}{dt} \qquad (3.3.7)$$

上式表明，输出电压为输入电压对时间的微分，且相位相反。

图 3.3.12 所示的电路实用性差，当输入电压产生阶跃变化时，i_C 电流极大，会使集成运算放大器内部的放大管进入饱和或截止状态，即使输入信号消失，放大管仍不能恢复到放大状态，也就是说电路不能正常工作。同时，由于反馈网络为滞后移相，它与集成运算放大器内部的滞后附加相移相加，易满足自激振荡条件，从而使电路不稳定。

实用微分运算电路如图 3.3.13(a) 所示，它在输入端串联了一个小电阻 R_1，以限制输入电流；同时在 R 上并联稳压二极管，以限制输出电压，这就保证了集成运算放大器中的放大管始终工作在放大区。另外，在 R 上并联小电容 C_1，起到了相位补偿作用。该电路的输出电压与输入电压近似为微分关系，当输入为方波，且 $RC \ll T/2$ 时，输出为尖顶波，波形如图 3.3.13(b) 所示。

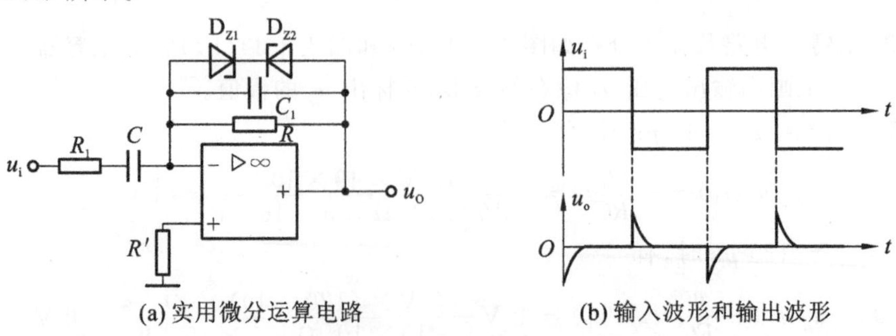

(a) 实用微分运算电路　　(b) 输入波形和输出波形

图 3.3.13　实用微分运算电路及输入、输出波形

3.3.2　在信号处理方面的应用

1. 概述

在电子技术和控制系统领域中，广泛使用着滤波电路。它的作用是让负载需要的某一频段的信号顺利通过电路，而其他频段的信号被滤除，即过滤掉负载不需要的信号。

2. 滤波电路的分类

对于幅频特性，通常把能够通过的信号频率范围定义为通带，而把受阻或衰减的信号频率范围称为阻带，通带与阻带的界限频率称为截止频率。

按照通带与阻带的相互位置不同，滤波电路通常可分为四类，即低通滤波(LPF) 电路、高通滤波(HPF) 电路、带阻滤波(BEF) 电路和带通滤波(BPF) 电路。四类滤波电路的幅频特性如图 3.3.14 示，其中实线为理想幅频特性，虚线为实际幅频特性。各种滤波电路的实际幅频特性与理想情况是有差别的，设计者的任务是力求实际幅频特性向理想幅频特性逼近。

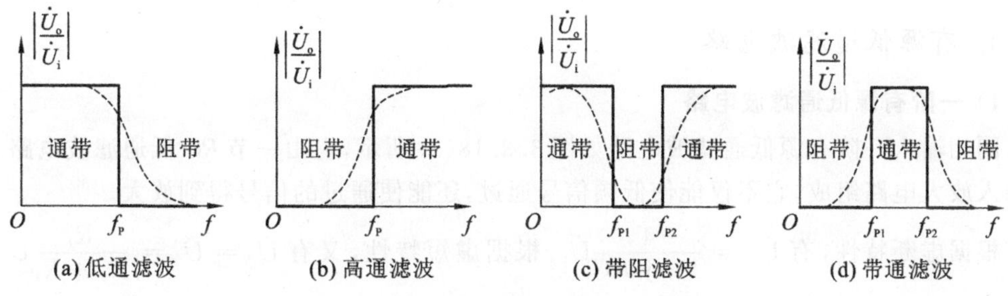

图 3.3.14　四类滤波电路的幅频特性

3. 无源滤波电路与有源滤波电路

1) 无源滤波电路

无源滤波电路由无源元件(电阻、电容及电感) 组成。此类滤波电路由于不用加电源而得名。图 3.3.15 所示为无源低通滤波电路和无源高通滤波电路。

对于图 3.3.15(a) 和图 3.3.15(b) 所示的电路，滤波的截止频率均为 $f_P=\frac{1}{2\pi RC}$。当信号频率等于截止频率时，也就是当电容的容抗等于电阻阻值时，$|\dot{U}_o|=0.707|\dot{U}_i|$。对于频率 $f\ll f_P$ 的信号，有容抗 $X_C\gg R$，信号能从图 3.3.15(a) 所示的电路通过，但不能从图 3.3.15(b) 所示的电路通过；对于频率 $f\gg f_P$ 的信号，有容抗 $X_C\ll R$，信号不能从图 3.3.15(a) 所示的电路通过，但能从图 3.3.15(b) 所示的电路通过。无源滤波电路的幅频特性如图 3.3.16 所示。

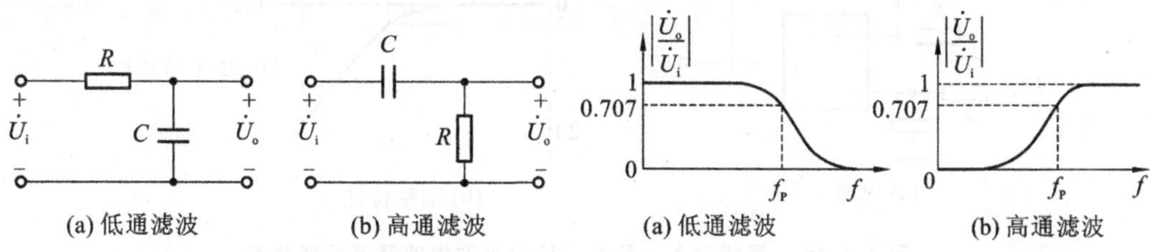

图 3.3.15　无源滤波电路　　**图 3.3.16　无源滤波电路的幅频特性**

无源滤波电路具有结构简单、无须外加电源的优点，但有以下缺点：

(1) R 和 C 上有信号电压降，故要消耗信号能量；

(2) 带负载能力差，当在输出端接入负载 R_L 时，滤波特性随之改变；

(3) 滤波性能也不大理想，通带与阻带之间存在着一个频率较宽的过渡区。

2）有源滤波电路

如果在无源滤波电路之后，加上一个放大环节，则构成一个有源滤波电路，如图 3.3.17 所示。

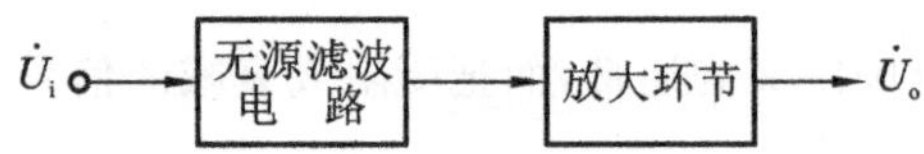

图 3.3.17 有源滤波电路的组成

有源滤波电路的放大环节可由分立元件电路组成，也可以由集成运算放大器组成。若引入电压串联负反馈，以提高输入电阻、降低输出电阻，则可克服无源滤波电路带负载能力差的缺点。若适当地将正反馈引入滤波电路，则可以提高截止频率附近的电压放大倍数，以补偿由于滤波阶次上升给滤波截止频率附近的输出信号所带来的过多衰减。由此可见，有源滤波电路将大大提高滤波性能。

4. 有源低通滤波电路

1）一阶有源低通滤波电路

同相输入一阶有源低通滤波电路如图 3.3.18(a) 所示，它由一节 RC 低通滤波电路及同相输入放大电路组成。它不仅能使低频信号通过，还能使通过的信号得到放大。

根据虚断特性，有 $\dot{U}_+=\dfrac{1}{1+\mathrm{j}\omega RC}\dot{U}_i$。根据虚短特性，又有 $\dot{U}_+=\dot{U}_-=\dfrac{R_1}{R_1+R_F}\dot{U}_o$。因此有

$$\dot{A}_u=\frac{\dot{U}_o}{\dot{U}_i}=\frac{\dot{U}_o}{\dot{U}_+}\times\frac{\dot{U}_+}{\dot{U}_i}=\frac{R_1+R_F}{R_1}\times\frac{1}{1+\mathrm{j}\omega RC}=\frac{A_{um}}{1+\mathrm{j}\dfrac{f}{f_0}} \tag{3.3.8}$$

式中，$A_{um}=\dfrac{R_1+R_F}{R_1}$，称为通带电压放大倍数；$f_0=\dfrac{1}{2\pi RC}$，称为特征频率。由于式(3.3.8)中分母 f 的最高次幂为一次，故该电路称为一阶滤波器，其幅频特性表达式为

$$20\lg\left|\frac{\dot{A}_u}{A_{um}}\right|=-20\lg\sqrt{1+\left(\frac{f}{f_0}\right)^2} \tag{3.3.9}$$

幅频特性曲线如图 3.3.18(b) 所示。当 $f=f_0$ 时，$20\lg\left|\dfrac{\dot{A}_u}{A_{um}}\right|=-3$ dB，所以通带的截止

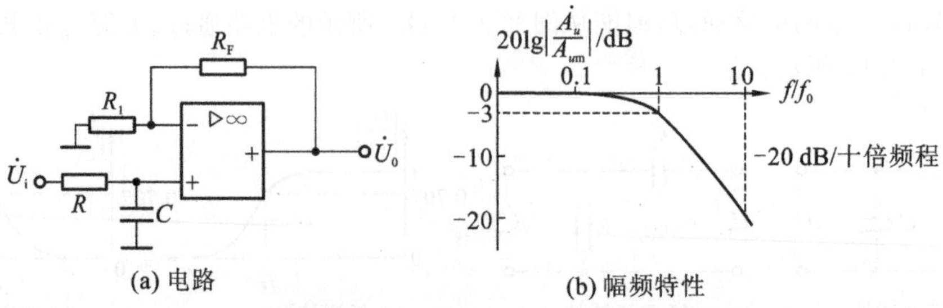

图 3.3.18 同相输入一阶有源低通滤波电路及其幅频特性

频率 $f_P = f_0$。当 $f \ll f_P$ 时，$|\dot{A}_u| = A_{um}$，$20\lg\left|\frac{\dot{A}_u}{A_{um}}\right| = 0$ dB。当 $f \geqslant f_P$ 时，幅频特性按 -20 dB/十倍频程速率下降。

一阶有源低通滤波的滤波特性与理想滤波特性相比，差距很大。在理想情况下，希望在 $f > f_P$ 后，电压放大倍数立即下降到零，使大于截止频率的信号完全不能通过低通滤波器。但是，一阶有源低通滤波的对数幅频特性只是以每十倍频程 -20 dB 的缓慢速率下降。为了使滤波特性接近于理想情况，可采用二阶有源低通滤波电路。

2）简单的二阶有源低通滤波电路

简单的二阶有源低通滤波电路如图 3.3.19(a) 所示，它由两节 *RC* 低通滤波电路及同相输入放大电路组成。

经推导，电压放大倍数表达式为

$$\dot{A}_u = \frac{\dot{U}_o}{\dot{U}_i} = \frac{A_{um}}{1-\left(\frac{f}{f_0}\right)^2 + j3\frac{f}{f_0}} \tag{3.3.10}$$

式中，$A_{um} = 1+\frac{R_F}{R_1}$，称通带电压放大倍数；$f_0 = \frac{1}{2\pi RC}$，称特征频率。由于式(3.3.10)分母中 f 的最高次幂为二次，故该电路称为二阶滤波器。若令式(3.3.10) 分母的模等于$\sqrt{2}$，则可求出低通的截止频率为

$$f_P \approx 0.37 f_0 \tag{3.3.11}$$

幅频特性如图 3.3.19(b) 所示。虽然衰减速率达 -40 dB/十倍频程，但是 f_P 远离 f_0。若使 $f = f_0$ 附近的电压放大倍数数值更大，则可使 f_P 接近于 f_0，滤波特性趋于理想情况。

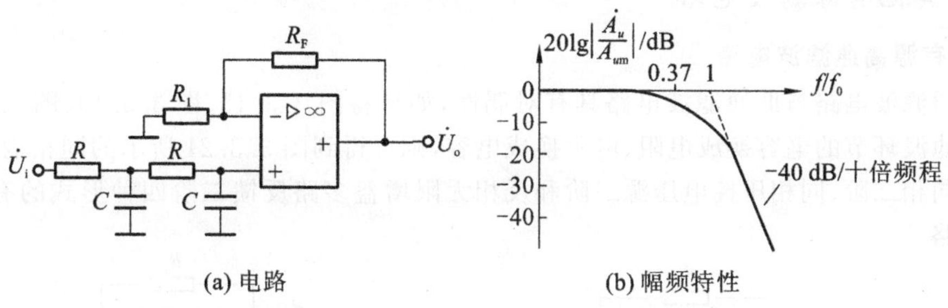

图 3.3.19　简单的二阶有源低通滤波电路及其幅频特性

3）压控电压源二阶有源低通滤波电路

电路及其幅频特性如图 3.3.20 所示，因同相输入端电位控制由运算放大器和 R_F 及 R_1 组成的电压源来完成，故称为压控电压源二阶低通滤波电路。与图 3.3.19(a) 所示的电路不同的是，滤波电容 C_1 由原来接地改接到集成运算放大器的输出端，从而引入正反馈。若 $C_1 = C_2 = C$，则滤波的特征频率 $f_0 = \frac{1}{2\pi RC}$。

当 $f \ll f_0$ 时，由于 C_1 容抗趋于无穷大，因而正反馈很弱；又 C_2 容抗趋于无穷大，输入信号没有被衰减；通带电压放大倍数为 $A_{um} = 1 + R_F/R_1$。

当 $f = f_0$ 时，每级 *RC* 低通移相为 $-45°$，两级 *RC* 低通移相为 $-90°$。因此，当 f 接近 f_0 时，由 C_1 引回来的反馈基本上是正反馈，从而使 f_0 频率附近的放大倍数增大，并随着 A_{um} 的

增大而出现峰值，如图 3.3.20(b) 所示。

当 $f \gg f_0$ 时，由于 C_2 容抗趋于零，输入信号被衰减到零；而且 C_1 和 C_2 各自移相近似为 $-90°$，则总相移趋于 $-180°$，于是 C_1 引回来的反馈成为负反馈，使对数幅频特性按 -40 dB/十倍频程速率下降。

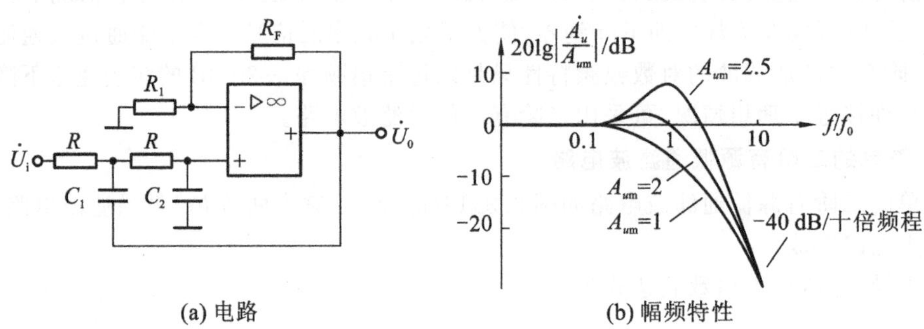

(a) 电路　　(b) 幅频特性

图 3.3.20　压控电源二阶有源低通滤波电路及其幅频特性

经推导，电压放大倍数可写成

$$\dot{A}_u = \frac{\dot{U}_o}{\dot{U}_i} = \frac{A_{um}}{1 - \left(\frac{f}{f_0}\right)^2 + j\frac{f}{f_0}(3 - A_{um})} \qquad (3.3.12)$$

式(3.3.12) 表明，电路应避免 $A_{um} = 3$，否则电路将产生自激振荡。

由以上分析可知，只要电路设计得当，就能使 $f = f_0$ 时的电压放大倍数适当增大，使幅频特性更接近于理想情况。

5. 其他有源滤波电路

1）有源高通滤波电路

高通滤波电路与低通滤波电路具有对偶性，如果将图 3.3.18、图 3.3.19、图 3.3.20 电路中的滤波环节的电容换成电阻、电阻换成电容，则可得到图 3.3.21 所示的同相输入一阶、简单的同相二阶、同相压控电压源二阶和反相无限增益多路反馈二阶四种形式的有源高通滤波电路。

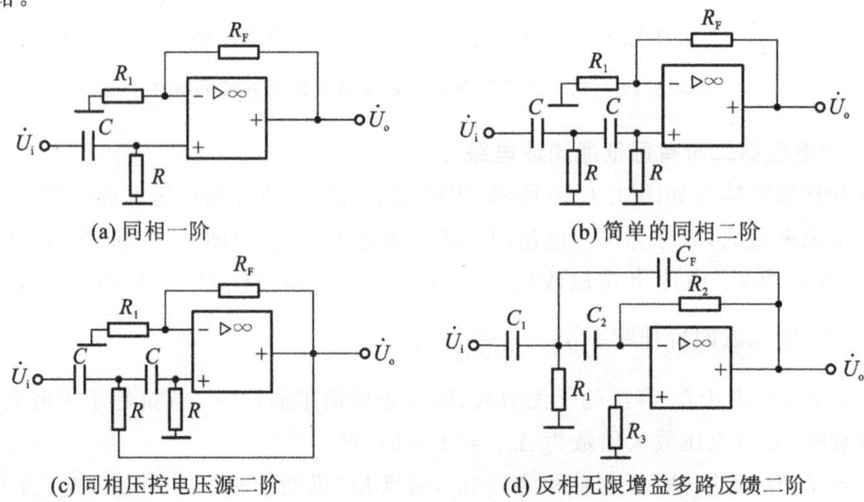

(a) 同相一阶　　(b) 简单的同相二阶

(c) 同相压控电压源二阶　　(d) 反相无限增益多路反馈二阶

图 3.3.21　有源高通滤波电路

2）有源带通滤波电路

带通滤波电路仅让某一频段的信号通过，而将该频段以外的所有信号阻断。实现带通滤波的方法很多，将低通滤波电路与高通滤波电路串联，就可以得到带通滤波电路，如图 3.3.22 所示。要求低通滤波的截止频率 f_{P1} 应大于高通滤波的截止频率 f_{P2}，通带为 $f_{P1}-f_{P2}$。

将带通滤波电路与放大环节结合，就得到有源带通滤波电路。

3）有源带阻滤波电路

与带通滤波电路相反，带阻滤波电路阻止或衰减某一频段的信号，而让该频段以外的所有信号通过。带阻滤波电路又称陷波电路。

实现带阻滤波的方法很多，将输入信号同时作用在低通滤波电路和高通滤波电路，再将两个电路的输出信号相加，就可以得到有源带阻滤波电路，如图 3.3.23 所示。要求低通滤波的截止频率 f_{P1} 小于高通滤波的截止频率 f_{P2}，则阻带为 $f_{P2}-f_{P1}$。

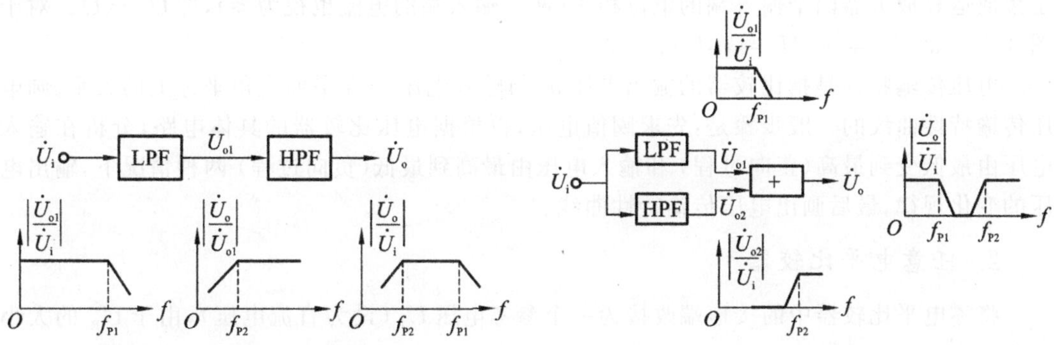

图 3.3.22　带通滤波电路的组成　　　　图 3.3.23　有源带阻滤波电路的组成

将带阻滤波电路与放大环节结合，就得到有源带阻滤波电路。

3.4　集成运算放大器在非线性区的应用

电压比较器简称比较器，其基本功能是对两个输入电压进行比较，并根据比较结果输出高电平或低电平电压，据此来判断输入信号的大小和极性。电压比较器常用于自动控制、波形产生与变换、模／数转换及越限报警等场合。

电压比较器通常由集成运算放大器构成，与普通运算放大电路不同的是，比较器中的集成运算放大器多处于开环或正反馈的状态。只要在两个输入端加一个很小的信号，集成运算放大器就会进入非线性区。这属于集成运算放大器的非线性应用范围。在分析比较器时，虚断路原则仍成立，虚短和虚地等概念仅在判断临界情况时才适用。

1. 零电平比较器

电压比较器是将一个模拟输入信号 u_i 与一个固定的参考电压 U_R 进行比较和鉴别的电路。参考电压为零的比较器称为零电平比较器（又称过零比较器）。它按输入方式的不同可分为反相输入零电平比较器和同相输入零电平比较器两种，如图 3.4.1(a)、图 3.4.1(b) 所示。

通常用阈值电压和电压传输特性来描述比较器的工作特性。

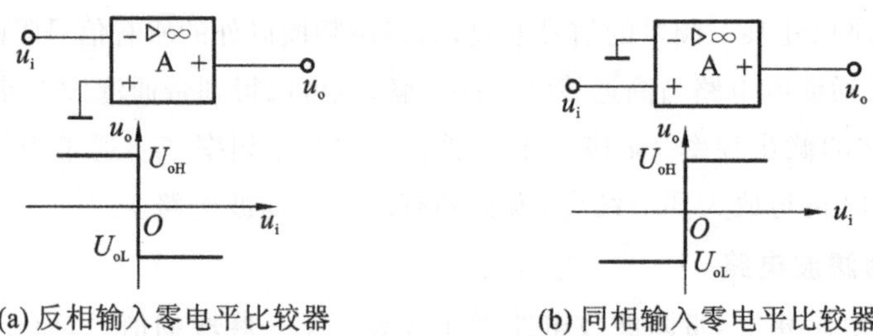

(a) 反相输入零电平比较器　　(b) 同相输入零电平比较器

图 3.4.1　过零比较器及其电压传输特性

阈值电压(又称门槛电平)是使比较器输出电压发生跳变时的输入电压值,简称为阈值,用符号 U_{TH} 表示。

估算阈值电压主要应抓住输入信号使输出电压发生跳变时的临界条件。这个临界条件是集成运算放大器两个输入端的电位相等(两个输入端的电流也视为零),即 $U_+ = U_-$。对于图 3.4.1(a),$U_- = u_i$,$U_+ = 0$,$U_{TH} = 0$。

电压传输特性是指比较器的输出电压 u_o 与输入电压 u_i 在平面直角坐标上的关系。画电压传输特性曲线的一般步骤是:先求阈值电压,再根据电压比较器的具体电路,分析在输入电压由最低变到最高(正向过程)和输入电压由最高到最低(负向过程)两种情况下,输出电压的变化规律,最后画出电压传输特性曲线。

2. 任意电平比较器

将零电平比较器中的接地端改接为一个参考电压 U_R(设为直流电压),由于 U_R 的大小和极性均可调整,电路成为任意电平比较器(或称俘零比较器)。

任意电平比较器及其电压传输特性如图 3.4.2 所示。

电平比较器结构简单,灵敏度高,但它的抗干扰能力差。也就是说,如果输入信号因干扰在阈值附近变化时,输出电压将在高、低两个电平之间反复地跳变,可能使输出状态产生误动作。为了提高电压比较器的抗干扰能力,下面介绍有两个不同阈值的滞回比较器。

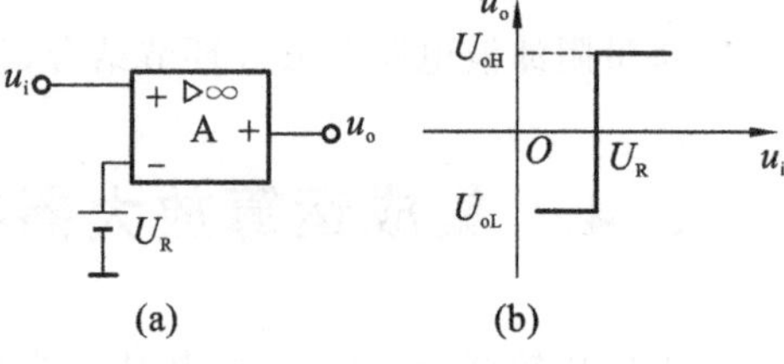

图 3.4.2　任意电平比较器及其电压传输特性

3. 滞回比较器

零电平比较器及任意电平比较器均属简单的电压比较器,它们结构简单、灵敏度高,但抗干扰能力差,当输入电压信号接近阈值电压时,很容易因微小的干扰信号而产生输出电压的误跳变。

为了克服这一缺点,应使电路具有滞回的输出特性,提高抗干扰能力。图 3.4.3(a) 所示是一个滞回比较器,输入电压 u_i 通过电阻 R_1 从反相输入端输入,同相输入端通过电阻 R_2 接地,反馈电阻 R_f 跨接在同相输入端与输出端之间。根据瞬时极性法可知,该电路引入了正反馈。输出端所接双向稳压管 D_Z 用于实现对输出电压的双向限幅。

滞回比较器的原理如下。

设滞回比较器初始状态 $u_o = +U_Z$，此时同相输入端的电压为

$$U_{T1} = \frac{R_2}{R_2 + R_f}u_o = \frac{R_2}{R_2 + R_f}U_Z \tag{3.4.1}$$

（1）当输入电压 u_i 由低向高变化至大于 U_{T1} 时，滞回比较器的输出电压 u_o 由 $+U_Z$ 跳变至 $-U_Z$，其转换过程如图 3.4.3(b) 中电压传输特性的 abc 连线所示，此时同相输入端的电压变为

$$U_{T2} = \frac{R_2}{R_2 + R_f}u_o = -\frac{R_2}{R_2 + R_f}U_Z \tag{3.4.2}$$

（2）当输入电压 u_i 由高向低变化至小于 U_{T2} 时，滞回比较器的输出电压 u_o 由 $-U_Z$ 跳变至 $+U_Z$，其转换过程如图 3.4.3(b) 中电压传输特性的 cda 连线所示，此时同相输入端的电压又变为 U_{T1}。

U_{T1} 称为上门限电压，U_{T2} 称为下门限电压，两者的差值称为回差电压，用 U'_T 表示，即

$$U'_T = U_{T1} - U_{T2} = \frac{2R_2}{R_2 + R_f}U_Z \tag{3.4.3}$$

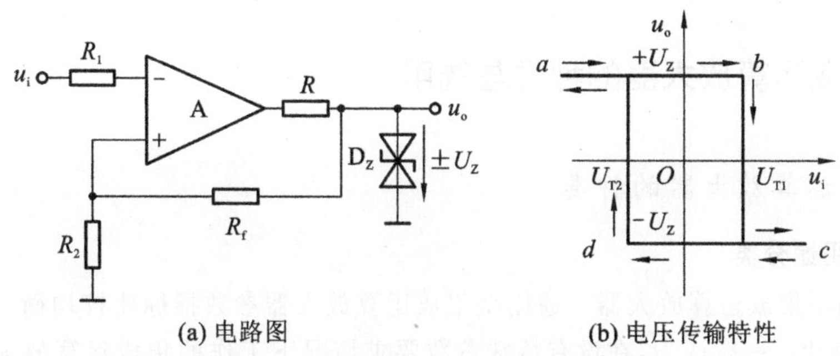

图 3.4.3　滞回比较器及其电压传输特性

由此可见，由于有两个门限电压，即存在回差电压，所以滞回比较器的输入信号必须反向变化并的确有回差电压这个变化量时，比较器输出才能发生翻转。

与单限比较器相比，这种电压比较器具有较强的抗干扰能力。

4. 窗口比较器

单限比较器和滞回比较器只能检测出输入电压 u_i 与一个基准电压（也称参考电压）值的大小关系。如果要判断 u_i 是否在两个给定的电压之间，就要采用窗口比较器。

图 3.4.4(a) 所示是一种窗口比较器。其外加参考电压 $U_{RH} > U_{RL}$，R_1、R_2 和稳压管 D_Z 构成限幅电路，D_Z 的稳定电压值为 U_Z。

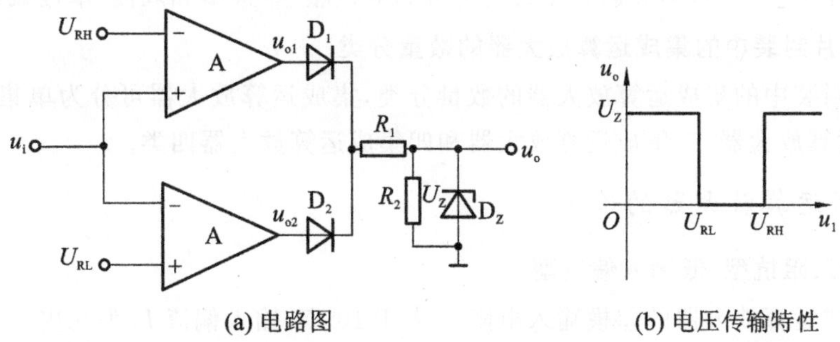

图 3.4.4　窗口比较器及其电压传输特性

窗口比较器的基本工作原理如下。

(1) 当输入电压 $u_i > U_{RH}$ 时，$u_{o1} = +U_{OM}$，$u_{o2} = -U_{OM}$，因而二极管 D_1 导通，D_2 截止，所以窗口比较器的输出电压 $u_o = U_Z$。

(2) 当输入电压 $u_i < U_{RL}$ 时，$u_{o1} = -U_{OM}$，$u_{o2} = +U_{OM}$，因而二极管 D_1 截止，D_2 导通，所以窗口比较器的输出电压 $u_o = U_Z$。

(3) 当输入电压 $U_{RL} < u_i < U_{RH}$ 时，$u_{o1} = -U_{OM}$，$u_{o2} = -U_{OM}$，因而二极管 D_1、D_2 截止，所以窗口比较器的输出电压 $u_o = 0$。

窗口比较器的电压传输特性如图 3.4.4(b)所示。该电压传输特性清楚地表明，若窗口比较器的输出电压 u_o 为 0，则被测电压 u_i 一定在两个给定电压 U_{RL} 和 U_{RH} 之间。

3.5 集成运算放大器的选择与使用

3.5.1 集成运算放大器的种类与选用

1. 集成运算放大器的种类

1）按其用途分类

(1) 通用型集成运算放大器。通用型集成运算放大器参数指标比较均衡、全面，适用于一般的工程设计。一般认为，在没有特殊参数要求情况下工作的集成运算放大器可选用通用型集成运算放大器。通用型集成运算放大器由于应用范围宽、产量大，因而价格便宜。

(2) 专用型集成运算放大器。这类集成运算放大器是为满足某些特殊要求而设计的，其参数中往往有一项或几项非常突出。通常有低功耗或微耗型、高速型、宽带型、高精度型、高电压型、功率型、高输入阻抗型、电流型、跨导型、程控型及低噪声型等专用型集成运算放大器。

2）按其供电电源分类

按其供电电源分类，集成运算放大器可分为双电源和单电源两类。绝大部分集成运算放大器在设计中都是采用正负对称的双电源供电，以保证其优良性能。

3）按其制作工艺分类

按其制作工艺分类，集成运算放大器可分为双极型、单极型和双极-单极兼容型三类。

4）按单片封装中的集成运算放大器的数量分类

按单片封装中的集成运算放大器的数量分类，集成运算放大器可分为单集成运算放大器、双集成运算放大器、三集成运算放大器和四集成运算放大器四类。

2. 集成运算放大器的选用

1）高输入阻抗型(低输入偏流型)

这类集成运算放大器的差模输入电阻 r_{id} 大于 $10^9\ \Omega$，输入偏流 I_{IB} 为几皮安到几十皮安。实现这些指标的措施是采用场效应管作为输入级。

高输入阻抗型集成运算放大器广泛用于生物医学电信号的精密放大电路、有源滤波电路及取样保持放大电路等电路中。

此类集成运算放大器的型号有 LF356、LF355、LF347、F3103、CA3130、AD515、LF0052、LFT356、OPA128 及 OPA604 等。

2）高精度、低温漂型

此类集成运算放大器具有低失调、低温漂、低噪声及高增益等特点，要求 $dU_{IO}/dT<2\ \mu V/℃$，$dI_{IO}/dT<200\ pA/℃$ 及 $K_{CMR}\geqslant110\ dB$，一般用于毫伏量级或更低的微弱信号的精密检测、精密模拟计算、高精度稳压电源及自动控制仪表中。

此类集成运算放大器的型号有 AD508、ICL7650 及 F5037 等。

3）高速型

单位增益带宽和转换速率高的集成运算放大器称为高速型集成运算放大器。此类集成运算放大器要求转换速率 $S_R>30\ V/\mu s$，最高可达每微秒几百伏；单位增益带宽 $BW_G>10\ MHz$，有的高达千兆赫兹。高速型集成运算放大器一般用于快速模/数或数/模转换、有源滤波电路、高速取样保持、锁相环、精密比较器和视频放大器中。

此类集成运算放大器的型号有 μA715、LH0032、AD9618、F3554、AD5539、OPA603、OPA606、OPA660、AD603 及 AD849 等。

4）低功耗型

此类集成运算放大器要求电源为±15 V 时最大功耗不大于 6 mW，或要求工作在低电源电压（如 1.5～4 V）时具有低的静态功耗和保持良好的电气性能。

低功耗型集成运算放大器用于对能源有严格限制的遥测、遥感、生物医学和空间技术研究的设备中，并用于车载电话、蜂窝电话、耳机/扬声器及计算机的音频放大。

此类运算放大器的型号有 MAX4165/4166/4167/4168/4169、μPC253、ICL7600、ICL7641、CA3078 及 TLC2252 等。

5）高压型

为了得到高的输出电压或大的输出功率，此类运算放大器要求其内电路中的三极管的耐压高一些、动态工作范围宽一些。

目前的产品有 D41（电源电压可为±150 V）、LM143 及 HA2645（电源电压为 48～80 V）等。

6）大功率型

大功率型集成运算放大器应用于马达、伺服放大器、程控电源、音频放大器及执行组件驱动器等。如集成运算放大器 OPA502，其输出电流达 10 A，电源电压范围为±15 V 到±45 V。又如集成运算放大器 OPA541，其输出电流峰值达 10 A，电源电压可达±40 V。其他型号有 LM1900、LH0021 及 OPA2541 等。

7）高保真型

此类集成运算放大器失真度极低，用于专业音响设备、I/V 变换器、频谱分析仪、有源滤波器及传感放大器等中。

例如，集成运算放大器 OPA604，其 1 kHz 的失真度为 0.000 3%，噪声低，转换速率高达 25 V/μs，增益带宽为 20 MHz，电源电压为±4.5 V 到±24 V。

8）可变增益型

可变增益型集成运算放大器有两类。一类由外接的控制电压来调整开环差模增益，如

CA3080、LM13600、VCA610 及 AD603 等。其中 VCA610，当控制电压从 0 变到 −2 V 时，其开环差模电压增益从 −40 dB 连续变到 +40 dB。

另一类利用数字编码信号来控制开环差模增益。如 AD526，其控制变量为 A_2、A_1 及 A_0。当给定不同的二进制码时，其开环差模增益将不同。

此外，还有电压放大型 F007、F324 及 C14573，电流放大型 LM3900 和 F1900，互阻型 AD8009 和 AD8011，互导型 LM308 等。

3.5.2 集成运算放大器的输出调零与单电源供电

1. 集成运算放大器的输出调零

为了提高集成运算放大器的精度，消除因失调电压和失调电流引起的误差，需要对集成运算放大器进行调零。调零就是实现零输入时零输出。

集成运算放大器的调零电路有两类。一类是内调零，集成运算放大器设置外接调零可变电阻（也称外接调零电位器）的引脚，按说明书连接即可，如 μA741 的①和⑤引脚。

另一类是外调零，即集成运算放大器没有外接调零电位器的引脚，可以在集成运算放大器的输入端加一个补偿电压，以抵消集成运算放大器本身的失调电压，达到调零目的。常用的辅助调零电路如图 3.5.1 所示。

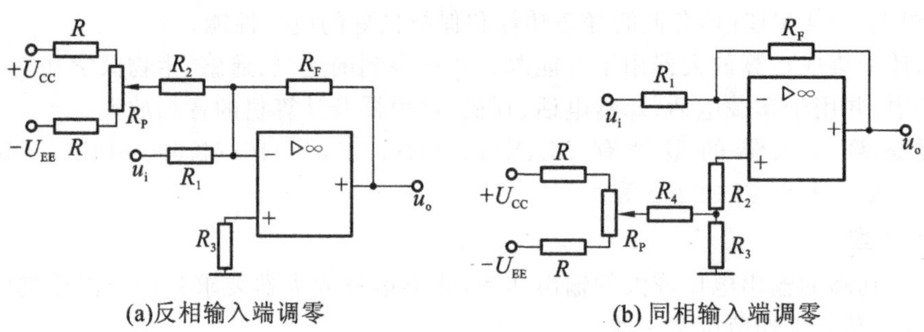

图 3.5.1　常用的辅助调零电路

2. 集成运算放大器的单电源供电

双电源集成运算放大器用单电源供电时，该集成运算放大器内部各点对地的电位都将相应提高，因而输入为零时，输出不再为零，这是通过调零电路无法解决的。为了使双电源集成运算放大器在单电源供电下也能正常工作，必须将输入端的电位提升，并采用电容来隔断直流允许通交流，如图 3.5.2 所示。其中，图 3.5.2(a)适用于反相输入交流放大，图 3.5.2(b)适用于同相输入交流放大，图中 $R_1=R_2$。

3.5.3 集成运算放大器的保护与相位补偿

1. 集成运算放大器的保护

集成运算放大器在使用过程中，常因为输入信号过大、输出端功耗过大、电源电压过大

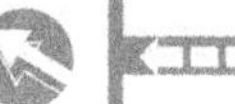

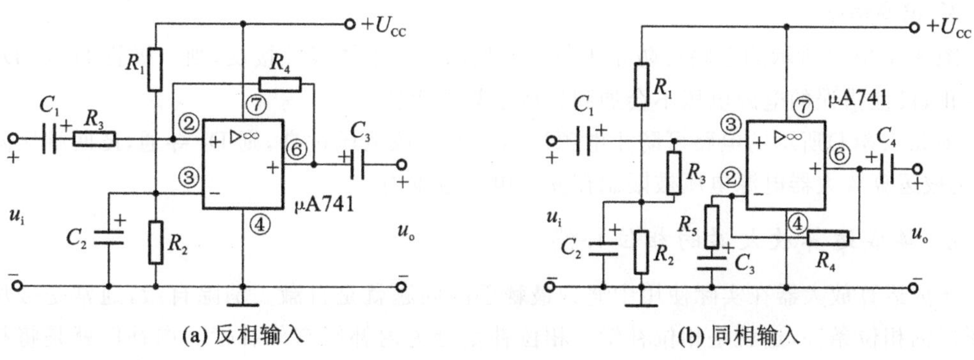

图 3.5.2　单电源供电电路

或极性接反而损坏。为了使集成运算放大器安全工作，常设置保护电路。集成运算放大器的各种保护电路如图 3.5.3 所示。

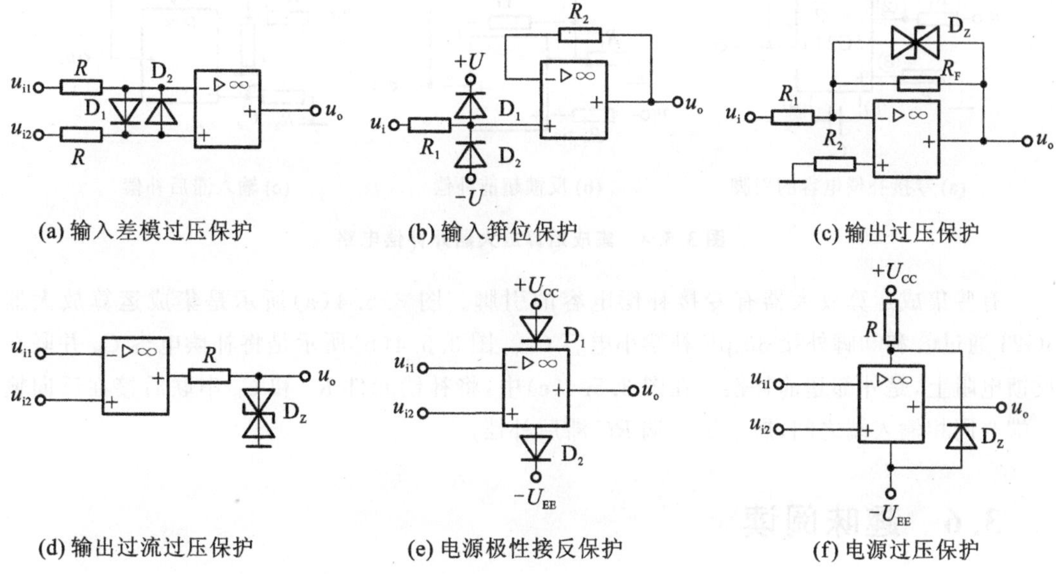

图 3.5.3　集成运算放大器的各种保护电路

1）输入端保护

图 3.5.3(a)中的输入端反向并联二极管 D_1 和 D_2，可将输入差模电压限制在二极管的正向压降以内。

图 3.5.3(b)所示为限制输入电压箝位保护电路。运用二极管 D_1 和 D_2 将同相输入端的输入电压限制在 $\pm U$ 之间。

2）输出端保护

图 3.5.3(c)所示为输出端保护电路。将两个稳压管反向串联后接在输出端与反相端之间，就可将输出电压限制在稳压管的稳压值 $\pm U_Z$ 的范围内。

图 3.5.3(d)所示也是输出端保护电路。限流电阻 R 与稳压管 D_Z，一方面将集成运算放大器输出端与负载隔离开来，限制了集成运算放大器的输出电流；另一方面也使输出电压限制在稳压管的 $\pm U_Z$ 范围内。

3）电源保护

图 3.5.3(e)所示的电路可防止正负电源接反。若电源极性接反，则二极管 D_1 或 D_2 反向截止，极性错误的电源电压不会加到集成运算放大器上。

图 3.5.3(f)所示的电路可防止电源过压。若电源电压过高，则 D_Z 导通，R 两端压降增大，集成运算放大器电源电压被限制在安全电压范围内。

2. 集成运算放大器的相位补偿

集成运算放大器在实际使用中遇到最棘手的问题就是自激。消除自激，通常是破坏自激形成的相位条件，这就是相位补偿。相位补偿分为内补偿与外补偿。内补偿就是将补偿元件做在集成运算放大器内部。外补偿需外接 RC 补偿元件，各种外补偿电路如图 3.5.4 所示。

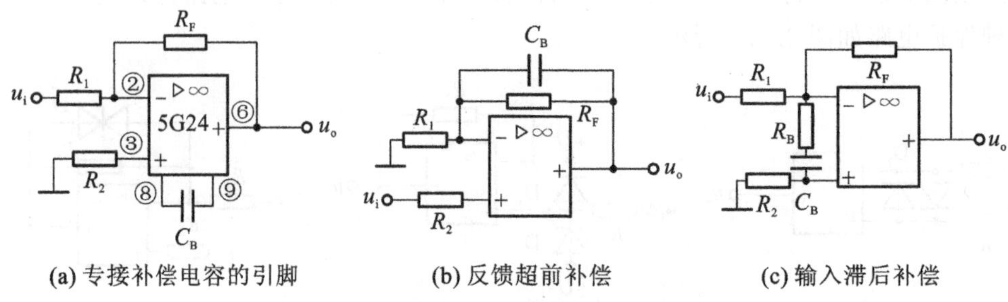

(a) 专接补偿电容的引脚　　(b) 反馈超前补偿　　(c) 输入滞后补偿

图 3.5.4　集成运算放大器外补偿电路

有些集成运算放大器有专接补偿电容的引脚。图 3.5.4(a)所示是集成运算放大器 5G24 通过⑧和⑨脚外接 30 pF 补偿小电容 C_B。图 3.5.4(b)所示是将补偿电容 C_B 并联在反馈电阻上，是外部超前补偿。在图 3.5.4(c)中，将补偿元件 R_B 和 C_B 串联后接在反向输入端与同相输入端之间，属于输入端 RC 滞后补偿。

3.6　趣味阅读

1. 卡拉 OK 消歌声电路

1）消歌声原理

歌声信号的频率一般局限在中高音范围内，而且歌声信号录制在左、右声道上的电平基本相等，频率与相位也基本相同。对于伴乐信号，由于各种乐器都有各自不同的演奏位置，因而录制电平在碟片左、右声道上是不对称的。一般情况下，高、中频的某类乐器都位于左边或右边，故左、右声道上的录制电平相差很大。而低频主导乐器位于中央区域，因此在左、右声道上的录制电平基本相等。

根据以上所述，如果将左、右声道信号经放大后送往减法器，则原唱者的歌声信号及低频伴乐信号在减法器中抵消后无输出，减法器仅输出高、中频伴乐信号。另外，通过有源低通滤波器将左、右声道中的低频伴乐信号单独取出，再与减法器输出的高、中频伴乐信号相加，就能得到完整频段的伴乐信号。

2）消歌声实际电路

消歌声实际电路如图 3.6.1 所示，它由三块高性能集成运算放大器 TL084 构成。线路输入的左(L)、右(R)信号分别经 IC1A 和 IC1B 缓冲放大后分两路输出。一路分别送往由 IC2A 和 IC2B 组成的二阶有源低通滤波器，以便取出低频伴乐信号。另一路分别经 IC1C 和 IC1D 反相放大后送往由 IC3A 组成的减法器，L 和 R 声道中的歌声与低频伴乐信号在减法器中相减为零，减法器仅输出 L 和 R 声道中的高、中频伴乐信号。

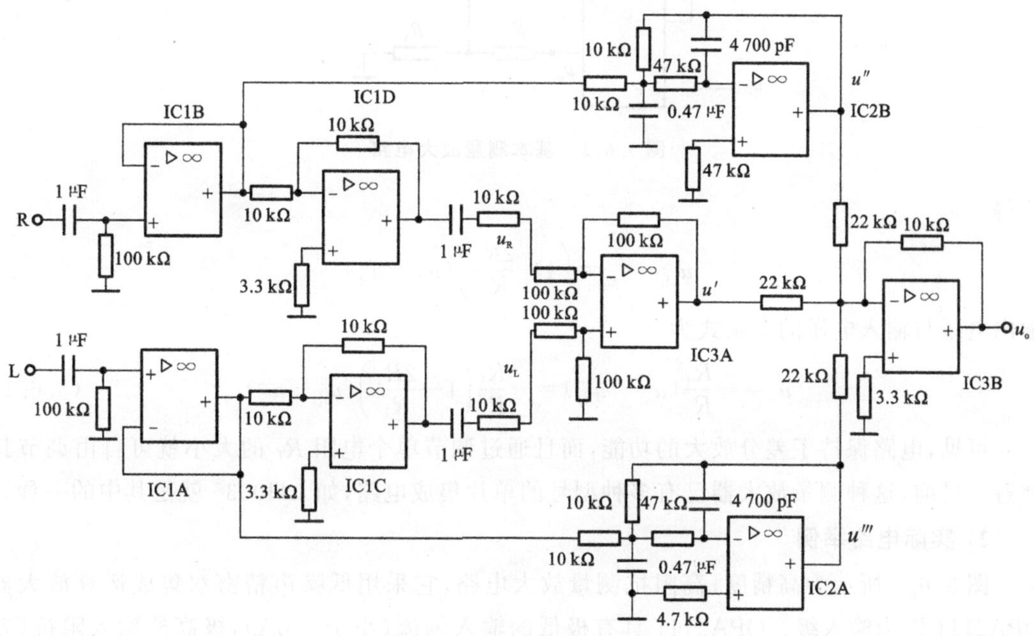

图 3.6.1　消歌声实际电路

IC3B 为混合放大器，它有三路信号输入，第一路是由 IC2A 输出的 L 声道低频伴乐信号，第二路是由 IC2B 输出的 R 声道低频伴乐信号，第三路是由 IC3A 输出的高、中频伴乐信号。三路信号经 IC3B 混合放大后，得到完整频段的单声道伴乐信号输出。

2. 高精度测量(仪器)放大电路

1）基本电路

测量放大器又称为仪器放大器，它是数据采集系统、精密测量系统及工业自动控制系统中的重要组成部分，通常用于将传感器输出的微弱信号进行放大，具有高增益、高输入阻抗和高共模抑制比的特点。具体的测量放大电路多种多样，但是很多都是由图 3.6.2 所示的基本电路演变而来的。

图中 A_1 和 A_2 构成了两个特性参数完全相同的同相输入放大电路，由于串联负反馈，故输入电阻很高。A_3 为第二级差分放大电路，具有抑制共模信号的能力。

利用虚短特性可得到可调电阻 R_1 上的电压降为 $u_{i1}-u_{i2}$。鉴于理想集成运算放大器的虚断特性，流过 R_1 上的电流 $(u_{i1}-u_{i2})/R_1$ 就是流过电阻 R_2 的电流，于是有

$$\frac{u_{o1}-u_{o2}}{R_1+2R_2}=\frac{u_{i1}-u_{i2}}{R_1}$$

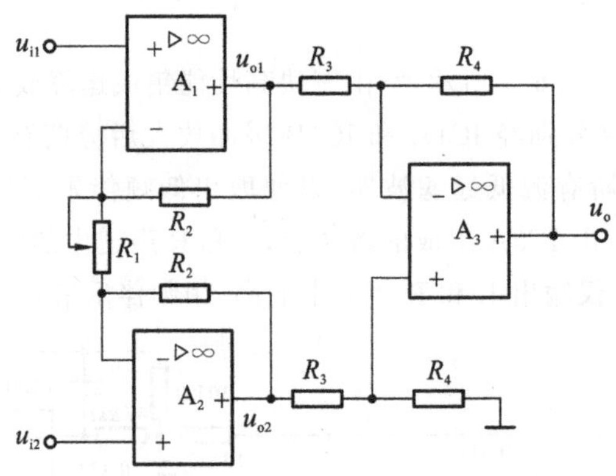

图 3.6.2　基本测量放大电路

故得

$$u_{o1}-u_{o2}=\left(1+\frac{2R_2}{R_1}\right)(u_{i1}-u_{i2})$$

输出电压与输入电压的关系式为

$$u_o=-\frac{R_4}{R_3}(u_{o1}-u_{o2})=-\frac{R_4}{R_3}\left(1+\frac{2R_2}{R_1}\right)(u_{i1}-u_{i2}) \tag{3.6.1}$$

可见，电路保持了差分放大的功能，而且通过调节单个电阻 R_1 的大小就可自由调节其增益。目前，这种测量放大器已有多种型号的单片集成电路，如 LH0036 就是其中的一种。

2）实际电路举例

图 3.6.3 所示为高精度、高阻抗测量放大电路，它采用低噪声精密双集成运算放大器 OPA2111 作为输入级。OPA2111 具有极低的输入偏流（小于 4 pA），极高的输入阻抗（差模输入阻抗为 10^{13} Ω∥1 pF），极低的噪声及很小的失调电压和漂移。后级采用精密增益（10 倍）差分放大器 INA106，其误差增益小于 0.025%，非线性失真小于 0.001%，共模抑制比大于 85 dB。

根据式(3.6.1)，可得总电压放大倍数 $A_u=10\times(1+2R_2/R_1)\approx 1\ 000$。

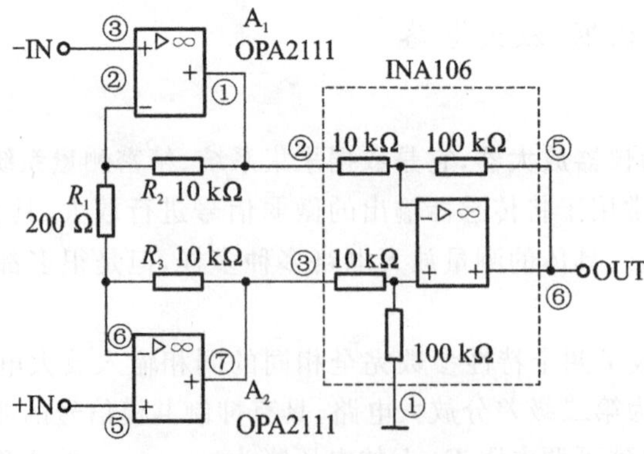

图 3.6.3　高精度、高阻抗测量放大电路

习　题

一、选择题

1. 集成运算放大器是(　　)。
   A. 直接耦合多级放大器
   B. 阻容耦合多级放大器
   C. 变压器耦合多级放大器
2. 集成运算放大器的共模抑制比越大，表示该组件(　　)。
   A. 差模信号放大倍数越大
   B. 带负载能力越强
   C. 抑制零点漂移的能力越强
3. 理想运算放大器的共模抑制比(　　)。
   A. 为零　　B. 约为 120 dB　　C. 为无穷大
4. 比例运算电路如题图 3.1 所示，同相输入端平衡电阻 R 应等于(　　)。
   A. R_1　　B. R_1+R_F　　C. $R_1/\!/R_F$
5. 集成运算放大器电路如题图 3.2 所示，输入电压 $u_i=2$ V，则输出电压 u_o 等于(　　)。
   A. 2 V　　B. 正饱和值　　C. 负饱和值

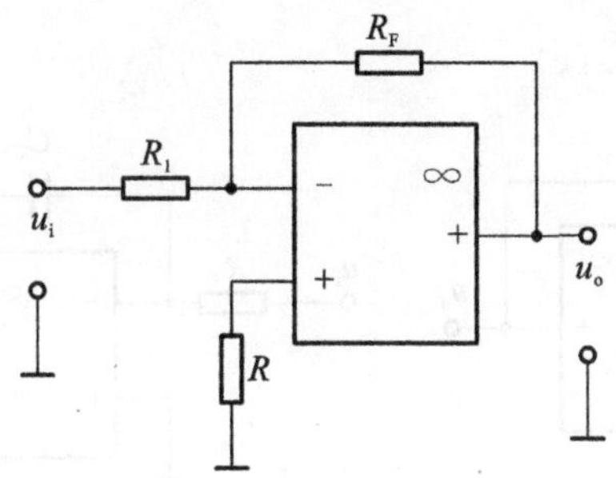

题图 3.1

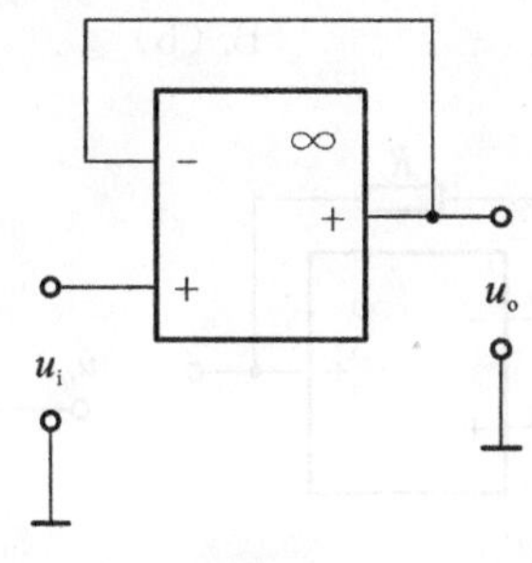

题图 3.2

6. 电路如题图 3.3 所示，M 为直流电流表，若 M 的最大量程为 100 μA，则同相输入端的最大输入电压约为(　　)。
   A. 100 mV　　B. 50 mV　　C. 1 mV
7. 电路如题图 3.4 所示，已知 $R_1=10\ \text{k}\Omega$，$R_2=20\ \text{k}\Omega$，若 $u_i=1$ V，则 $u_o=$(　　)。
   A. −2 V　　B. −1.5 V　　C. −0.5 V　　D. +0.5 V

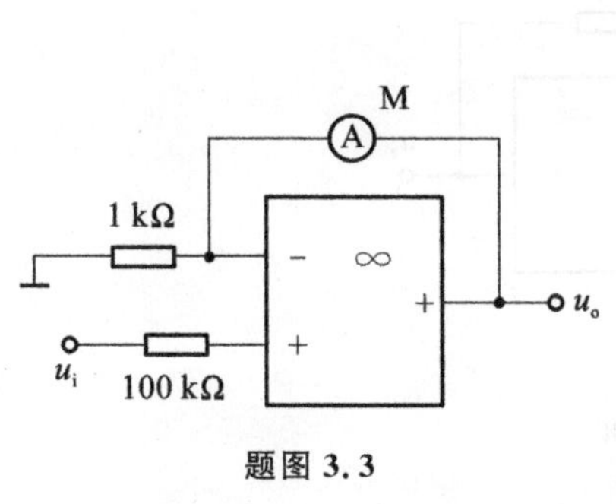

题图 3.3

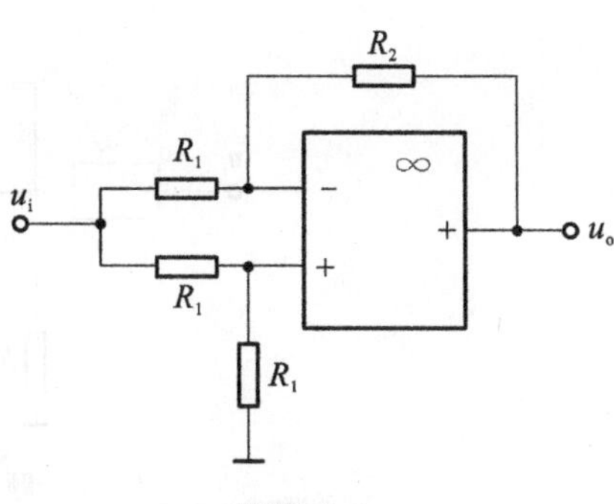

题图 3.4

8. 电路如题图 3.5 所示，该电路为（　　）。

A. 积分运算电路　　B. 微分运算电路

C. 比例积分运算电路　　D. 比例微分运算电路

9. 电路如题图 3.6(a)所示，若输入电压 u_i 为系列方波(见题图 3.6(b))，且 $\tau=RC\gg t_P$，则输出电压 u_o 的波形为（　　）。

A. 方波　　B. 三角波　　C. 正弦波

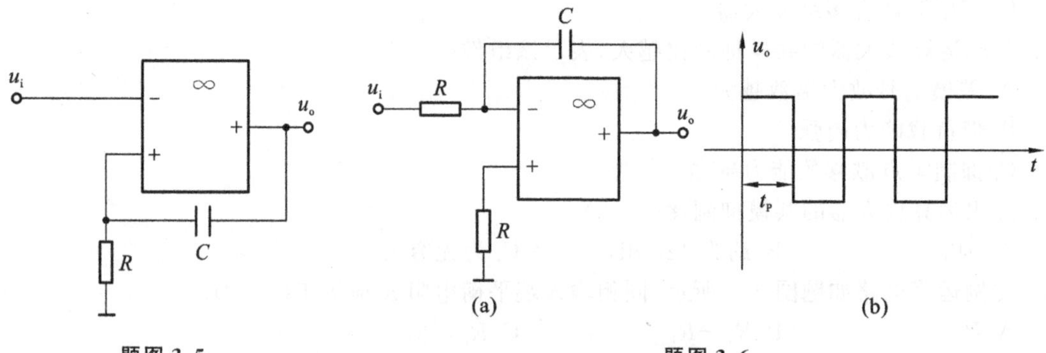

题图 3.5　　题图 3.6

10. 电路如题图 3.7 所示，能够实现 $u_o=RC\dfrac{du}{dt}$ 运算关系的是（　　）。

A. (a)　　B. (b)　　C. (c)

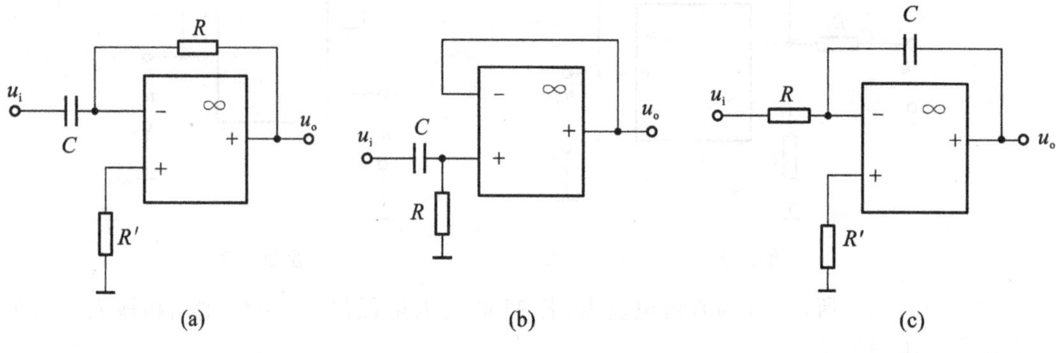

题图 3.7

11. 电路如题图 3.8 所示，欲构成反相微分运算电路，则虚线框内应连接（　　）。

A. 电阻元件　　B. 电容元件　　C. 电感元件

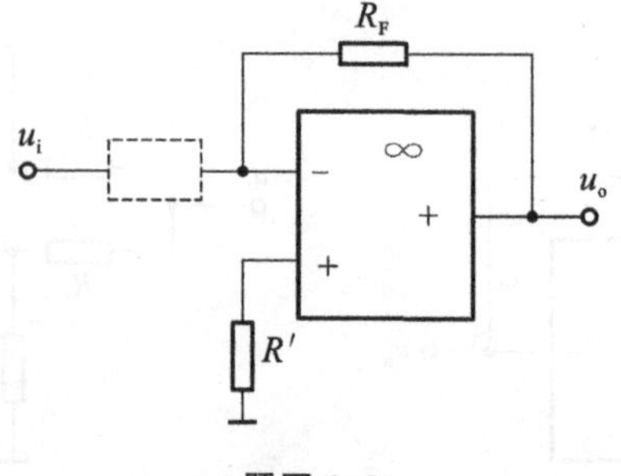

题图 3.8

12. 电路如题图 3.9 所示，过零比较器为(　　)。

A. (a)　　B. (b)　　C. (c)

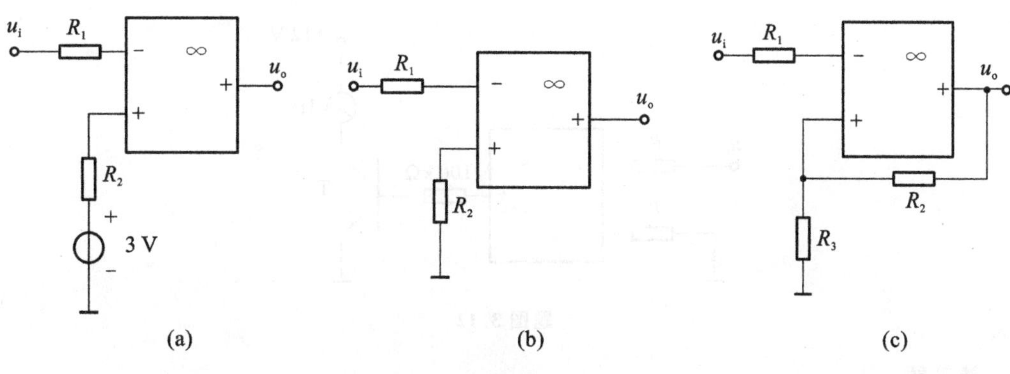

题图 3.9

13. 如题图 3.10 所示的电路中，符合电压跟随器电路条件的是(　　)。

A. (a)　　B. (b)　　C. (c)　　D. (d)

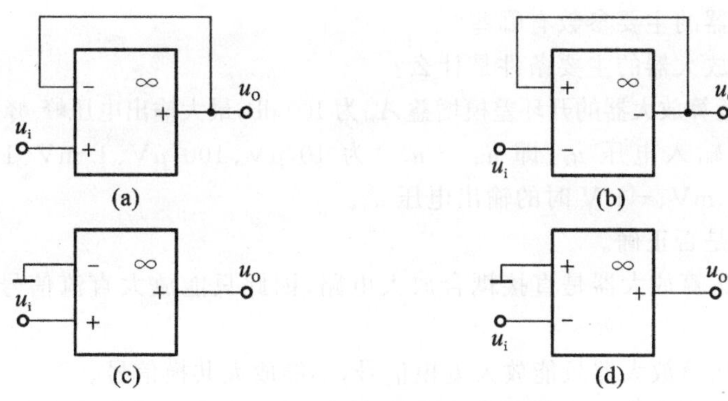

题图 3.10

14. 题图 3.11 所示为比较器电路，其电压传输特性为（　　）。

A. (a)　　B. (b)　　C. (c)

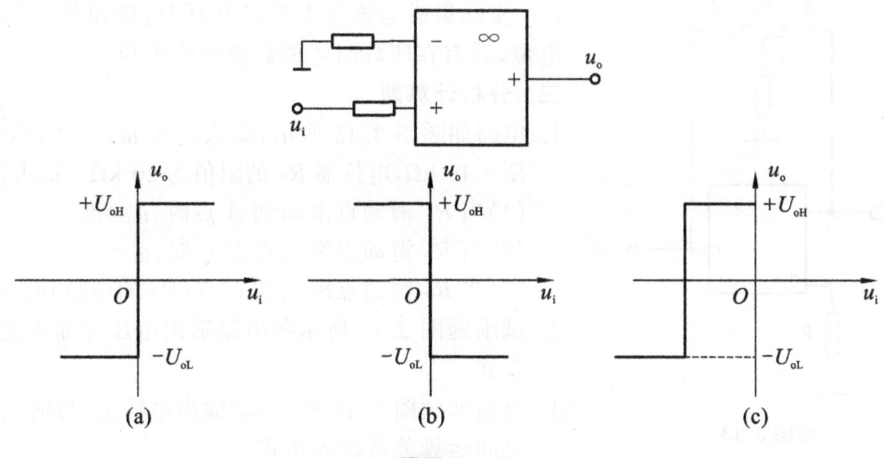

题图 3.11

15. 电路如题图 3.12 所示，集成运算放大器的饱和电压为±12 V，晶体管 T 的 $\beta=50$，为了使灯 HL 亮，则输入电压 u_i 应满足（　　）。

A. $u_i>0$　　　　B. $u_i=0$　　　　C. $u_i<0$

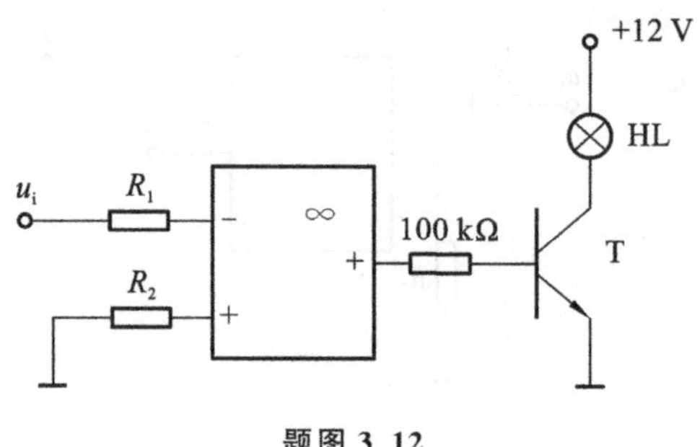

题图 3.12

二、简答题

1. 集成运算放大器的基本组成有哪些？
2. 通用型集成运算放大器一般由几部分电路组成？每一部分常采用哪种基本电路？通常对每一部分性能的要求分别是什么？
3. 集成运算放大器的主要参数有哪些？
4. 理想集成运算放大器的主要条件是什么？
5. 已知一个集成运算放大器的开环差模增益 A_{od} 为 100 dB，最大输出电压峰-峰值 $U_{opp}=\pm14$ V，分别计算差模输入电压 u_i（即 u_+-u_-）为 10 μV、100 μV、1 mV、1 V 和 -10 μV、-100 μV、-1 mV、-1 V 时的输出电压 u_o。
6. 判断下列说法是否正确。

（1）由于集成运算放大器是直接耦合放大电路，因此只能放大直流信号，不能放大交流信号。

（2）理想集成运算放大器只能放大差模信号，不能放大共模信号。

（3）不论工作在线性放大状态还是非线性状态，理想集成运算放大器的反相输入端与同相输入端之间的电位差都为零。

（4）不论工作在线性放大状态还是非线性状态，理想集成运算放大器的反相输入端与同相输入端均不从信号源索取电流。

（5）实际集成运算放大器在开环时，输出很难调整至零电位，只有在闭环时才能调整至零电位。

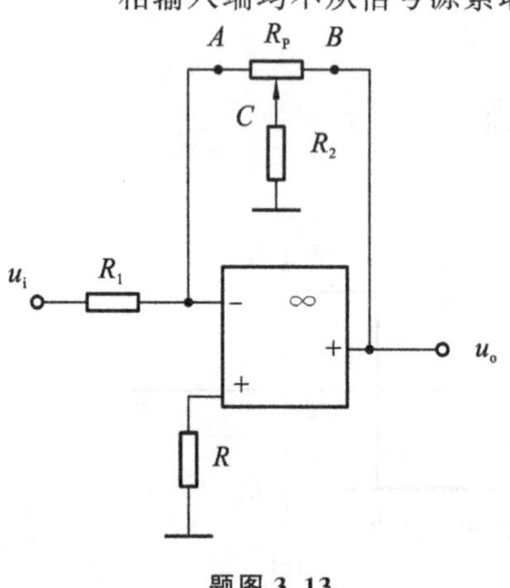

题图 3.13

三、分析计算题

1. 电路如题图 3.13 所示，输入电压 $u_i=1$ V，电阻 $R_1=R_2=10$ kΩ，电位器 R_P 的阻值为 20 kΩ。试求：

（1）当 R_P 滑动点滑动到 A 点时，$u_o=$？

（2）当 R_P 滑动点滑动到 B 点时，$u_o=$？

（3）当 R_P 滑动点滑动到 C 点（R_P 的中点）时，$u_o=$？

2. 试求题图 3.14 所示各电路输出电压与输入之间的关系式。
3. 电路如题图 3.15 所示，求输出电压 u_o 与输入电压 u_i 之间运算关系的表达式。

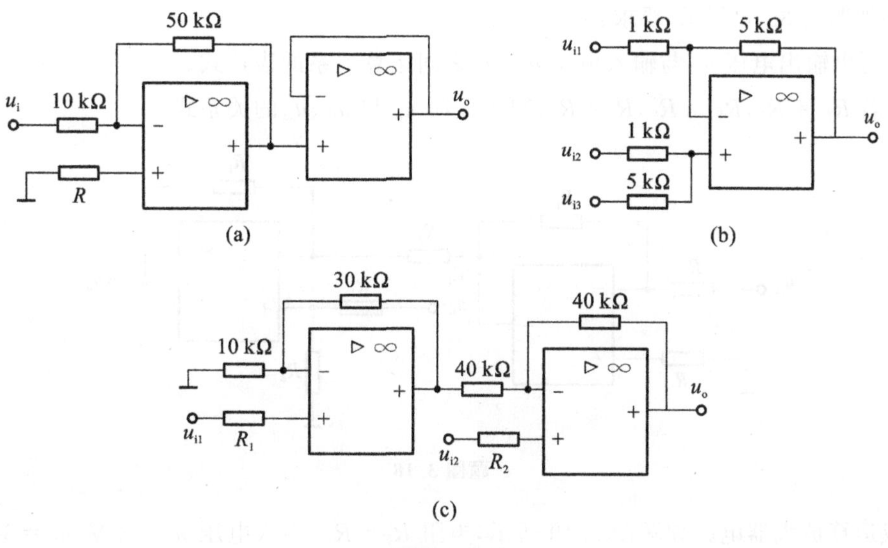

题图 3.14

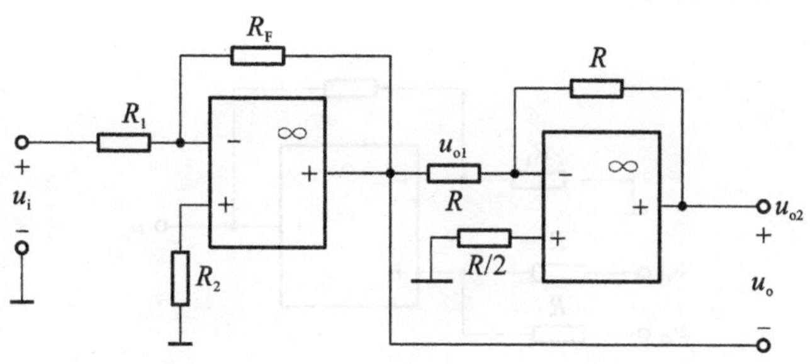

题图 3.15

4. 电路如题图 3.16 所示，输入电压 $u_i=1$ V，集成运算放大器的输出电压饱和值为 ±12V，电阻$R_1=R_F$，试求：

(1) 开关 S_1、S_2 均打开时，输出电压 u_o；

(2) 开关 S_1 打开，S_2 合上时，输出电压 u_o；

(3) 开关 S_1、S_2 均合上时，输出电压 u_o。

5. 电路如题图 3.17 所示，要求：

(1) 开关 S_1、S_3 闭合，S_2 打开时，写出 u_o 与 u_i 的关系式；

(2) 开关 S_1、S_2 闭合，S_3 打开时，写出 u_o 与 u_i 的关系式。

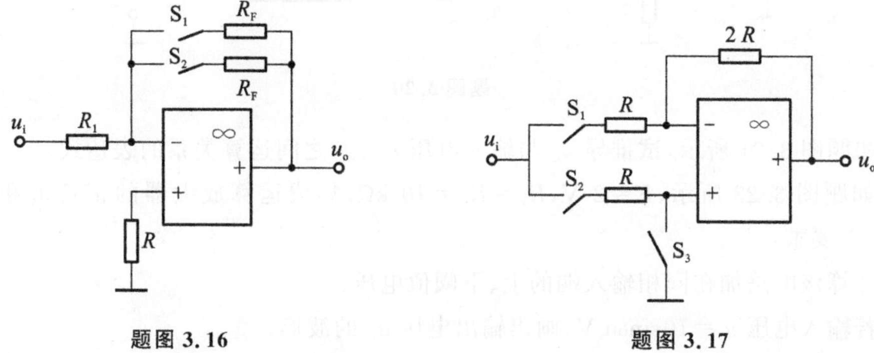

题图 3.16　　题图 3.17

6. 电路如题图 3.18 所示，要求：

(1) 写出输出电压 u_o 与输入电压 u_{i1}，u_{i2} 之间运算关系的表达式。

(2) 若 $R_{F1}=R_1$，$R_{F1}=R_2$，$R_3=R_4$，写出此时 u_o 与 u_{i1}、u_{i2} 的关系式。

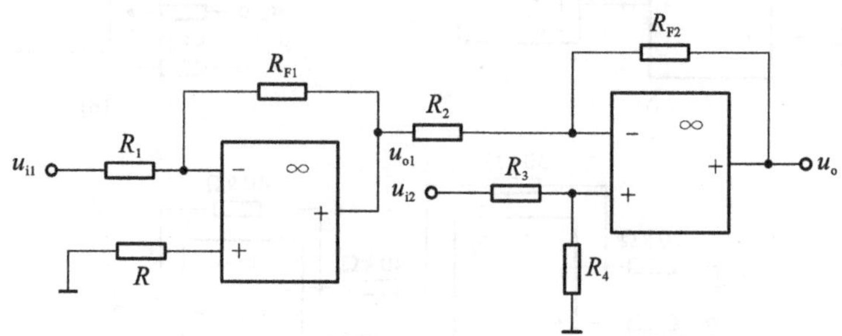

题图 3.18

7. 集成运算放大器电路如题图 3.19 所示，电阻 $R_F=R_1$，输入电压 $u_{i1}=3$ V，$u_{i2}=3\sin\omega tV$，试画出输出电压 u_o 的波形。

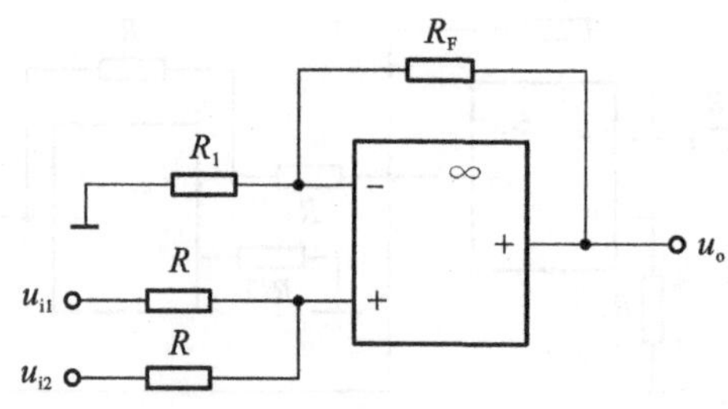

题图 3.19

8. 两个集成运算放大器组成的数学模型运算电路如题图 3.20 所示，试写出输出电压 u_o 与输入电压 u_i 之间运算关系的表达式。

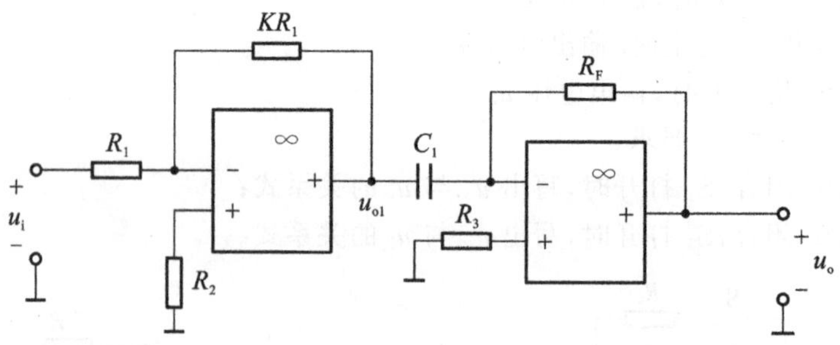

题图 3.20

9. 电路如题图 3.21 所示，试推导 u_o 与输入电压 u_{i1}、u_{i2} 之间运算关系的表达式。

10. 电路如题图 3.22 所示，$E=2$ V，$R_1=R_F=10$ kΩ，集成运算放大器的正负饱和电压为 ±12 V，要求：

(1) 计算该电路加在同相输入端的上、下阈值电压；

(2) 若输入电压 $u_i=10\sin\omega t$ V，画出输出电压 u_o 的波形。

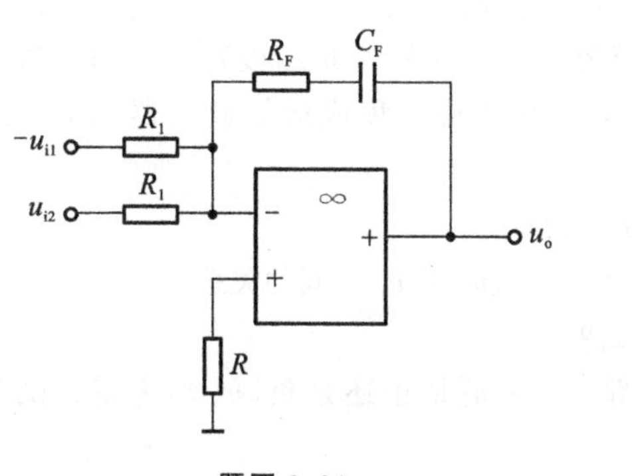

题图 3.21

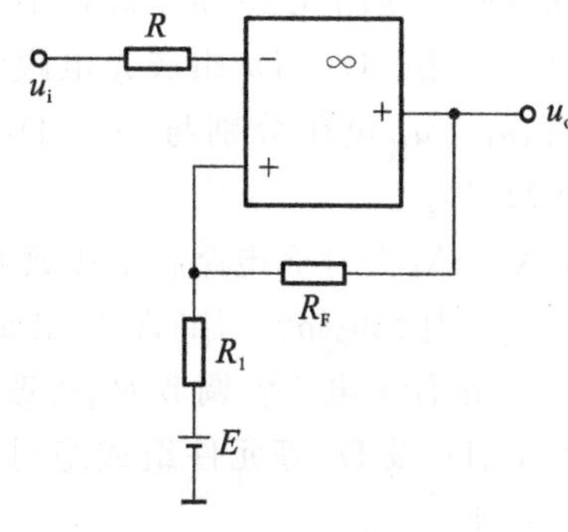

题图 3.22

11. 试按照下列运算关系设计由集成运算放大器构成的运算放大电路。

（1）$u_o=-5u_{i1}$；

（2）$u_o=7u_{i1}$；

（3）$u_o=5u_{i1}+2u_{i2}-3u_{i3}$。

12. 已知某集成运算放大器开环电压放大倍数 $A_{od}=5\ 000$，最大电压幅度 $U_{om}=\pm 10$ V，接成闭环后其电路框图及电压传输特性曲线如题图 3.23 所示。在题图 3.23(a)中，设同相输入端上的输入（电压 $u_i=(0.5+0.01\sin\omega t)$ V，反相输入端接参考电压 $U_{REF}=0.5$ V，试画出差动模输入电压 u_{id} 和输出电压 u_o 随时间变化的波形。

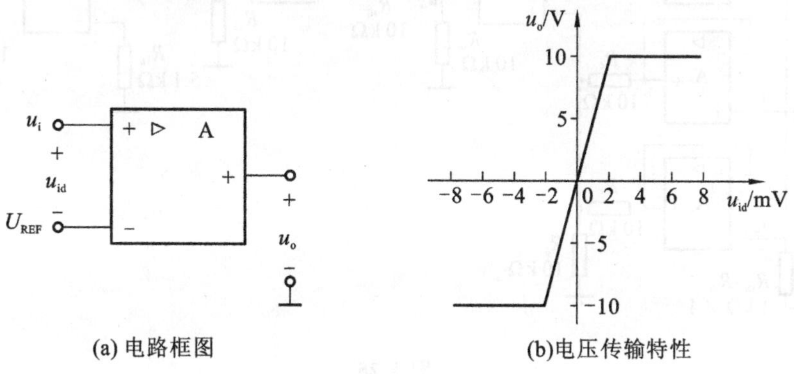

(a) 电路框图　　(b)电压传输特性

题图 3.23

13. 题图 3.24 所示是监控报警装置，如需对某一参数（如温度、压力等）进行监控时，可由传感器取得监控信号 u_i，u_R 是参考电压。当 u_i 超过正常值时，报警灯亮。试说明其工作原理。二极管 D 和电阻 R_3 在此起何作用？

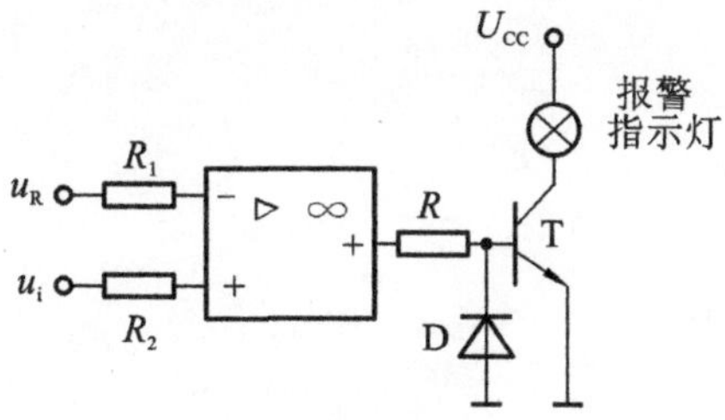

题图 3.24

14. 请认真阅读题图 3.25 所示焊机中的焊缝跟踪控制电路。这是一个光电偏差绝对值电压产生电路。$D_2 \sim D_6$ 组成光电跟踪传感器，D_2 为红外发光二极管，$D_3 \sim D_6$ 为光敏二极管，$u_1 \sim u_4$ 电压分别与 $D_3 \sim D_6$ 的光电流相对应。集成运算放大器 $A_1 \sim A_7$ 均采用 LM324。

(1) $A_1 \sim A_4$ 是什么电路？电压放大倍数多大？

(2) A_5 是什么电路？写出 A_5 输出 u_o' 与输入 u_1、u_2、u_3 及 u_4 之间的关系式。

(3) A_6 是什么电路？调节 R_{P1} 可改变什么？

(4) A_7、D_7 及 D_8 等元件组成绝对值电路，无论 u_o'' 是正还是负，u_o 均为正。试分析其原理。

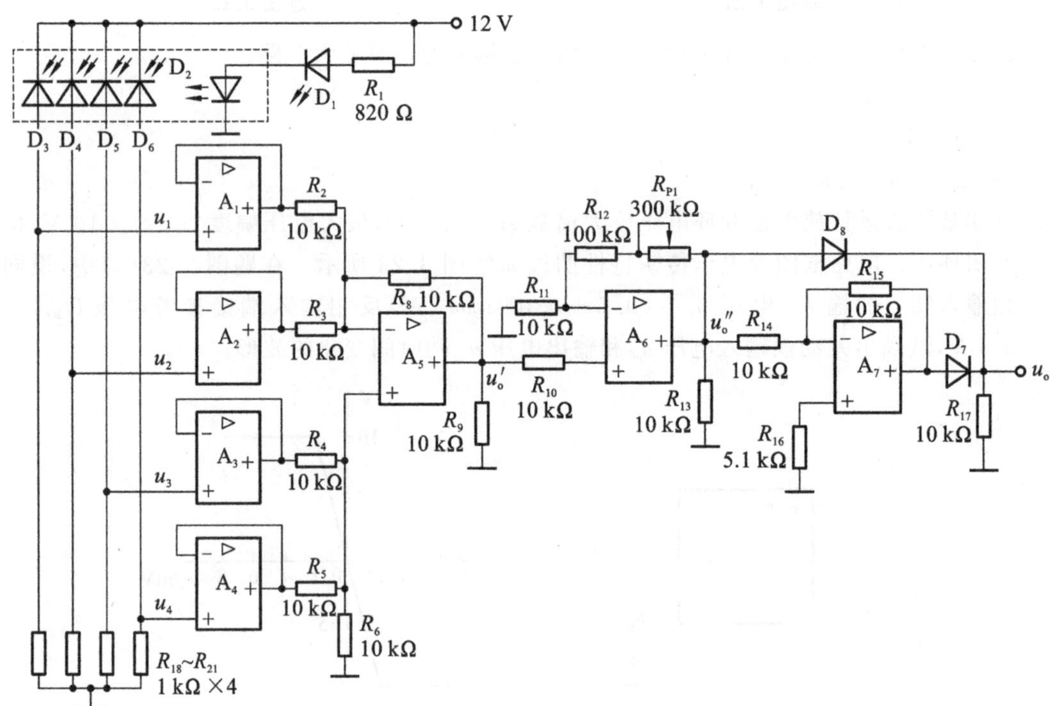

图 3.25

第4章 波形产生电路

4.1 正弦波产生电路

振荡电路是一种不需要外接输入信号就能将直流能源转换成具有一定频率、一定幅度和一定波形的交流能量输出的电路。它按振荡波形可分为正弦波振荡电路和非正弦波振荡电路。

正弦波振荡电路是模拟电子技术中的一种基本电路，能产生正弦波输出。正弦波振荡电路是在放大电路的基础上加上正反馈而形成的，是各类波形发生器和信号源的核心电路。几乎所有数字仪器都要用到振荡器和波形发生器，没有振荡器的装置无法完成任何操作。可以说，振荡电路对电子设备十分必要，如同用以实现稳定供电的直流电源一样必不可少。

正弦波振荡电路的频率可以从几赫兹到几百兆赫兹，输出功率可能从几毫瓦到几十千瓦。它广泛用于各种电子电路中。在通信、广播系统中，用它做高频信号源；在电子测量仪器中，用它做正弦小信号源；在数字系统中，用它做时钟信号源。另外，它还作为高频加热设备和医用电疗仪器中的正弦交流能源。

正弦波振荡电路是利用正反馈原理构成的反馈振荡的电路，本章将在反馈放大电路的基础上，先分析振荡电路的自激振荡的条件，然后介绍 *LC* 振荡电路和 *RC* 振荡电路，并简要介绍石英晶体振荡电路。

4.1.1 振荡电路基础知识

在放大电路中，输入端接信号源后，输出端才有信号输出。在放大电路中，当输入信号为零时，输出端有一定频率和幅值的信号输出，这种现象称为放大电路的自激振荡。例如，扩音系统在使用中有时会发出刺耳的啸叫声，其形成的过程如图 4.1.1 所示。

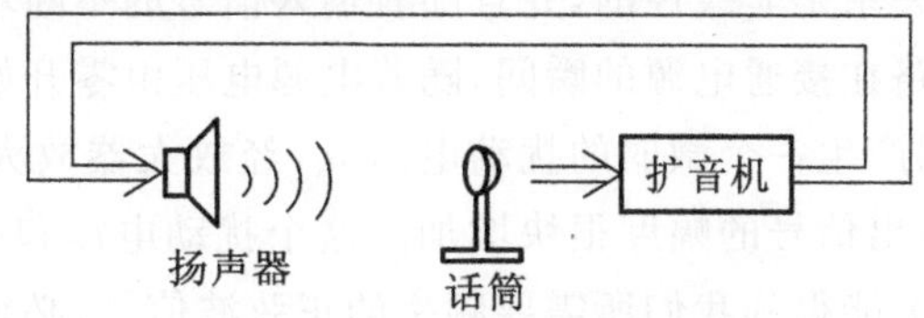

图 4.1.1 自激振荡现象

1）产生自激振荡的条件

具有反馈网络的放大电路方框图如图 4.1.2 所示，图中放大电路净输入信号$\dot{U}_i=\dot{U}_s+\dot{U}_f$。如果输入端没有外加信号，即$\dot{U}_s=0$，那么当反馈信号$\dot{U}_f$和$\dot{U}_i$幅值相等且相位相同时，电路的输出信号$\dot{U}_o$将保持原来的数值不变。此时，电路虽然未加任何输入信号，输出端却有输出信号$\dot{U}_o$产生。

通过对图 4.1.2 的分析可知，产生正弦波振荡时满足下式：

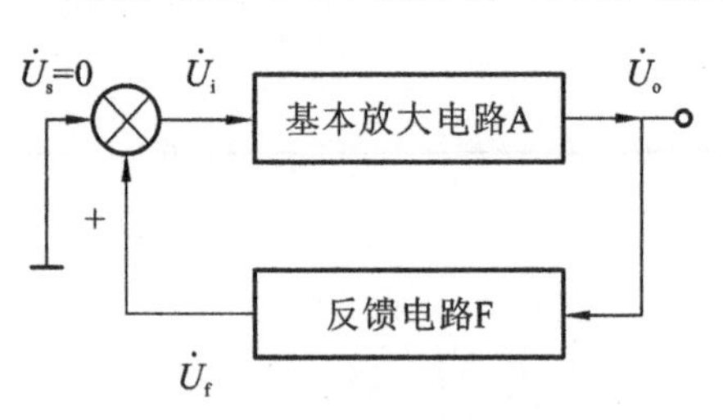

图 4.1.2　具有反馈网络的放大电路方框图

$$\dot{U}_i=\dot{U}_f \tag{4.1.1}$$

电路中的电压关系为

$$\begin{aligned}\dot{U}_f&=\dot{F}\dot{U}_o\\ \dot{U}_o&=\dot{A}\dot{U}_i\end{aligned} \tag{4.1.2}$$

由式(4.1.1)、式(4.1.2)可以得出产生正弦波振荡的条件是

$$\dot{A}\dot{F}=1 \tag{4.1.3}$$

式(4.1.3)表示电路维持振荡的平衡条件。由于电压增益 $\dot{A}$ 和反馈系数 $\dot{F}$ 都是复数，所以式(4.1.3)包含了产生正弦波振荡的两个条件：

幅值平衡条件

$$|\dot{A}\dot{F}|=1 \tag{4.1.4}$$

相位平衡条件

$$\varphi_A+\varphi_F=\pm 2n\pi \quad (n\text{ 为正整数}) \tag{4.1.5}$$

式(4.1.5)中，φ_A 表示基本放大电路的输出信号$\dot{U}_o$与输入信号$\dot{U}_i$之间的相移，φ_F 表示反馈网络的输出$\dot{U}_f$与输入信号$\dot{U}_o$之间的相移，$\varphi_A+\varphi_F$ 为反馈放大电路的总相移。实际上，相位条件要求反馈网络必须是正反馈网络。

2）正弦波振荡电路的起振与稳定过程

上述幅值平衡条件是与振荡电路进入稳定振荡情况相对应的。但是该条件只能维持振荡，不能使振荡电路起振，因此一定要注意区分振荡维持条件与起振条件。

振荡电路在开始接通电源时，由于$\dot{U}_s=0$，电路的输出信号为$\dot{U}_o=0$，因此$\dot{U}_f$和$\dot{U}_i$也为 0。如果此时满足幅值平衡条件，则$\dot{U}_i=\dot{U}_f$，电路将保持$\dot{U}_o$、$\dot{U}_f$和$\dot{U}_i$为 0 的状态，不会产生振荡。

振荡电路的起振条件是 $\dot{A}\dot{F}>1$，这样，振荡电路接通电源后，当满足相位平衡条件和起振条件时，信号可以被逐渐放大，我们称这个过程为振荡电路的起振。

图 4.1.3 所示是振荡电路起振与稳定过程的示意图。从图中可以看出，基本放大电路输入信号与输出信号的关系是非线性的，并且随着输入信号的不断增强，基本放大电路的增益会下降。基本放大电路在接通电源的瞬间，随着电源电压由零开始的突然增大，电路受到扰动，在放大器的输入端产生一个微弱的扰动电压 u_i，经放大器放大、正反馈，再放大、再反馈……如此反复循环，输出信号的幅度很快增加。这个扰动电压包括从低频到甚高频的各种频率的谐波成分。为了能得到我们所需要频率的正弦波信号，必须增加选频网络，只有在选频网络中心频率上的信号能通过、其他频率的信号被抑制，在输出端就会得到如图 4.1.3

的 ab 段所示的起振波形。

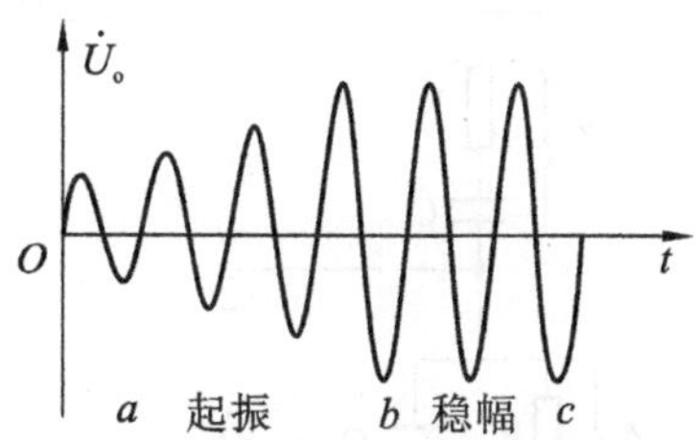

图 4.1.3　振荡电路起振与稳定过程的示意图

那么,振荡电路在起振以后,振荡幅度会不会无休止地增长下去了呢?这就需要增加稳幅环节,当振荡电路的输出达到一定幅度后,稳幅环节就会使输出减小,维持一个相对稳定的稳幅振荡,如图 4.1.3 的 bc 段所示。也就是说,在振荡建立的初期,必须使反馈信号大于原输入信号,反馈信号一次比一次大,才能使振荡幅度逐渐增大;当振荡建立后,还必须使反馈信号等于原输入信号,才能使建立的振荡得以维持下去。另外,由于电源电压一定,基本放大电路动态范围会受到限制;三极管是非线性器件,振荡幅度增大到一定的程度后,三极管进入饱和区和截止区,电路放大倍数降低,限制了输出幅度的增大。直到 $\dot{A}\dot{F}=1$ 时,电路达到稳定的工作状态。

实际中,振荡器工作不需外界输入信号。由于基本放大电路存在频谱分布很宽的噪声电压或瞬态扰动,当满足 $\dot{A}\dot{F}>1$ 时,系统通过放大某个频率的微弱噪声信号开始振荡。由于实际电路的饱和限制,$\dot{A}\dot{F}\approx1$,而非精确的 $\dot{A}\dot{F}=1$,这样会使得输出波形不是精确的正弦波。但是 $\dot{A}\dot{F}$ 与 1 越接近,输出波形就越接近正弦波。

3）正弦波振荡电路基本构成

（1）基本放大电路。它的主要作用是提供足够的增益,且增益的值具有随输入电压增大而减少的变化特性。

（2）反馈网络。它的主要作用是形成正反馈,以满足相位平衡条件。

（3）选频网络。它的主要作用是实现单一频率信号的振荡。在构成上,选频网络与反馈网络可以单独构成,也可合二为一。很多正弦波振荡电路中,选频网络与反馈网络在一起。选频网络由 LC 电路组成的正弦波振荡电路称为 LC 正弦波振荡电路,由 RC 电路组成的正弦波振荡电路称为 RC 正弦波振荡电路,由石英晶体组成的正弦波振荡电路称石英晶体正弦波振荡电路。

（4）稳幅环节。引入稳幅环节可以使波形幅值稳定,而且波形的形状良好。

4.1.2　RC 正弦波振荡电路

RC 振荡电路的选频网络由 R、C 元件组成,振荡频率较低,一般为几赫兹至几兆赫兹,常用于低频电子设备中。由 R、C 元件组成的选频网络有 RC 串并联型、RC 称相型和 RC 双 T 型等结构。这里主要介绍 RC 串并联型网络组成的正弦波振荡电路,即 RC 桥式正弦波振荡电路及 RC 移相式正弦波振荡电路。

1. RC 桥式正弦波振荡电路

1）RC 桥式正弦波网络的选频特性

由 R_1、C_1 和 R_2、C_2 组成的串并联网络如图 4.1.4 所示。其中 $\dot{U}_2$ 为输出电压,$\dot{U}_1$ 为输

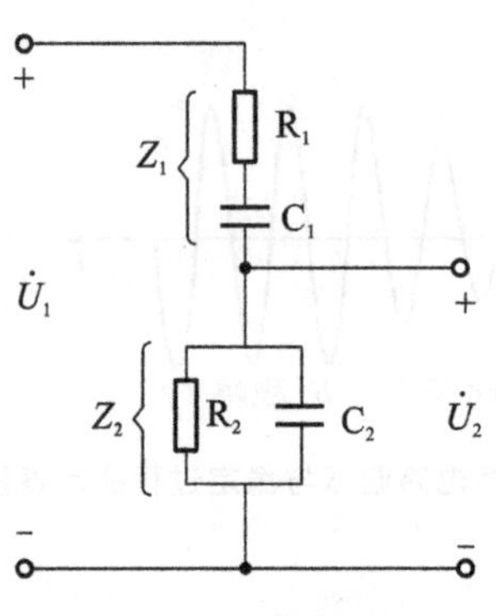

图 4.1.4　RC 串并联网络

入电压，可写出反馈系数的频率特性表达式，为

$$Z_1 = R_1 + \frac{1}{\mathrm{j}\omega C_1}$$
$$Z_2 = \frac{R_2 \times \frac{1}{\mathrm{j}\omega C_2}}{R_2 + \frac{1}{\mathrm{j}\omega C_2}} \tag{4.1.6}$$

$$\dot{F} = \frac{\dot{U}_2}{\dot{U}_1} = \frac{Z_2}{Z_1 + Z_2} = \frac{\frac{R_2}{1+\mathrm{j}\omega R_2 C_2}}{R_1 + \frac{1}{\mathrm{j}\omega C_1} + \frac{R_2}{1+\mathrm{j}\omega R_2 C_2}}$$
$$= \frac{1}{\left(1+\frac{R_1}{R_2}+\frac{C_1}{C_2}\right)+\mathrm{j}\left(\omega C_2 R_1 - \frac{1}{\omega R_2 C_1}\right)}$$

为方便起见，通常取设 $R_1 = R_2 = R, C_1 = C_2 = C$，并且采用角频率 $\omega_o = \frac{1}{RC}$。

$$\dot{F} = \frac{1}{3+\mathrm{j}\left(\frac{\omega}{\omega_o} - \frac{\omega_o}{\omega}\right)} \tag{4.1.7}$$

其幅频特性为

$$|\dot{F}| = \frac{1}{\sqrt{3^2 + \left(\frac{\omega}{\omega_o} - \frac{\omega_o}{\omega}\right)^2}} \tag{4.1.8}$$

相频特性为

$$\varphi_F = -\arctan \frac{\frac{\omega}{\omega_o} - \frac{\omega_o}{\omega}}{3} \tag{4.1.9}$$

由式(4.1.8)和式(4.1.9)可得，当 $\omega = \omega_o = \frac{1}{RC}$ 时，$\dot{F}$ 的幅值最大，即 $|\dot{F}| = \frac{1}{3}$。此时，$\dot{F}$ 的相位角为 0，即 $\varphi_F = 0$。

也即，当 $\omega = \omega_0 = \frac{1}{RC}$ 时，$\dot{U}_2$ 的幅值达到最大，等于 $\dot{U}_1$ 幅值的 $\frac{1}{3}$，此时 $\dot{U}_2$ 与 $\dot{U}_1$ 同相。RC 串并联网络的幅频特性和相频特性如图 4.1.5 所示。

从图中可看出，当信号频率 $f = f_0$ 时，u_f 与 u_0 同相，且有反馈系数 $F = \frac{U_f}{U_0} = \frac{1}{3}$ 为最大。

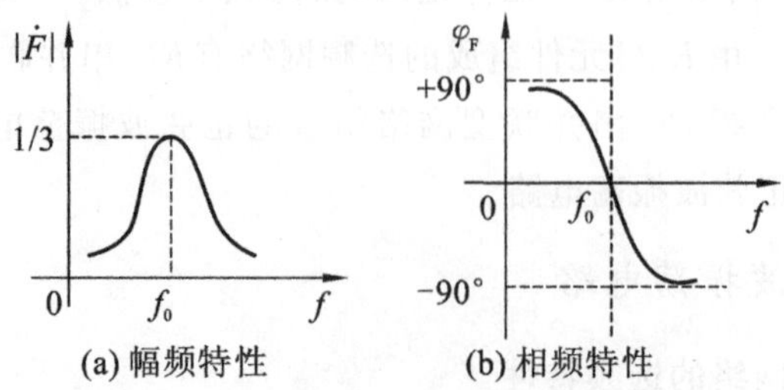

图 4.1.5　RC 串并联网络的频率特性

2）电路的组成

图 4.1.6 所示是文氏电桥正弦波振荡电路的原理图。其中集成运算放大器 A 构成振荡电路的放大部分，R_2 和 R_f 构成了负反馈支路，RC 串并联网络构成正反馈支路。由于两个反馈支路正好形成四臂电桥，故该电路称为文氏电桥正弦波振荡电路，也称为 RC 正弦波振荡电路。

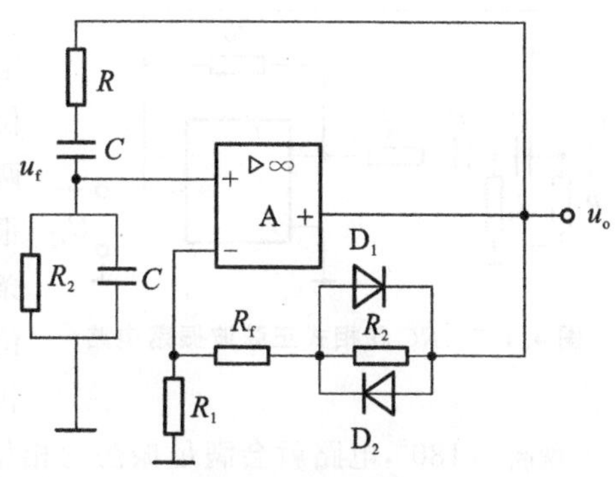

图 4.1.6　文氏电桥正弦波振荡电路的原理图

RC 串并联网络构成的正反馈支路同时实现正反馈和选频作用，使电路产生振荡。R_2 和 R_f 组成的负反馈支路没有选频作用，但可以改善输出波形。

3）电路的振荡频率和起振条件

（1）振荡频率。根据相位平衡条件，只有当 $f=f_0$ 时，图 4.1.4 所示电路的输出电压才与输入电压同相，即电路满足相位平衡条件；而除此之外的其他任何频率都不能使电路满足相位平衡条件，因为输出电压与输入电压不同相，即图 4.1.6 中 u_o 与 u_f 不同相，不可能产生自激振荡。因此 RC 串并联网络所产生振荡的频率为

$$f_0=\frac{1}{2\pi RC} \tag{4.1.10}$$

很明显，改变 R 和 C 的值可以很方便地进行振荡频率的调节。

（2）起振条件。如上所述，$f=f_0$ 时，RC 串并联网络的反馈系数的值最大，即 $|\dot{F}_{max}|=\frac{1}{3}$。此时，根据起振条件 $|\dot{A}\dot{F}|>1$，可以求出电路的电压增益应满足：$|\dot{A}|>3$。

对于文氏电桥正弦波振荡电路，同相比例放大电路的电压增益为

$$A=1+\frac{R_f}{R'} \tag{4.1.11}$$

可以求出电路满足起振条件时，反馈电阻 R_f 和 R' 的关系为

$$R_f>2R' \tag{4.1.12}$$

（3）稳幅方法。根据振荡幅值的变化来改变负反馈的强弱是常用的自动稳幅措施。稳幅电路由二极管 D_1、D_2 和电阻 R_2 组成。不论是在振荡的正半周，还是在振荡的负半周，两个二极管总有一个处于正向导通状态。当振荡幅度增大时，二极管正向导通，电阻减小，基本放大电路的增益下降，限制了输出幅度的增大，起到了自动稳幅的作用。

RC 正弦波振荡电路结构简单，容易起振，频率调节方便，但振荡频率受电路结构影响，只能产生几赫兹至几百赫兹的低频信号。高频率的正弦波振荡信号可以采用 LC 正弦波振荡电路来获得。

2. RC 移相式正弦波振荡电路

RC 移相式正弦波振荡电路结构简单，在测量电路中经常采用。其电路结构如图 4.1.7 所示，由反相比例电路和三节 RC 移相电路构成。

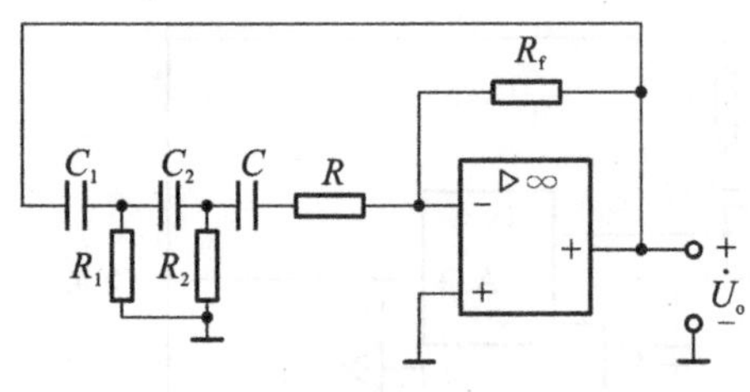

图 4.1.7　RC 移相式正弦波振荡电路

集成运算放大器采用反相输入，因此基本放大电路产生的相移 $\varphi_A=180°$。而 RC 移相电路是相位超前电路，每节产生的相位超前小于90°。对于两节 RC 移相电路来说，当相移接近180° 时，频率很低，输出电压接近于 0，无法满足振荡的幅值平衡条件。所以，欲同时满足振荡的幅值平衡条件和相位平衡条件，至少需要三节 RC 移相电路。这样，移相范围大可至 270°，那么在某个频率等于 f_0 时，就会出现 $\varphi_F=180°$，电路就会满足振荡的相位平衡条件。

在图 4.1.7 中，为了方便起见，常选取 $R_1=R_2=R$，$C_1=C_2=C$。此时，可求得电路的振荡频率为

$$f_0=\frac{1}{2\sqrt{3}\pi RC} \tag{4.1.13}$$

起振条件为

$$R_f>12R \tag{4.1.14}$$

RC 移相式正弦波振荡电路结构较之文氏电桥正弦波振荡电路简单，但选频作用较差，频率调节不方便，输出幅度不太稳定，且波形较差。它一般用于振荡频率固定，并且稳定性要求不高的场合。

4.1.3　晶体正弦波振荡电路

石英晶体正弦波振荡电路是利用石英晶体的压电效应制成的一种谐振器件。在晶体的两个电极上加交变电压时，晶体就会产生机械振动，而这种机械振动反过来又会产生交变电场，在电极上出现交流电压，这种物理现象称为压电效应。如果外加交变电压的频率与晶片本身的固有振动频率相等，振幅明显加大，比其他频率下的振幅大得多，这种现象称为压电振荡。称该晶体为石英晶体振荡器或石英晶体谐振器，简称晶振，它的谐振频率仅与晶片的外形尺寸和切割方式等有关。石英晶体振荡器结构示意图如图 4.1.8 所示。

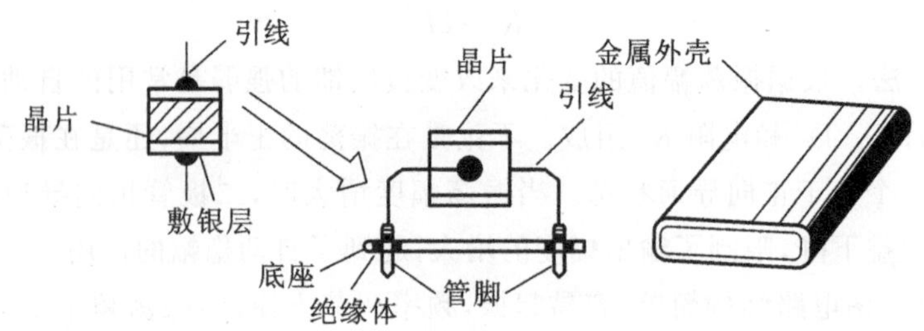

图 4.1.8　石英晶体振荡器结构示意图

1. 压电效应

若在石英晶体的两个电极上加一个电场，晶片就会产生机械变形。反之，若在晶片的两侧施加机械压力，则在晶片相应的方向上产生电场。这种物理现象称为压电效应。

如果在晶片的两极上加一个交变电压，晶片就会产生机械振动，同时晶片的机械振动又会产生交变电场。

当晶体不振动时，可把它看成一个平板电容器 C_0，称为静电电容。C_0 的大小与晶片的几何尺寸、电极面积有关，一般为几个皮法到几十皮法。当晶体振荡时，机械振动的惯性可用电感 L 来等效。一般 L 的值为几十毫亨至几百亨。

晶片的弹性可用电容 C 来等效，C 的值很小，一般只有 0.000 2～0.1 pF。晶片振动时因摩擦而造成的损耗用 R 来等效，它的数值约为 100 Ω。由于晶片的等效电感很大，而 C 很小，R 也小，因此回路的品质因数 Q 很大，可达 $10^4 \sim 10^6$。加上晶片本身的谐振频率基本上只与晶片的切割方式、几何形状、尺寸有关，而且可以做得很精确，因此利用石英晶体振荡器组成的振荡电路可获得很高的频率稳定度。

2. 石英晶体振荡器的频率特性

石英晶体振荡器的符号和等效电路如图 4.1.9(a)、图 4.1.9(b)所示。

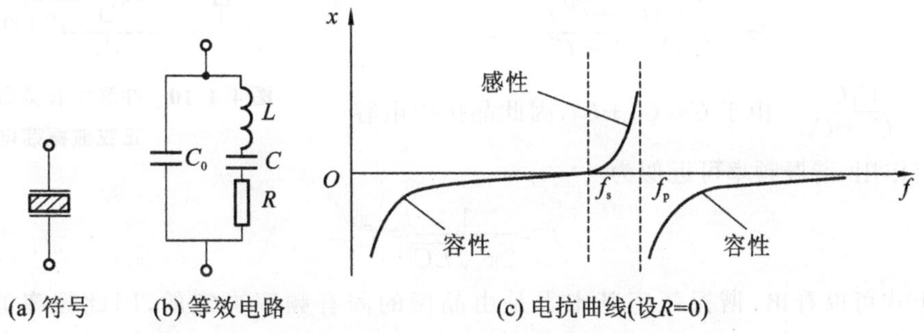

图 4.1.9　石英晶体振荡器的符号、等效电路和电抗频率特性

从石英晶体振荡器的等效电路可知，它有串联谐振频率 f_s 和并联谐振频率 f_p。

当 LCR 支路发生串联谐振时，它的等效阻抗最小(等于 R)，谐振频率为

$$f_s = \frac{1}{2\pi\sqrt{LC}} \tag{4.1.15}$$

当频率高于 f_s 时，LCR 支路呈感性，可与电容 C_0 发生并联谐振，谐振频率为

$$f_p = \frac{1}{2\pi\sqrt{L\dfrac{CC_0}{C+C_0}}} = f_s\sqrt{1+\frac{C}{C_0}} \tag{4.1.16}$$

由于 $C \ll C_0$，因此 f_s 和 f_p 非常接近。

根据石英晶体振荡器的等效电路，可定性地画出它的电抗曲线，如图 4.1.9(c)所示，当频率 $f<f_s$ 或 $f>f_p$ 时，石英晶体振荡器呈容性；当 $f_s<f<f_p$ 时，石英晶体振荡器呈感性。

通常，石英晶体振荡器产品给出的标称频率不是 f_s 也不是 f_p，而是串接一个负载小电容 C_L 时的校正振荡频率，利用 C_L 可使得石英晶体的谐振频率在一个小范围(即 $f_s \sim f_p$)内调整。C_L 值应比 C 值大。

3. 石英晶体正弦波振荡电路

LC 正弦波振荡电路的频率稳定性受到一定的限制，很难超过10^{-5}量级。在需要更高

的频率稳定度时，可利用石英晶体品质因数高的特点，构成石英晶体正弦波振荡电路。其频率稳定性可达到$10^{-10}\sim10^{-11}$量级。

石英晶体正弦波振荡电路的选频作用主要依靠石英晶体振荡器来实现，这种正弦波谐振电路工作频率一般在几千赫兹以上，多用于时基电路或测量设备中。

石英晶体正弦波振荡电路的形式是多种多样的，但其基本形式只有两类，即并联型石英晶体正弦波振荡电路和串联型石英晶体正弦波振荡电路。

1）并联型石英晶体正弦波振荡电路

图 4.1.10 所示为并联型石英晶体振荡电路。在该电路中，晶振以并联谐振电路的形式出现。从图中可看出，该电路是电容三点式 LC 正弦波振荡电路，晶体在此起电感的作用。谐振频率 f 在 f_s 与 f_p 之间，由 C_1、C_2 和晶振等效电感 L 决定，其谐振频率为

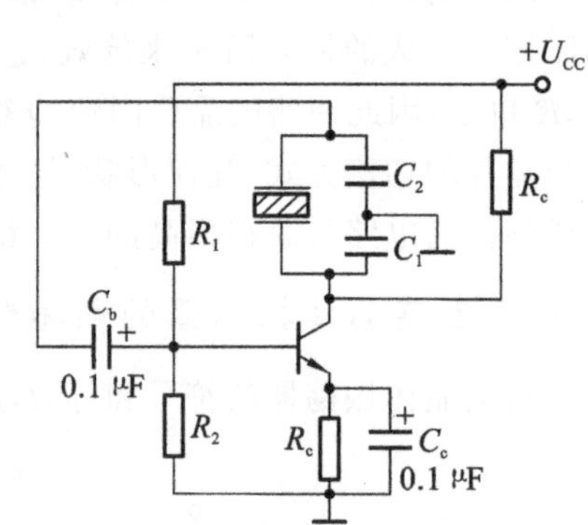

图 4.1.10　并联型石英晶体正弦波振荡电路

$$f_0\approx\frac{1}{2\pi\sqrt{L\dfrac{C(C_0+C')}{C+C_0+C'}}}$$

其中，$C'=\dfrac{C_1C_2}{C_1+C_2}$。由于 $C\ll C_0+C'$，因此晶振中电容 C 起决定作用，谐振频率可近似为

$$f\approx\frac{1}{2\pi\sqrt{LC}}=f_s$$

由上式可以看出，谐振频率基本上是由晶振的固有频率决定的，因此频率的稳定度很高。

2）串联型石英晶体正弦波振荡电路

图 4.1.11 所示为串联型石英晶体正弦波振荡电路。当振荡频率等于晶振的串联谐振频率 f_s 时，晶振的阻抗最小，且为纯电阻，此时正反馈最强，相移为 0，电路满足振荡条件。调节 R_5，可以获得良好的正弦波输出。但需要注意的是，过大的 R_5 可能使电路幅值平衡条件不能得到满足，过小的 R_5 会使波形产生失真。

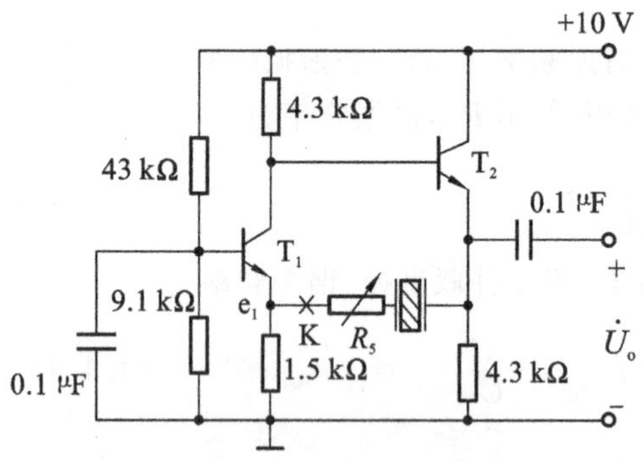

图 4.1.11　串联型石英晶体正弦波振荡电路

由于晶振的固有频率与温度有关，因此只有在温度稳定的情况下才能获得很高的频率稳定度。如果对频率稳定度要求比较高，应考虑恒温环境及选用高精度和高稳定度的晶振。

4.2　矩形波发生器

图 4.2.1 所示是一种能产生矩形波的基本电路，也称为方波振荡器。由图可见，它是在滞回比较器的基础上，增加一条 RC 充放电负反馈支路构成的。

1）工作原理

在图 4.2.1 中，电容 C 上的电压加在集成运算放大器的反相端，集成运算放大器工作在非线性区，输出只有两个值，即 $+U_Z$ 和 $-U_Z$。设在刚接通电源时，电容 C 上的电压为零，输出为正饱和电压 $+U_Z$，同相端的电压为 $\frac{R_2}{R_1+R_2}U_Z$。电容 C 在输出电压 $+U_Z$ 的作用下开始充电，充电电流 i_C 经过电阻 R_f，如图 4.2.1 中的实线所示。

当充电电压 u_C 上升到 $\frac{R_2}{R_1+R_2}U_Z$ 时，由于集成运算放大器输入端 $u_- > u_+$，于是电路翻转，输出电压由 $+U_Z$ 值翻至 $-U_Z$，同相端电压变为 $-\frac{R_2}{R_1+R_2}U_Z$。电容 C 开始放电，u_C 开始下降，放电电流 i_C 如图 4.2.1 中的虚线所示。当电容电压 u_C 降至 $-\frac{R_2}{R_1+R_2}U_Z$ 时，由于 $u_- > u_+$，于是输出电压又翻转到 $u_o = +U_Z$。如此周而复始，在集成运算放大器的输出端便得到了如图 4.2.2 所示的输出电压的波形。

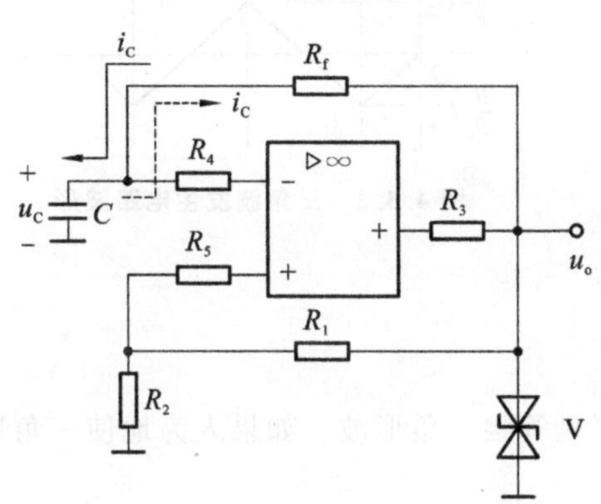

图 4.2.1　矩形波发生电路

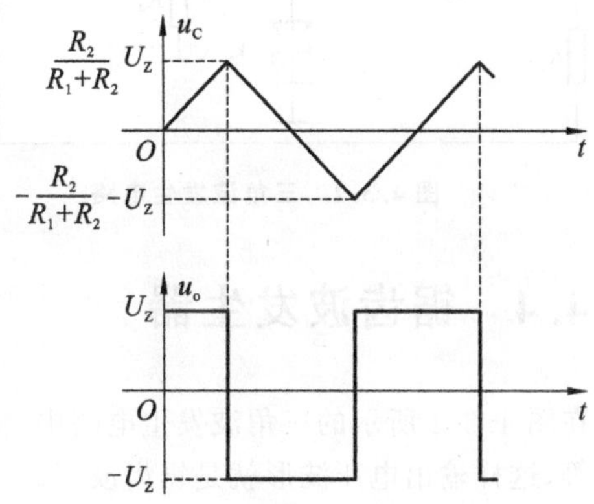

图 4.2.2　矩形波发生电路波形

2）振荡频率及其调节

电路输出的矩形波电压的周期 T 取决于充放电的 RC 时间常数。可以证明，其周期为 $T=2.2R_fC$ 时，振荡频率为 $f=\frac{1}{2.2R_fC}$。改变 RC 值就可以调节矩形波的频率。

4.3　三角波发生器

三角波发生器的基本电路如图 4.3.1 所示。

集成运算放大器 A_1 构成滞回比较器，其反相端接地，集成运算放大器 A_1 同相端的电压由 u_o 和 u_{o1} 共同决定，$u_+ = u_{o1}\frac{R_2}{R_1+R_2} + u_o\frac{R_1}{R_1+R_2}$ 当 $u_+ > 0$ 时，$u_{o1} = +U_Z$；当 $u_+ < 0$ 时，$u_{o1} = -U_Z$。

在电源刚接通时，假设电容器初始电压为零，集成运算放大器 A_1 输出电压为正饱和电压值 $+U_Z$，积分器输入为 $+U_Z$，电容 C 开始充电，输出电压 u_o 开始减小，u_+ 值也随之减小。当 u_o 减小到 $-R_2R_1U_Z$ 时，u_+ 由正值变为零，滞回比较器 A_1 翻转，集成运算放大器 A_1 的输出 u_{o1} 等于 $-U_Z$。

当 $u_{o1}=-U_Z$ 时，积分器输入负电压，输出电压 u_o 开始增大，u_+ 值也随之增大，当 u_o 增加到 $R_2R_1U_Z$ 时，u_+ 由负值变为零，滞回比较器 A_1 翻转，集成运算放大器 A_1 的输出 $u_{o1}=+U_Z$。

三角波发生电路波形如图 4.3.2 所示。

振荡频率为

$$f=\frac{R_1}{4R_2R_3C}$$

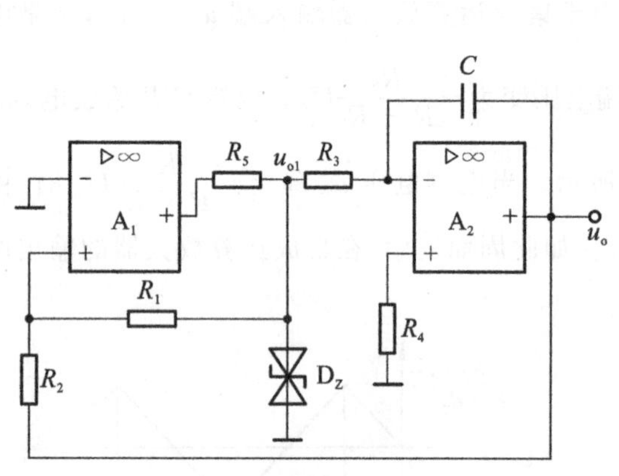

图 4.3.1　三角波发生电路

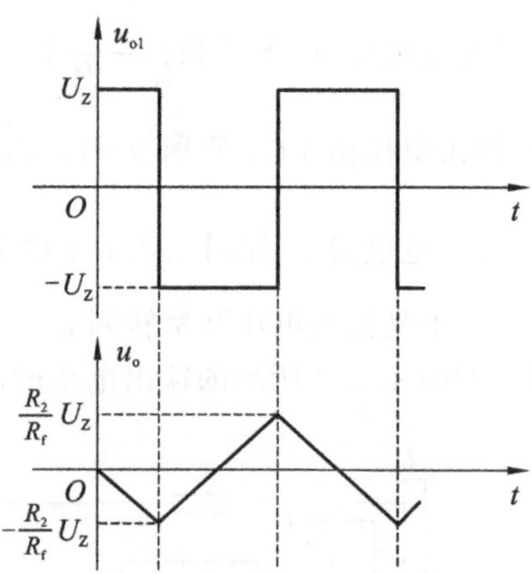

图 4.3.2　三角波发生电路波形

4.4　锯齿波发生器

在图 4.3.1 所示的三角波发生电路中，输出是等腰三角形波。如果人为地使三角形两边不等，这样输出电压波形就是锯齿波了。

简单的锯齿波发生电路如图 4.4.1 所示。锯齿波发生器的工作原理与三角波发生器的基本相同，只是在集成运算放大器 A_2 的反相输入电阻 R_3 上并联由二极管 D_1 和电阻 R_5 组成的支路，这样积分器的正向积分和反向积分的速度明显不同，当 $u_{o1}=-U_Z$ 时，D_1 反偏截止，正向积分的时间常数为 R_3C；当 $u_{o1}=+U_Z$ 时，U_1 正偏导通，负向积分常数为 $(R_3 /\!/ R_5)C$。若取 R_5R_3，则负向积分时间小于正向积分时间，形成如图 4.4.2 所示的锯齿波。

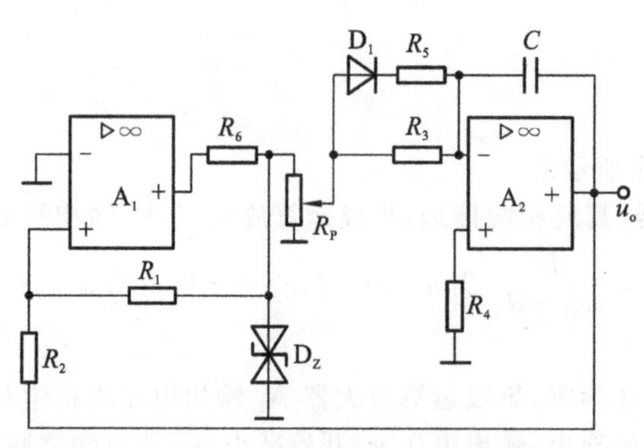

图 4.4.1　锯齿波发生电路

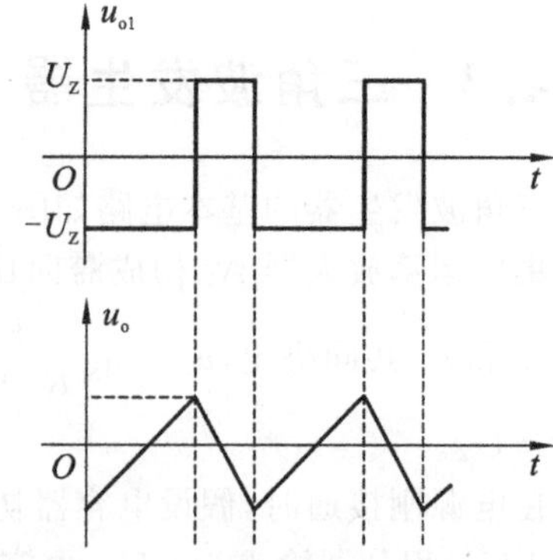

图 4.4.2　锯齿波发生电路波形

锯齿波电压在示波器、数字仪表等电子设备中做扫描之用。

习　题

一、填空题

1. 组成振荡器的四部分电路分别是________、________、________和________；振荡器要产生振荡首先要满足的条件是________，其次还应满足________。
2. 常用的正弦波振荡器有________、________和________；要制作频率在 200 Hz～20 kHz 的音频信号发生器，应选用________；要制作在 3～30 MHz 的高频信号，应选用________；要制作频率非常稳定的信号源，应选用________。
3. 石英晶体的两个谐振频率分别是________和________。当石英晶体处在谐振状态下时，石英晶体呈________；当输入信号的频率位于石英晶体的两个谐振频率之间时，石英晶体呈________；在其余的情况下，石英晶体呈________。
4. *RC* 正弦波振荡电路的选频网络由________和________元件组成。
5. 正弦波振荡电路的选频网络由电容和电感元件组成，则称为________。
6. 在移相式正弦波振荡电路中，至少要用________才能满足振荡的相位平衡条件。
7. *LC* 并联谐振电路的品质因数 *Q* 值越大，则选频特性________，谐振时的阻抗值________。
8. 输出波形中含有较大的高次谐波的振荡电路是________。
9. 石英晶体正弦波振荡电路基本上有两类，即________和________。
10. 改变矩形波占空比，实质上是通过调节________来实现的。
11. 将矩形波________，即可得到三角波。
12. 三角波发生电路中，积分电容充电和放电时间常数不同，输出端即可得到________。

二、简答题

1. 产生正弦波振荡的条件是什么？它与负反馈的放大电路的自激振荡条件是否相同？为什么？
2. 正弦波振荡电路由哪几个部分组成？如果没有选频网络，输出信号将有什么特点？
3. 通常正弦波振荡电路接成正反馈形式，为什么电路要引入负反馈？负反馈作用太强或太弱时会有什么问题？
4. 文氏电桥正弦波振荡电路如题图 4.1 所示。

   (1) 说明二极管 D_1、D_2 的作用。

   (2) 为使电路能产生正弦波电压输出，请在放大器的输入端标明同相输入端和反相输入端。
5. 热敏元件可起到与二极管同样的作用。如何选择热敏电阻替代二极管？
6. 振荡频率可调的 *RC* 文氏电桥正弦波振荡电路的 *RC* 串并联网络如题图 4.2 所示。用双层波段开关接不同的电容，作为振荡频率的粗调；用同轴电位器实现微调。已知电容 C_1、C_2、C_3、C_4 的取值分别为 0.01 μF、0.1 μF、1 μF、10 μF，电阻 $R=20\ \Omega$，电位器 $R_W=20\ k\Omega$。求 f_0 的调节范围。

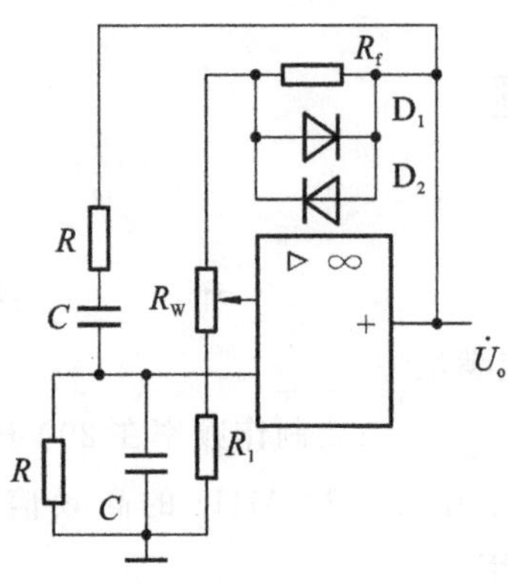

题图 4.1

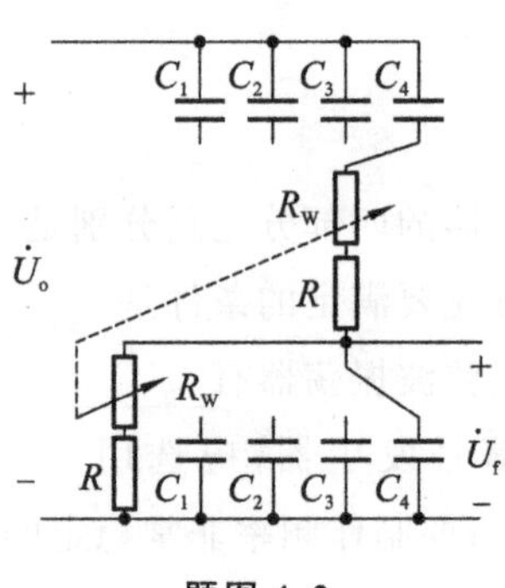

题图 4.2

7. 电路如题图 4.3 所示。

(1) 说明电路是哪种正弦波振荡电路。

(2) 若 R_1 短路，则电路将产生什么现象？

(3) 若 R_1 断路，则电路将产生什么现象？

(4) 若 R_f 短路，则电路将产生什么现象？

(5) 若 R_f 断路，则电路将产生什么现象？

三、分析计算题

1. 电路如题图 4.4 所示，稳压管起稳幅作用，其稳定电压 $\pm U_Z = \pm 6$ V。$C = 1\ \mu$F，$R = 16$ kΩ，试估算：

(1) 输出电压不失真情况下的有效值；

(2) 振荡频率。

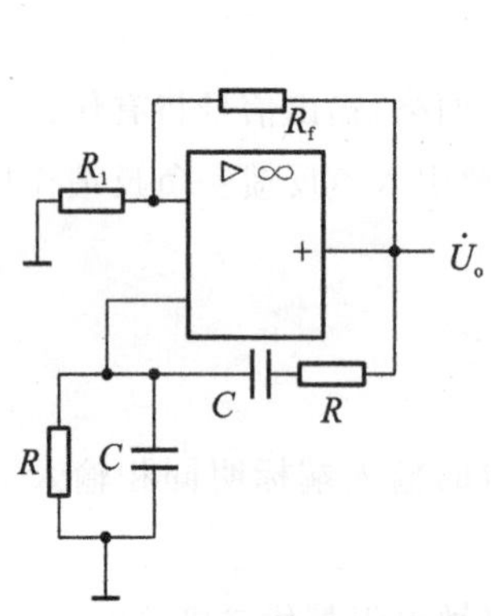

题图 4.3

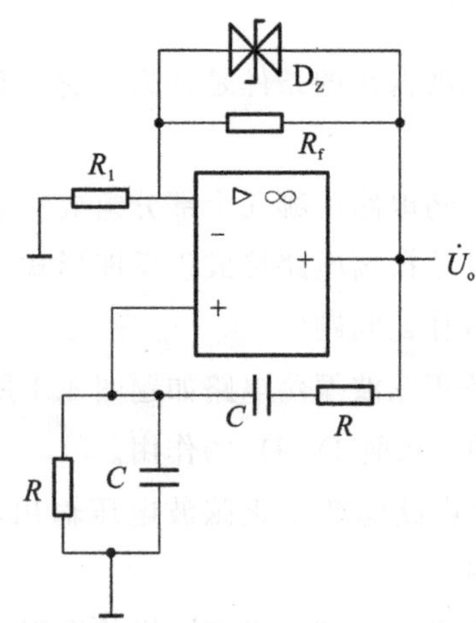

题图 4.4

2. 用相位平衡条件判断题图 4.5 所示电路是否会产生振荡，若不会产生振荡，请改正。

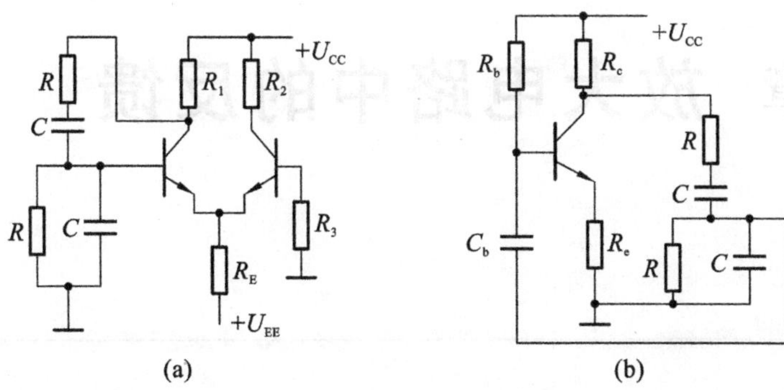

题图 4.5

第5章 放大电路中的反馈

教学提示：反馈在科学技术领域中的应用很多。在电子电路中，反馈的应用也是极为广泛的。前面已讲过的分压式偏置电路、差分放大电路、运算放大器运算电路及滞回比较器等电子电路中都有反馈。本章中将对反馈集中讨论，如反馈的基本概念、构成反馈的电路、引入反馈的实际意义等。

教学目标：通过对工作点稳定电路的重点学习，掌握反馈的概念；利用四种常用的负反馈组态，掌握反馈的一般表达形式，以及负反馈对放大电路的性能的影响；对电路中的各种反馈组态的详细分析和计算。

5.1 反馈的基本概念

1. 什么是反馈？

含有反馈电路的放大器称为反馈放大器。根据反馈放大器各部分电路的主要功能，可将其分为基本放大电路和反馈网络两个部分，如图 5.1.1 所示。整个反馈放大电路的输入信号称为输入量，其输出信号称为输出量；反馈网络的输入信号就是基本放大电路的输出量，其输出信号称为反馈量；基本放大器的输入信号称为净输入量，它是输入量和反馈量叠加的结果。

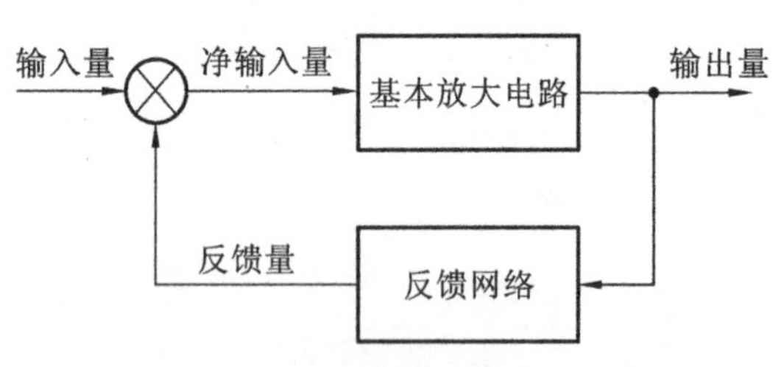

图 5.1.1 反馈放大器的原理框图

由图 5.1.1 可见，基本放大电路放大输入信号产生输出信号，而输出信号又经反馈网络反向传输到输入端，形成闭合环路，这种情况称为闭环，所以反馈放大器又称为闭环放大器。如果一个放大器不存在反馈，即只存在放大器放大输入信号的传输途径，则不会形成闭合环路，这种情况称为开环。没有反馈的放大器又称为开环放大器。基本放大电路就是一个开环放大器。因此，一个放大器是否存在反馈，主要是分析输出信号能否被送回输入端，即输入回路和输出回路之间是否存在反馈通路。若有反馈通路，则存在反馈，否则没有反馈。

2. 单级负反馈放大器

图 5.1.2 所示为共射分压式偏置电路。该电路在第 2 章工作点稳定电路中已经述及。实际上,该电路就是利用反馈原理来使得工作点稳定,其反馈过程如下。

$$\text{温度}T\uparrow \rightarrow I_C\uparrow \rightarrow I_E\uparrow \rightarrow U_E\uparrow \xrightarrow{U_B\text{不变}} U_{BE}\downarrow \rightarrow I_B\downarrow \rightarrow I_C\downarrow$$

由上述反馈过程可以看出,该电路的静态电流 I_C(输出电流)通过 R_E(反馈电阻)的作用得到 U_E(反馈电压),它与原 U_B(输入电压)共同控制 U_{BE}(等于 U_B-U_E),从而达到稳定静态输出电流 I_C 的目的。该电路中 R_E 两端并联大电容 C_E,所以 R_E 两端的反馈电压只反映集电极电流直流分量 I_C 的变化,这种电路只对直流量起反馈作用,称为直流反馈。该电路中,R_E 引入的是直流负反馈,用以稳定放大电路的静态工作点。

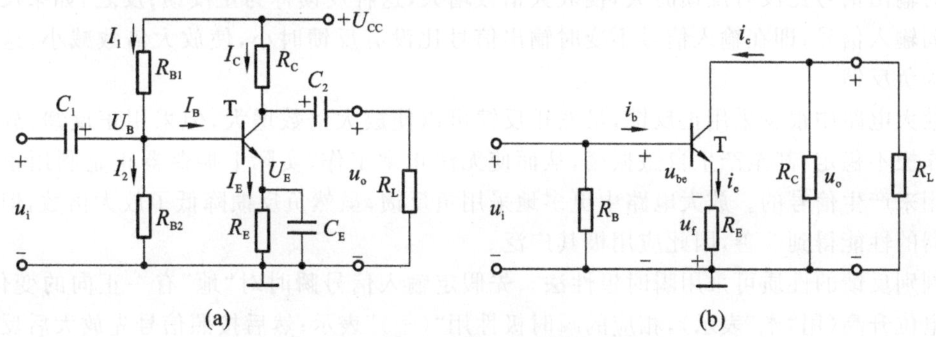

图 5.1.2　共射分压式偏置电路

若去掉旁路电容 C_E,图 5.1.2(a)的交流通路如图 5.1.2(b)所示,其中 $R_B=R_{B1}/\!/R_{B2}$。此时 R_E 两端的电压反映了集电极电流交流分量的变化,即它对交流信号也起反馈作用,称为交流反馈。该电路中,R_E 引入的是交流负反馈。根据前文对分压式偏置电路的性能指标的分析可知,交流负反馈将导致电路放大倍数的下降。

实际上,在图 5.1.2 所示的电路中,由于 R_E 是输出回路和输入回路之间的公共支路电阻,因此 R_E 必将同时影响到这两个回路,即产生反馈。同样,共集电极放大电路中的射极电阻 R_E 也构成了反馈通路。

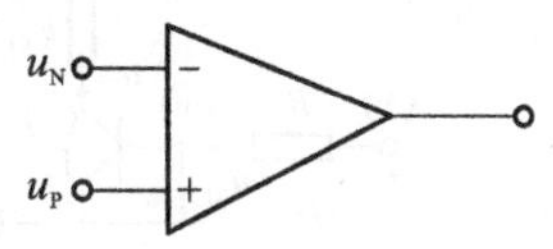

图 5.1.3　放大器的通用符号

在后面的讨论中,引入了放大器的通用符号,如图 5.1.3 所示。其中"−""+"分别表示反相输入端和同相输入端,相应的输入电压分别用 u_N 和 u_P 表示。两个输入端的作用分别是,当在反相输入端加入输入信号时,输出信号与输入信号反相;而当在同相输入端加入输入信号时,输出信号与输入信号同相。

3. 反馈的判断方法

1)反馈回路的判断

电路的放大部分就是三极管或集成运算放大器的基本放大电路。而反馈是把基本放大电路输出端信号的一部分或全部引回到输入端的电路,则反馈回路就应该是从基本放大电路的输出端引回到输入端的一条回路。这条回路通常是由电阻和电容构成的。寻找这条回

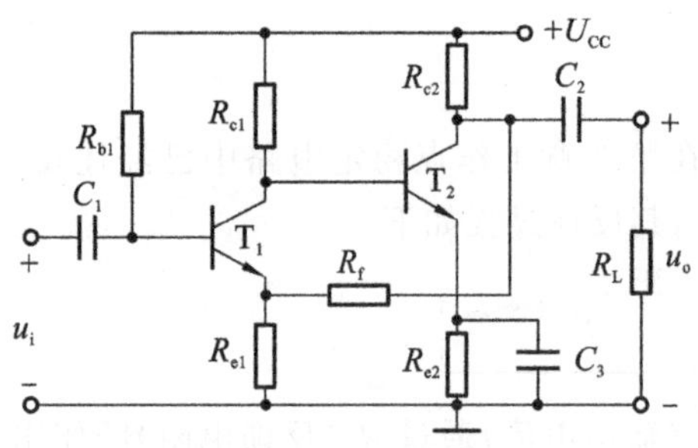

图 5.1.4 电压串联负反馈

路时，要特别注意，不能直接经过电源端和接地端，这是初学者最容易犯错的地方。例如图 5.1.4，如果只考虑极间反馈则放大通路是由 T_1 的基极到 T_1 的集电极再经过 T_2 的基极到 T_2 的集电极；而反馈回路是由 T_2 的集电极经 R_f 至 T_1 的发射极。反馈信号 $u_f=u_{e1}$ 影响净输入电压信号 u_{be1}。

2）正反馈和负反馈

由于反馈放大器的输出信号被送回到输入端，得到反馈信号，它与原输入信号共同控制放大器，因此必然使放大器的输出信号受到影响，其放大倍数也将改变。根据反馈影响（即反馈性质）的不同，反馈可分为正反馈和负反馈两类。如果反馈信号加强输入信号，即在输入信号不变时输出信号比没有反馈时大，使放大倍数增大，这种反馈称为正反馈；反之，如果反馈信号削弱输入信号，即在输入信号不变时输出信号比没有反馈时小，使放大倍数减小，这种反馈称为负反馈。

放大电路中很少采用正反馈，虽然正反馈可以使放大倍数增大，但采用正反馈，放大器的工作极不稳定，甚至产生自激振荡，从而使无法正常工作，实际上振荡器正是利用正反馈的作用来产生信号的。放大电路中更多地采用负反馈，虽然负反馈降低了放大倍数，但它使放大器的性能得到改善，因此应用极其广泛。

判别反馈的性质可采用瞬时极性法。先假定输入信号瞬时对“地”有一正向的变化，即瞬时电位升高（用“↑”表示），相应的瞬时极性用“（+）”表示；然后按照信号先放大后反馈的传输途径，根据放大器在中频区有关电压的相位关系，依此判断各级放大器的输入信号与输出信号的瞬间电位是升高还是降低，即极性是“（+）”还是“（−）”，最后推出反馈信号的瞬时极性，从而判断反馈信号是加强输入信号还是削弱输入信号。若反馈信号加强输入信号（即净输入信号增大），则为正反馈；若反馈信号削弱输入信号（即净输入信号减小），则为负反馈。

【例 5.1.1】 判断图 5.1.5 所示的放大电路中反馈的性质。

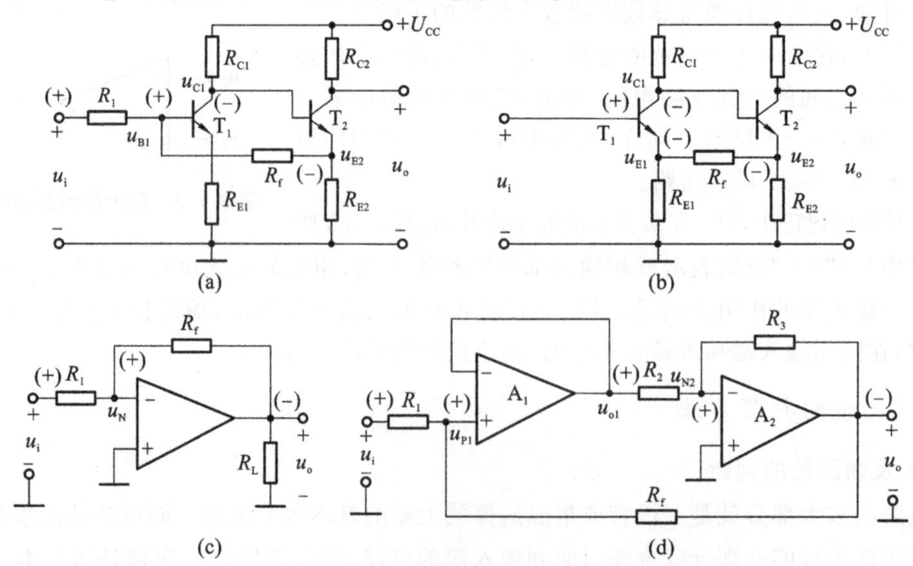

图 5.1.5 例 5.1.1 图

【解】　对于图5.1.5(a)所示的电路，设u_i的瞬时极性为(+)，则T_1管基极电位u_{B1}的瞬时极性也为(+)，经T_1的反相放大，u_{C1}(亦即u_{B2})的瞬时极性为(−)，再经T_2的同相放大，u_{E2}的瞬时极性为(−)，通过R_f反馈到输入端，使u_{B1}被削弱，因此是负反馈。

对于图5.1.5(b)所示的电路，其结构与图5.1.5(a)所示电路的结构相似。设u_i的瞬时极性为(+)，与图5.1.4(a)同样的过程，u_{E2}的瞬时极性为(−)，通过R_f反馈至T_1管的发射极，则u_{E1}的瞬时极性为(−)。该放大电路的有效输入电压(或净输入电压)$u_{BE1}=u_{B1}-u_{E1}$，u_{B1}的瞬时极性为(+)，u_{E1}的瞬时极性为(−)，显然，u_{BE1}增大，即反馈信号使净输入信号加强，因此是正反馈。

对于图5.1.5(c)所示的电路，设u_i的瞬时极性为(+)，则反相输入端电压u_N的瞬时极性也为(+)，经放大器反相放大后，u_o的瞬时极性为(−)，通过R_f反馈到反相输入端，使u_N被削弱，因此是负反馈。

对于图5.1.5(d)所示的电路，该电路的情况要复杂一些。设u_i的瞬时极性为(+)，则放大器A_1的同相输入端电压u_{P1}的瞬时极性也为(+)，经A_1同相放大后，u_{o1}的瞬时极性为(+)，经导线反馈到A_1的反相输入端，使A_1的净输入电压($u_{P1}-u_{N1}$)减小，因此是负反馈。对于放大器A_2，由于u_{o1}的瞬时极性为(+)，则其反相输入端电压u_{N2}的瞬时极性也为(+)，经A_2反相放大后，u_o的瞬时极性为(−)，通过R_3反馈到A_2的反相输入端，显然为负反馈，同时也通过R_f反馈到A_1的同相输入端，也为负反馈。

图5.1.5(d)所示的电路中，两级集成运算放大器A_1、A_2自身都存在反馈，通常称每级各自的反馈为本级反馈或局部反馈；而由A_1与A_2级联构成的放大电路整体，其电路总的输出端到总的输入端还存在反馈，称这种跨级的反馈为级间反馈。在后面的讨论中，重点研究级间反馈。

3）直流反馈和交流反馈

反馈电路中，如果反馈到输入端的信号是直流量，则为直流反馈；如果反馈到输入端的信号是交流量，则为交流反馈。当然，实际放大器中可以同时存在直流反馈和交流反馈。直流负反馈可以改善放大器静态工作点的稳定性，交流负反馈则可以改善放大器的交流特性。下面的讨论主要以交流反馈为主。

是直流反馈还是交流反馈可以通过分析反馈信号是直流量还是交流量来确定，也可以通过放大电路的交、直流通路来确定，即在直流通路中引入的反馈为直流反馈，在交流通路中引入的反馈为交流反馈。

根据电容“隔直通交”的特点，我们可以判断出反馈的交直流特性。如果反馈回路中有电容接地，则为直流反馈，其作用为稳定静态工作点；如果回路中串联电容，则为交流反馈，改善放大电路的动态特性；如果反馈回路中只有电阻或只有导线，则反馈为交直流反馈共存。

【例5.1.2】　判断图5.1.6所示的放大电路中引入的是直流反馈还是交流反馈。设图中各电容对交流信号均可视为短路。

【解】　图5.1.6所示各电路的交直流通路如图5.1.7所示。

图5.1.6(a)所示电路的直流通路如图5.1.7(a)所示，R_2构成反馈通路，故该电路中引入了直流反馈；其交流通路如图5.1.7(b)所示，该电路中没有反馈通路，故该电路中没有交流反馈。

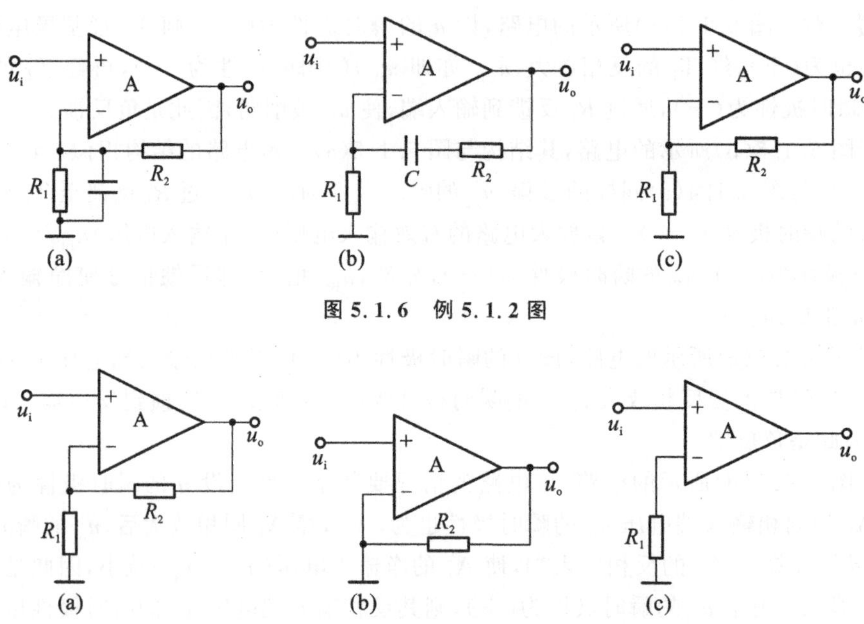

图 5.1.6　例 5.1.2 图

图 5.1.7　图 5.1.6 所示电路的交直流通路

图 5.1.6(b)所示电路的直流通路如图 5.1.7(c)所示，显然没有反馈通路，故该电路中没有直流反馈；其交流通路如图 5.1.7(a)所示，R_2 构成反馈通路，故该电路引入了交流反馈。

图 5.1.6(c)所示电路的直流通路和交流通路均与原电路相同，如图 5.1.7(a)所示。R_2 构成反馈通路，故该电路中既引入了直流反馈，又引入了交流反馈。

4）电压反馈和电流反馈

一般情况下，基本放大器与反馈网络在输出端的连接方式有并联和串联两种，对应的输出端的反馈方式分别称为电压反馈和电流反馈。

如图 5.1.8(a)所示，在反馈放大器的输出端，基本放大器与反馈网络并联，反馈信号 x_f 与输出电压 u_o 成正比，即反馈信号取自输出电压(称为电压取样)，这种方式称为电压反馈；反之，如果在反馈放大器的输出端，基本放大器与反馈网络串联，则反馈信号 x_f 与输出电流 i_o 成正比，或者说反馈信号取自输出电流(称为电流取样)，这种方式称为电流反馈，如图 5.1.8(b)所示。

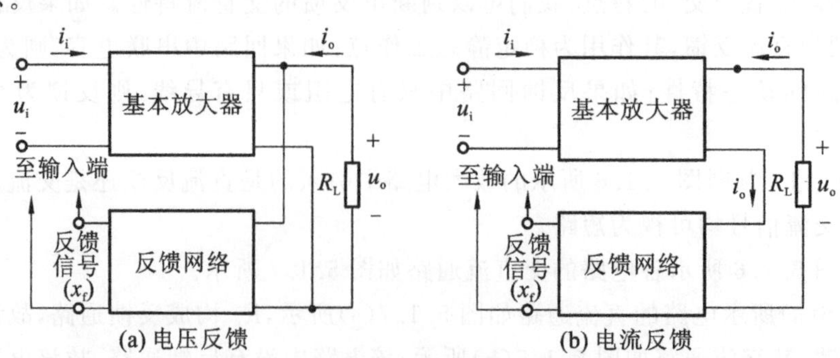

图 5.1.8　输出端的反馈方式

是电压反馈还是电流反馈的判断可采用短路法和开路法。短路法是假定把基本放大器的负载短路，使 $u_o=0$，这时如果反馈信号为 0(即反馈不存在)，则说明输出端的连接为并联方式，反馈为电压反馈；如果反馈信号不为 0(即反馈仍然存在)，则说明输出端的连接为串联方式，反馈为电流反馈。而开路法则是假定把基本放大器的负载开路，使 $i_o=0$，这时如果反馈信号为 0(即反馈不存在)，则说明输出端的连接为串联方式，即反馈为电流反馈；如果反馈信号不为 0(即反馈仍然存在)，则说明输出端的连接为并联方式，即反馈为电压反馈。

【例 5.1.3】 判断图 5.1.9 所示的放大电路中引入的是电压反馈还是电流反馈。

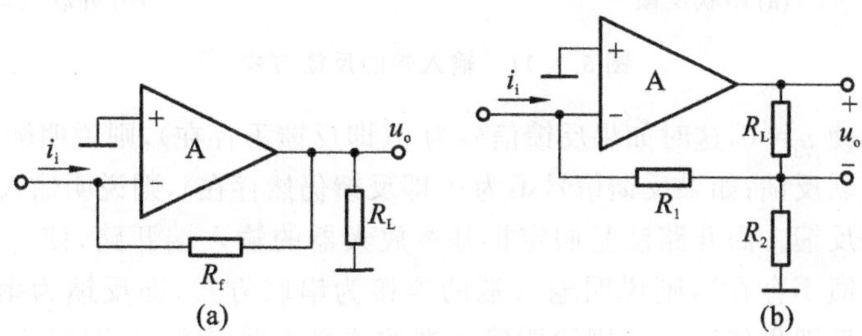

图 5.1.9　例 5.1.3 图

【解】 采用短路法判断是电压反馈还是电流反馈。将图 5.1.9(a)所示电路中的负载 R_L 短路，则其简化电路如图 5.1.10(a)所示。显然，在该电路中，当负载短路时，$u_o=0$，不存在反馈通路，即反馈信号为 0，该电路中引入了电压反馈。

同样，将图 5.1.9(b)所示电路中的负载 R_L 短路，则其简化电路如图 5.1.10(b)所示。在该电路中，当负载短路时，$u_o=0$，R_1 仍可构成反馈通路，即反馈信号不为 0，则该电路中引入了电流反馈。

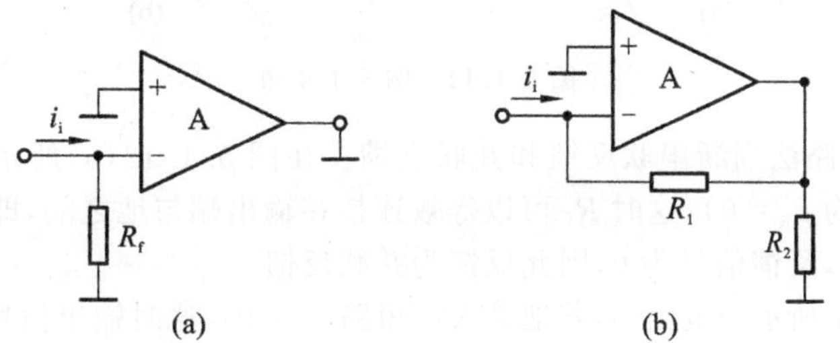

图 5.1.10　图 5.1.9 所示电路负载短路简化图

5）串联反馈和并联反馈

一般情况下，基本放大器与反馈网络在输入端的连接方式有串联和并联两种，对应的输入端的反馈方式分别称为串联反馈和并联反馈，如图 5.1.11(a)、图 5.1.11(b)所示。

对于串联反馈来说，反馈对输入信号的影响可通过电压求和(相加或相减)的形式反映出来，即反馈电压 u_f 与输入电压 u_i 共同作用于基本放大器的输入端，在负反馈时，使净输入电压 $u_i'=u_i-u_f$ 变小(称为电压比较)。

对于并联反馈来说，反馈对输入信号的影响可通过电流求和(相加或相减)的形式反映出来，即反馈电流 i_f 与输入电流 i_i 共同作用于基本放大器的输入端，在负反馈时，使净输入电流 $i_i'=i_i-i_f$ 变小(称为电流比较)。

是串联反馈还是并联反馈的判断同样可采用短路法和开路法。短路法是假定把基本放大

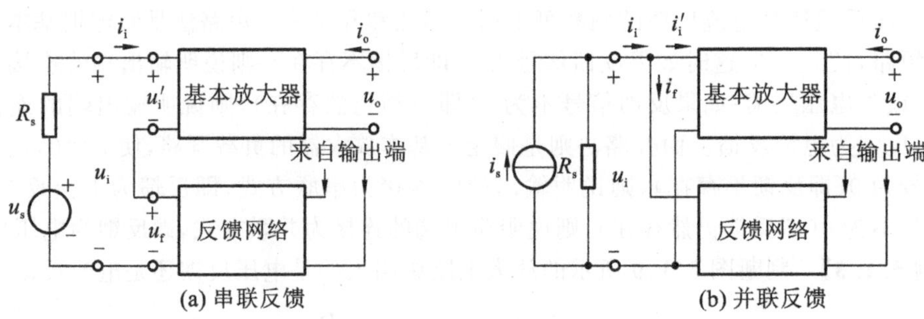

图 5.1.11　输入端的反馈方式

器的输入端短路，使 $u_i=0$，这时如果反馈信号为 0（即反馈不存在），则说明输入端的连接为并联方式，反馈为并联反馈；如果反馈信号不为 0（即反馈仍然存在），则说明输入端的连接为串联方式，反馈为串联反馈。而开路法是假定把基本放大器的输入端开路，使 $i_i=0$，这时如果反馈信号为 0（即反馈不存在），则说明输入端的连接为串联方式，即反馈为串联反馈；如果反馈信号不为 0（即反馈仍然存在），则说明输入端的连接为并联方式，即反馈为并联反馈。

【例 5.1.4】　判断图 5.1.12 所示的放大电路中引入的是串联反馈还是并联反馈。

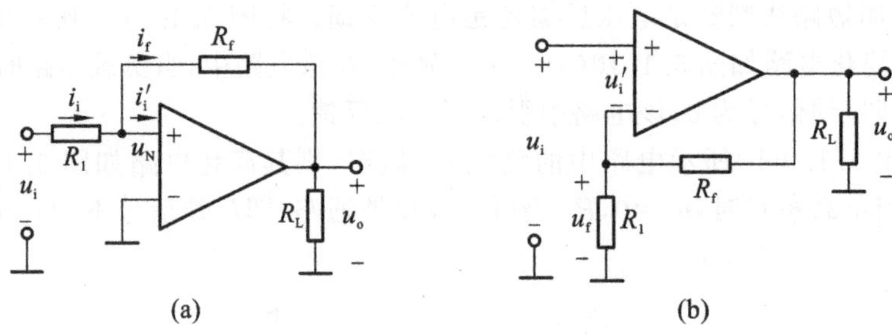

图 5.1.12　例 5.1.4 图

【解】　采用短路法判断串联反馈和并联反馈。在图 5.1.12(a)所示的电路中，若把输入端短路（这里应为 $u_N=0$），这时 R_f 可以等效连接在输出端与地之间，即 R_f 与 R_L 并联，此时反馈通路不存在，反馈信号为 0，因此反馈为并联反馈。

在图 5.1.12(b)所示的电路中，若把输入端短路（$u_i=0$），这时输出信号 u_o 仍可以经 R_f 和 R_1 分压得到 u_f 并加到基本放大器的反相输入端，此时反馈信号不为 0，因此反馈为串联反馈。

实际上，还有更为简便的判断方法。从图 5.1.12 中可以发现，若输入信号和反馈信号分别加到基本放大器两个不同的输入端，则反馈为串联反馈；如果输入信号与反馈信号都加到放大器的同一输入端，则反馈为并联反馈。对于三极管放大电路来说，三极管的基极和发射极可以等同于基本放大器的两个输入端。

5.2　负反馈的组态及计算

5.2.1　负反馈放大器的组态

由于反馈放大器在输出端和输入端均有两种不同的反馈方式，因此负反馈放大器具有

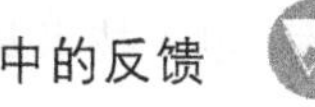

四种组态，即电压串联负反馈、电压并联负反馈、电流串联负反馈和电流并联负反馈。

1. 四种组态负反馈放大器的框图

四种组态负反馈放大电路的框图如图 5.2.1 所示。

由图 5.2.1(a)和图 5.2.1(c)所示的电路可知，在串联负反馈放大器中，净输入电压 $u_i'=u_i-u_f$，信号源宜采用恒压源。若输入信号源为恒流源，则基本放大器的输入电流将不因引入反馈而发生变化，因而净输入电压也不因反馈而发生变化，即反馈不起作用。因此，串联负反馈适用于信号源为恒压源或信号源内阻较小的场合。

由图 5.2.1(b)和图 5.2.1(d)所示的电路可知，在并联负反馈放大器中，净输入电流 $i_i'=i_i-i_f$，信号源宜采用恒流源。若输入信号源为恒压源，则基本放大器的输入电压将不因引入反馈而发生变化，因而净输入电流也不因反馈而发生变化，即反馈不起作用。因此，并联负反馈适用于信号源为恒流源或信号源内阻较大的场合。

对于图 5.2.1(a)所示的电压串联负反馈放大器，假设当 u_i 一定时，由于负载 R_L 的增大使得输出电压 u_o 的增大，则必将有下列自动调整过程：

$$R_L\uparrow \rightarrow u_o\uparrow \rightarrow u_f\uparrow \rightarrow u_i'=u_i-u_f\downarrow$$
$$u_o\downarrow \leftarrow$$

可见，反馈的结果是使输出电压的变化减小，即使输出电压稳定。同样，其他三种组态的负反馈放大器也存在类似的过程。因此，负反馈使得放大电路输出量的变化减小，即负反馈具有稳定被取样的输出量的作用，即电压负反馈可以稳定输出电压，而电流负反馈可以稳定输出电流。

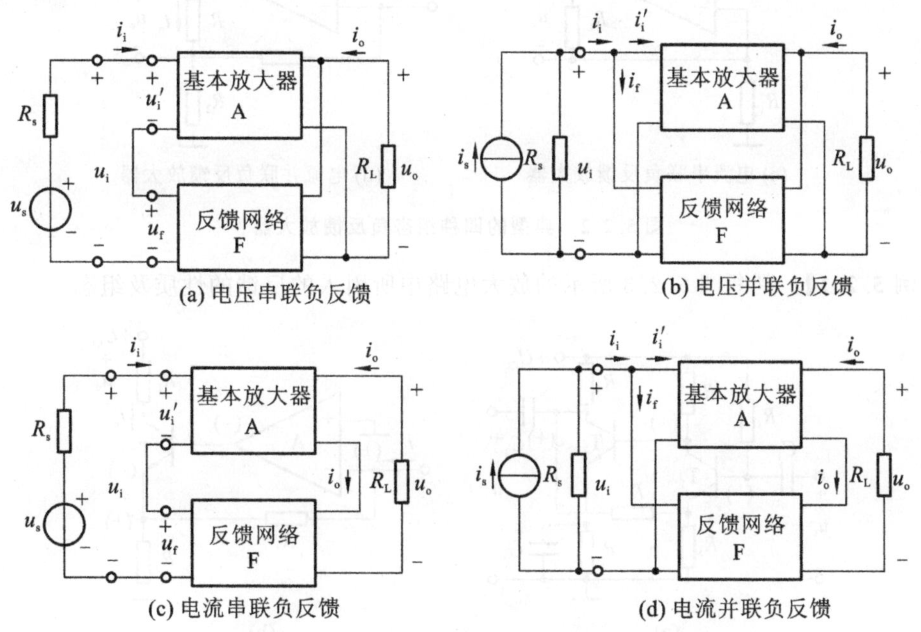

图 5.2.1　四种组态负反馈放大器的框图

不同组态负反馈放大器的输入量、反馈量、净输入量和输出量如表 5.2.1 所示。

表 5.2.1　各负反馈放大器的物理量

负反馈组态	输　入　量	反　馈　量	净 输 入 量	输　出　量
电压串联	u_i	u_f	u_i'	u_o
电压并联	i_i	i_f	i_i'	u_o
电流串联	u_i	u_f	u_i'	i_o
电流并联	i_i	i_f	i_i'	i_o

2. 典型的四种组态负反馈放大器

典型的四种组态负反馈放大器如图 5.2.2 所示。根据前述的反馈判断方法可知，图 5.2.2(a)所示为电压串联负反馈放大器，图 5.2.2(b)所示为电压并联负反馈放大器，图图 5.2.2(c)所示为电流串联负反馈放大器，图 5.2.2(d)所示为电流并联负反馈放大器。

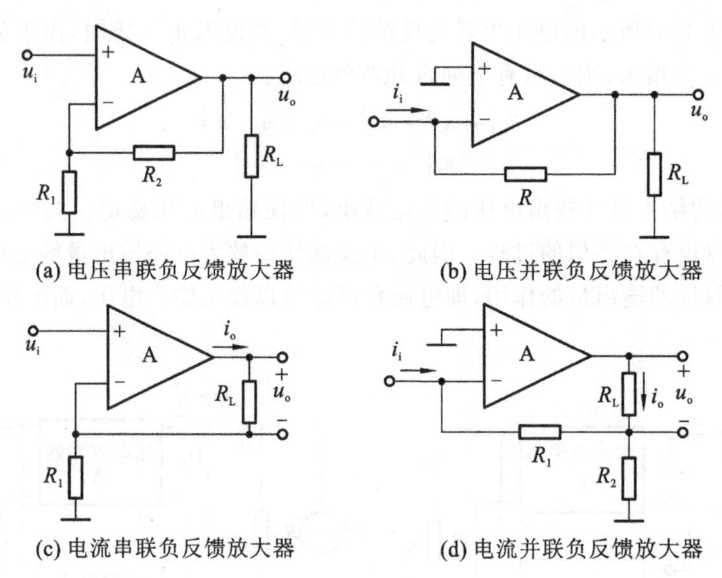

图 5.2.2　典型的四种组态负反馈放大器

【例 5.2.1】　判断图 5.2.3 所示的放大电路中所引入的反馈的性质及组态。

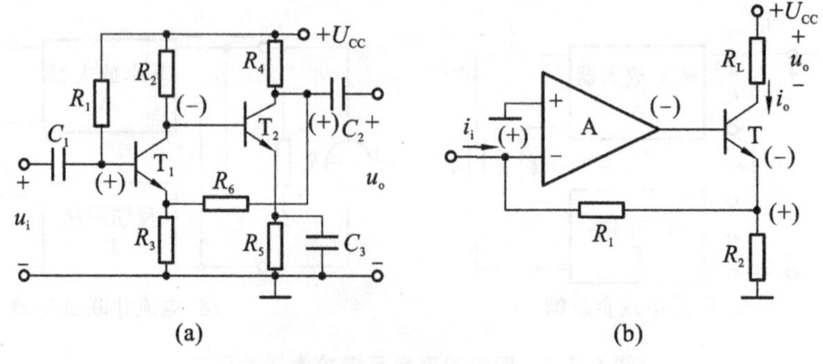

图 5.2.3　例 5.2.1 图

【解】　对于图 5.2.3(a)所示的电路，设 u_i 的瞬时极性为(＋)，则三极管 T_1 的基极电位 u_{B1} 的瞬时极性也为(＋)，经 T_1 的反相放大，u_{C1}(亦即 u_{B2})的瞬时极性为(－)，再经 T_2 的反相放大，u_{C2} 的瞬时极性为(＋)，通过 R_6 反馈到输入端，使得 T_1 管的净输入电压 u_{BE1} 减小，则为负反馈；若将输出端短路，$u_o=0$，R_6 将与 R_3 并联，反馈通路不存在，反馈信号为 0，则反馈为电压反馈；由于输入信号与反馈信号加到三极管的两个不同输入端，所以反馈为串联反馈。

因此，图 5.2.3(a)所示的电路中引入的是电压串联负反馈。

对于图 5.2.3(b)所示的电路，设输入信号的瞬时极性为(＋)，经基本放大器 A 反相放大后的输出信号(即三极管 T 的 u_B)瞬时极性为(－)，再经 T 的同相放大，其发射极电位 u_E 的瞬时极性也为(－)，通过 R_1 反馈到输入端，显然为负反馈；若将负载 R_L 短路，$u_o=0$，R_1 仍然构成反馈通路，反馈信号不为 0，则反馈为电流反馈；由于输入信号与反馈信号均加到放大器 A 的反相输入端，则反馈为并联反馈。

因此，图 5.2.3(b)所示的电路中引入的是电流并联负反馈。

5.2.2　负反馈的一般表达式

1. 负反馈放大器的框图

为了便于研究负反馈放大器的共同规律，可以用一个框图来描述所有类型的电路。图 5.2.4 所示为负反馈放大器的结构框图，它分为基本放大器(A)和反馈网络(F)两个部分。各变量均用复数来表示，$\dot{X}_i$ 为输入信号(可以是电压或电流，但只能是其中的一个，下同)，$\dot{X}_f$ 为反馈信号，$\dot{X}_i'$为净输入信号，$\dot{X}_o$ 为输出信号。$\dot{A}$ 为基本放大器的放大倍数，$\dot{F}$ 为反馈网络的反馈系数。带箭头的线条表示各组成部分的连线及信号的传输方向，符号"⊗"表示比较环节，节点"•"表示取样点。

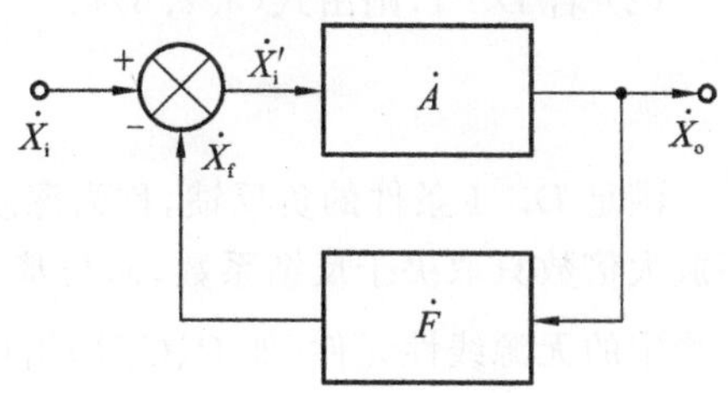

图 5.2.4　负反馈放大器的结构框图

比较环节"⊗"的作用是对输入信号 $\dot{X}_i$ 和反馈信号 $\dot{X}_f$ 进行比较，其输出为差值信号(净输入信号 $\dot{X}_i'$)，由于两个输入端的"＋"、"－"号(已假定)，所以

$$X_i'=X_i-X_f \tag{5.2.1}$$

其中，闭环增益为

$$\dot{A}_f=\frac{\dot{X}_o}{\dot{X}_i} \tag{5.2.2}$$

开环增益为

$$\dot{A}=\frac{\dot{X}_o}{\dot{X}_i'} \tag{5.2.3}$$

反馈系数为

$$\dot{F}=\frac{\dot{X}_f}{\dot{X}_o} \tag{5.2.4}$$

2. 负反馈放大器的一般表达式

由以上各式可得

$$\dot{X}_f=\dot{F}\dot{X}_o=\dot{A}\dot{F}\dot{X}_i' \tag{5.2.5}$$

$\dot{A}\dot{F}$ 称为环路放大倍数(环路增益),它是无量纲的,而

$$\dot{X}_o=\dot{A}\dot{X}_i'=\dot{A}(\dot{X}_i-\dot{X}_f)=\dot{A}(\dot{X}_i-\dot{F}\dot{X}_o)$$

$$\dot{X}_o+\dot{A}\dot{F}\dot{X}_o=\dot{A}\dot{X}_i$$

因此,闭环放大倍数为

$$\dot{A}_f=\frac{\dot{A}}{1+\dot{A}\dot{F}} \tag{5.2.6}$$

式(5.2.6)表明,引入负反馈后,放大器的闭环放大倍数为开环放大倍数的 $1/(1+\dot{A}\dot{F})$。显然,引入负反馈前后的放大倍数的变化与 $1+\dot{A}\dot{F}$ 密切相关,因此 $|1+\dot{A}\dot{F}|$ 是衡量反馈程度的一个很重要的量,称为反馈深度,用 D 表示,即

$$D=|1+\dot{A}\dot{F}|$$

由式(5.2.6)可得如下几点结论。

(1) 若 $D>1$,则 $|\dot{A}_f|<|\dot{A}|$,即放大器引入反馈后放大倍数下降,说明电路引入的是负反馈。

(2) 若 $D\gg1$,则由式(5.2.6)得

$$\dot{A}_f\approx\frac{1}{\dot{F}} \tag{5.2.7}$$

满足 $D\gg1$ 条件的负反馈,称为深度负反馈。式(5.2.7)表明,在深度负反馈条件下,闭环放大倍数只取决于反馈系数,而与基本放大器几乎无关。如果反馈网络是由一些性能比较稳定的无源线性元件(如 R、C 等)组成的,则此时 $|\dot{A}_f|$ 也是比较稳定的。显然,$|\dot{A}|$ 越大,越容易满足深度负反馈条件。

(3) 若 $D<1$,则 $|\dot{A}_f|>|\dot{A}|$,即放大器引入反馈后放大倍数增大,说明电路引入的是正反馈。

(4) 若 $D=0$,则 $|\dot{A}_f|\to\infty$,此时 $\dot{A}\dot{F}=-1$,$\dot{X}_f=\dot{A}\dot{F}\dot{X}_i'=-\dot{X}_i'$,即 $\dot{X}_i=\dot{X}_i'+\dot{X}_f=0$,表明放大器虽然没有输入信号,但有信号输出,这种现象称为自激振荡。发生自激振荡时,放大器变成振荡器,失去了放大作用,应当加以避免。

5.3 负反馈对放大性能的影响

负反馈虽然使放大器的放大倍数下降,即牺牲了增益,但能改善放大器其他方面的性能,如提高放大倍数的稳定性,扩展通频带,减小非线性失真,改变输入电阻、输出电阻等。因此,在实用放大电路中常常引入负反馈。

5.3.1 提高增益稳定性

在电子产品的生产过程中,由于元器件参数的分散性,例如三极管 β 值的不同、电阻电

容值的误差等，同一电路的增益不尽相同，从而引起产品性能有较大差异，如收音机、电视机灵敏度的高低等。此外，负载、环境温度、电源电压的变化及电路元器件的老化也会引起电路增益的变化。若在放大电路中引入负反馈，则可以提高电路增益的稳定性。

为方便分析，假设信号频率为中频，各参数均以实数表示。由于某种原因使开环增益由 A 变为 $A+\Delta A$，其变化量为 ΔA，相对变化量为 $\Delta A/A$。它将引起闭环增益由 A_f 变为 $A_f+\Delta A_f$，变化量为 ΔA_f，相对变化量为 $\Delta A_f/A_f$。当 F 不变时，可以证明

$$\frac{\Delta A_f}{A_f}<\frac{\Delta A}{A}$$

可见，引入负反馈后，电路增益的相对变化量减小，即负反馈放大器的增益稳定性得到提高。

5.3.2　扩展通频带

如图 5.3.1 所示，中频段放大器开环增益 $|\dot{A}_0|$ 比较高，但开环时的通频带 $f_{bw}=f_H-f_L$ 相对较窄，而引入负反馈后，中频段放大器闭环增益 $|\dot{A}_{0f}|$ 比较低，但闭环时的通频带 $f_{bwf}=f_{Hf}-f_{Lf}$ 则相对较宽，这是因为负反馈能稳定放大倍数，在开环增益相对下降 3 dB(70%)的频率点上，闭环增益的相对下降值则小于 3 dB(这就是负反馈提高放大器增益稳定性的结果)，即扩展了通频带。当然，通频带的扩展也是以牺牲放大器的增益为代价的。

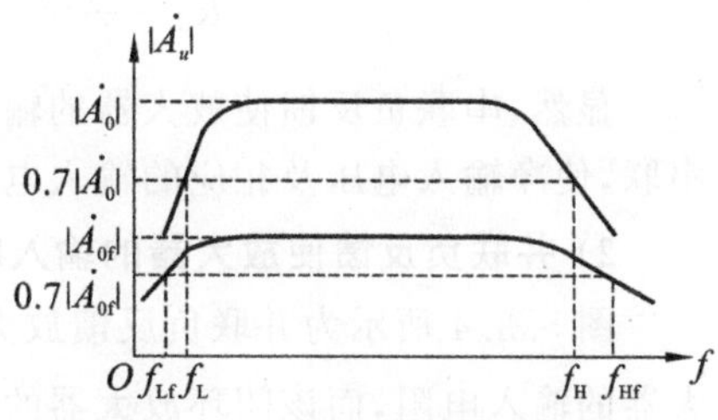

图 5.3.1　负反馈扩展通频带

5.3.3　减小非线性失真

由于电子器件的非线性特性，放大器在输出端产生一定的非线性失真。下面以图 5.3.2 所示的负反馈放大器为例，说明引入负反馈减小非线性失真的作用。

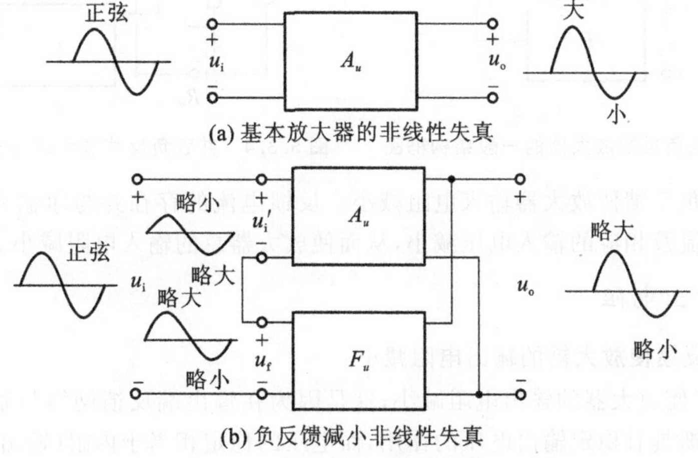

图 5.3.2　负反馈减小非线性失真示意图

如图 5.3.2(a)所示，设输入信号为正弦信号，基本放大器的非线性放大使输出电压波形产生正半周幅度大于负半周的失真。如图 5.3.2(b)所示，引入负反馈后，反馈信号电压正比于输出电压，因此，u_f 也存在相同方向的失真，而电压比较的结果使基本放大器的净输入电压 u_i'（等于 $u_i - u_f$）产生相反方向的波形失真，即负半周幅度大于正半周（称为预失真）幅度，这一信号再经基本放大器放大，则减小了输出信号的非线性失真。

需要指出的是，在这里，负反馈是利用预失真来减小失真，但不能消除失真。

5.3.4 改变输入电阻和输出电阻

1. 改变输入电阻

1）串联负反馈使放大器的输入电阻增大

图 5.3.3 所示为串联负反馈放大器的一般结构框图。其中，$R_i = u_i'/i_i$ 为开环时基本放大器的输入电阻，而该闭环放大器的输入电阻为

$$R_{if} = \frac{u_i}{i_i} = \frac{u_i' + u_f}{i_i} = \frac{u_i' + AFu_i'}{i_i} = (1+AF)R_i \tag{5.3.1}$$

显然，串联负反馈使放大器的输入电阻增大。反馈电压的存在并与净输入电压之间相串联，使净输入电压及相应的输入电流减小，从而使放大器总的输入电阻增大。

2）并联负反馈使放大器的输入电阻减小

图 5.3.4 所示为并联负反馈放大器的一般结构框图。其中 $R_i = u_i/i_i$ 为开环时基本放大器的输入电阻，而该闭环放大器的输入电阻为

$$R_{if} = \frac{u_i}{i_i} = \frac{u_i}{i_i' + i_f} = \frac{u_i}{i_i' + AFi_i'} = \frac{R_i}{1+AF} \tag{5.3.2}$$

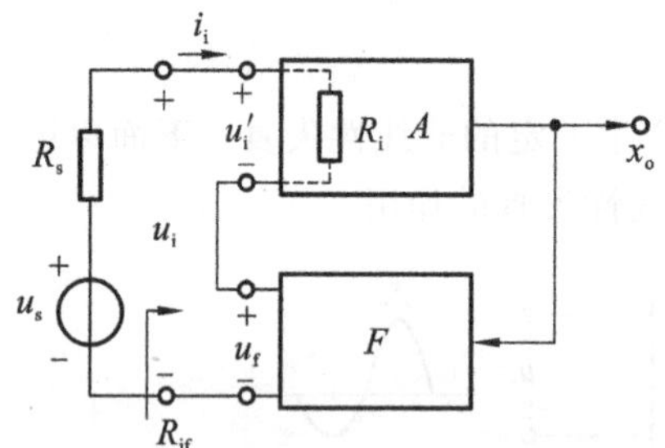

图 5.3.3 串联负反馈放大器的一般结构框图

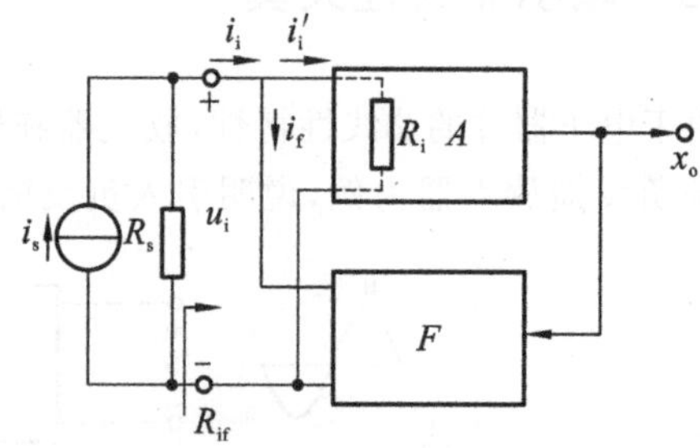

图 5.3.4 并联负反馈放大器的一般结构框图

显然，并联负反馈使放大器输入电阻减小。反馈电流的存在并与净输入电流之间相并联，使净输入电流及相应的输入电压减小，从而使放大器总的输入电阻减小。

2. 改变输出电阻

1）电压负反馈使放大器的输出电阻减小

电压负反馈使放大器的输出电阻减小，这是因为在输出端反馈网络与基本放大器相并联，且电压负反馈具有稳定输出电压的作用，而电压的稳定相当于内阻（输出电阻）减小了。

设基本放大器的输出电阻为 R_o，可以证明，电压负反馈放大器的输出电阻为

$$R_{of}=\frac{R_o}{1+A_0F} \tag{5.3.1}$$

式中，A_0 为开环增益。

2）电流负反馈使放大器的输出电阻增大

电流负反馈使放大器的输出电阻增大，这是因为在输出端反馈网络与基本放大器相串联，且电流负反馈具有稳定输出电流的作用，而电流的稳定相当于内阻（输出电阻）增大了。

设基本放大器的输出电阻为 R_o，可以证明，电流负反馈放大器的输出电阻为

$$R_{of}=(1+A_0F)R_o \tag{5.3.2}$$

反馈组态对输入电阻和输出电阻的影响汇总如表 5.3.1 所示。

表 5.3.1　反馈组态对输入电阻和输出电阻的影响汇总

类型	串联负反馈	并联负反馈	电压负反馈	电流负反馈
影响	$R_{if}=(1+AF)R_i$	$R_{if}=\frac{R_i}{1+AF}$	$R_{of}=\frac{R_o}{1+A_0F}$	$R_{of}=(1+A_0F)R_o$
效果	提高输入电阻	降低输入电阻	降低输出电阻，使输出电压稳定	提高输出电阻，使输出电流稳定
注	—	—	A_0 为 $R_L=\infty$ 时的开环增益	A_0 为 $R_L=0$ 时的开环增益

5.3.5　引入负反馈的一般原则

由于不同组态的负反馈放大器，在对输入电阻和输出电阻的改变及对信号源要求等方面具有不同的特点，因此在放大电路中引入负反馈时，要选择恰当的反馈组态，否则可能适得其反。下面几点要求可以作为引入负反馈的一般原则。

（1）若要稳定静态工作点，应引入直流负反馈；若要改善动态性能，应引入交流负反馈。

（2）若放大器的负载要求电压稳定，即放大器输出（相当于负载的信号源）电压要稳定或输出电阻要小，应引入电压负反馈；若放大器的负载要求电流稳定，即放大器输出电流要稳定或输出电阻要大，应引入电流负反馈。

（3）若信号源希望提供给放大器（相当于信号源的负载）的电流要小，即信号源内阻较小（相当于电压源），应引入串联负反馈；信号源内阻较大（相当于电流源），应引入并联负反馈，这样才能获得较好的反馈效果。

【例 5.3.1】　电路如图 5.3.5 所示，试选择合适的负反馈形式，以实现以下各项要求。

（1）要求直流工作点稳定；

（2）输入电阻要大；

（3）输出电阻要小；

（4）负载变化时，放大器的电压增益要基本稳定；

（5）当信号源为电流源时，输出信号（电压或电流）要基本稳定。

【解】　假设 u_i 瞬时极性为（+），根据信号传输的途径，可得到放大器各个节点相应的瞬时极性，如图 5.3.5 所示。

为了保证引入的反馈为负反馈，只能选择图 5.3.5 中已经标注的“①”和“②”两条反馈

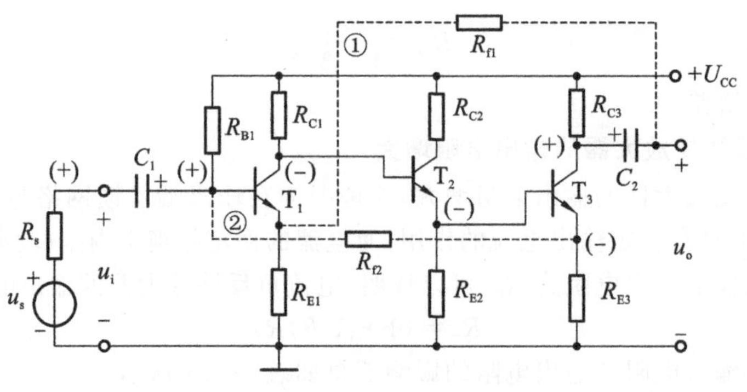

图 5.3.5　例 5.3.1 图

通路(可验证它们的反馈性质)。其中,“①”反馈通路引入电压串联负反馈,为交流负反馈;“②”反馈通路引入电流并联负反馈,且为交直流负反馈。

(1) 要求直流工作点稳定,可引入直流电流负反馈,如图 5.3.5 中“②”所示。

(2) 输入电阻要大,可引入串联负反馈,如图 5.3.5 中“①”所示。

(3) 输出电阻要小,可引入电压负反馈,如图 5.3.5 中“①”所示。

(4) 负载变化时,放大器的电压增益要基本稳定,可引入电压串联负反馈,如图 5.3.5 中“①”所示。

(5) 当信号源为电流源时输出信号要基本稳定,可引入并联负反馈,如图 5.3.5 中“②”所示,不过,此时所稳定的是电流信号。

5.4　深度负反馈放大电路的近似估算

一般来说,以前所学过的电路和线性网络的分析理论也可以用于负反馈放大器的计算,因为负反馈放大器也是一种线性网络,只不过是有源的,并带有反馈回路而已。但是,当电路比较复杂时,运用此类方法时计算量太大,很不方便,因此很少采用。

由于集成运算放大器等各类具有高增益的模拟集成电路的出现,在实际运用中,负反馈放大器往往满足深度负反馈的条件,同时引入深度负反馈也是改善放大器性能所必需的,因此这里只讨论深度负反馈放大器的计算。

5.4.1　深度负反馈放大器的特点

在深度负反馈情况下,放大器闭环增益近似为

$$\dot{A}_f=\frac{\dot{X}_o}{\dot{X}_i}=\frac{\dot{A}}{1+\dot{A}\dot{F}}\approx\frac{1}{\dot{F}}$$

由上式可知,在深度负反馈条件下,$\dot{A}_f$ 值与 $\dot{A}$ 无关,仅与 $\dot{F}$ 有关,因此只要求出 $\dot{F}$ 就可得到 $\dot{A}_f$。显然,求 $\dot{A}$ 的过程比较复杂,但求 $\dot{F}$ 则简单多了。不过负反馈有四种组态,$\dot{F}$ 也有四种形式,有时求解和转换运算还不尽方便。实际上还有更为简便的直接计算方法。

由于深度负反馈时 $D=1+AF\gg1$,即可以认为 $AF\gg1$,而 $X_f=AFX_i'\gg X_i'$,$X_i=X_i'+X_f\approx X_f$,因此有

$$X_i' = X_i - X_f \approx 0$$

上式表明，在深度负反馈情况下，放大器实际净输入信号 X_i' 近似为 0（但不绝对等于 0），这就意味着净输入电压或净输入电流近似为 0，同时与净输入电压相对应的输入电流和与净输入电流相对应的输入电压也近似为 0，即不管是串联反馈还是并联反馈，基本放大器的实际输入电压和电流均可认为近似等于 0。

因此，从电压的角度来看，由于基本放大器的输入电压近似为 0，即近似为短路，这种情况称为“虚短”（并非真正短路）；而从电流的角度来看，由于基本放大器的输入电流近似为 0，即近似为开路，这种情况称为“虚断”（并非真正开路）。

“虚短”和“虚断”的概念为深度负反馈放大器的分析和计算带来了极大的方便。具体方法是，在求解反馈放大器外电路各电压及其相互间的关系时，可将基本放大器输入端短路；在求解反馈放大器外电路各电流及其相互间的关系时，可将基本放大器输入端开路。这就完全回避了对基本放大器本身的复杂分析和计算，而只要对较简单的外电路进行分析和计算即可。

5.4.2　深度负反馈的近似计算

图 5.4.1 所示为电压串联负反馈放大器，假定它满足深度负反馈的条件。

利用“虚短”的概念，可令 $u_i'=0$，即将基本放大器输入端（两端）短路，则有

$$u_i = u_f$$

利用“虚断”的概念，可令 $i_i=0$，即将基本放大器的输入端开路，则有

$$u_f = \frac{R_1 u_o}{R_1 + R_f}$$

因此，

$$A_{uf} = \frac{u_o}{u_i} = \frac{u_o}{u_f} = 1 + \frac{R_f}{R_1}$$

图 5.4.2 所示为电压并联负反馈放大器，假定它满足深度负反馈的条件。这里需要说明的是，由反馈理论可知，对于并联型反馈电路，其信号源适宜用电流源，但由于常用的信号源大多为电压源，因此该电路在电压源支路中串接一较大的电阻 R_1 来间接获得电流源的效果。实际上，由于并联负反馈电路的输入电阻一般很小，因此，所需 R_1 的值一般并不很大。

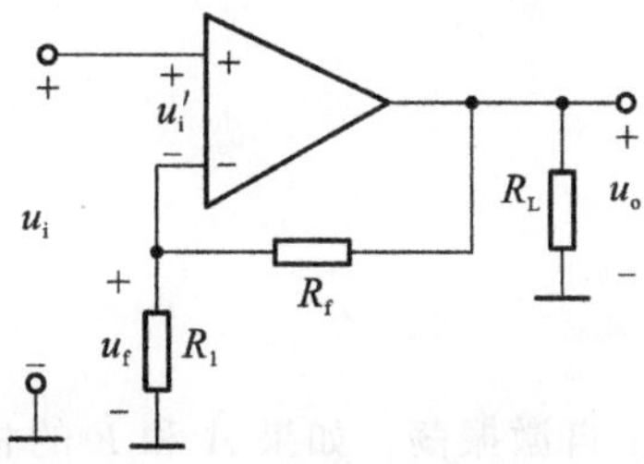

图 5.4.1　电压串联负反馈放大器

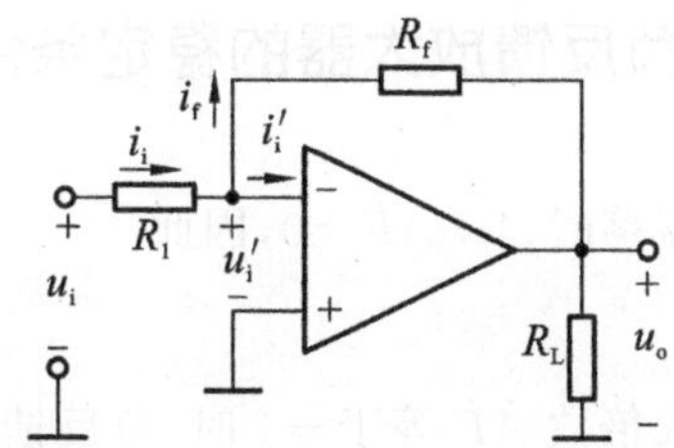

图 5.4.2　电压并联负反馈放大器

利用“虚短”的概念，令 $u_i'=0$，即将基本放大器输入端（两端）短路，此时相当于基本放大器输入端接地，这种情况称为“虚地”（并非真正接地）。容易得到

$$i_i = \frac{u_i}{R_1}$$

利用“虚断”的概念，令 $i_i'=0$，即将基本放大器的输入端开路，则有

$$i_f=i_i$$

利用“虚地”的概念，即 $u_i'=0$，有

$$u_o=-i_fR_f=-i_iR_f=-\frac{R_fu_i}{R_1}$$

$$A_{uf}=\frac{u_o}{u_i}=-\frac{R_f}{R_1}$$

5.5 负反馈的稳定性

通过前面的讨论可以得知，放大器中引入负反馈后改善了放大器的性能，且仅从所讨论的理论结果来看，反馈深度越大，改善的效果越显著，放大器的性能越优良。不过，这一结论仅在一定条件下才成立，如果反馈太深，则容易引起放大器的自激振荡，使放大器不能正常放大，反而恶化了放大器的性能。

5.5.1 负反馈放大器的自激振荡

应当指出的是，前面有关负反馈放大器的讨论，都是在假定信号工作频率均为中频的情况下进行的，而实际情况并非完全如此。实际上，放大器工作在高频区（结电容作用）或低频区（耦合电容作用）时将产生附加相移，如果在某一频率点上，基本放大器的附加相移达±180°（一般认为反馈网络为电阻性，不会产生附加相移），则此时反馈放大器的性质将由负反馈变为正反馈，这时只要反馈信号强度足够大（$X_f>X_i$，即 $AF>1$），放大器就会在这个频率点上产生自激振荡，而此时是否有外加输入信号则与振荡无关，如图 5.5.1 所示。

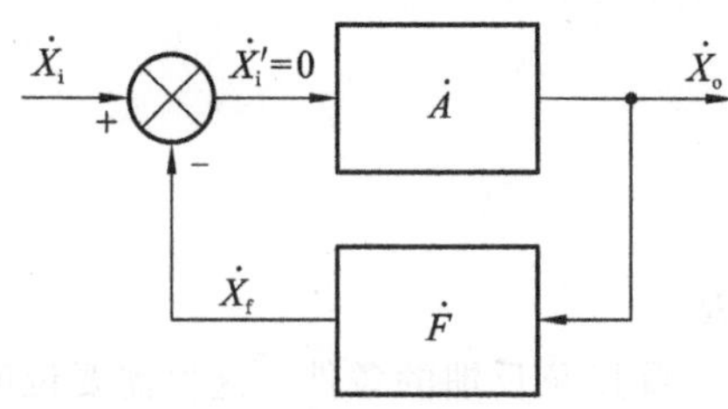

图 5.5.1 负反馈放大器的自激振荡

因此，负反馈放大器产生自激振荡的根本原因是电路中的附加相移，与输入信号有无和是否工作在中频区无关。

5.5.2 负反馈放大器的稳定条件

自激振荡时，$1+\dot{A}\dot{F}=0$，因此

$$\dot{A}\dot{F}=-1 \tag{5.5.1}$$

即环路放大倍数 $\dot{A}\dot{F}$ 等于−1 时，负反馈放大器产生自激振荡。如果 $\dot{A}$ 和 $\dot{F}$ 的相角分别为 φ_A 和 φ_F，即 $\dot{A}=|\dot{A}|\angle\varphi_A=A\angle\varphi_A$，$\dot{F}=|\dot{F}|\angle\varphi_F=F\angle\varphi_F$，则由式(5.5.1)可得

$$AF=1 \tag{5.5.2}$$

$$\varphi_A+\varphi_F=\pm(2n+1)\times180^\circ \quad (n=0,1,2,\cdots) \tag{5.5.3}$$

式(5.5.2)和式(5.5.3)分别称为自激振荡的振幅条件和相位条件。实际上，式(5.5.2)为自激振荡建立后的振幅条件，称为平衡条件；而在自激振荡的起始阶段，振幅条件应修正

为 $AF>1$，称为起振条件。

为使负反馈放大器能稳定地工作，必须设法破坏上述条件，即在 $\varphi_A+\varphi_F=\pm(2n+1)\times180°$ 时，满足 $AF<1$。这就是判别负反馈放大器稳定性的条件。

5.5.3　负反馈放大器自激振荡的消除

由于反馈网络一般由电阻构成，不会产生附加相移，因此附加相移主要由基本放大器产生。一般而言，单级 RC 放大器在高频区、低频区都只有一个电容起主要作用，其最大附加相移为 90°；两级 RC 放大器的最大附加相移为 180°，然而当附加相移为 180°时，A 已趋于 0，而通常总是有 $F\leqslant1$。因此，单级或两级负反馈放大器一般不会产生自激振荡。对于三级或三级以上的反馈放大器来说，$\dot{A}$ 的最大附加相移超过 180°，因此在深度负反馈($AF\gg1$)情况下，当附加相移为 180°时，A 或 AF 仍然较大，可以满足 $AF\geqslant1$ 振幅条件，从而产生自激振荡。

采用频率补偿法可消除负反馈放大器的高频自激现象。频率补偿法就是在基本放大器或反馈网络中的节点与节点之间插入电抗元件(常用电容)，使电路参数改变，即让基本放大器或反馈网络的频率特性发生变化，从而破坏自激振荡的条件。采用频率补偿电路后，基本放大器能够在一定程度上引入深度负反馈，同时又能保证有一定的稳定度。限于篇幅，这里对频率补偿电路不再进一步讨论。

习　题

一、填空题

1. 对于放大电路，所谓开环，是指(　　)。
   A. 无信号源　　B. 无反馈通路　　C. 无电源　　D. 无负载
2. 对于放大电路，所谓闭环，是指(　　)。
   A. 考虑信号源内阻　　B. 存在反馈通路
   C. 接入电源　　D. 接入负载
3. 在输入量不变的情况下，若引入反馈后(　　)，则说明引入的反馈是负反馈。
   A. 输入电阻增大　　B. 输出量增大
   C. 净输入量增大　　D. 净输入量减小
4. 直流负反馈是指(　　)。
   A. 直接耦合放大电路中所引入的负反馈
   B. 只有放大直流信号时才有的负反馈
   C. 在直流通路中的负反馈
5. 交流负反馈是指(　　)。
   A. 阻容耦合放大电路中所引入的负反馈
   B. 只有放大交流信号时才有的负反馈
   C. 在交流通路中的负反馈
6. 为了稳定静态工作点，应引入(　　)；为了稳定放大倍数，应引入(　　)；为了改变输入电阻和输出电阻，应引入(　　)；为了抑制温漂，应引入(　　)；为了展宽频带，应引入(　　)。
   A. 直流负反馈　　B. 交流负反馈

7. 已知交流负反馈有四种组态：

A. 电压串联负反馈　　B. 电压并联负反馈

C. 电流串联负反馈　　D. 电流并联负反馈

(1) 欲得到电流-电压转换电路，应在放大电路中引入(　　)；

(2) 欲将电压信号转换成与之成比例的电流信号，应在放大电路中引入(　　)；

(3) 欲减小电路从信号源索取的电流，增大带负载能力，应在放大电路中引入(　　)；

(4) 欲从信号源获得更大的电流，并稳定输出电流，应在放大电路中引入(　　)。

二、填空题

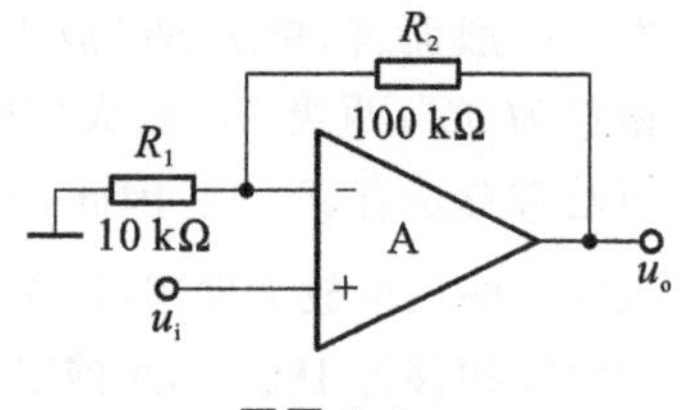

题图 5.1

电路如题图 5.1 所示，已知集成运算放大器的开环差模增益和差模输入电阻均近于无穷大，最大输出电压幅值为±14 V。

电路引入了______(填入反馈组态)交流负反馈，电路的输入电阻趋近于______，电压放大倍数 $A_{uf}=\Delta u_o/\Delta u_i \approx$ ______。若 $u_i=1$ V，则 $u_o \approx$ ______ V；若 R_1 开路，则 u_o 变为______ V；若 R_1 短路，则 u_o 变为______ V；若 R_2 开路，则 u_o 变为______ V；若 R_2 短路，则 u_o 变为______ V。

三、分析计算题

1. 判断题图 5.2 所示各电路中是否引入了反馈，是直流反馈还是交流反馈，是正反馈还是负反馈。设图中所有电容对交流信号均可视为短路。

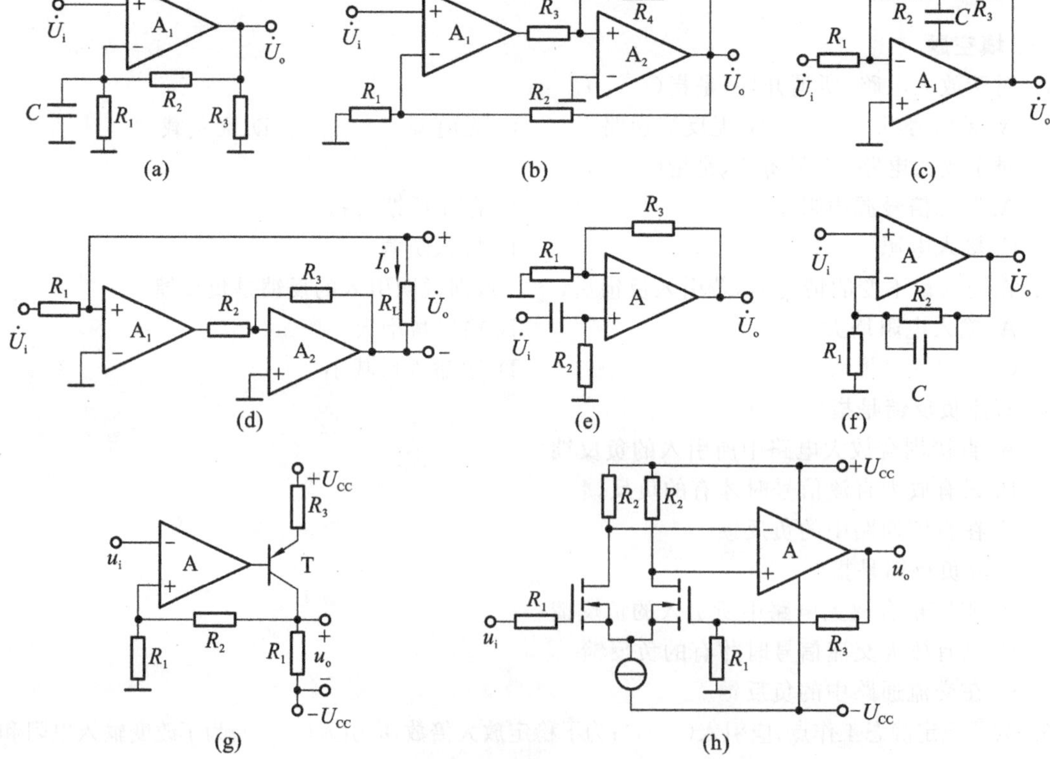

题图 5.2

2. 分别判断题图 5.2(d)～(h)所示各电路中引入了哪种组态的交流负反馈，并计算它们的反馈系数。
3. 估算题图 5.2(d)～(h)所示各电路在深度负反馈条件下的电压放大倍数。
4. 判断题图 5.3 所示各电路中是否引入了反馈；若引入了反馈，则判断是正反馈还是负反馈；若引入了交流负反馈，则判断是哪种组态的负反馈，并求出反馈系数和深度负反馈条件下的电压放大倍数 $\dot{A}_{uf}$ 或 $\dot{A}_{usf}$。设图中所有电容对交流信号均可视为短路。

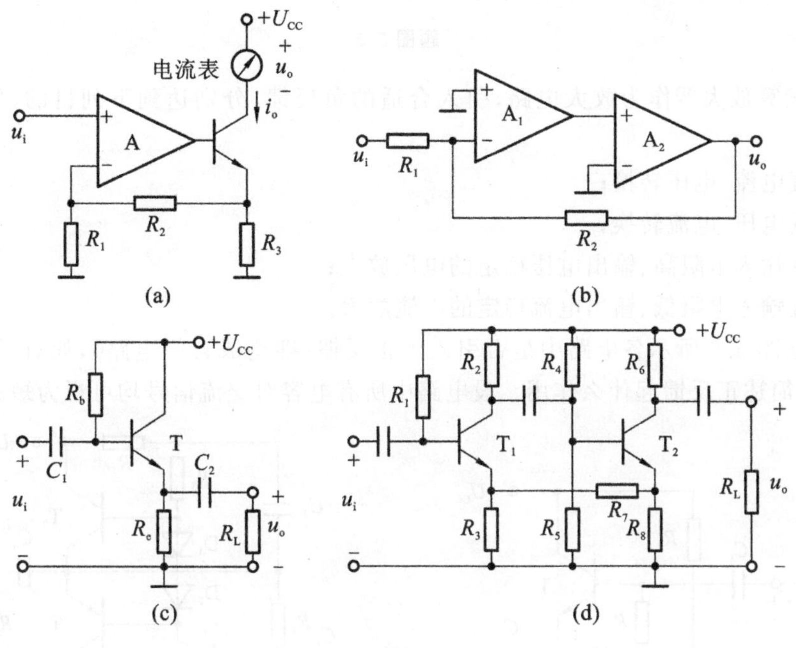

题图 5.3

5. 电路如题图 5.4 所示。
(1) 合理连线，接入信号源和反馈，使电路的输入电阻增大，输出电阻减小；
(2) 若 $|\dot{A}_u| = \dfrac{\dot{U}_o}{\dot{U}_i} = 20$，则 R_f 应取多少千欧？

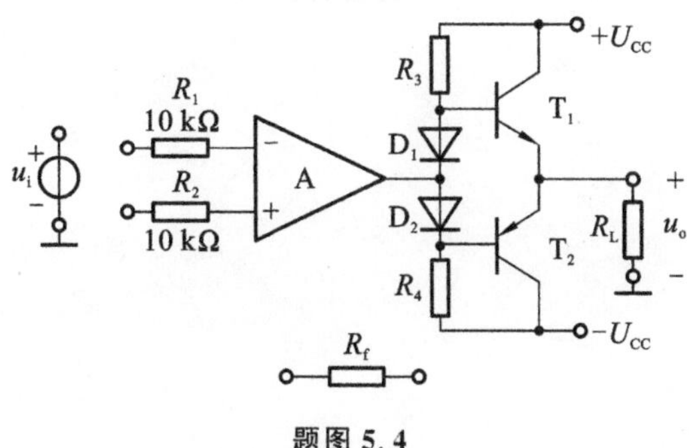

题图 5.4

6. 电路如题图 5.5 所示。试问：若以稳压管的稳定电压 U_Z 作为输入电压，则当 R_2 的滑动端位置变化时，输出电压 U_o 的调节范围为多少？

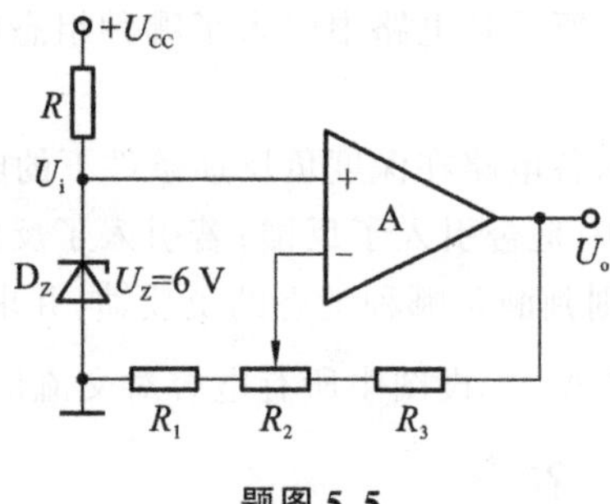

题图 5.5

7. 以集成运算放大器作为放大电路，引入合适的负反馈，分别达到下列目的，要求画出电路图。

(1) 实现电流-电压转换；

(2) 实现电压-电流转换；

(3) 实现输入电阻高、输出电压稳定的电压放大；

(4) 实现输入电阻低、输出电流稳定的电流放大。

8. 试分析题图 5.6 所示各电路中是否引入了正反馈(即构成自举电路)，如有，则在电路中标出，并简述正反馈起什么作用。设电路中所有电容对交流信号均可视为短路。

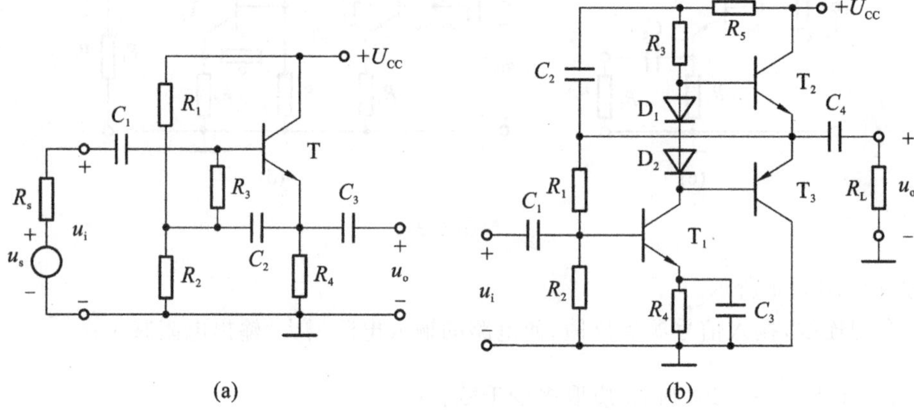

题图 5.6

第6章 数字电路基础

教学目标：掌握基本逻辑运算与、或、非；掌握逻辑代数的基本概念、公式和重要定理；掌握逻辑函数的化简方法；掌握几种常用的逻辑函数的表示方法及其相互间的转换。

通常情况下，将产生、变换、传送、处理模拟信号的电子电路称为模拟电路。与之相对应的，将产生、变换、传送、处理数字信号的电子电路称为数字电路。数字电路用数字信号完成对数字量的算术运算和逻辑运算。它由于具有逻辑运算和逻辑处理功能，所以又称数字逻辑电路。现代的数字电路由采用半导体工艺制成的若干数字集成器件构造而成。逻辑门是数字逻辑电路的基本单元。存储器是用来存储二值数据的数字电路。从整体上看，数字电路可以分为组合逻辑电路和时序逻辑电路两大类。

数字技术的发展是以电子技术的发展为基础的。20 世纪初直至 20 世纪中叶，主要使用的电子器件是真空管(也叫电子管)。随着固体微电子学的进步，第一支晶体三极管于 1947 年问世，开创了电子技术的新领域。20 世纪 60 年代初期，模拟集成电路和数字集成电路相继问世。直到 20 世纪 70 年代末微处理器的问世，电子器件及应用出现了崭新的局面。从 20 世纪 80 年代中期开始，专用集成电路(ASIC)制作技术已趋向成熟，标志着数字集成电路发展到了新的阶段。1988 年，集成工艺可以实现在 1 平方厘米的硅片上集成 3 500 万个元件。到了 20 世纪 90 年代后期，一片集成电路上可以集成 40 亿个晶体管。进入 21 世纪后，其发展速度相当迅猛，目前芯片内部的布线细微到亚微米(0.13～0.09 μm)量级。随着芯片上元件和布线的缩小，芯片的功耗降低而速度大为提高，最新生产的微处理器的时钟频率高达 30 GHz。

由于数字电路主要研究对象是输出和输入间的逻辑关系，数字电路中三极管一般作为开关元件来使用，工作在开关状态，因而在数字电路中不能采用模拟电路的分析方法。数字电路所采用的分析工具是逻辑代数，描述电路的功能主要用真值表、逻辑表达式及波形图等。随着计算机技术的发展，为了分析、仿真与设计数字电路或数字系统，可以采用硬件描述语言和 EDA 软件借助计算机以实现设计自动化。

与模拟电路相比，数字电路有以下几个优点。

(1) 较低的成本。数字电路结构简单、易集成和实现系列化生产，成本低，使用方便。

(2) 较高的可靠性。数字信号在传输时采用高、低电平二值信号，因此数字电路抗干扰能力强、可靠性高，精确性和稳定性都比较高。

(3) 较强的逻辑性。数字电路不仅能完成算术运算，还可以完成逻辑运算，具有逻辑推理和逻辑判断的能力，因此数字电路又称数字逻辑电路。

(4) 较低的损耗。数字电路中的元件大多工作在开关状态，功耗比较小。

(5) 较强的时序性。为实现数字系统逻辑函数的动态特性，数字电路各部分之间的信号必须有着严格的时序关系。时序设计也是数字电路设计的基本技术之一。

(6) 较好的抗干扰能力。由于数字电路所处理的是逻辑电平信号，因而从信号处理的角度看，数字电路比模拟电路具有更好的信号抗干扰能力。

正是由于具有以上优点，数字电路在电子计算机、数字通信、数字仪表、数控装置、航天技术等方面得到了广泛的应用。

6.1 数制与代码

所谓数制，指的是进位计数制。用一个数可以采用不同的进位计数制来计量。日常生活中，人们习惯使用十进制，而在数字电路中常采用二进制。本节先从十进制分析入手，进而引出各种其他常用进制，介绍各种进制的共同规律，特别是二进制的特点，以及二进制和其他常用数制的联系和转换，最后介绍二-十进制的编码(BCD码)。

6.1.1 常用数制

1. 十进制

十进制是人们非常熟悉且经常使用的一种数制。十进制是以10为基数的计数进制。十进制数中，每一位可取0～9共计10个数码。基数是数制的最基本特征，是指数制中所用数码的个数，故十进制的基数为10。十进制的进位法则是“逢十进一”，就是低位计满十，向高位进一，或从高位借一，到低位就是十。对于一个十进制数，可以记为$(A)_D$，下标D表示括号中的A为十进制数。

例如，十进制数8349可以表示为

$$(8349)_D=8\times10^3+3\times10^2+4\times10^1+9\times10^0$$

式中，10^3、10^2、10^1、10^0 被称为各位的权值，权值从右到左逐位扩大10倍。而8、3、4、9则被称为各位的系数。因此，十进制数的数值就是这个数的各位系数与各位权值乘积之和。

2. 二进制

二进制数是以2为基数的计数进制。在二进制中，每一位二进制数有0、1两个不同的数码，计数规则为“逢二进一”，各位的权为2的幂，即低位计满二，向高位进一，或从高位借一，到低位就是二。对于一个二进制数，可以记为$(A)_B$，下标B表示括号中的A为二进制数，同时下标也可以用2来表示。

例如，二进制数1101可以表示为

$$(1101)_B=1\times2^3+1\times2^2+0\times2^1+1\times2^0$$

式中，2^3、2^2、2^1、2^0 被称为相应各位的权值，权值从右到左逐位扩大2倍，从左到右逐位减少2倍；而1、1、0、1则被称为各位的系数。因此，二进制和十进制一样，数值就是这个数的各

位系数与各位权值乘积之和。

下面简单举例说明一下十进制和二进制之间的转换。

【例 6.1.1】 求$(1101)_B$的十进制数值。

【解】 $(1101)_B=1\times2^3+1\times2^2+0\times2^1+1\times2^0=13$

【例 6.1.2】 求 9 的二进制数值。

【解】 $9=1\times2^3+0\times2^2+0\times2^1+1\times2^0=(1001)_B$

从以上的两个例子可以了解一些十进制和二进制之间相互转化基本方法。对于一个 n 位的二进制数,如果要将其转换成十进制数,首先要将其分解为各位系数和权值相乘再求和的形式。最高位的权值为 2^{n-1},后面的权值依次除以 2 直到分解到 2^0,然后将各位的系数提出来,组合成了与十进制数所对应的二进制数。而对于一个十进制数,首先要判断当它转换成二进制数时的最高位的权值,当 2^{n+1} 大于该十进制数而 2^n 小于该十进制数时,该十进制数转换成二进制数的最高位的权值即为 2^n,然后后面的系数也按照此方法来确定,从而最终确定一共有多少个“1”和多少个“0”并将其排列确定,从而完成十进制和二进制之间的转换。这里的方法只是一个初步的方法,在后面还将介绍比较简单的方法,并将对两种方法进行进一步的讨论。在数字系统中,通常使用二进制数码表示信息。一位二进制数可以表示数字系统中的一位信息。因此,位是数字系统中最小的信息量。

3. 八进制和十六进制

1) 八进制

在八进制数中,每个数位上规定使用的数码为 0～7 共 8 个,故其进位基数为 8,其计数规则为“逢八进一”。各位的权值为 8 的幂,即低位计满八向高位进一,或从高位借一到低位即为八。对于一个八进制数,可以记为$(A)_O$,下标的 O 表示括号中的 A 为八进制数。

例如,八进制数 451 可表示为

$$(451)_O=4\times8^2+5\times8^1+1\times8^0$$

式中,8^2、8^1、8^0 被称为各位的权值,权值从右到左逐位扩大 8 倍,从左至右逐位缩小 8 倍,而 4、5、1 为各位的系数。因此,八进制也是各位的系数与各位权值乘积之和。

2) 十六进制

十六进制数和八进制数大同小异。在十六进制数中,每个数位上规定使用的数码为 0～9、A、B、C、D、E 和 F 共 16 个,故其进位基数为 16,其计数规则为“逢十六进一”。各位的权值为 16 的幂,即低位计满十六向高位进一,或从高位借一到低位即为十六。对于一个十六进制数,可以记为$(A)_H$,下标的 H 表示括号中的 A 为十六进制数。

例如,十六进制数 16 可表示为

$$(16)_H=1\times16^1+6\times16^0$$

式中,16^1、16^0 被称为各位的权值,权值从右到左逐位扩大 16 倍,从左至右逐位缩小 16 倍,而 1、6 为各位的系数。因此,十六进制和其他数制一样也是各位的系数与各位权值乘积之和。

4. 数制之间的转换

1) 其他进制转换为十进制

将二进制、八进制和十六进制转换成十进制的方法是通用的,都是要将所给数的各位的系数与各位权值相乘，然后求其和值，即可得出相应的十进制数。这一方法，在前面的介绍中已经提到过，这里不再赘述。

2）十进制转换为其他进制

（1）十进制数转换成二进制数。在上文中已经简单介绍了一种十进制数转换成二进制数的方法，但是该方法转换效率比较低，而且对于小数部分不是很适用。这里介绍另一种将十进制数转换成二进制数的方法。

下面以十进制数 125.45 为例，来说明十进制数转换成二进制数的方法。首先要对整数部分进行转换，基本思想是除 2 取余。

除数	被除数/商	余数
2	125	……余1 b_0(最低位)
2	62	……余0 b_1
2	31	……余1 b_2
2	15	……余1 b_3
2	7	……余1 b_4
2	3	……余1 b_5
2	1	……余1 b_6(最高位)
	0	

由上可知，这种方法的步骤就是用给出的十进制数反复除以 2，第一次除法所得的余数作为转换后所得二进制数的最低位，最后一次除法所得的余数作为转换后所得二进制数的最高位，其他位即依次写出相应的余数，直到商为 1 为止，此时的余数 1 即为最高位，最后所得二进制数即为将所得余数从下到上排列所得的数，即 $125=(1111101)_B$。

最后进行一次验算，验证结果是否正确：

$$1\times 2^6+1\times 2^5+1\times 2^4+1\times 2^3+1\times 2^2+0\times 2^1+1\times 2^0=125$$

接下来要将十进制数的小数部分转换成二进制，基本思想是乘 2 取整。具体过程如下：

$$0.45\times 2=0.9 \qquad b_{-1}=0$$

$$0.9\times 2=1.8 \qquad b_{-2}=1$$

$$0.8\times 2=1.6 \qquad b_{-3}=1$$

$$0.6\times 2=1.2 \qquad b_{-4}=1$$

$$0.2\times 2=0.4 \qquad b_{-5}=0$$

$$0.4\times 2=0.8 \qquad b_{-6}=0$$

$$0.8\times 2=1.6 \qquad b_{-7}=1$$

$$0.6\times 2=1.2 \qquad b_{-8}=1$$

由上可知，第一次乘法所得结果的整数部分是 0，这一位是二进制小数的小数点后的第一位。十进制的小数部分转换成二进制有可能是无穷无尽的，因此一般需要规定一个精度，在本式中精度为 e，要求 $e<2^{-8}$。因此，小数部分转换结果为 $0.45=(0.01110011)_{B+e}$。

综合整数部分和小数部分的转换结果，可以得到

$$125.45=(1111101.01110011)_{B+e}$$

【例 6.1.3】 将十进制数$(20.375)_D$ 转换成二进制数。

【解】 首先转换整数部分 20，有

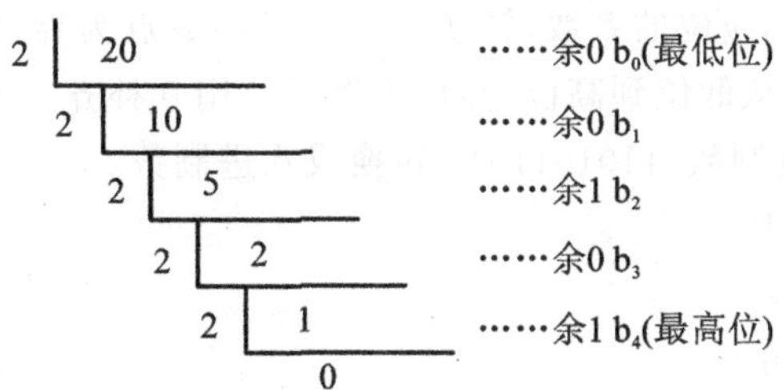

结果是$(20)_D=(10100)_B$。

接着转换小数部分 0.375，有

$$0.375\times2=0.75 \qquad b_{-1}=0$$
$$0.75\times2=1.5 \qquad b_{-2}=1$$
$$0.5\times2=1.0 \qquad b_{-3}=1$$

与之前不同的是，小数部分最终可以为 0，所以计算完毕。

结果是$(0.375)_D=(0.011)_B$。

综合整数部分和小数部分的转换结果，可以得到

$$(20.375)_D=(10100.011)_B$$

(2) 十进制数转换为八进制数和十六进制数。十进制转换成八进制和十六进制的方法同转换成二进制的方法类似，整数部分也是采用取余法，小数部分还是采用去整法。下面举两个例子，读者可以根据例子理解其相似之处。

【例 6.1.4】 将十进制数$(2046)_D$转换成八进制数。

【解】

8 | 2046 ……余6 b_0(最低位)
8 | 255 ……余7 b_1
8 | 31 ……余7 b_2
8 | 3 ……余3 b_3(最高位)
0

结果是

$$(2046)_D=(3776)_O$$

【例 6.1.5】 将十进制数$(15384)_D$转换成十六进制数。

【解】

16 | 15384 ……余8 b_0(最低位)
16 | 961 ……余1 b_1
16 | 60 ……余12 b_2
16 | 3 ……余3 b_3(最高位)
0

结果是

$$(15384)_D=(3C18)_H$$

2）二进制与八进制、十六进制之间的转换

(1) 二进制和八进制之间的相互转换。二进制和八进制之间的相互转换非常方便。从二进制的表示方法来看，每三位二进制数就可以表示一位八进制数。因此，三位二进制所表

示的系数即为八进制中相应位的系数，转换的顺序以小数点为界，整数部分依次向左转换，小数部分依次向右转换，从低位到高位，高位不够三位用 0 补齐。下面举例说明。

【例 6.1.6】 将二进制数$(11010110)_D$转换成八进制数。

【解】 011 010 110

↓ ↓ ↓

3 2 6

结果是

$$(11010110)_B=(326)_O$$

【例 6.1.7】 将八进制数$(731)_O$转换成二进制数。

解： 7 3 1

↓ ↓ ↓

111 011 001

结果是

$$(731)_O=(111011001)_B$$

(2) 二进制和十六进制之间的转换。二进制和十六进制之间的相互转换同二进制和八进制之间的相互转换方法类似。不同之处在于，二进制转换成十六进制是将二进制的每四位表示十六进制的一位，它们的权值的积也刚好是十六的倍数。四位二进制数所表示的系数即为十六进制中相应的系数，转换的顺序同样是以小数点为界，依次向左、向右转换，从低位到高位，高位不够四位用 0 补齐。下面也将举例说明。

【例 6.1.8】 将二进制数$(11101100100.1001011)_B$转换成十六进制数。

【解】 0111 0110 0100 · 1001 0110

↓ ↓ ↓ ↓ ↓

7 6 4 9 6

结果是

$$(11101100100.1001011)_B=(764.96)_H$$

【例 6.1.9】 将十六进制数$(BCA3)_{16}$转换成二进制数。

【解】 B C A 3

↓ ↓ ↓ ↓

1011 1100 1010 0011

结果是

$$(BCA3)_H=(1011110010100011)_B$$

6.1.2 二进制代码

数字电路系统中处理的信息是离散信号，而这些离散信号只有转换成二进制码才能被数字系统识别。

用一定位数的二进制数码按一定的规则来表示数字、字母、符号和其他离散信息的过程称为编码。这些二进制码称为代码。在这些代码中，最常用的当属二-十进制码，即 BCD 码了。BCD 码是一种用四位二进制码来表示一位十进制数的代码。常见的 BCD 码有

8421BCD 码、2421BCD 码、4221BCD 码、5421BCD 码和余 3 码等，如表 6.1.1 所示。

表 6.1.1　常见的 BCD 码

十进制数	8421BCD 码	2421BCD 码	4221BCD 码	5421BCD 码	余 3 码
0	0000	0000	0000	0000	0011
1	0001	0001	0001	0001	0100
2	0010	0010	0010	0010	0101
3	0011	0011	0011	0011	0110
4	0100	0100	0110	0100	0111
5	0101	0101	0111	1000	1000
6	0110	0110	1100	1001	1001
7	0111	0111	1101	1010	1010
8	1000	1110	1110	1011	1011
9	1001	1111	1111	1100	1100

其中最常见的当属 8421BCD 码，它是使用最广泛的一种 BCD 码。8421BCD 码的每一位都具有同二进制数相同的权值，即从高位到低位的权值依次为 8、4、2、1，因此称为 8421BCD 码。在 8421BCD 码中，只使用了 0000～1001 这 10 种状态。

1. 格雷码

格雷码也称为循环码、单位间距码或反射码，经常以格雷码盘的形式出现，用来记录二进制数。格雷码的特点是相邻码组中仅有一位码值发生变化。用格雷码表示信息时，相邻码组之间不会出现其他码组，因此格雷码是一种错误最小化的代码。表 6.1.2 所示为 0～9 的格雷码表示方式。

表 6.1.2　0～9 的格雷码表示方式

十进制数	格雷码	十进制数	格雷码
0	0000	5	0111
1	0001	6	0101
2	0011	7	0100
3	0010	8	1100
4	0110	9	1101

2. ASCII 码

ASCII 码是美国信息交换标准代码，它被广泛地应用于计算机和数字通信中。ASCII 码用七位二进制数码表示，它可以用来表示数字、字符、符号和特殊控制符。例如，数字 8 用 ASCII 码表示为 $b_6b_5b_4b_3b_2b_1=0111000$，或用十六进制缩写为 $(38)_H$。又例如，符号@可表示为 1000000，或用十六进制缩写为 $(40)_H$。ASCII 码表如表 6.1.3 所示。

表 6.1.3 ASCII 码表

	$b_6b_5b_4$							
$b_3b_2b_1b_0$	000	001	010	011	100	101	110	111
0000	NUL	DLE	SP	0	@	P	、	p
0001	SOH	DC_1	!	1	A	Q	a	q
0010	STX	DC_2	″	2	B	R	b	r
0011	ETX	DC_3	＃	3	C	S	c	s
0100	EOT	DC_4	$	4	D	T	d	t
0101	ENQ	NAK	%	5	E	U	e	u
0110	ACK	SYN	&	6	F	V	f	v
0111	BEL	ETB	′	7	G	W	g	w
1000	BS	CAN	(	8	H	X	h	x
1001	HT	EM	)	9	I	Y	i	y
1010	LF	SUB	*	:	J	Z	j	z
1011	VT	ESC	＋	;	K	[	k	{
1100	FF	FS	,	＜	L	\	l	|
1101	CR	GS	—	＝	M	]	m	}
1110	SO	RS	.	＞	N	^	n	～
1111	SI	US	/	?	O	_	o	DEL

6.2 基本门电路及其组合

在数字电路中，门电路是最基本的逻辑元件，它的应用极为广泛。所谓门，就是一种开关。在一定条件下，它能允许信号通过；条件不满足，信号就不能通过。因此，门电路的输入信号与输出信号之间存在一定的逻辑关系。如果把电路的输入信号看成"条件"，把输出信号看成"结果"，则当"条件"具备时，"结果"就会发生。所以，门电路又称为逻辑门电路。

在逻辑电路中，输入信号、输出信号通常用电平的高低来描述。在这里，高电平和低电平就是指高电位和低电位。电平的高低是相对的，它只是表示两个相互对立的逻辑状态。至于高低电平的具体数值，则随逻辑电路类型的不同而不同。在逻辑电路中，通常用符号 0 和 1 来表示两种对立的逻辑状态，即低电平和高电平。但是，用哪一个符号表示高电平，用哪一个符号表示低电平是任意的。于是就有两种逻辑体制：一种是用 1 表示高电平，用 0 表示低电平，称为正逻辑；另一种是用 0 表示高电平，用 1 表示低电平，称为负逻辑。本书未做说明时均采用正逻辑。

基本逻辑关系有三种，即与逻辑、或逻辑和非逻辑。与此相对应的门电路有与门电路、或门电路和非门电路。由这三种基本门电路可以组成其他多种复合门电路。

6.2.1　基本逻辑门电路

1. 与逻辑和与门电路

当决定某事件的全部条件同时具备时，结果才会发生，这种因果关系叫作与逻辑。实现与逻辑关系的电路称为与门电路。

图 6.2.1 所示是一个具有两个输入端的二极管与门电路。它由两个二极管 D_1、D_2 和一个电阻 R 及电源 U_{CC} 组成。A、B 是与门电路的两个输入端，F 是输出端。与门电路逻辑符号如图 6.2.2 所示。需要说明的是实际与门电路输入端并不限于两个，对于具有多个输入端的与门电路，其逻辑符号中输入线均按实际条数画出。

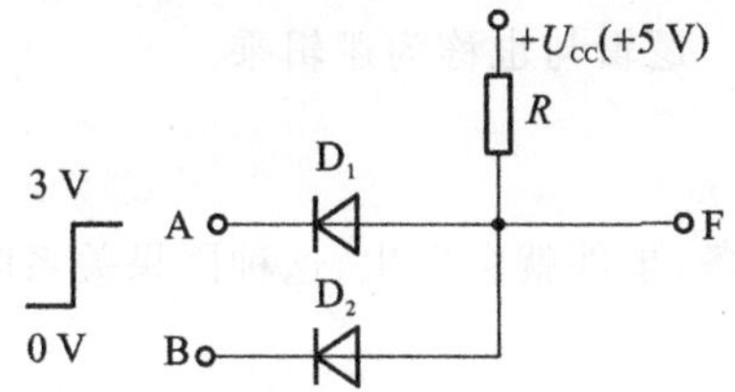

图 6.2.1　具有两个输入端的二极管与门电路

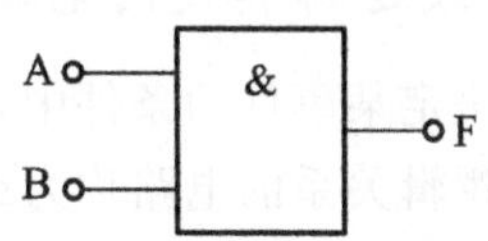

图6.2.2　与门电路逻辑符号

下面对图 6.2.1 所示的具有两个输入端的二极管与门电路的工作原理及逻辑功能进行分析。分析时，设各输入高电平为 3 V(即输入逻辑为 1)，输入低电平为 0 V(即输入逻辑为 0)，电源电压 U_{CC} 为 5 V，电阻 R 为 3 kΩ，并忽略二极管的正向压降。

(1) 当输入端 A、B 均为低电平 0，即 $U_A=U_B=0$ V 时，二极管 D_1、D_2 都处于正向偏置而导通，使输出端 F 的电压 $U_F=0$ V，即输出端 F 为低电平 0。

(2) 当输入端 A 为低电平 0，B 为高电平 1，即 $U_A=0$ V，$U_B=3$ V，二极管 D_1 阴极电位低于 D_2 阴极电位，二极管 D_1 导通，使 $U_F=0$ V，因而二极管 D_2 处于反向偏置而截止，输出端 F 仍为低电平 0。

(3) 当输入端 A 为高电平 1，B 为低电平 0，即 $U_A=3$ V，$U_B=0$ V 时，二极管 D_1、D_2 的工作情况与(2)相反，输出端 F 仍为低电平 0。

(4) 当输入端 A、B 均为高电平 1，即 $U_A=U_B=3$ V 时，二极管 D_1、D_2 均处于正向偏置而导通，使 $U_F=3$ V，输出端 F 为高电平 1。

从以上分析可知，与门电路的逻辑功能可概括为：输入有 0，输出为 0；输入全 1，输出为 1。

表 6.2.1 列出了图 6.2.1 所示电路输入电位与输出电位的关系。在逻辑电路分析中，通常用逻辑 0、1 来描述输入与输出之间的关系，所列的表称为逻辑状态表(也称真值表)。上述具有两个输入端的二极管与门电路的逻辑状态表如表 6.2.2 所示。

表 6.2.1　具有两个输入端的二极管与门电路输入电位与输出电位的关系

U_A/V	U_B/V	U_F/V	D_1	D_2
0	0	0	导通	导通
0	3	0	导通	截止
3	0	0	截止	导通
3	3	3	截止	截止

表 6.2.2 具有两个输入端的二极管与门电路的逻辑状态表

A	B	F
0	0	0
0	1	0
1	0	0
1	1	1

逻辑电路的输入、输出关系的另一种表示方式是逻辑函数表达式。具有两个输入端的二极管与门电路的逻辑函数表达式为

$$F=A\cdot B$$

式中,“·”表示逻辑与,为书写简便,也可省略。逻辑与也称为逻辑乘。

2. 或逻辑和或门电路

在决定某事件的条件中,只要任一条件具备,事件就会发生,这种因果关系叫作或逻辑。实现或逻辑关系的电路称为或门电路。

图 6.2.3 所示是一个具有两个输入端的二极管或门电路。它由两个二极管 D_1、D_2 及一个电阻 R 和电源 $-U_{CC}$ 组成。A、B 是或门电路的两个输入端,F 是输出端。或门电路逻辑符号如图 6.2.4 所示。需要说明的是,实际或门电路输入端并不限于两个,对于具有多个输入端的或门电路,其逻辑符号中输入线均按实际条数画出。

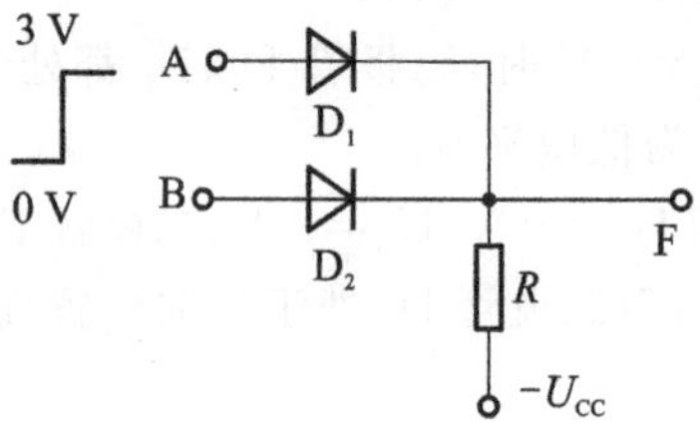

图 6.2.3 具有两个输入端的二极管或门电路

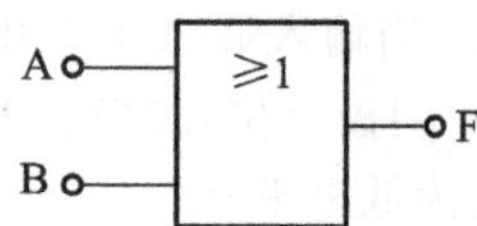

图6.2.4 或门电路逻辑符号

下面对图 6.2.4 所示具有两个输入端的二极管或门电路的工作原理及逻辑功能进行分析。分析时,设各输入高电平为 3 V(即输入逻辑为 1),输入低电平为 0 V(即输入逻辑为 0),电源电压 $-U_{CC}$ 为 -5 V,电阻 R 为 3 kΩ,并忽略二极管的正向压降。

(1) 当输入端 A、B 均为低电平 0,即 $U_A=U_B=0$ V 时,二极管 D_1、D_2 都处于正向偏置而导通,使输出端 F 的电压 $U_F=0$ V,即输出端 F 为低电平 0。

(2) 当输入端 A 为低电平 0,B 为高电平 1,即 $U_A=0$ V,$U_B=3$ V,二极管 D_2 阳极电位高于 D_1 阳极电位,二极管 D_2 导通,使 $U_F=3$ V,因而二极管 D_1 处于反向偏置而截止,输出端 F 为高电平 1。

(3) 当输入端 A 为高电平 1,B 为低电平 0,即 $U_A=3$ V,$U_B=0$ V 时,二极管 D_1、D_2 的工作情况与(2)相反,输出端 F 仍为高电平 1。

(4) 当输入端 A、B 均为高电平 1,即 $U_A=U_B=3$ V 时,二极管 D_1、D_2 均处于正向偏置而导通,使 $U_F=3$ V,输出端 F 为高电平 1。

从以上分析可知,或门电路的逻辑功能可概括为:输入有 1,输出为 1;输入全 0,输出

为 0。

表 6.2.3 所示列出了图 6.2.4 所示电路输入电位和输出电位的关系。上述具有两个输入端的二极管或门电路的逻辑状态表如表 6.2.4 所示。

表 6.2.3　具有两个输入端的二极管或门电路输入电位和输出电位的关系

U_A/ V	U_B/ V	U_F/ V	D_1	D_2
0	0	0	截止	截止
0	3	3	截止	导通
3	0	3	导通	截止
3	3	3	导通	导通

表 6.2.4　具有两个输入端的二极管或门电路的逻辑状态表

A	B	F
0	0	0
0	1	1
1	0	1
1	1	1

具有两个输入端的二极管或门电路的逻辑函数表达式为

$$F=A+B$$

式中,“＋”号表示逻辑或,也称逻辑加。

在或逻辑中,1＋1＝1,注意与算术的区别。

3. 非逻辑和非门电路

决定某事件的条件只有一个,当条件出现时事件不发生,而当条件不出现时事件发生,这种因果关系叫作非逻辑。实现非逻辑关系的电路称为非门电路,也称反相器。

图 6.2.5 所示为三极管非门电路。图中,A 为输入端,F 为输出端。电路参数的选择必须保证三极管工作在开关状态。当三极管处于截止状态时,要求发射结处于反向偏置(即 $U_{BE}<0$),以保证可靠截止。为此,在三极管的基极回路中设置了负电源 $-U_{BB}$。非门电路逻辑符号如图 6.2.6 所示。

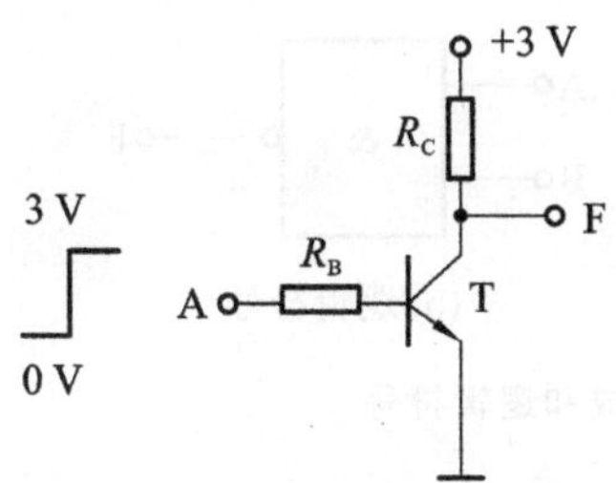

图 6.2.5　三极管非门电路

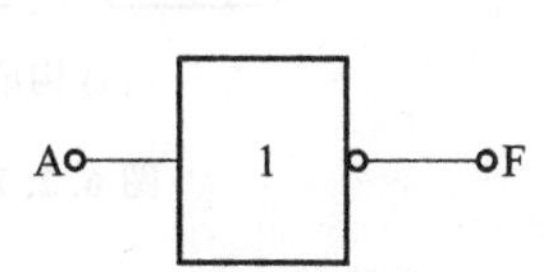

图 6.2.6　非门电路逻辑符号

下面对图 6.2.5 所示三极管非门电路的工作原理及逻辑功能进行分析。分析时,设各输入高电平为 3 V(即输入逻辑为 1),输入低电平为 0 V(即输入逻辑为 0)。

(1) 输入 A 为高电平 1 时,即 $U_A=3$ V,三极管饱和导通,输出 F 电压 $U_F=0$ V,即输出 F 为低电平 0。

(2) 输入 A 为低电平 0 时,即 $U_A=0$ V,三极管截止,输出 F 电压 $U_F=3$ V,即输出 F 为高电平 1。

表 6.2.5 列出了图 6.2.5 所示电路输入电位和输出电位的关系。上述非门电路的逻辑状态表如表6.2.6所示。

表 6.2.5 三极管非门电路输入电位和输出电位的关系

U_A/ V	U_F/ V
0	3
3	0

表 6.2.6 三极管非门电路的逻辑状态表

A	F
0	1
1	0

非门电路的逻辑函数表达式为

$$F=\overline{A}$$

式中,A 上的短横线表示非逻辑,$\overline{A}$ 读作 A 非。

6.2.2 基本逻辑门电路的组合

基本逻辑运算的复合称为复合逻辑运算。而实现复合逻辑运算的电路称为复合逻辑门。最常用的复合逻辑门有与非门、或非门、异或门和同或门等。

1. 与非门

与运算后再进行非运算的复合逻辑运算称为与非逻辑运算,实现与非逻辑运算的逻辑电路称为与非门。一个与非门有 2 个或 2 个以上的输入端和 1 个输出端。两输入与非门的构成和逻辑符号如图 6.2.7 所示。

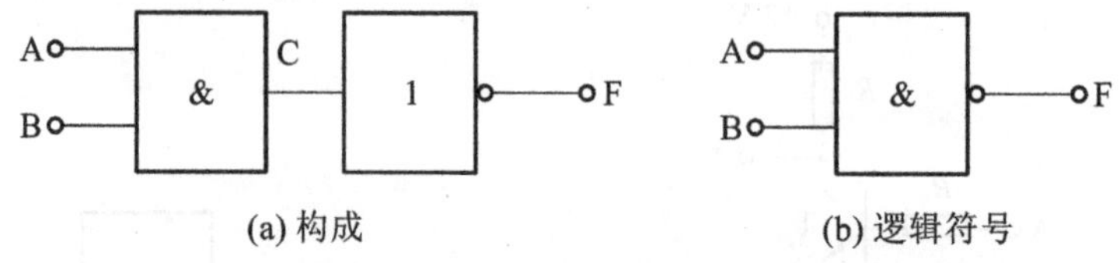

图 6.2.7 两输入与非门的构成和逻辑符号

按照前面与门、非门的逻辑特点进行分析,可得两输入与非门的逻辑状态表如表 6.2.7 所示。使用与非门可设计实现任何逻辑功能的逻辑电路。因此,与非门是一种通用逻辑门。

表 6.2.7　两辆入与非门的逻辑状态表

A	B	C	F
0	0	0	1
0	1	0	1
1	0	0	1
1	1	1	0

两输入与非门输出端与输入端的逻辑关系表达式为

$$F=\overline{AB}$$

与非门的特点可总结为有 0 出 1，全 1 出 0。

2. 或非门

或运算后再进行非运算的复合逻辑运算称为或非逻辑运算，实现或非逻辑运算的逻辑电路称为或非门。或非门也是一种通用逻辑门。一个或非门有 2 个或 2 个以上的输入端和 1 个输出端。两输入或非门的构成和逻辑符号如图 6.2.8 所示。

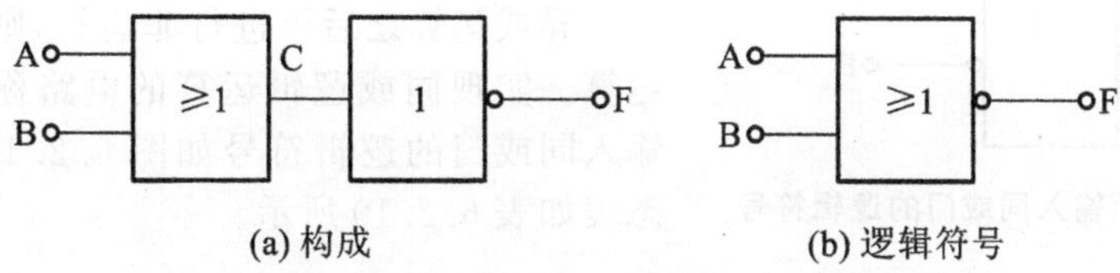

图 6.2.8　两输入或非门的构成和逻辑符号

按照前面或门、非门的逻辑特点进行分析，可得两输入或非门的逻辑状态表如表 6.2.8 所示。两输入或非门输出端与输入端的逻辑关系表达式为

$$F=\overline{A+B}$$

表 6.2.8　两输入或非门的逻辑状态表

A	B	C	F
0	0	0	1
0	1	1	0
1	0	1	0
1	1	1	0

或非门的特点可总结为有 1 出 0，全 0 出 1。

3. 异或门

在集成逻辑门中，异或门主要为两输入变量门，三输入或更多输入变量的逻辑都可以由两输入变量门导出。所以，常见的异或逻辑是两输入变量的情况。

对于两输入变量的异或逻辑，当两个输入端取值不同时，输出为高电平 1；当两个输入端取值相同时，输出为低电平 0。实现异或逻辑运算的逻辑电路称为异或门。两输入异或门的逻辑符号如图 6.2.9 所示，逻辑状态表如表 6.2.9所示。

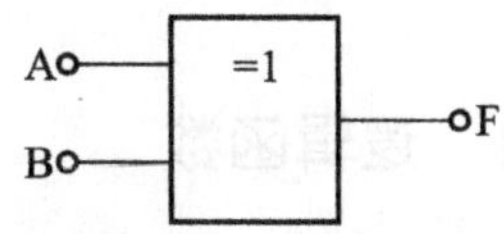

图 6.2.9　两输入异或门的逻辑符号

表 6.2.9　两输入异或门的逻辑状态表

A	B	F
0	0	0
0	1	1
1	0	1
1	1	0

两输入异或门输入端与输出端之间的逻辑关系表达式为

$$F=A\overline{B}+\overline{A}B=A\oplus B$$

两输入端异或门的特点总结为相同为 0，相异为 1。

对于多输入变量的异或逻辑运算，常以两输入变量(即两输入)的异或逻辑运算的定义为依据来进行推证。N 个输入变量的异或逻辑运算输出值和输入变量取值的对应关系为：输入变量的取值组合中，有奇数个 1 时，异或逻辑运算的输出值为 1；反之，输出值为 0。

4. 同或门

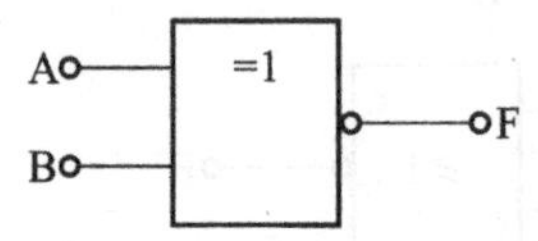

图 6.2.10　两输入同或门的逻辑符号

异或运算之后再进行非运算，则称为同或逻辑运算。实现同或逻辑运算的电路称为同或门。两输入同或门的逻辑符号如图 6.2.10 所示，逻辑状态表如表 6.2.10 所示。

表 6.2.10　两输入同或门的逻辑状态表

A	B	F
0	0	1
0	1	0
1	0	0
1	1	1

两输入同或门输入与输出之间的逻辑关系表达式为

$$F=\overline{A}\overline{B}+AB=\overline{A\oplus B}=A\otimes B$$

两输入同或门逻辑电路的特点总结为相同为 1，相异为 0。

与多输入变量的异或逻辑运算一样，多输入变量的同或逻辑运算也常以两输入变量的同或逻辑运算的定义为依据进行推证。N 个输入变量的同或逻辑运算的输出值和输入变量取值的对应关系为：输入变量的取值组合中，有偶数个 1 时，同或逻辑运算的输出值为 1；反之，输出值为 0。

6.3　逻辑函数及逻辑代数公式

6.3.1　逻辑函数

数字电路研究的是数字电路的输入与输出之间的因果关系，也即逻辑关系。逻辑关系

一般用逻辑函数来描述。普通代数中的函数是随自变量变化而变化的因变量，函数与变量之间的关系可以用代数方程来表示，逻辑函数也是如此。逻辑代数用字母 A、B、C 等表示变量，称为逻辑变量。在数字电路中，输入变量是自变量，输出变量是因变量，也即逻辑函数。通常称具有二值逻辑状态的变量为逻辑变量，称具有二值逻辑状态的函数为逻辑函数。

在逻辑代数中，逻辑函数一般用由逻辑变量 A、B、C 等，基本逻辑运算符号 (与)、+(或)、—(非)，以及括号、等号等构成的表达式来表示，如下述表达式：

$$F=\overline{A\oplus B}$$

$$G=\overline{A+B}$$

$$H=\overline{AB+CD}$$

$$I=A\overline{B}+\overline{A}B$$

在这些逻辑函数表达式中，A、B、C、D 称为逻辑变量，F、G、H、I 称为逻辑函数。$\overline{A}$ 和 $\overline{B}$ 等称为反变量，A、B 等称为原变量。逻辑函数的一般表达式为

$$F=f(A,B,C,\cdots)$$

假设有两个逻辑函数为

$$F_1=f_1(A_1,A_2,A_3,\cdots,A_n)$$

$$F_2=f_2(A_1,A_2,A_3,\cdots,A_n)$$

如果对应于变量 $A_1,A_2,A_3,\cdots,A_n$ 的任意一组逻辑取值，F_1 和 F_2 的取值相同，则

$$F_1=F_2$$

在逻辑代数中，最基本的逻辑运算有与运算、或运算和非运算。由这三种基本逻辑运算可组合成与非、或非、与或非、异或、异或非等复合逻辑运算。

6.3.2　逻辑代数基本公式和常用公式

1. 基本公式

0-1 律：

$$A\cdot 0=0,\quad A+1=1$$

自等律：

$$A\cdot 1=A,\quad A+0=A$$

重叠律：

$$A\cdot A=A,\quad A+A=A$$

互补律：

$$A\cdot \overline{A}=0,\quad A+\overline{A}=1$$

交换律：

$$A\cdot B=B\cdot A,\quad A+B=B+A$$

结合律：

$$A\cdot(B\cdot C)=(A\cdot B)\cdot C,\quad A+(B+C)=(A+B)+C$$

分配律：

$$A\cdot(B+C)=AB+AC,\quad A+B\cdot C=(A+B)(A+C)$$

吸收律：

$$A(A+B)=A,\quad A+AB=A$$

反演律(也称摩根定理)：

$$\overline{AB}=\overline{A}+\overline{B},\quad \overline{A+B}=\overline{A}\cdot\overline{B}$$

双重否定律：

$$\overline{\overline{A}}=A$$

以上这些基本公式可以用真值表进行证明。例如，要证明反演律，可将变量 A、B 的各种取值分别代入等式两边，其真值表如表 6.3.1 所示。从真值表中可以看出，等式两边的逻辑值完全对应相等，所以反演律成立。

表 6.3.1　证明摩根定理的真值表

A	B	$A\cdot B$	$\overline{A\cdot B}$	$\overline{A}+\overline{B}$	$\overline{A+B}$	$\overline{A}\cdot\overline{B}$
0	0	0	1	1	1	1
0	1	0	1	1	0	0
1	0	0	1	1	0	0
1	1	1	0	0	0	0

2. 常用公式

公式 1　$AB+A\overline{B}=A$

证明：　$AB+A\overline{B}=A(B+\overline{B})=A$

公式 2　$A+\overline{A}B=A+B$

证明：　$A+\overline{A}B=(A+\overline{A})(A+B)=A+B$(用分配律的右侧等式)

公式 3　$AB+\overline{A}C+BC=AB+\overline{A}C$

证明：

$$\begin{aligned}AB+\overline{A}C+BC&=AB+\overline{A}C+BC(A+\overline{A})\\&=AB+\overline{A}C+ABC+\overline{A}BC=AB+\overline{A}C\end{aligned}$$

公式 3 推论　$AB+\overline{A}C+BCD=AB+\overline{A}C$

公式 4　$\overline{A\overline{B}+\overline{A}B}=AB+\overline{A}\,\overline{B}$(即$\overline{A\oplus B}=A\otimes B$)

证明：　$\overline{A\overline{B}+\overline{A}B}=\overline{A\overline{B}}\cdot\overline{\overline{A}B}=(\overline{A}+B)(A+\overline{B})=AB+\overline{A}\,\overline{B}=A\otimes B$

3. 逻辑代数运算规则

(1) 运算优先顺序。逻辑代数的运算优先顺序：先算括号内的运算，再是非运算，然后是与运算，最后是或运算。

(2) 代入规则。在逻辑等式中，如果将等式两边某一变量都代之以一个逻辑函数，则等式仍然成立，这就是代入规则。

例如，已知$\overline{A\cdot B}=\overline{A}+\overline{B}$。若用 $Z=A\cdot C$ 代替等式中的 A，根据代入规则，等式仍然成立，即

$$\overline{A\cdot C\cdot B}=\overline{A\cdot C}+\overline{B}=\overline{A}+\overline{C}+\overline{B}$$

(3) 反演规则。已知函数 F，欲求其反函数 $\overline{F}$ 时，只要将 F 式中所有的 · 换成+，+换

成·,0 换成 1,1 换成 0,原变量换成其反变量,反变量换成其原变量,所得到的表达式就是 $\overline{F}$ 的表达式,这就是反演规则。

利用反演规则可以比较容易地求出一个逻辑函数的反函数。例如:

$$X=A[\overline{B}+(C\overline{D}+\overline{E}F)]$$

$$\overline{X}=\overline{A}+B(\overline{C}+D)(E+\overline{F})$$

(4) 对偶规则。将逻辑函数 F 中的所有的·换成+,+换成·,0 换成 1,1 换成 0,变量保持不变,得到一个新的逻辑函数式 F',这个 F' 称为 F 的对偶式。例如:

$$F=A\cdot(B+\overline{C})$$

$$F'=A+B\cdot\overline{C}$$

如果两个逻辑函数的对偶式相等,那么这两个逻辑函数也相等。

6.3.3 逻辑函数表达式

1. 最小项

在三变量 A、B、C 的逻辑函数中,有 8 个乘积项 $\overline{A}\,\overline{B}\,\overline{C}$、$\overline{A}\,\overline{B}C$、$\overline{A}B\overline{C}$、$\overline{A}BC$、$A\overline{B}\,\overline{C}$、$A\overline{B}C$、$AB\overline{C}$ 和 ABC。这 8 个乘积项有如下特点:①每个乘积项都有三个因子;②每一个变量都是它的一个因子;③每个变量以原变量或反变量形式出现,且只出现一次。这 8 个乘积项称为三变量 A、B、C 逻辑函数的最小项。n 个变量逻辑函数的最小项有 2^n 个。三变量最小项的真值表如表 6.3.2 所示。

表 6.3.2　三变量最小项的真值表

A	B	C	$\overline{A}\,\overline{B}\,\overline{C}$	$\overline{A}\,\overline{B}C$	$\overline{A}B\overline{C}$	$\overline{A}BC$	$A\overline{B}\,\overline{C}$	$A\overline{B}C$	$AB\overline{C}$	ABC
0	0	0	1	0	0	0	0	0	0	0
0	0	1	0	1	0	0	0	0	0	0
0	1	0	0	0	1	0	0	0	0	0
0	1	1	0	0	0	1	0	0	0	0
1	0	0	0	0	0	0	1	0	0	0
1	0	1	0	0	0	0	0	1	0	0
1	1	0	0	0	0	0	0	0	1	0
1	1	1	0	0	0	0	0	0	0	1

观察表 6.3.2 可知,最小项具有以下几个性质。

(1) 对于任意一个最小项,只有一组变量的取值使其值为 1,即每一个最小项对应了一组变量的取值。例如:$\overline{A}B\overline{C}$ 对应于变量组的取值是 010,只有变量组取值为 010 时,最小项 $\overline{A}B\overline{C}$ 值是 1。

(2) 对于变量的任一组取值,任意两个最小项之积为 0。

(3) 对于变量的一组取值,全部最小项之和为 1。

常用符号 m_i 来表示最小项。下标 i 是该最小项值为 1 时对应的变量组取值的十进制等效值，如最小项 $\overline{A}B\overline{C}$ 记为 m_2，$AB\overline{C}$ 记为 m_6 等。

2. 逻辑函数标准表达式

1）根据真值表求逻辑函数的标准与或表达式

由最小项相或组成的表达式称为逻辑函数标准与或表达式，也称为最小项和表达式。根据给定逻辑问题建立的真值表，由最小项性质(1)，可以直接写出逻辑函数标准与或表达式。

【例 6.3.1】 根据表 6.3.3 所示的真值表，求逻辑函数 F 的标准与或表达式，并用 m_i 表示。

表 6.3.3 例 6.3.1 真值表

A	B	C	F
0	0	0	0
0	0	1	0
0	1	0	0
0	1	1	1
1	0	0	0
1	0	1	1
1	1	0	1
1	1	1	1

【解】 观察真值表可以发现，F 为 1 的条件是

$$A = 0, B = 1, C = 1，即\ \overline{A}BC = 1；$$

$$A = 1, B = 0, C = 1，即\ A\overline{B}C = 1；$$

$$A = 1, B = 1, C = 0，即\ AB\overline{C} = 1；$$

$$A = 1, B = 1, C = 1，即\ ABC = 1。$$

四个条件之中满足一个，F 就是 1，所以 F 的表达式可以写成最小项之和的形式：

$$F = \overline{A}BC + A\overline{B}C + AB\overline{C} + ABC$$
$$= m_3 + m_5 + m_6 + m_7$$

或者

$$F = \sum m\ (3,5,6,7)$$

有时简写成

$$F = \sum\ (3,5,6,7)$$

由上例可归纳出根据真值表求逻辑函数标准与或表达式的步骤如下。

(1) 观察真值表，找出 F = 1 的行；

(2) 对 F = 1 的行写出对应的最小项；

(3) 将得到的最小项相或。

一个逻辑函数可以有多个表达式，但是其标准与或表达式是唯一的。

2）将一般表达式转换为标准与或表达式

任何一个逻辑函数表达式都可以转换为标准与或表达式。

【例 6.3.2】 试将 $F(A,B,C)=A\overline{B}+AC$ 转换为标准与或表达式。

【解】

$$\begin{aligned}F(A,B,C)&=A\overline{B}+AC\\&=A\overline{B}(C+\overline{C})+AC(B+\overline{B})\\&=A\overline{B}C+A\,\overline{B}\,\overline{C}+ABC+A\overline{B}C\\&=A\overline{B}C+A\,\overline{B}\,\overline{C}+ABC\\&=m_5+m_4+m_7\\&=\sum m\,(7,5,4)\end{aligned}$$

【例 6.3.3】 试将 $F(A,B,C)=(A+B)(\overline{A}+B+C)$ 转换为标准与或表达式。

【解】

$$\begin{aligned}F(A,B,C)&=(A+B)(\overline{A}+B+C)\\&=AB+AC+\overline{A}B+B+BC\\&=AB(C+\overline{C})+AC(B+\overline{B})+\overline{A}B(C+\overline{C})+B(A+\overline{A})(C+\overline{C})+BC(A+\overline{A})\\&=ABC+AB\overline{C}+A\overline{B}C+\overline{A}BC+\overline{A}B\overline{C}\\&=\sum m\,(7,6,5,3,2)\end{aligned}$$

6.3.4　逻辑函数化简

1. 逻辑函数化简的意义

逻辑函数可以有不同的表达式，通常有以下五种类型。

与或表达式：　$F_1=AB+\overline{AC}$

或与表达式：　$F_2=(A+B)(A+\overline{C})$

与非-与非表达式：　$F_3=\overline{\overline{AB}\cdot\overline{AC}}$

或非-或非表达式：　$F_4=\overline{\overline{A+B}+\overline{A+C}}$

与或非表达式：　$F_5=\overline{AB+AC}$

逻辑函数的某一类型表达式也可有多个。例如，

$$F=\overline{A}B+AC$$

可写为　$F=AB+A\overline{C}+BC$

或写为　$F=ABC+A\overline{B}C+\overline{A}BC+\overline{A}\,B\overline{C}$

以上三个与或表达式均描述同一个逻辑函数。用逻辑门实现这三个表达式，如图 6.3.1 所示。

从图 6.3.1 中可以看到，表达式复杂，实现电路就复杂；表达式简单，实现电路就简单。因为实现电路简单可以降低成本，所以要进行逻辑函数简化。

通常以与或表达式来定义最简表达式。最简与或表达式的定义是：与或表达式中的与项最少，且每一个与项中变量数目也最少。

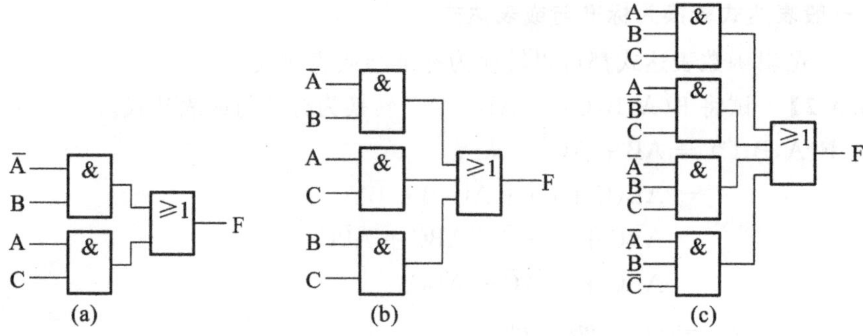

图 6.3.1 实现同一函数的三种电路

如果用逻辑门实现最简与或表达式，使用逻辑门的数量最少，门与门之间的连线也是最少的，从而得到简单的电路。

2. 公式化简法

逻辑函数可利用基本公式和常用公式进行逻辑简化，这种化简方法称为公式化简法。

1）利用吸收率消去多余项

【例 6.3.4】 化简逻辑函数 $F=A\overline{B}+A\overline{B}C(E+F)$。

$$F=A\overline{B}+A\overline{B}C(E+F) \quad \text{（一项包含了另一项}A\overline{B}\text{）}$$
$$=A\overline{B}$$

2）利用常用公式 1 合并项

【例 6.3.5】 化简逻辑函数 $F=AB\overline{C}+A\overline{B\overline{C}}$。

【解】

$$F=AB\overline{C}+A\overline{B\overline{C}} \quad \text{（观察可知式中}B\overline{C}\text{和}\overline{B\overline{C}}\text{互为反变量）}$$
$$=A$$

3）利用常用公式 2 消去一个因子

【例 6.3.6】 化简逻辑函数 $F=AB+\overline{A}C+\overline{B}C$。

【解】

$$F=AB+\overline{A}C+\overline{B}C$$
$$=AB+(\overline{A}+\overline{B})C$$
$$=AB+\overline{AB}C \quad \text{（}AB\text{和}\overline{AB}\text{互为反变量）}$$
$$=AB+C$$

4）利用常用公式 3 消项和配项化简

【例 6.3.7】 化简逻辑函数 $F=A\overline{B}+AC+ADE+\overline{C}D$。

【解】 $F=A\overline{B}+AC+ADE+\overline{C}D=A\overline{B}+AC+\overline{C}D$

【例 6.3.8】 化简逻辑函数 $F=A\overline{B}+B\overline{C}+\overline{B}C+\overline{A}B$。

【解】

$$F=A\overline{B}+B\overline{C}+\overline{B}C+\overline{A}B$$
$$=A\overline{B}+B\overline{C}+\overline{B}C+\overline{A}B+\overline{A}C \quad \text{（添加项）}$$
$$=A\overline{B}+B\overline{C}+\overline{A}C \quad \text{（通过}A\overline{B}\text{和}\overline{A}C\text{，消去}\overline{B}C\text{；通过}B\overline{C}\text{和}\overline{A}C\text{，消去}\overline{A}B\text{）}$$

上述介绍了几种代数逻辑化简的方法，在实际逻辑化简中，可以综合运用。

3. 卡诺图化简法（图解法）

利用公式化简逻辑函数不但要求熟练掌握逻辑代数的基本公式，而且需要一些技巧，特

别是经公式化简后得到的逻辑表达式是否为最简式较难掌握。下面介绍的卡诺图化简法能直接获得最简与或表达式，且易于掌握。

1）卡诺图

卡诺图是真值表的图形表示。两变量、三变量、四变量和五变量的卡诺图如图 6.3.2 所示。

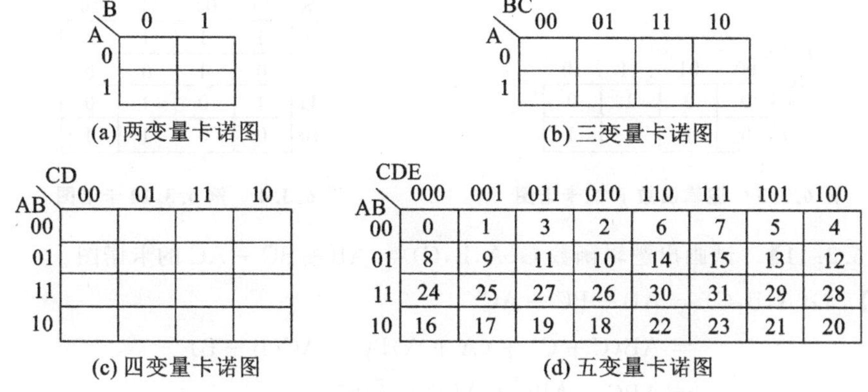

图 6.3.2　两变量、三变量、四变量和五变量的卡诺图

关于卡诺图，做如下说明。

（1）卡诺图方格外为输入变量及相应的逻辑数值，变量取值的排序不能改变。

（2）卡诺图的每一个方格代表一个最小项，最小项的逻辑取值填入方格中。

（3）卡诺图中相邻方格是逻辑相邻项。逻辑相邻项是指只有一个变量互为反变量，而其余变量完全相同的两个最小项。除相邻的两个方格是相邻项外，左右两侧、上下两侧相应的方格也是逻辑相邻项。

2）逻辑函数的卡诺图表示

由逻辑函数的真值表或表达式都可以直接画出逻辑函数的卡诺图。

【例 6.3.9】　逻辑函数 F 的真值表如表 6.3.4 所示，试画出该逻辑函数的卡诺图。

表 6.3.4　逻辑函数 F 的真值表

A	B	C	F
0	0	0	0
0	0	1	0
0	1	0	0
0	1	1	1
1	0	0	0
1	0	1	1
1	1	0	1
1	1	1	1

【解】　真值表的每一行对应一个最小项，也对应卡诺图中的一个方格，将函数的取值填入对应方格中，即可画出卡诺图，如图 6.3.3 所示。

【例 6.3.10】 试画出逻辑函数 $F_1=(A,B,C,D)=\sum m(0,1,3,5,10,11,12,15)$ 的卡诺图。

【解】 $F_1=(A,B,C,D)$ 的卡诺图如图 6.3.4 所示。

F \ BC, A	00	01	11	10
0	0	0	1	0
1	0	1	1	1

图 6.3.3 逻辑函数 F 的卡诺图

F_1 \ CD, AB	00	01	11	10
00	1	1	1	0
01	0	1	0	0
11	1	0	1	0
10	0	0	1	1

图 6.3.4 例 6.3.10 卡诺图

【例 6.3.11】 试画出逻辑函数 $G(A,B,C)=AB+BC+AC$ 的卡诺图。

【解】

$$\begin{aligned}G(A,B,C)&=AB+BC+AC\\&=AB(C+\overline{C})+(A+\overline{A})BC+AC(B+\overline{B})\\&=ABC+AB\overline{C}+A\overline{B}C+\overline{A}BC\end{aligned}$$

然后，可画出 G 的卡诺图，如图 6.3.5 所示。

【例 6.3.12】 试画出逻辑函数 $H(A,B,C)=A+BC$ 的卡诺图。

【解】 可将非标准表达式直接填入卡诺图。与项 A 对应卡诺图 A = 1 一行下面四个方格，而与项 BC 对应卡诺图 BC = 11 一列两个方格，在这些方格中填 1，其他方格填 0，即可得到逻辑函数 H 的卡诺图，如图 6.3.6 所示。

G \ BC, A	00	01	11	10
0	0	0	1	0
1	0	1	1	1

图 6.3.5 例 6.3.11 卡诺图

H \ BC, A	00	01	11	10
0	0	0	1	0
1	1	1	1	1

图 6.3.6 逻辑函数 H 的卡诺图

3）逻辑函数的卡诺图化简

性质 1 卡诺图中任何两个为 1 的相邻方格的最小项可以合并为一个与项，并且消去一个变化的变量。

读者可用逻辑代数公式自行证明。

【例 6.3.13】 试用卡诺图化简逻辑函数 $F_2=(A,B,C)=\overline{A}BC+A\overline{B}\,\overline{C}+ABC+AB\overline{C}$。

【解】 (1) 画出函数函数 F_2 的卡诺图，如图 6.3.7 所示。

(2) 将相邻的两个为 1 的方格圈在一起，分别合并为 BC 和 $A\overline{C}$。

(3) 将上述与项或起来，得到最简与或表达式 $F_2=BC+A\overline{C}$。

注意：画虚线的圈不能画，否则会形成冗余项。

【例 6.3.14】 试用卡诺图化简逻辑函数 $G_1=(X,Y,Z)=\overline{X}\,\overline{Y}\,\overline{Z}+X\overline{Y}\,\overline{Z}+X\overline{Y}Z+XY\overline{Z}$。

【解】 画出逻辑函数 G_1 的卡诺图，如图 6.3.8 所示。合并相邻的 1，得 $G_1=\overline{X}\,\overline{Y}+X\overline{Z}+\overline{Y}\,\overline{Z}$。

注意：最小项 m_4 被重复使用三次。

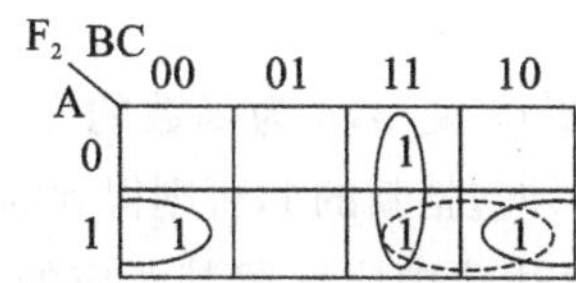

图 6.3.7　例 6.3.13 卡诺图

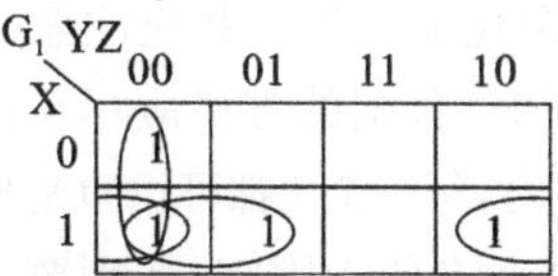

图 6.3.8　例 6.3.14 卡诺图

性质 2　卡诺图中为 1 的四个相邻方格的最小项可以合并成一个与项，并消去变化的两个变量。

【例 6.3.15】　试用卡诺图化简逻辑函数 $F_3 = (A,B,C) = \overline{A}C + \overline{A}B + A\overline{B}C + BC$。

【解】　画出 F_3 的卡诺图，如图 6.3.9 所示。合并相邻 1，得两个与项 C 和 $\overline{A}B$。经化简，$F_3 = C + \overline{A}B$。

性质 3　卡诺图为 1 的八个相邻最小项可以合并一个与项，并消去变化的三个变量。

【例 6.3.16】　试用卡诺图化简逻辑函数 $F_4 = (W,X,Y,Z) = \sum m(0,1,2,4,5,6,8,9,12,13,14)$。

【解】　画出 F_4 的卡诺图，如图 6.3.10 所示。经化简得

$$F_4 = \overline{Y} + \overline{W}\,\overline{Z} + X\overline{Z}$$

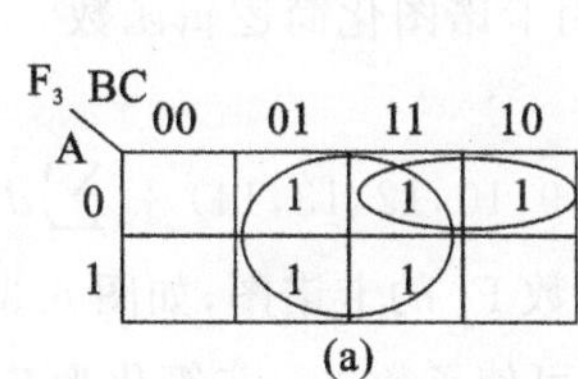

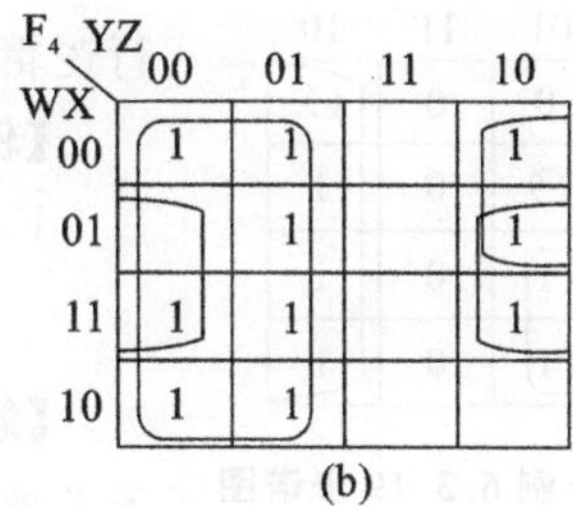

图 6.3.9　例 6.3.15 卡诺图

图 6.3.10　例 6.3.16 卡诺图

【例 6.3.17】　试用卡诺图化简函数 $F_5 = (A,B,C,D) = \overline{A}\,\overline{B}\,\overline{C} + \overline{A}\,C\overline{D} + A\overline{B}\,C\overline{D} + AB\overline{C}$。

【解】　函数 F_5 的卡诺图，如图 6.3.11 所示。注意：四个角上的 1 可以圈在一起，形成与项 $\overline{B}\,\overline{D}$。经化简得

$$F_5 = \overline{B}\,\overline{D} + \overline{B}\,\overline{C} + \overline{A}\,C\overline{D}$$

【例 6.3.18】　试用卡诺图化简逻辑函数

$$F_6 = (A,B,C,D,E) = \sum m(0,2,4,6,9,11,13,15,17,21,25,27,29,31)$$

【解】　该逻辑函数的卡诺图，如图 6.3.12 所示。注意：卡诺图中的镜像对称方格为相邻方格。经化简得

$$F_6 = BE + A\overline{D}E + \overline{A}\,\overline{B}\,\overline{E}$$

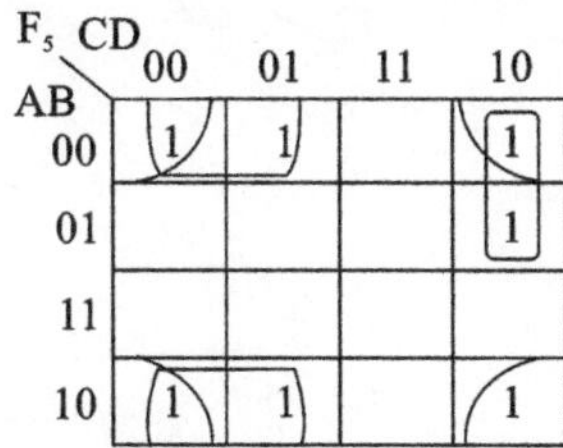

图 6.3.11　例 6.3.17 卡诺图

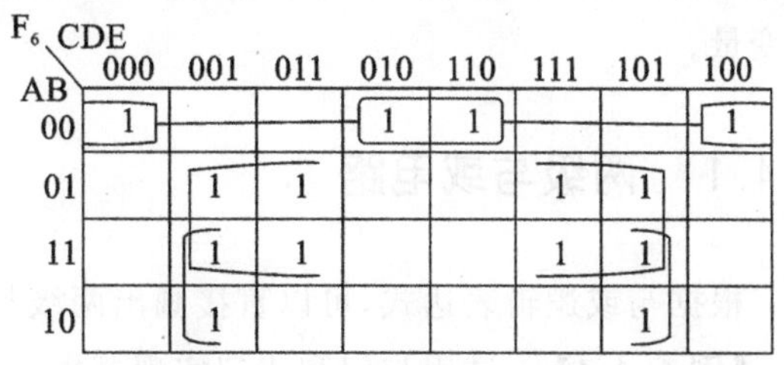

图 6.3.12　例 6.3.18 卡诺图

用卡诺图化简逻辑函数应注意以下几个问题。

(1) 圈 1 时,包围的方格应尽可能地多,但必须为 2^k($k \leqslant n$,n 为函数的变量数)。

(2) 圈1时,每一个1都可以重复使用,但每一个圈必须包括新的1,否则得到的项是冗余项。

(3) 必须所有的 1 圈完,特别要注意孤立的 1,在表达式中应保留其对应的最小项。

(4) 最简与或表达式不一定是唯一的。

4) 具有无关项的逻辑函数化简

在一些逻辑函数中,变量取值的某些组合不允许出现或不会出现,这些组合对应的最小项称为约束项。例如,8421BCD码中的1010到1111所对应的6个最小项就是约束项。在另外一些逻辑函数中,变量取值的某些组合所对应的最小项可以是1,也可以是0,这些最小项称为任意项。约束项和任意项统称为无关项。在逻辑化简时,无关项取值可以为1,也可以为0。在逻辑函数表达式中无关项通常用 $\sum d(\cdots)$ 来表示。在真值表和卡诺图中,无关项对应的函数取值用“∅”或“×”表示。例如,$\sum d(10,11,15)$ 说明最小项 m_{10}、m_{11}、m_{15} 是无关项。有时也用逻辑表达式表示函数中的无关项。例如,$d = \mathrm{AB}+\mathrm{AC}$,表示 $\mathrm{AB}+\mathrm{AC}$ 所包含的最小项为无关项。

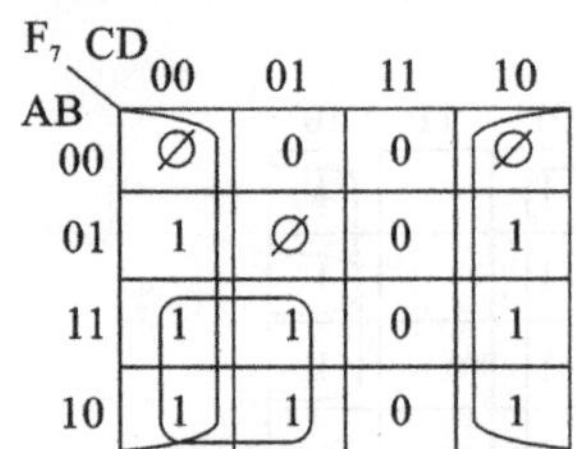

图 6.3.13　例 6.3.19 卡诺图

利用无关项所对应的函数值可为也可为 1 的特点,在进行逻辑函数化简时,可使函数进一步简化。

【例 6.3.19】 试用卡诺图化简逻辑函数

$$\begin{aligned}\mathrm{F}_7 &= (\mathrm{A},\mathrm{B},\mathrm{C},\mathrm{D})\\ &= \sum m(4,6,8,9,10,12,13,14)+\sum d(0,2,5)\end{aligned}$$

【解】 画出逻辑函数 F_7 的卡诺图,如图 6.3.13 所示。将无关项 m_0 和 m_2 视为1,可使函数进一步简化为 $\mathrm{F}_7=\overline{\mathrm{D}}+\mathrm{A}\overline{\mathrm{C}}$。

6.4　逻辑函数的门电路实现

逻辑函数经过化简之后,得到了最简逻辑表达式,根据逻辑表达式,就可以采用合适的逻辑门来实现逻辑函数。实现逻辑函数,首先要画出逻辑图。逻辑图是由逻辑符号及其他电路符号构成的电路连接图。逻辑图是除真值表、逻辑表达式和卡诺图之外,表示逻辑函数的另一种方法。逻辑图更贴近逻辑电路设计的工程实际,一般设计逻辑电路就是要设计出它的逻辑图。

由于采用的逻辑门不同,实现逻辑函数的形式也不同。这里介绍两级与或电路、两级与非电路、两级或非电路和与或非电路四种电路的实际形式,并约定第一级门电路输入可以用反变量。

6.4.1　两级与或电路

根据与或逻辑表达式,可以直接画出两级与或电路。

【例 6.4.1】 试用与门和或门实现逻辑函数 $\mathrm{F}_1=\mathrm{AB}+\mathrm{AC}+\mathrm{BC}$,画出逻辑图。

【解】　用与门实现与功能，用或门实现或功能，可画出 F_1 的逻辑图如图 6.4.1 所示。

6.4.2　两级与非电路

与非门是工程实际中大量应用的逻辑门，单独使用与非门可以实现任何组合逻辑函数。逻辑函数往往用与或表达式形式来表示，如果用与非门来实现，就要将与或表达式转换为与非-与非表达式的形式。

将与或式两次求反，并使用一次摩根定理，就可将与-或式转换成与非-与非式。例如，对于上例逻辑函数

$$F_1 = AB + AC + BC$$

对 F_1 两次求反，即

$$F_1 = \overline{\overline{AB + AC + BC}}$$

用一次摩根定理，得

$$F_1 = \overline{\overline{AB} \cdot \overline{AC} \cdot \overline{BC}}$$

用两级与非门实现函数 F_1，其逻辑图如图 6.4.2 所示。

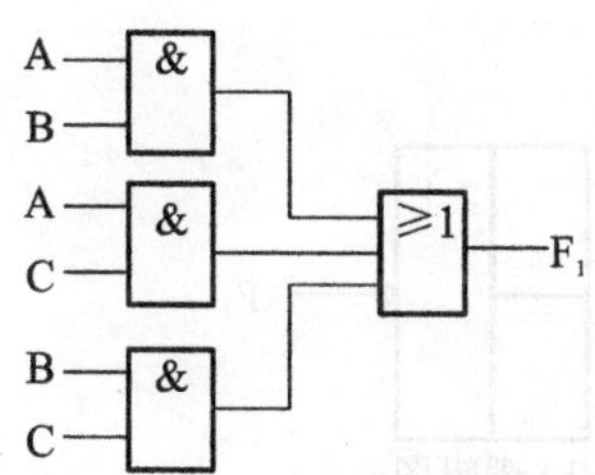

图 6.4.1　用与门和或门实现逻辑函数 $F_1 = AB + AC + BC$ 的逻辑图

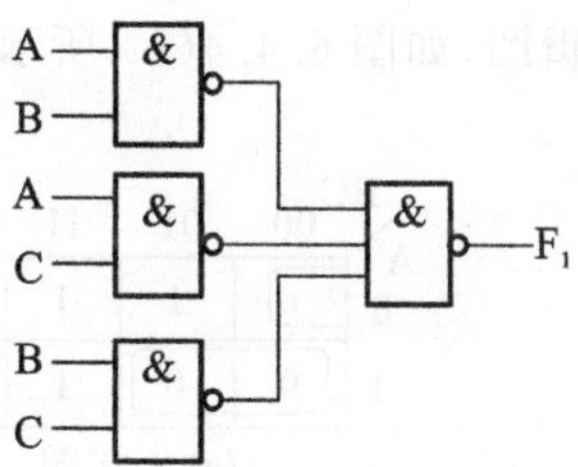

图 6.4.2　用与非门实现逻辑函数 $F_1 = AB + AC + BC$ 的逻辑图

6.4.3　两级或非电路

单独使用或非门可以实现任何组合逻辑函数。用或非门来实现逻辑函数也要进行表达式的形式转换。

【例 6.4.2】　试用两级或非门实现逻辑函数 $F_3(A,B,C,D) = \sum m(0,1,2,5,8,9,10)$ 最简式，并画出逻辑图。

【解】　画出逻辑函数 F_3 的卡诺图，如图 6.4.3(a) 所示。由组合为 0 的方格求得 $\overline{F_3} = AB + CD + B\overline{D}$，然后等式两边同时取反，得

$$\begin{aligned} F_3 &= \overline{AB + CD + B\overline{D}} \\ &= (\overline{A} + \overline{B})(\overline{C} + \overline{D})(\overline{B} + D) \\ &= \overline{\overline{(\overline{A} + \overline{B})(\overline{C} + \overline{D})(\overline{B} + D)}} \quad \text{（取反两次，逻辑功能不变）} \\ &= \overline{\overline{\overline{A} + \overline{B}} + \overline{\overline{C} + \overline{D}} + \overline{\overline{B} + D}} \quad \text{（下面反号用一次摩根定理）} \end{aligned}$$

由此可画出 F_3 逻辑图，如图 6.4.3(b) 所示。

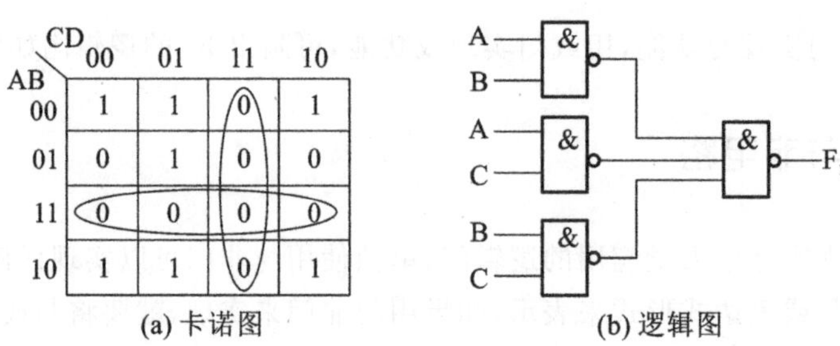

(a) 卡诺图　　(b) 逻辑图

图 6.4.3　例 6.4.2 图

6.4.4　两级与或非电路

【例 6.4.3】　化简逻辑函数 $F_4(A,B,C)=\sum m(1,3,6,7)$，并用与或非逻辑门实现，最后画出逻辑图。

【解】　画出 F_4 的卡诺图，如图 6.4.4(a) 所示。由组合为 0 的方格可得 $\overline{F_4}=\overline{A}\,\overline{C}+A\overline{B}$，两边取反得

$$F_4=\overline{\overline{A}\,\overline{C}+A\overline{B}}$$

可画出逻辑图，如图 6.4.4(b) 所示。

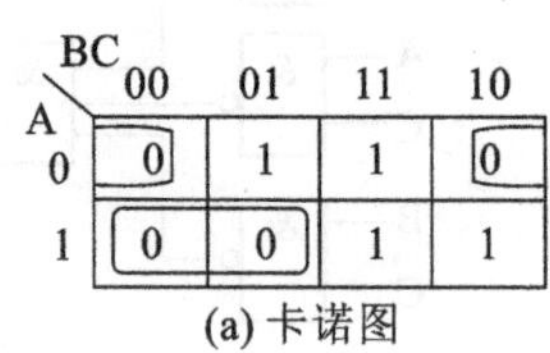

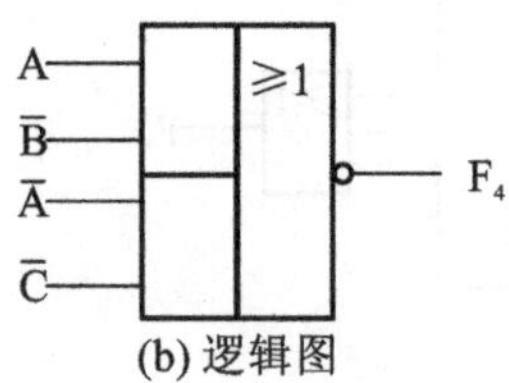

(a) 卡诺图　　(b) 逻辑图

图 6.4.4　例 6.4.3 图

习　　题

一、选择题

1. 在二进制技术系统中，每个变量的取值为(　　)。

A. 0 和 1　　B. 0～7　　C. 0～10　　D. 0～F

2. 连续变化的量称为(　　)。

A. 数字量　　B. 模拟量　　C. 二进制量　　D. 16 进制量

3. 十进制数 386 的 8421BCD 码为(　　)。

A. 001101110110　　B. 001110000110

C. 100010000110　　D. 010010000110

4. 下列数中，不是余 3 码的是(　　)。

A. 1011　　B. 0111　　C. 0010　　D. 1001

5. 十进制数的权值为(　　)。

A. 2 的幂　　B. 8 的幂　　C. 16 的幂　　D. 10 的幂

6. 有一个输入为 A、B 的两输入与非门，为保证输出低电平，要求输入为(　　)。

A. A=1,B=0　　B. A=0,B=1　　C. A=0,B=0　　D. A=1,B=1

7. 要使输入为 A、B 的两输入或门输出低电平，要求输入为(　　)。

A. A=1,B=0　　B. A=0,B=1　　C. A=0,B=0　　D. A=1,B=1

8. 要使输出的数字信号和输入的反相，应采用(　　)。

A. 与门　　B. 或门　　C. 非门　　D. 传输门

9. 异或门一个输入端接高电平，另一个输入信号为 1 时，则输出与输入信号的关系是(　　)。

A. 高电平　　B. 低电平　　C. 同相　　D. 反相

10. 逻辑代数中有 3 种基本运算，即(　　)。

A. 或非，与或，与或非　　B. 与非，或非，与或非

C. 与非，或，与或　　D. 与，或，非

11. 将 2004 个“1”异或起来得到的结果是(　　)。

A. 0　　B. 1　　C. 不定

12. 实现逻辑函数 $Y=\overline{\overline{AB}\cdot\overline{CD}}$需用(　　)。

A. 两个与非门　　B. 三个与非门　　C. 两个或非门　　D. 三个或非门

13. 和逻辑式 $A+A\overline{BC}$相等的是(　　)。

A. ABC　　B. 1+BC　　C. A　　D. $A+\overline{BC}$

14. 逻辑表达式 A+BC=(　　)。

A. A+B　　B. A+C　　C. (A+B)(A+C)　　D. B+C

15. *n* 个变量的逻辑函数全部最小项有(　　)。

A. *n* 个　　B. 2*n* 个　　C. 2*n* 个　　D. 2*n*−1 个

二、分析题

1. 试总结并说出

(1) 根据真值表写逻辑函数式的方法；

(2) 根据函数式列真值表的方法；

(3) 根据逻辑图写逻辑函数式的方法；

(4) 根据逻辑函数式画逻辑图的方法。

2. 题图 6.1(a)所示门电路输入端 A、B、C 的波形如题图 6.1(b)所示，试画出 G 端与 F 端的波形。

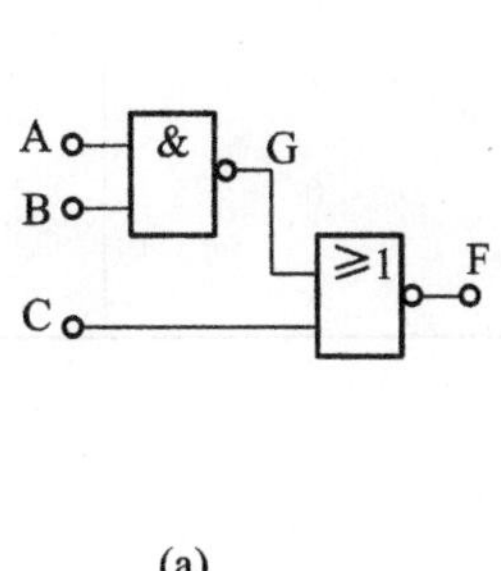

(a)

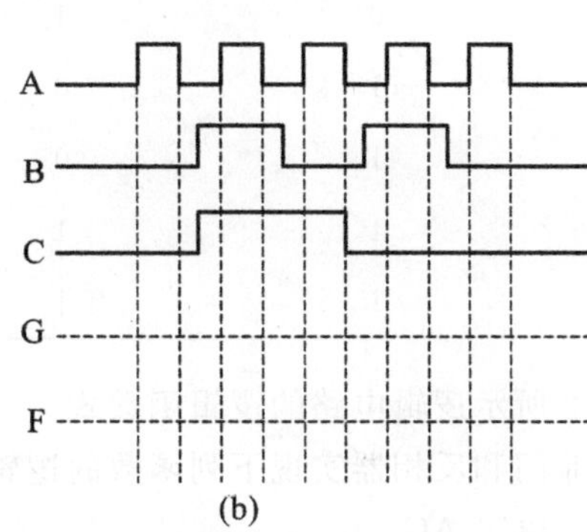

(b)

题图 6.1

3. 已知真值表如题表 6.1、题表 6.2 所示，试写出相应的逻辑表达式。

题表 6.1

A	B	C	Y
0	0	0	0
0	0	1	1
0	1	0	1
0	1	1	0
1	0	0	1
1	0	1	0
1	1	0	0
1	1	1	1

题表 6.2

A	B	C	D	Y
0	0	0	0	0
0	0	0	1	0
0	0	1	0	0
0	0	1	1	0
0	1	0	0	0
0	1	0	1	0
0	1	1	0	0
0	1	1	1	1
1	0	0	0	0
1	0	0	1	0
1	0	1	0	1
1	0	1	1	1
1	1	0	0	0
1	1	0	1	1
1	1	1	0	1
1	1	1	1	1

4. 写出题图 6.2 所示逻辑电路的逻辑函数式。

5. 试画出用与非门和反相器实现下列函数的逻辑图。

(1) $Y=AB+BC+AC$。

(2) $Y=(\overline{A}+B)(A+\overline{B})C+\overline{BC}$。

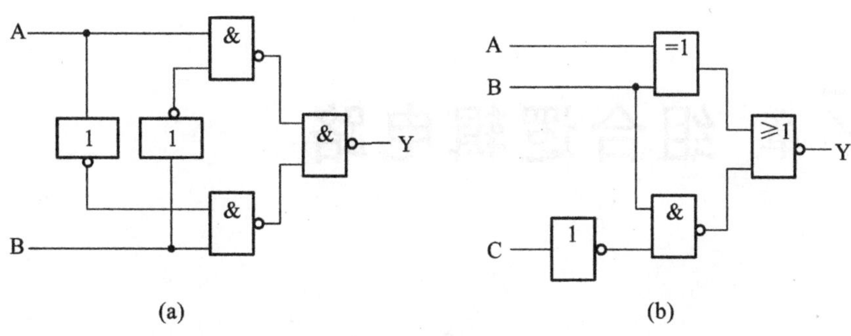

题图 6.2

(3) $Y=\overline{AB\overline{C}+A\overline{B}C+\overline{A}BC}$。

(4) $Y=A\,\overline{BC}+\overline{(\overline{A\overline{B}}+\overline{A}\,\overline{B}+BC)}$。

6. 已知某组合电路的输入 A、B、C 和输出 F 的波形如题图 6.3 所示，试写出 F 的最简与或表达式。

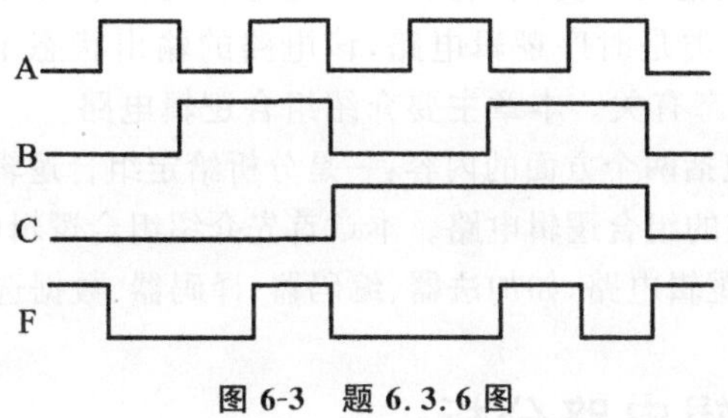

图 6-3　题 6.3.6 图

7. 设 $F(A,B,C,D)=\sum m(2,4,8,9,10,12,14)$，试按以下要求用最简单的方法实现 F。

(1) 用与非门实现。

(2) 用或非门实现。

(3) 用与或非门实现。

第7章 组合逻辑电路

教学目标：重点学习组合逻辑电路的特点及组合逻辑电路的分析方法和设计方法；掌握各种常用的组合逻辑电路的应用；了解组合逻辑电路中竞争冒险现象的产生原因及消除办法。

数字电路按其逻辑功能可分为两大类：一类是组合逻辑电路，该电路的输出状态仅取决于当时的输入状态；另一类是时序逻辑电路，该电路的输出状态不仅与当时的输入状态有关，而且与电路原来的状态有关。本章主要介绍组合逻辑电路。

讨论组合逻辑电路包括两个方面的内容：一是分析给定组合逻辑电路的逻辑功能；二是由给定的逻辑要求设计相应的组合逻辑电路。本章首先介绍组合逻辑电路的分析方法与设计方法，然后介绍常见的组合逻辑电路，如加法器、编码器、译码器、数据选择器和数值比较器。

7.1 组合逻辑电路分析

7.1.1 组合逻辑电路的特点

组合逻辑电路（见图7.1.1）是由门电路组成的，但不包含存储信号的记忆单元，输出与输入间无反馈通路，信号单向传输，且存在传输延迟时间。

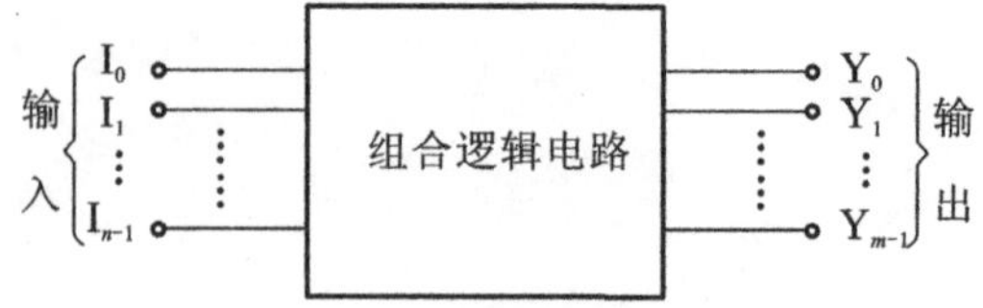

图7.1.1 组合逻辑电路示意图

组合逻辑电路的基本特点是任何时刻的输出信号状态仅取决于该时刻各个输入信号状态的组合，而与电路在输入信号作用前的状态无关。简而言之，组合逻辑电路不具有记忆功能。

7.1.2 组合逻辑电路的分析

对于已经给出的一个组合逻辑电路，用逻辑代数原理去分析它的性质，判断它的逻辑功

能，称为组合逻辑电路的分析。组合逻辑电路的分析流程如图 7.1.2 所示。

组合逻辑电路的分析具体可分为以下四个步骤。

(1) 根据给定的组合逻辑电路写出它的输出函数逻辑表达式。

(2) 对逻辑表达式进行化简。

(3) 根据最简表达式列真值表。

(4) 根据真值表中逻辑变量和函数的取值规律来分析电路的逻辑功能。

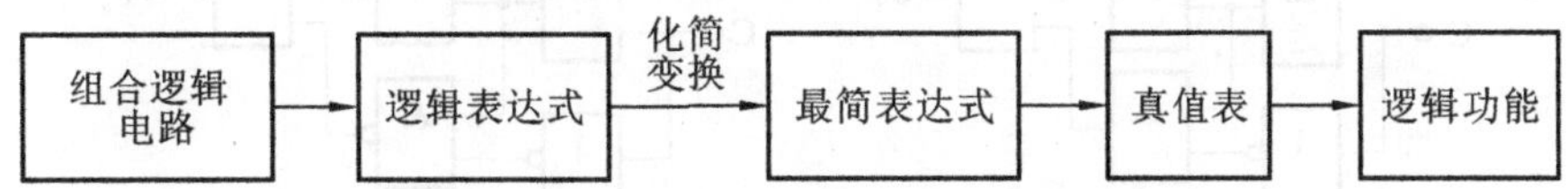

图 7.1.2　组合逻辑电路的分析流程

【例 7.1.1】 组合逻辑电路如图 7.1.3 所示，分析该电路的逻辑功能。

【解】 (1) 由逻辑图逐级写出逻辑表达式。为了方便写表达式，借助中间变量 P：

$$P=\overline{ABC}$$

$$\begin{aligned}L&=AP+BP+CP\\&=A\,\overline{ABC}+B\,\overline{ABC}+C\,\overline{ABC}\end{aligned}$$

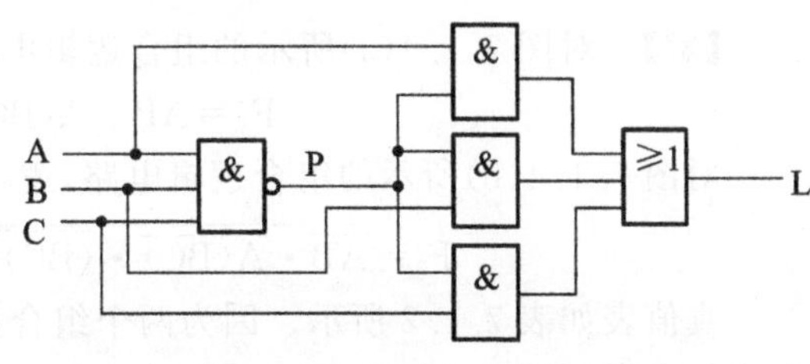

图 7.1.3　例 7.1.1 图

(2) 化简与变换。因为下一步要列真值表，所以要通过化简与变换，使逻辑表达式有利于列真值表，一般应将逻辑表达式变换成与或表达式或最小项表达式。

$$\begin{aligned}L&=\overline{ABC}(A+B+C)\\&=\overline{ABC+\overline{A+B+C}}\\&=\overline{ABC+\overline{A}\,\overline{B}\,\overline{C}}\end{aligned}$$

(3) 根据逻辑表达式列出真值表，如表 7.1.1 所示。

表 7.1.1　例 7.1.1 真值表

A	B	C	L
0	0	0	0
0	0	1	1
0	1	0	1
0	1	1	1
1	0	0	1
1	0	1	1
1	1	0	1
1	1	1	0

经过化简与变换后得到的逻辑表达式为两个最小项之和的非，所以根据它很容易列出真值表。

(4) 分析逻辑功能。由真值表可知，当 A、B、C 三个变量不一致时，电路输出为“1”，所以这个电路称为“不一致电路”。

上例中输出变量只有一个,对于多输出变量的组合逻辑电路,分析方法完全相同。

【例 7.1.2】 分析图 7.1.4 所示的两个组合逻辑电路的逻辑功能是否相同?要求写出逻辑表达式,列出真值表。

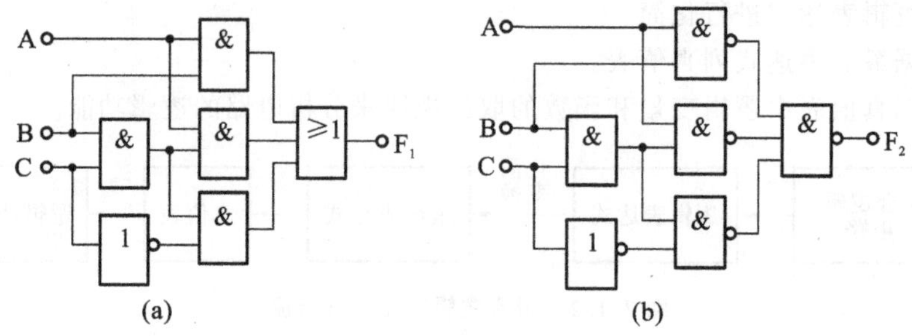

图 7.1.4 例 7.1.2 图

【解】 对图 7.1.4(a)所示的组合逻辑电路,逻辑表达式为

$$F_1 = AB + A(BC) + (BC)\overline{C} = AB$$

对图 7.1.4(b)所示的组合逻辑电路,逻辑表达式为

$$F_2 = \overline{\overline{AB} \cdot \overline{A(BC)} \cdot \overline{(BC)\overline{C}}} = AB + ABC + BC\overline{C} = AB$$

真值表如表 7.1.2 所示。因为两个组合逻辑电路的逻辑表达式和真值表完全相同,所以它们具有相同的逻辑功能。

表 7.1.2 例 7.1.2 的真值表

A	B	C	F_1	F_2
0	0	0	0	0
0	0	1	0	0
0	1	0	0	0
0	1	1	0	0
1	0	0	0	0
1	0	1	0	0
1	1	0	1	1
1	1	1	1	1

【例 7.1.3】 图 7.1.5 所示为一个保险柜的组合逻辑电路,保险柜有 3 个按钮 A、B、C,分析该组合逻辑电路是否具有报警保险功能。

【解】 (1) 根据逻辑图写出函数 F_1、F_2 的与非表达式,将其化简变换为与或表达式,为

$$F_1 = \overline{\overline{\overline{A}BC} \cdot \overline{AB\overline{C}}} = \overline{A}BC + AB\overline{C}$$

$$\begin{aligned} F_2 &= \overline{\overline{A\overline{B}} \cdot \overline{AC} \cdot \overline{\overline{B}C} \cdot \overline{\overline{A}\,B\overline{C}}} \\ &= A\overline{B} + AC + \overline{B}C + \overline{A}\,B\overline{C} \\ &= (A\overline{B}\,\overline{C} + A\overline{B}C) + (A\overline{B}C + ABC) + (A\overline{B}C + \overline{A}\,\overline{B}C) + \overline{A}\,B\overline{C} \\ &= \overline{A}\,\overline{B}C + \overline{A}\,B\overline{C} + A\overline{B}\,\overline{C} + A\overline{B}C + ABC \end{aligned}$$

(2) 根据逻辑要求,该组合逻辑电路的真值表如表 7.1.3 所示。

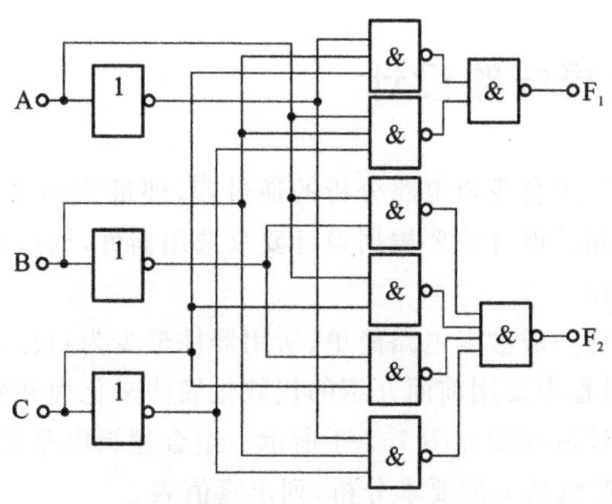

图 7.1.5　例 7.1.3 图

表 7.1.3　例 7.1.3 的真值表

A	B	C	F_1	F_2
0	0	0	0	0
0	0	1	0	1
0	1	0	0	1
0	1	1	1	0
1	0	0	0	1
1	0	1	0	1
1	1	0	1	0
1	1	1	0	1

(3) 根据真值表分析逻辑功能。当 3 个按钮 A、B、C 按下时其值为“1”,未按下时其值为“0”。发出开启柜门信号时,F_1 的值为“1”,否则 F_1 的值为“0”。发出报警信号时,F_2 的值为“1”,否则“F_2”的值为 0。因此,该组合逻辑电路可以起报警保险作用。

在实际工作中,除了用代数化简法来分析逻辑功能外,根据输出与输入逻辑状态的波形图分析电路的逻辑功能,也是很直观的。为了避免出错,通常是根据输入波形,逐级画出输出波形,最后根据输出端与输入端波形之间的关系确定逻辑功能。

【例 7.1.4】　组合逻辑电路如图 7.1.6(a)所示,写出其逻辑表达式,并根据输入信号 A、B 的波形画出相应的输出 Y 波形。

【解】　(1) 根据组合逻辑电路写出逻辑表达式:

$$Y=\overline{A \cdot B}$$

(2) 根据逻辑表达式画出 Y 的波形图,如图 7.1.6(b)所示。

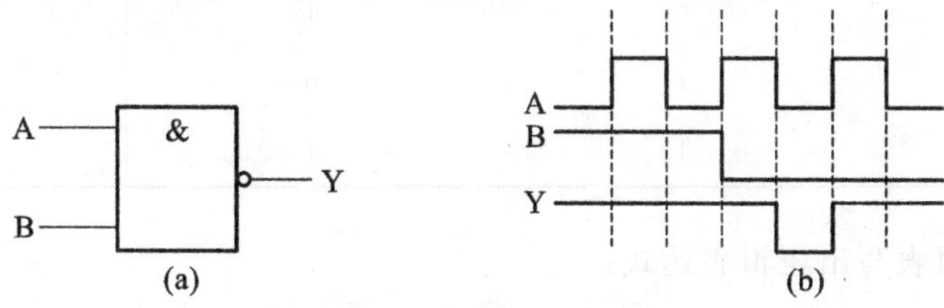

图 7.1.6　例 7.1.4 图

7.2 组合逻辑电路设计

组合逻辑电路设计是组合逻辑电路分析的逆过程，即最终画出满足功能要求的组合逻辑电路图。组合逻辑电路的设计需要根据设计要求选用器件，构造出能实现预定逻辑功能、经济合理的组合逻辑电路。

组合逻辑电路的设计一般应以电路简单、所用器件最少为目标，并尽量减少所用集成器件的种类，因此在设计过程中要用前面介绍的代数化简法来化简和变换逻辑表达式。

组合逻辑电路的设计流程图如图 7.2.1 所示。组合逻辑电路设计的一般过程如下。

(1) 根据对电路的逻辑功能的要求分析，列出真值表。

(2) 由真值表写出逻辑表达式。

(3) 化简和变换逻辑表达式，从而能利用选定的逻辑器件画出组合逻辑电路图。

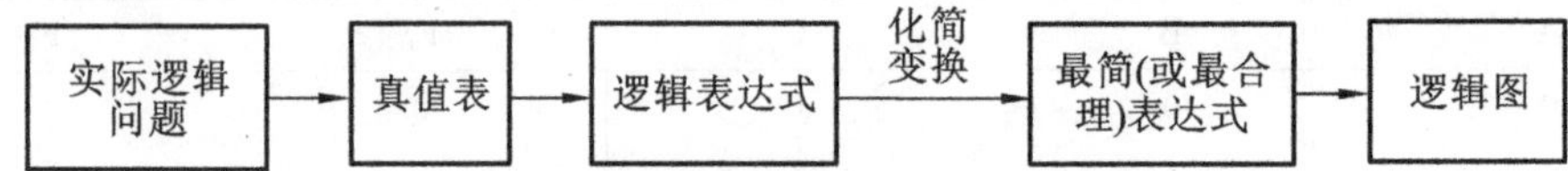

图 7.2.1 组合逻辑电路的设计流程图

【例 7.2.1】 设计一个三人表决电路，结果按“少数服从多数”的原则决定。

【解】 (1) 根据设计要求建立该逻辑表达式的真值表。

设三人的意见分别为变量 A、B、C，表决结果为函数 L。对变量及函数进行如下状态赋值：

对于变量 A、B、C，设同意为逻辑“1”，不同意为逻辑“0”；

对于函数 L，设事情通过为逻辑“1”，事情没通过为逻辑“0”；

列出真值表，如表 7.2.1 所示。

表 7.2.1 例 7.2.1 真值表

A	B	C	L
0	0	0	0
0	0	1	0
0	1	0	0
0	1	1	1
1	0	0	0
1	0	1	1
1	1	0	1
1	1	1	1

(2) 根据真值表写出逻辑表达式：

$$L=\overline{A}BC+A\overline{B}C+AB\overline{C}+ABC$$

该逻辑表达式不是最简的，化简得最简表达式：

$$L=AB+BC+AC$$

(3) 画出组合逻辑电路图如图 7.2.2(a)所示。

如果要求用与非门实现该组合逻辑电路，就应将逻辑表达式转换成与非表达式：

$$L=AB+BC+AC=\overline{\overline{AB}\cdot\overline{BC}\cdot\overline{AC}}$$

画出组合逻辑电路图如图 7.2.2(b)所示。

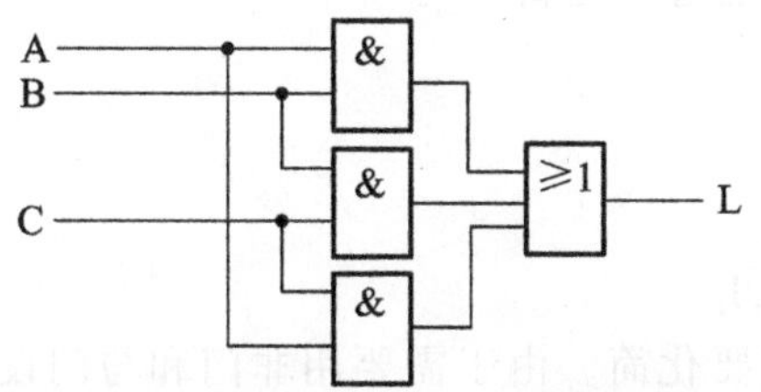

(a) 用与门和或门设计的组合逻辑电路图

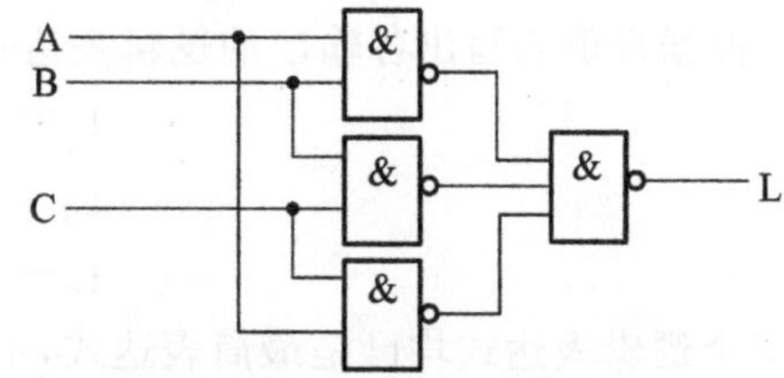

(b) 用与非门设计的组合逻辑电路图

图 7.2.2　例 7.2.1 组合逻辑电路图

【例 7.2.2】　某车间有三台电动机 A、B、C，要维持正常生产必须至少两台电动机工作。试用与非门设计一个能满足此要求的组合逻辑电路。

【解】　设电动机 A、B、C 工作时其值为"1"，不工作时其值为"0"；并设正常生产信号用 F 表示，能正常生产时其值为"1"，不能正常生产时其值为"0"。根据逻辑要求，该组合逻辑电路的真值表如表 7.2.2 所示。

表 7.2.2　例 7.2.2 真值表

A	B	C	F
0	0	0	0
0	0	1	0
0	1	0	0
0	1	1	1
1	0	0	0
1	0	1	1
1	1	0	1
1	1	1	1

由表 7.2.2 写出函数 F 的与或表达式，将其化简、变换为与非表达式，为

$$F=\overline{A}BC+A\overline{B}C+AB\overline{C}+ABC$$

$$=AB+BC+AC=\overline{\overline{AB}\cdot\overline{BC}\cdot\overline{AC}}$$

根据上式画出逻辑图，如图 7.2.3 所示。

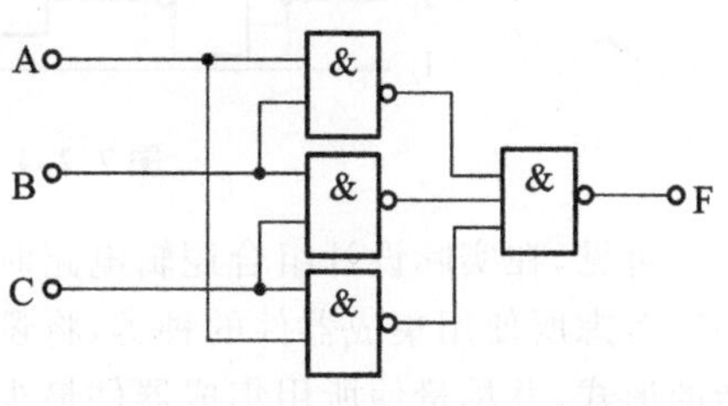

图 7.2.3　例 7.2.2 组合逻辑电路图

【例 7.2.3】　设计一个电话机信号控制电路。电路有 I_0（火警）、I_1（盗警）和 I_2（日常业务）三种输

入信号，这三种输入信号通过排队电路分别从 L_0、L_1、L_2 输出，在同一时间只能有一个信号通过。如果同时有两个或两个以上信号出现时，应首先接通火警信号，其次接通盗警信号，最后接通日常业务信号。试按照上述轻重缓急的顺序设计该信号控制电路。要求用集成门电路 7400(每片含四个两输入与非门)实现。

【解】 (1) 列真值表，如表 7.2.3 所示。

对于输入，设有信号为逻辑"1"，没信号为逻辑"0"。

对于输出，设允许通过为逻辑"1"，不设允许通过为逻辑"0"。

(2) 根据真值表写出各输出的逻辑表达式：

$$L_0 = I_0$$

$$L_1 = \overline{I_0} I_1$$

$$L_2 = \overline{I_0}\,\overline{I_1} I_2$$

这三个逻辑表达式均已是最简表达式，不需要化简。由于需要用非门和与门设计该组合逻辑电路，且 L_2 需用三输入与门才能实现，故不符合设计要求。

表 7.2.3　例 7.2.3 真值表

输入			输出		
I_0	I_1	I_2	L_0	L_1	L_2
0	0	0	0	0	0
1	×	×	1	0	0
0	1	×	0	1	0
0	0	1	0	0	1

(3) 根据要求，将上述逻辑表达式变换为

$$L_0 = I_0$$

$$L_1 = \overline{\overline{\overline{I_0} I_1}}$$

$$L_2 = \overline{\overline{\overline{I_0}\,\overline{I_1} I_2}} = \overline{\overline{\overline{\overline{I_0}\,\overline{I_1}}} \cdot I_2}$$

(4) 画出组合逻辑电路图如图 7.2.4 所示，可用两片集成门电路 7400 来实现。

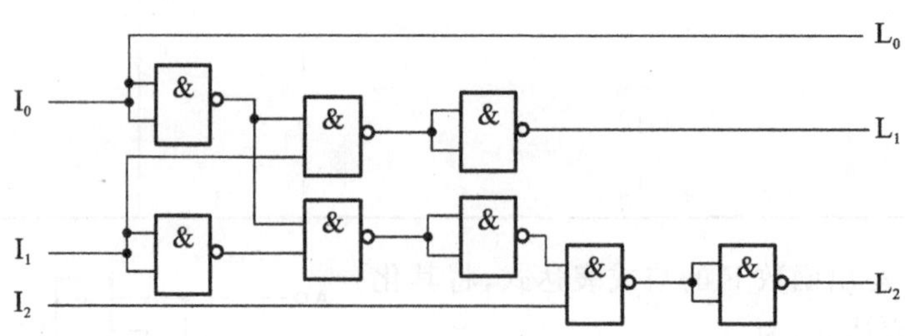

图 7.2.4　例 7.2.3 组合逻辑电路图

可见，在实际设计组合逻辑电路时，有时并不是逻辑表达式最简单，就能满足设计要求，还应考虑所使用集成器件的种类，将逻辑表达式变换为能用所要求的集成器件实现逻辑功能的形式，并尽量使所用集成器件最少，这样的逻辑表达式就是设计流程图中所说的"最合理表达式"。

7.3 常见的组合逻辑电路

逻辑功能器件包括加法器、编码器、译码器、数据选择器和数值比较器等。对于这些逻辑器件，除了必须掌握其基本功能外，还必须了解其使能端、扩展端，掌握其应用。

在数字电路中，常需要进行加、减、乘、除等算术运算，而乘法运算、除法运算和减法运算均可变换为加法运算，故加法运算电路应用十分广泛。

7.3.1 加法器

能实现二进制加法运算的组合逻辑电路称为加法器。

1. 半加器

能对两个 1 位二进制数进行相加而求得和及进位的组合逻辑电路称为半加器。

按组合逻辑电路的设计方法来实现半加器，步骤如下。

(1) 写出输出逻辑表达式。该电路有两个输出端，属于多输出组合数字电路，电路的逻辑表达式如下：

$$S_i = \overline{A}_i B_i + A_i \overline{B}_i = A_i \oplus B_i$$
$$C_i = A_i B_i$$

(2) 列出真值表。半加器的真值表如表 7.3.1 所示。表中两个输入是加数 A_i 和 B_i，输出有一个是和 S_i，另一个是进位 C_i。

表 7.3.1　半加器的真值表

A_i	B_i	S_i	C_i
0	0	0	0
0	1	1	0
1	0	1	0
1	1	0	1

(3) 组合逻辑电路图和逻辑符号如图 7.3.1 所示。

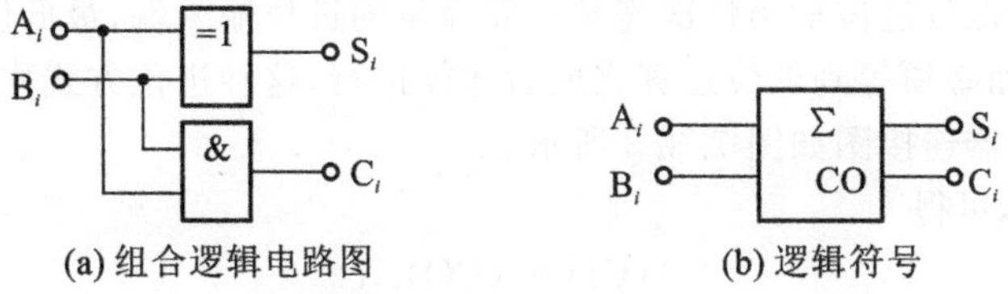

(a) 组合逻辑电路图　　(b) 逻辑符号

图 7.3.1　半加器的组合逻辑电路图和逻辑符号

2. 全加器

能对两个 1 位二进制数进行相加并考虑低位来的进位，即相当于能对三个 1 位二进制数进行相加，求得和及进位的组合逻辑电路称为全加器。

二进制数之间的加、减、乘、除算术运算，目前在计算机中都是化成若干步加法运算进行的。因此，全加器是构成算术运算器的基本单元。全加器的组合逻辑电路图和逻辑符号如图 7.3.2 所示。1 位全加器的真值表如表 7.3.2 所示，逻辑表达式为

$$S_i=\overline{A}_i\overline{B}_iC_{i-1}+\overline{A}_iB_i\overline{C}_{i-1}+A_i\overline{B}_i\overline{C}_{i-1}+A_iB_iC_{i-1}=A_i\oplus B_i\oplus C_{i-1}$$

$$C_i=\overline{A}_iB_iC_{i-1}+A_i\overline{B}_iC_{i-1}+A_iB_i\overline{C}_{i-1}+A_iB_iC_{i-1}=(A_i\oplus B_i)C_{i-1}+A_iB_i$$

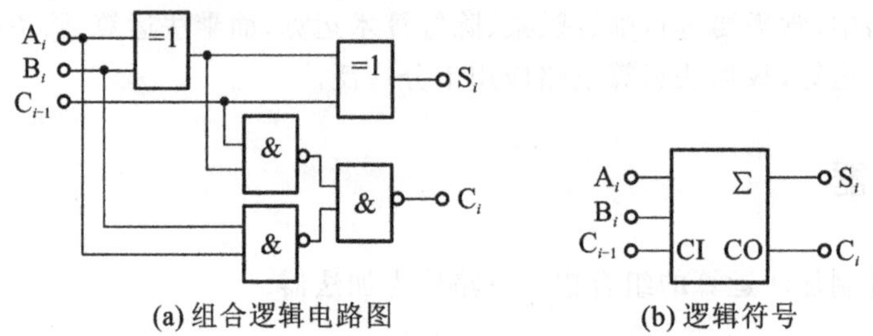

图 7.3.2　全加器的组合逻辑电路图和逻辑符号

表 7.3.2　1 位全加器的真值表

A_i	B_i	C_{i-1}	S_i	C_i
0	0	0	0	0
0	0	1	1	0
0	1	0	1	0
0	1	1	0	1
1	0	0	1	0
1	0	1	0	1
1	1	0	0	1
1	1	1	1	1

全加器除用作算术运算器的基本单元外，在组合逻辑电路设计中，如果要产生的逻辑函数能化成输入变量与输入变量之间或者输入变量与常量之间在数值上相加的形式，这时用全加器来设计组合逻辑电路非常简单。

3. 串位进位加法器

要进行多位数相加，最简单的方法就是将多个全加器进行级联，构成串行进位加法器。串行进位加法器的低位进位输出依次连至相邻高位的进位输入端，最低位进位输入端接地。因此，高位数的相加必须等到低位运算完成后才能进行，这种进位方式称为串行进位。

串行进位加法器连接图如图 7.3.3 所示。

根据图 7.3.3，可得

$$(CI)_i=(CO)_{i-1}$$

$$S_i=A_i\oplus B_i\oplus(CI)_i$$

$$(CO)_i=A_iB_i+(A_i+B_i)(CI)_i$$

串行进位加法器的优点是电路比较简单，缺点是速度比较慢。因为进位信号串行传输，图 7.3.3 中最后一位的进位输出要经过 4 位全加器传递之后才能形成。如果位数增加，传输延迟时间将更长，工作速度将更慢。

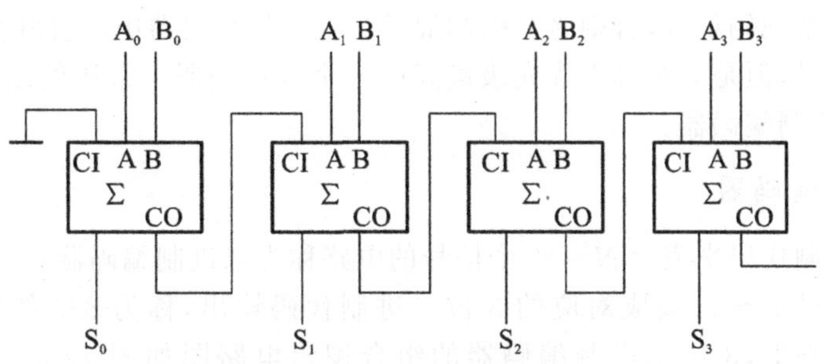

图 7.3.3　串行进位加法器连接图

4. 加法器的应用

【例 7.3.1】　试设计一个将 8421BCD 码转换为余 3 码的代码转换电路。

【解】　已知余 3 码等于 8421BCD 码加 3，由此可以得到

$$Y_3Y_2Y_1Y_0 = DCBA + 0011$$

列出代码转换电路的真值表，如表 7.3.3 所示。

表 7.3.3　代码转换电路的真值表

输入				输出			
D	C	B	A	Y_3	Y_2	Y_1	Y_0
0	0	0	0	0	0	1	1
0	0	0	1	0	1	0	0
0	0	1	0	0	1	0	1
0	0	1	1	0	1	1	0
0	1	0	0	0	1	1	1
0	1	0	1	1	0	0	0
0	1	1	0	1	0	0	1
0	1	1	1	1	0	1	0
1	0	0	0	1	0	1	1
1	0	0	1	1	1	0	0

所以，用一片 4 位加法器 74LS283 便可以接成所需要的电路，如图 7.3.4 所示：

7.3.2　编码器

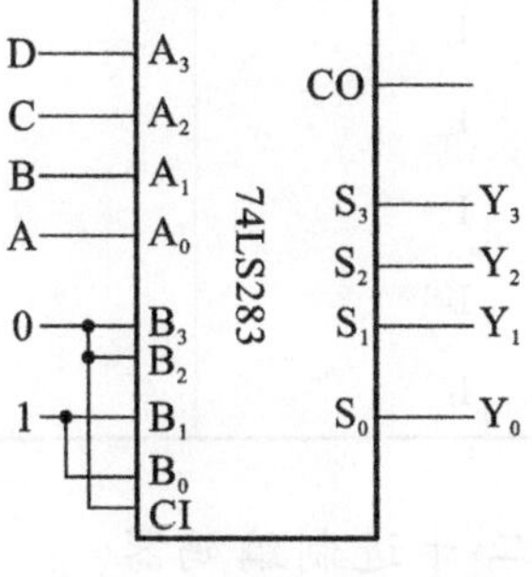

图 7.3.4　用 74LS283 组成的代码转换电路

在数字电路中，编码器是指将输入信号用二进制编码形式输出的器件。假设有 N 个输入信号要求编码，输出编码位数最少为 m，则应满足

$$2^{m-1} < N < 2^m$$

编码器可以把输入的每一个高、低电平信号编成一个对应的二进制代码，通常分为普通编码器和优先编码器两类。在普通编码器中，任何时

刻只允许输入一个编码信号，否则将会引起混淆。在优先编码器中，允许同时输入两个及两个以上的编码信号，但是只对其中优先级最高的一个进行编码。常用的编码器又分二进制编码器和二-十进制编码器。

1. 二进制编码器

用 n 位二进制代码来表示 $N=2^n$ 个信号的电路称为二进制编码器。3 位二进制编码器是把 8 个输入信号 $I_0 \sim I_7$ 编成对应的 3 位二进制代码输出，称为 8/3 线编码器。分别用 000~111表示 $I_0 \sim I_7$，3 位二进制编码器的组合逻辑电路图如图 7.3.5 所示，真值表如表 7.3.4所示，逻辑表达式为

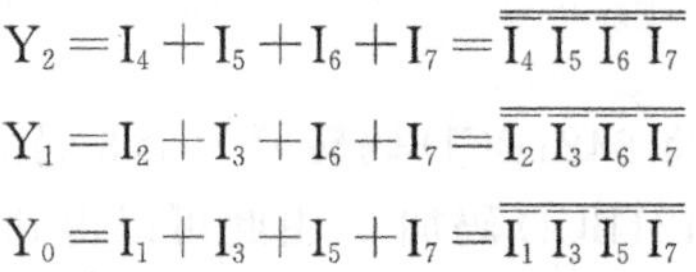

$$Y_2 = I_4 + I_5 + I_6 + I_7 = \overline{\overline{I_4}\,\overline{I_5}\,\overline{I_6}\,\overline{I_7}}$$
$$Y_1 = I_2 + I_3 + I_6 + I_7 = \overline{\overline{I_2}\,\overline{I_3}\,\overline{I_6}\,\overline{I_7}}$$
$$Y_0 = I_1 + I_3 + I_5 + I_7 = \overline{\overline{I_1}\,\overline{I_3}\,\overline{I_5}\,\overline{I_7}}$$

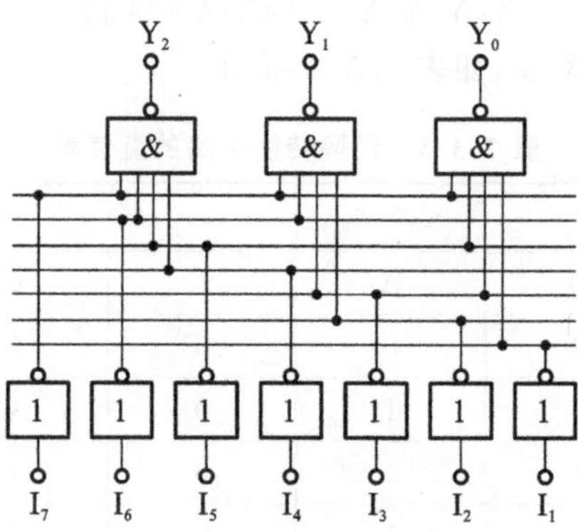

图7.3.5　3 位二进制编码器的组合逻辑电路图

表 7.3.4　3 位二进制编码器的真值表

输　入	输　出		
	Y_2	Y_1	Y_0
I_0	0	0	0
I_1	0	0	1
I_2	0	1	0
I_3	0	1	1
I_4	1	0	0
I_5	1	0	1
I_6	1	1	0
I_7	1	1	1

2. 二-十进制编码器

将十进制的 10 个数码 0~9 编成二进制代码的组合逻辑电路称为二-十进制编码器（简

称BCD码编码器)。它用于把10个输入信号 $I_0 \sim I_9$ 编成对应的4位二进制代码输出。二-十进制编码的方案很多,这里采用最常用的8421码,8421码编码器的组合逻辑电路图如图7.3.6所示,真值表如表7.3.5所示,逻辑表达式为

$$Y_3 = I_8 + I_9 = \overline{\overline{I_8}\,\overline{I_9}}$$

$$Y_2 = I_4 + I_5 + I_6 + I_7 = \overline{\overline{I_4}\,\overline{I_5}\,\overline{I_6}\,\overline{I_7}}$$

$$Y_1 = I_2 + I_3 + I_6 + I_7 = \overline{\overline{I_2}\,\overline{I_3}\,\overline{I_6}\,\overline{I_7}}$$

$$Y_0 = I_1 + I_3 + I_5 + I_7 + I_9 = \overline{\overline{I_1}\,\overline{I_3}\,\overline{I_5}\,\overline{I_7}\,\overline{I_9}}$$

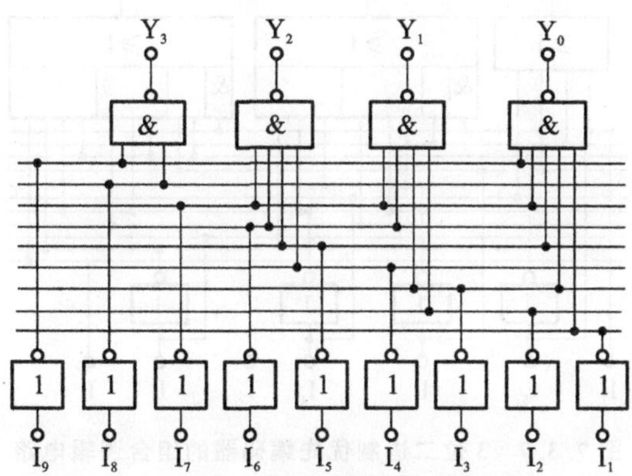

图7.3.6　8421码编码器的组合逻辑电路图

表7.3.5　8421码编码器的真值表

I	Y_3	Y_2	Y_1	Y_0
0(I_0)	0	0	0	0
1(I_1)	0	0	0	1
2(I_2)	0	0	1	0
3(I_3)	0	0	1	1
4(I_4)	0	1	0	0
5(I_5)	0	1	0	1
6(I_6)	0	1	1	0
7(I_7)	0	1	1	1
8(I_8)	1	0	0	0
9(I_9)	1	0	0	1

3. 优先编码器

能根据输入信号的优先级别进行编码的电路称为优先编码器。3位二进制优先编码器的输入是8个要进行优先编码的信号 $I_0 \sim I_7$,设 I_7 的优先级别最高,I_6 次之,依此类推,I_0 最低,并分别用000～111表示 $I_0 \sim I_7$,3位二进制优先编码器的组合逻辑电路图如图7.3.7所示,真值表即优先编码表如表7.3.6所示,逻辑表达式为

$$
\begin{aligned}
Y_2 &= I_7+\overline{I_7}I_6+\overline{I_7}\,\overline{I_6}I_5+\overline{I_7}\,\overline{I_6}\,\overline{I_5}I_4\\
&= I_7+I_6+I_5+I_4\\
Y_1 &= I_7+\overline{I_7}I_6+\overline{I_7}\,\overline{I_6}\,\overline{I_5}\,\overline{I_4}I_3+\overline{I_7}\,\overline{I_6}\,\overline{I_5}\,\overline{I_4}\,\overline{I_3}I_2\\
&= I_7+I_6+\overline{I_5}\,\overline{I_4}I_3+\overline{I_5}\,\overline{I_4}I_2\\
Y_0 &= I_7+\overline{I_7}\,\overline{I_6}I_5+\overline{I_7}\,\overline{I_6}\,\overline{I_5}\,\overline{I_4}I_3+\overline{I_7}\,\overline{I_6}\,\overline{I_5}\,\overline{I_4}\,\overline{I_3}\,\overline{I_2}I_1\\
&= I_7+\overline{I_6}I_5+\overline{I_6}\,\overline{I_4}I_3+\overline{I_6}\,\overline{I_4}\,\overline{I_2}I_1
\end{aligned}
$$

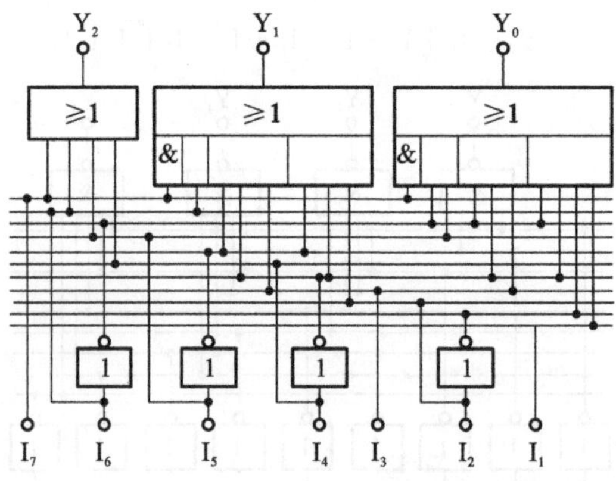

图 7.3.7　3 位二进制优先编码器的组合逻辑电路

表 7.3.6　3 位二进制优先编码的真值表

I_7	I_6	I_5	I_4	I_3	I_2	I_1	I_0	Y_2	Y_1	Y_0
1	×	×	×	×	×	×	×	1	1	1
0	1	×	×	×	×	×	×	1	1	0
0	0	1	×	×	×	×	×	1	0	1
0	0	0	1	×	×	×	×	1	0	0
0	0	0	0	1	×	×	×	0	1	1
0	0	0	0	0	1	×	×	0	1	0
0	0	0	0	0	0	1	×	0	0	1
0	0	0	0	0	0	0	1	0	0	0

7.3.3　译码器

译码器的逻辑功能是将每个输入的二进制代码译成对应的输出高、低电平信号，是编码器的反操作。常用的译码器有二进制译码器，二-十进制译码器和显示译码器。

1. 二进制译码器

二进制译码器将输入的 n 个二进制代码翻译成 $N=2^n$ 个信号输出，又称为变量译码器。3 位二进制译码器输入的代码是 3 位二进制代码 $A_2A_1A_0$，输出是 8 个译码信号 $Y_0\sim Y_7$。3 位二进制译码器的组合逻辑电路图如图 7.3.8 所示，真值表如表 7.3.7 所示，逻辑表达式为

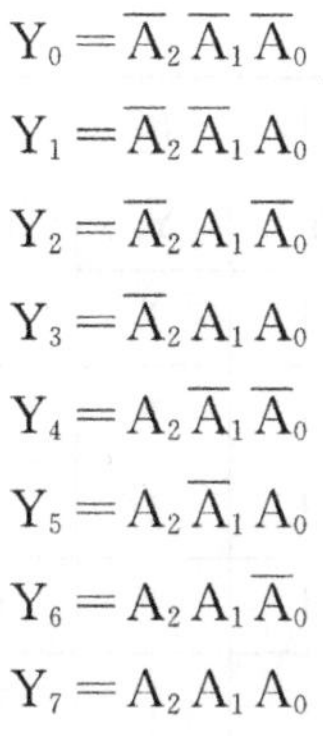

$$Y_0=\overline{A}_2\overline{A}_1\overline{A}_0$$
$$Y_1=\overline{A}_2\overline{A}_1A_0$$
$$Y_2=\overline{A}_2A_1\overline{A}_0$$
$$Y_3=\overline{A}_2A_1A_0$$
$$Y_4=A_2\overline{A}_1\overline{A}_0$$
$$Y_5=A_2\overline{A}_1A_0$$
$$Y_6=A_2A_1\overline{A}_0$$
$$Y_7=A_2A_1A_0$$

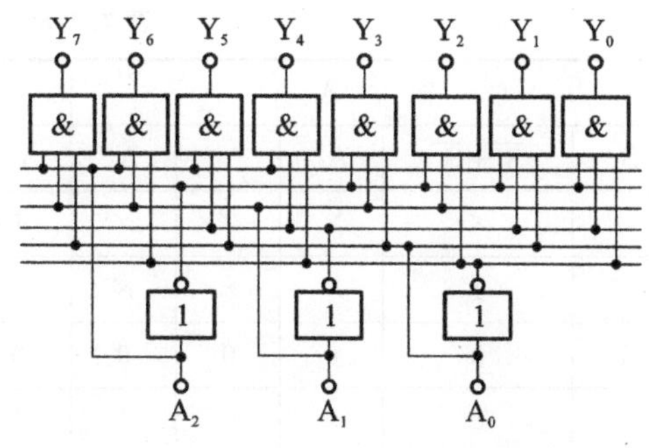

图 7.3.8　3 位二进制译码器的组合逻辑电路图

表 7.3.7　3 位二进制译码器的真值表

A_2	A_1	A_0	Y_0	Y_1	Y_2	Y_3	Y_4	Y_5	Y_6	Y_7
0	0	0	1	0	0	0	0	0	0	0
0	0	1	0	1	0	0	0	0	0	0
0	1	0	0	0	1	0	0	0	0	0
0	1	1	0	0	0	1	0	0	0	0
1	0	0	0	0	0	0	1	0	0	0
1	0	1	0	0	0	0	0	1	0	0
1	1	0	0	0	0	0	0	0	1	0
1	1	1	0	0	0	0	0	0	0	1

集成二进制译码器 74LS138 接线图及逻辑符号如图 7.3.9 所示。

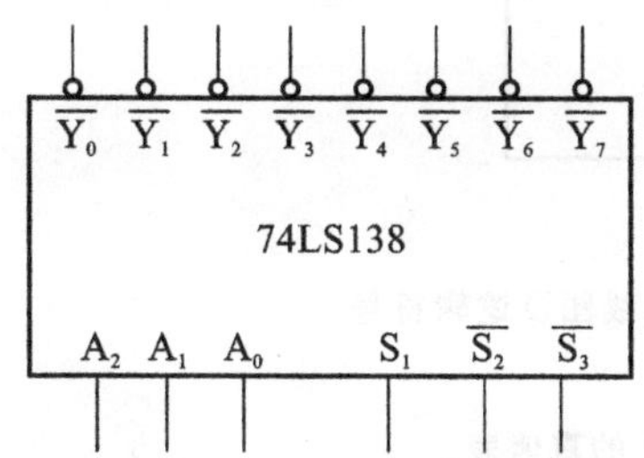

图 7.3.9　74LS138 接线图及逻辑符号

74LS138 是一种 3 线-8 线集成电路译码器。它包含三个译码输入端（又称地址输入端）A_2、A_1、A_0，八个译码输出端$\overline{Y_0}\sim\overline{Y_7}$，以及三个控制端（又称使能端）$S_1$、$\overline{S_2}$、$\overline{S_3}$。

S_1、$\overline{S_2}$、$\overline{S_3}$是译码器的控制端，当 $S_1=1$、$\overline{S_2}+\overline{S_3}=0$（即 $S_1=1$，$\overline{S_2}$、$\overline{S_3}$ 均为 0）是，G_S 输出为高电平，译码器处于工作状态。否则，译码器被禁止，所有的输出端被封锁在高电平。

$$S=S_1\cdot\overline{S_2}\cdot\overline{S_3}$$

当译码器处于工作状态时，每输入一个二进制代码，将使对应的一个输出端变为低电平，而其他输出端均为高电平。也可以说，对应的输出端被“译中”。

74LS138 的输出端被“译中”时为低电平，所以其逻辑符号中每一个输出端$\overline{Y_0}\sim\overline{Y_7}$上方均有“—”的符号。

74LS138 的真值表如表 7.3.8 所示。

表 7.3.8　74LS138 的真值表

输入					输出							
S_1	$\overline{S_2}+\overline{S_3}$	A_2	A_1	A_0	$\overline{Y_0}$	$\overline{Y_1}$	$\overline{Y_2}$	$\overline{Y_3}$	$\overline{Y_4}$	$\overline{Y_5}$	$\overline{Y_6}$	$\overline{Y_7}$
0	×	×	×	×	1	1	1	1	1	1	1	1
×	1	×	×	×	1	1	1	1	1	1	1	1
1	0	0	0	0	0	1	1	1	1	1	1	1
1	0	0	0	1	1	0	1	1	1	1	1	1
1	0	0	1	0	1	1	0	1	1	1	1	1
1	0	0	1	1	1	1	1	0	1	1	1	1
1	0	1	0	0	1	1	1	1	0	1	1	1
1	0	1	0	1	1	1	1	1	1	0	1	1
1	0	1	1	0	1	1	1	1	1	1	0	1
1	0	1	1	1	0	1	1	1	1	1	1	0

2. 二-十进制译码器

二-十进制译码器的逻辑功能是将输入的 BCD 码译成十个输出信号(输出低电平有效)。

二-十进制译码器 74LS42 的接线图及逻辑符号如图 7.3.10 所示，真值表如表 7.3.9 所示，组合逻辑电路图如图 7.3.11 所示。

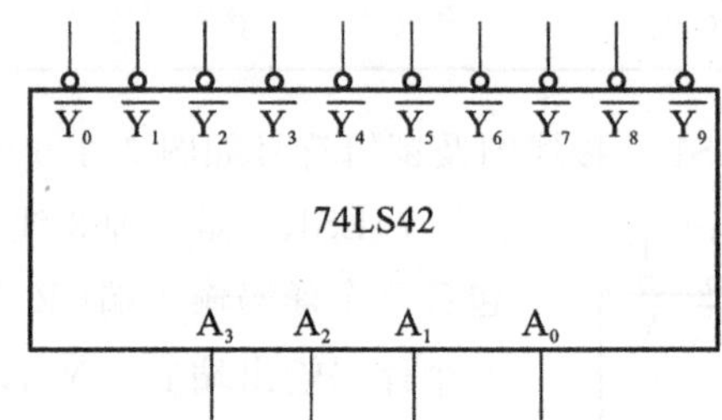

图 7.3.10　二-十进制译码器 74LS42 的接线图及逻辑符号

表 7.3.9　二-十进制译码器 74LS42 的真值表

A_3	A_2	A_1	A_0	$\overline{Y_0}$	$\overline{Y_1}$	$\overline{Y_2}$	$\overline{Y_3}$	$\overline{Y_4}$	$\overline{Y_5}$	$\overline{Y_6}$	$\overline{Y_7}$	$\overline{Y_8}$	$\overline{Y_9}$
0	0	0	0	0	1	1	1	1	1	1	1	1	1
0	0	0	1	1	0	1	1	1	1	1	1	1	1
0	0	1	0	1	1	0	1	1	1	1	1	1	1
0	0	1	1	1	1	1	0	1	1	1	1	1	1
0	1	0	0	1	1	1	1	0	1	1	1	1	1
0	1	0	1	1	1	1	1	1	0	1	1	1	1

续表

A_3	A_2	A_1	A_0	$\overline{Y_0}$	$\overline{Y_1}$	$\overline{Y_2}$	$\overline{Y_3}$	$\overline{Y_4}$	$\overline{Y_5}$	$\overline{Y_6}$	$\overline{Y_7}$	$\overline{Y_8}$	$\overline{Y_9}$
0	1	1	0	1	1	1	1	1	1	0	1	1	1
0	1	1	1	1	1	1	1	1	1	1	0	1	1
1	0	0	0	1	1	1	1	1	1	1	1	0	1
1	0	0	1	1	1	1	1	1	1	1	1	1	0
1	0	1	0	1	1	1	1	1	1	1	1	1	1
1	0	1	1	1	1	1	1	1	1	1	1	1	1
1	1	0	0	1	1	1	1	1	1	1	1	1	1
1	1	0	1	1	1	1	1	1	1	1	1	1	1
1	1	1	0	1	1	1	1	1	1	1	1	1	1
1	1	1	1	1	1	1	1	1	1	1	1	1	1

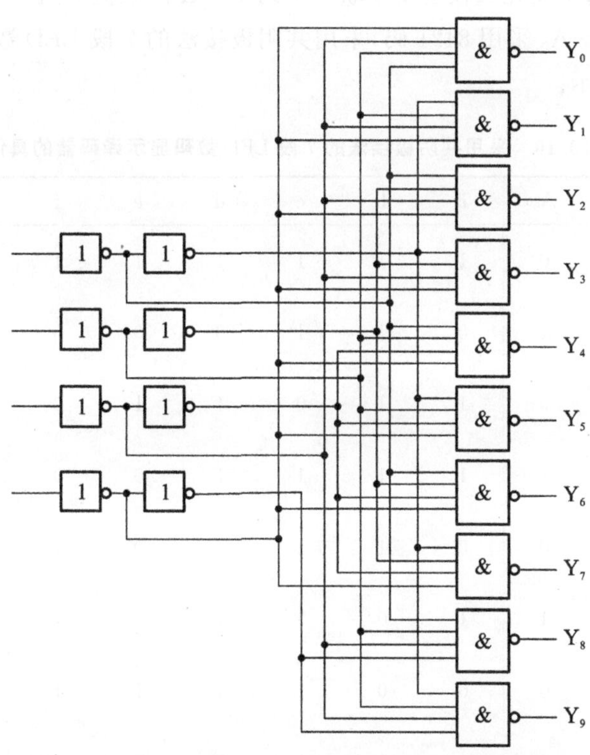

图 7.3.11　二-十进制译码器 74LS42 的组合逻辑电路图

3. 显示译码器

7 段 LED 数码显示译码器是将要显示的十进制数码分成 7 段，每段为一个发光二极管，利用不同发光段的组合来显示不同的数字，有共阴极和共阳极两种接法，如图 7.3.13 所示。

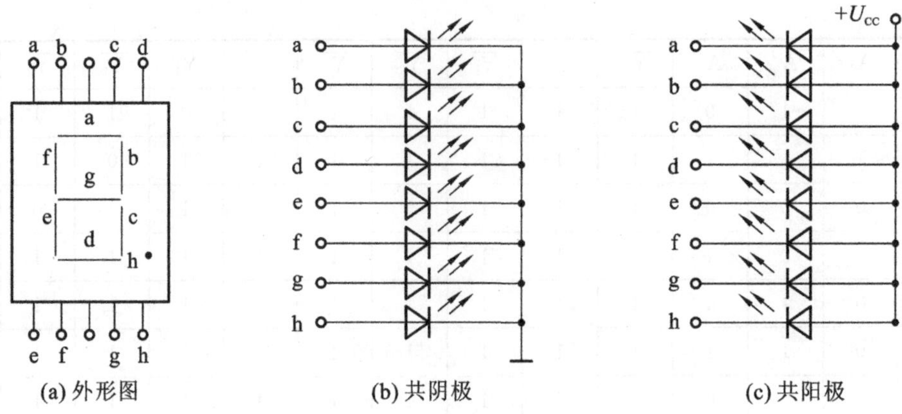

图 7.3.12　7 段 LED 数码显示译码器的外形图及连接方式

发光二极管 a～g 用于显示十进制的 10 个数字 0～9，h 用于显示小数点。对于共阴极的数码显示译码器，某一段接高电平时发光；对于共阳极的数码显示译码器，某一段接低电平时发光。使用时每个发光二极管要串联一个约 100 Ω 的限流电阻。

设 4 个输入 A_3～A_0 采用 8421 码，采用共阴极接法的 7 段 LED 数码显示译码器的真值表如表 7.3.10 所示。

表 7.3.10　采用共阴极接法的 7 段 LED 数码显示译码器的真值表

A_3	A_2	A_1	A_0	a	b	c	d	e	f	g	显示字形
0	0	0	0	1	1	1	1	1	1	0	0
0	0	0	1	0	1	1	0	0	0	0	1
0	0	1	0	1	1	0	1	1	0	1	2
0	0	1	1	1	1	1	1	0	0	1	3
0	1	0	0	0	1	1	0	0	1	1	4
0	1	0	1	1	0	1	1	0	1	1	5
0	1	1	0	0	0	1	1	1	1	1	6
0	1	1	1	1	1	1	0	0	0	0	7
1	0	0	0	1	1	1	1	1	1	1	8
1	0	0	1	1	1	1	0	0	1	1	9

7 段 LED 数码显示译码器的设计如图 7.3.13 所示。

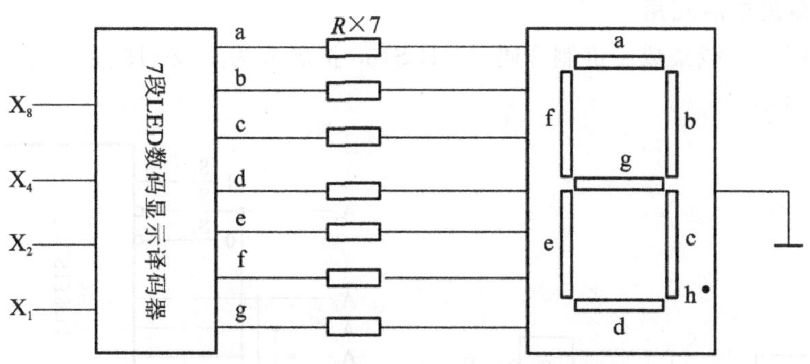

图 7.3.13　7 段 LED 数码显示译码器的设计

4. 译码器的应用

1）用译码器设计组合逻辑电路

用译码器设计组合逻辑电路时，可以采用以下方法。

(1) 首先将被实现的函数变成以最小项表示的与或表达式，并将被实现函数的变量接到译码器的代码输入端。

(2) 当译码器的输出端为高电平有效时，选用或门；当输出为低电平有效时，选用与非门。

(3) 将译码器输出与逻辑函数 F 所具有的与最小项相对应的所有输出端连接到一个或门（或者与非门）的输入端，则或门（或者与非门）的输出就是被实现的逻辑函数。

【例 7.3.2】 利用 74LS138 及一些门电路，设计一个多路输出的组合逻辑电路，输出的逻辑表达式为

$$F_1 = A\overline{C}$$

$$F_2 = BC + \overline{A}\,\overline{B}C$$

$$F_3 = \overline{A}B + A\overline{B}C$$

$$F_4 = ABC$$

【解】 首先将函数化为最小项表达式。

$$F_1 = \sum m(4,6)$$

$$F_2 = \sum m(1,3,7)$$

$$F_3 = \sum m(2,3,5)$$

$$F_4 = \sum m(7)$$

由于 74LS138 的输出为低电平有效，故应该选择与非门做输出门。将逻辑函数的变量 A、B、C 分别加到 74LS138 译码器的输入端 A_2、A_1、A_0，并将译码器的输出与逻辑函数 F_1、F_2、F_3、F_4 中分别具有的与最小项相对应的所有输出端连接到一个与非门的输入端，则各个与非门的输出就可实现逻辑函数 F_1、F_2、F_3、F_4。用 74LS138 译码器实现逻辑函数如图 7.3.14 所示。

2）译码器的扩展应用

将 2 片 3 线-8 线集成二进制译码器 74LS138 扩展成为 4 线-16 线集成二进制译码器，如图 7.3.15 所示。

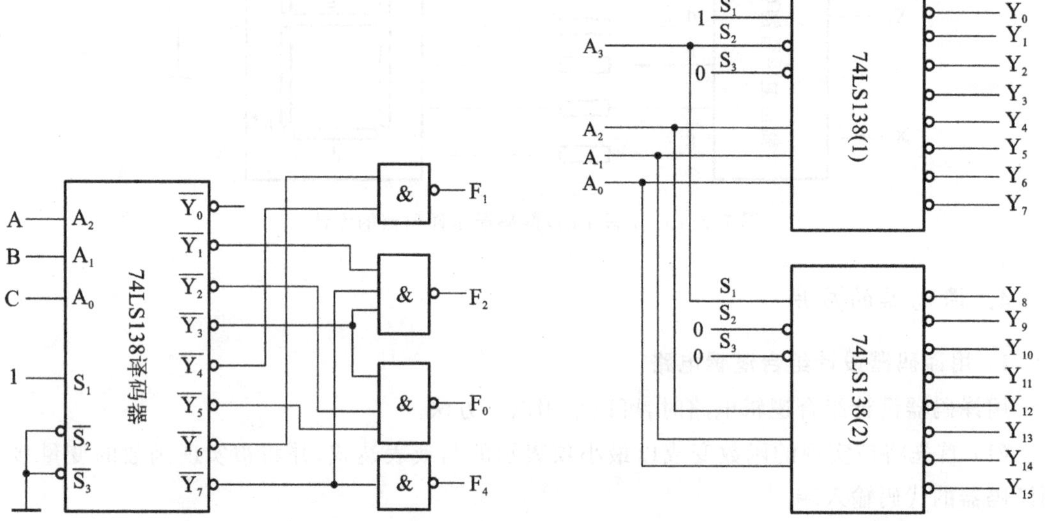

图 7.3.14　用 74LS138 译码器实现逻辑函数　**图7.3.15　4 线-16 线集成二进制译码器的组合逻辑电路图**

【例 7.3.3】 将译码器作为逻辑函数发生器：

$$F(ABC)=\sum m(0,2,4,7)$$

【解】

$$F=m_0+m_2+m_4+m_7=\overline{\overline{m_0}\;\overline{m_2}\;\overline{m_4}\;\overline{m_7}}$$

$$Y_i=\overline{S_1\,\overline{S_2}\,\overline{S_3}\,m_i}$$

$$F=\overline{Y_0\,Y_2\,Y_4\,Y_7}$$

设计出的将译码器作为逻辑函数发生器的组合逻辑电路图如图 7.3.16 所示。

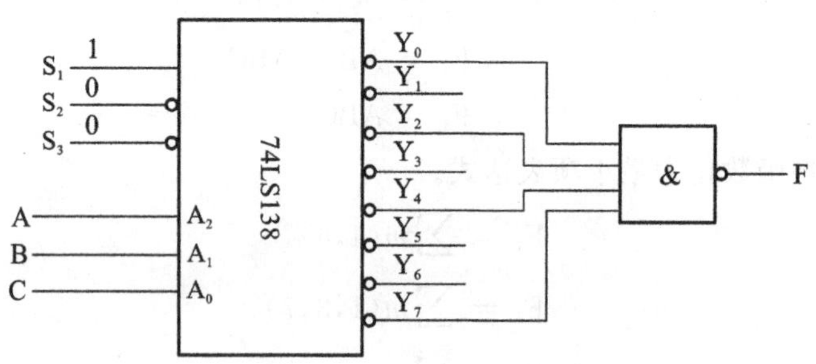

图 7.3.16　例 7.3.3 组合逻辑电路图

7.3.4　数据选择器

能根据需要从多路数据中任意选出所需要的一路数据作为输出的组合逻辑电路称为数据选择器。数据选择器的逻辑功能是从一组传输的数据信号中选择某一个输出，它又称为多路开关电路。

用数据选择器实现逻辑函数的方法是：列出逻辑函数的真值表后，将其与数据选择器的真值表对照，即可得出数据输入端的逻辑表达式，然后根据此逻辑表达式画出接线图。

1. 四选一数据选择器

四选一数据选择器的组合逻辑电路如图 7.3.17 所示，它有四个输入数据 D_0、D_1、D_2、D_3，两个选择控制信号 A_1 和 A_0，一个输出信号 Y。四选一数据选择器的真值表如表 7.3.11 所示，逻辑表达式为

$$Y=D_0\overline{A}_1\overline{A}_0+D_1\overline{A}_1A_0+D_2A_1\overline{A}_0+D_3A_1A_0$$

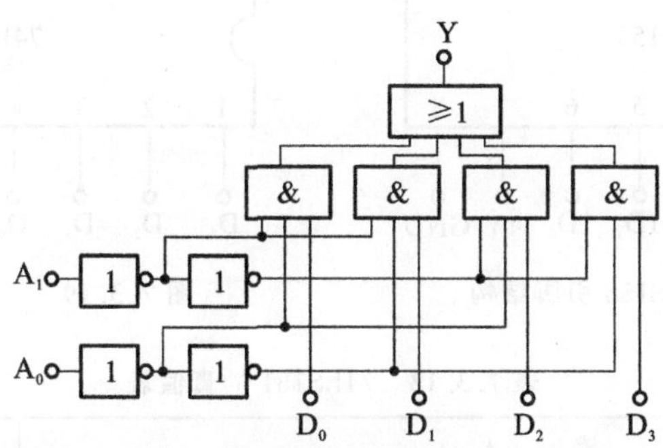

图 7.3.17　四选一数据选择器的组合逻辑电路

表 7.3.11　四选一数据选择器的真值表

D	A_1	A_0	Y
D_0	0	0	D_0
D_1	0	1	D_1
D_2	1	0	D_2
D_3	1	1	D_3

目前应用较多的集成双四选一数据选择器 74LS153 的引脚结构如图 7.3.18 所示，真值表如表 7.3.12 所示。选通控制端 S 为低电平有效，即 S=0 时芯片被选中，处于工作状态；S=1 时芯片被禁止，Y 恒为 0。

表 7.3.12　74LS153 的真值表

输　入				输　出
S	D	A_1	A_0	Y
1	×	×	×	0
0	D_0	0	0	D_0
0	D_1	0	1	D_1
0	D_2	1	0	D_2
0	D_3	1	1	D_3

2. 八选一数据选择器

数据选择器除了能完成多路开关的逻辑功能外，用具有 n 位地址输入的数据选择器，还可以产生任何形式输入变量数的组合逻辑电路。应用较多的八选一数据选择器 74LS151 引脚结构如图 7.3.19 所示，真值表如表 7.3.13 所示。

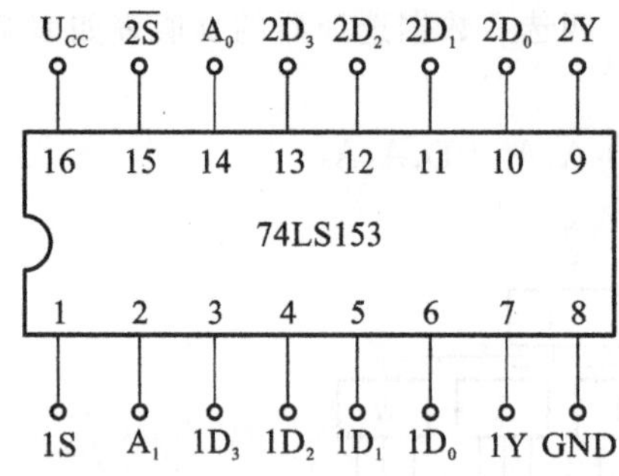

图 7.3.18　74LS153 引脚结构

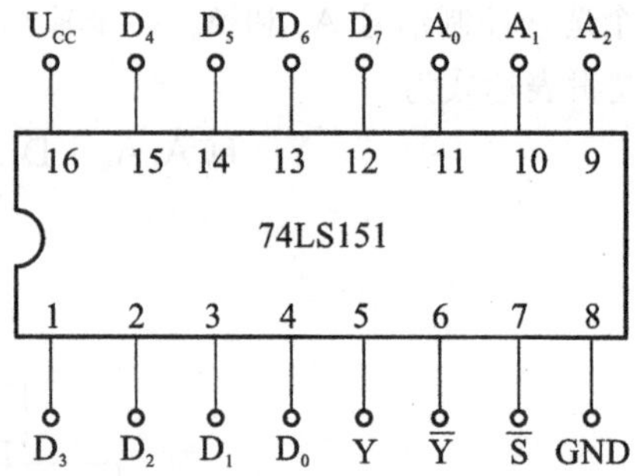

图 7.3.19　74LS151 引脚结构

表 7.3.13　74LS151 的真值表

输入					输出	
D	A_2	A_1	A_0	$\overline{S}$	Y	$\overline{Y}$
×	×	×	×	1	0	1
D_0	0	0	0	0	D_0	$\overline{D_0}$
D_1	0	0	1	0	D_1	$\overline{D_1}$
D_2	0	1	0	0	D_2	$\overline{D_2}$
D_3	0	1	1	0	D_3	$\overline{D_3}$
D_4	1	0	0	0	D_4	$\overline{D_4}$
D_5	1	0	1	0	D_5	$\overline{D_5}$
D_6	1	1	0	0	D_6	$\overline{D_6}$
D_7	1	1	1	0	D_7	$\overline{D_7}$

$\overline{S}=0$ 时，$Y=D_0\overline{A_2A_1A_0}+D_1\overline{A_2}\,\overline{A_1}A_0+\cdots+D_7A_2A_1A_0$；$\overline{S}=1$ 时，74LS151 被禁止，无论地址码是什么，Y 总是等于 0。

7.3.5　数值比较器

用来完成两个二进制数大小比较的组合逻辑电路称为数值比较器。1 位数值比较器的组合逻辑电路图如图 7.3.20 所示，真值表如表 7.3.14 所示，逻辑表达式为

$$F_1=\overline{AB}$$

$$F_2=\overline{A}B$$

$$F_3=\overline{A}\,\overline{B}+AB=\overline{\overline{A}B+A\overline{B}}$$

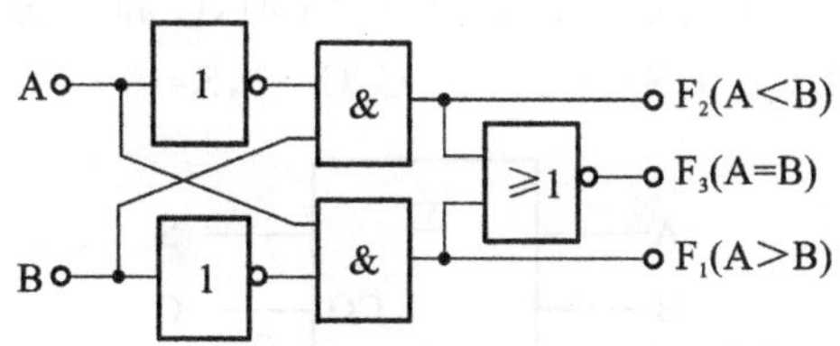

图 7.3.20　1 位数值比较器的组合逻辑电路图

表 7.3.14　1 位数值比较器的真值表

A	B	F_1(A>B)	F_2(A<B)	F_3(A−B)
0	0	0	0	1
0	1	0	1	0
1	0	1	0	0
1	1	0	0	1

4 位数值比较器的真值表如表 7.3.15 所示。

表 7.3.15　4 位数值比较器的真值表

输入							输出		
A_3B_3	A_2B_2	A_1B_1	A_0B_0	A>B	A<B	A=B	$F_{A>B}$	$F_{A<B}$	$F_{A=B}$
$A_3>B_3$	×	×	×	×	×	×	1	0	0
$A_3<B_3$	×	×	×	×	×	×	0	1	0
$A_3=B_3$	$A_2>B_2$	×	×	×	×	×	1	0	0
$A_3=B_3$	$A_2<B_2$	×	×	×	×	×	0	1	0
$A_3=B_3$	$A_2=B_2$	$A_1>B_1$	×	×	×	×	1	0	0
$A_3=B_3$	$A_2=B_2$	$A_1<B_1$	×	×	×	×	0	1	0
$A_3=B_3$	$A_2=B_2$	$A_1=B_1$	$A_0>B_0$	×	×	×	1	0	0
$A_3=B_3$	$A_2=B_2$	$A_1=B_1$	$A_0<B_0$	×	×	×	0	1	0
$A_3=B_3$	$A_2=B_2$	$A_1=B_1$	$A_0=B_0$	1	0	0	1	0	0
$A_3=B_3$	$A_2=B_2$	$A_1=B_1$	$A_0=B_0$	0	1	0	0	1	0
$A_3=B_3$	$A_2=B_2$	$A_1=B_1$	$A_0=B_0$	0	0	1	0	0	1

习　题

一、选择题

1. 组合逻辑电路设计的结果一般是要得到(　　)。

A. 逻辑电路图　　B. 电路的逻辑功能　C. 电路的真值表　　D. 逻辑函数式

2. 半加器逻辑符号如题图 7.1 所示，当 A=1，B=1 时，C 和 S 分别为(　　)。

A. C=0，S=0　　B. C=0，S=1　　C. C=1，S=0

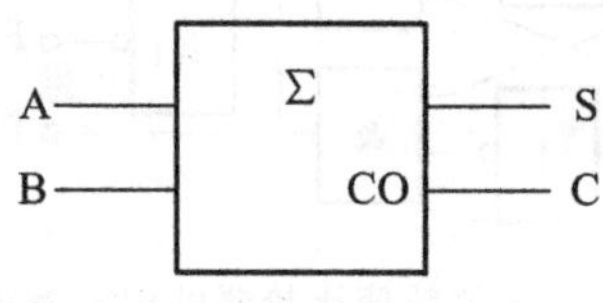

题图 7.1

3. 若在编码器中有 50 个编码对象，则要求输出二进制代码位数为(　　)位。

A. 5　　B. 6　　C. 10　　D. 50

4. 二进制编码表如题表 7.1 所示，指出它的逻辑式为(　　)。

A. $B=\overline{\overline{Y_2}\cdot\overline{Y_3}}$，$A=\overline{\overline{Y_1}\cdot\overline{Y_3}}$　　B. $B=\overline{\overline{Y_0}\cdot\overline{Y_1}}$，$A=\overline{\overline{Y_2}\cdot\overline{Y_3}}$

C. $B=\overline{\overline{Y_2}\cdot\overline{Y_3}}$，$A=\overline{\overline{Y_1}\cdot\overline{Y_2}}$

题表 7.1

输　入	输　出	
	B	A
Y_0	0	0
Y_1	0	1
Y_2	1	0
Y_3	1	1

5. 编码器的逻辑功能是(　　)。

A. 把某种二进制代码转换成某种输出状态

B. 将某种状态转换成相应的二进制代码

C. 把二进制数转换成十进制数

6. 译码器的逻辑功能是(　　)。

A. 把某种二进制代码转换成某种输出状态

B. 把某种状态转换成相应的二进制代码

C. 把十进制数转换成二进制数

7. 译码器 74HC138 的使能端 $E_1\overline{E_2}\,\overline{E_3}$ 取值为(　　)时，译码器 74HC138 处于允许译码状态。

A. 011　　B. 100　　C. 101　　D. 010

8. 采用共阳极数码管的译码显示电路如图所示，若显示码数是 4，译码器输出端应为(　　)。

A. a=b=e=0，b=c=f =g=1

B. a=b=e=1，b=c=f =g=0

C. a=b=c=0，b=e=f =g=1

9. 7 段 LED 显示译码器是指(　　)的电路。

A. 将二进制代码转换成 0～9 数字　　B. 将 BCD 码转换成 7 段显示字形信号

C. 将 0～9 数字转换成 BCD 码　　D. 将 7 段显示字形信号转换成 BCD 码

10. 用 3 线-8 线译码器 74LS138 和辅助门电路实现逻辑函数 $Y=A_2+A_2A_1$，应(　　)。

A. 用与非门，$Y=\overline{\overline{Y_0}\,\overline{Y_1}\,\overline{Y_4}\,\overline{Y_5}\,\overline{Y_6}\,\overline{Y_7}}$

B. 用与门，$Y=\overline{Y_2}\,\overline{Y_3}$

C. 用或门，$Y=\overline{Y_2}+\overline{Y_3}$

D. 用或门，$Y=\overline{Y_0}+\overline{Y_1}+\overline{Y_4}+\overline{Y_5}+\overline{Y_6}+\overline{Y_7}$

11. 数据分配器和(　　)有着相同的基本电路结构形式。

A. 加法器　　B. 编码器　　C. 数据选择器　　D. 译码器

12. 在二进制译码器中，若输入有 4 位代码，则输出有(　　)个信号。

A. 2　　B. 4　　C. 8　　D. 16

13. 一个十六选一的数据选择器，其地址输入(选择控制输入)端有(　　)个。

A. 1　　B. 2　　C. 4　　D. 16

14. 在下列逻辑电路中，不是组合逻辑电路的有(　　)。

A. 译码器　　B. 编码器　　C. 全加器　　D. 寄存器

二、分析题

1. 由与非门构成的某表决电路如题图 7.2 所示。其中 A、B、C、D 表示 4 个人，L=1 时表示决议通过。

(1) 试分析电路，说明决议通过的情况有几种。

(2) 分析 A、B、C、D 四个人中，谁的权利最大。

2. 试分析题图 7.3 所示电路的逻辑功能。

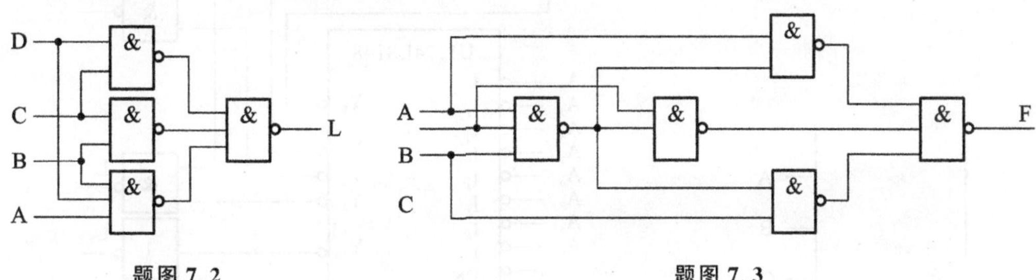

题图 7.2　　　　题图 7.3

3. 某车间有 3 台电动机 A、B、C，要维持正常生产必须至少两台电动机工作。试用与非门设计一个能满足此要求的组合逻辑电路。

4. 某高校毕业班有一个学生还需修满 9 个学分才能毕业，在所剩的 4 门课程中，A 为 5 个学分，B 为 4 个学分，C 为 3 个学分，D 为 2 个学分。试用与非门设计一个组合逻辑电路，其输出为 1 时表示该生能顺利毕业。

5. 某保险柜有 3 个按钮 A、B、C，如果在按下按钮 B 的同时再按下按钮 A 或 C，则发出开启柜门的信号 F_1，柜门开启；如果按键错误，则发出报警信号 F_2，柜门不开。试用与非门设计一个能满足这一要求的组合逻辑电路。

6. 约翰和简妮夫妇有两个孩子乔和苏，全家外出吃饭一般要么去汉堡店，要么去炸鸡店。每次出去吃饭前，全家要表决以决定去哪家餐厅。表决的规则是如果约翰和简妮都同意，或多数同意吃炸鸡，则他们去炸鸡店，否则就去汉堡店。试设计一组合逻辑电路满足上述表决要求。

7. 试设计一个温度控制电路，其输入为 4 位二进制数 ABCD，代表检测到的温度，输出为 X 和 Y，分别用来控制暖风机和冷风机的工作。当温度低于或等于 5 ℃时，暖风机工作，冷风机不工作；当温度高于或等于 10 ℃时，冷风机工作，暖风机不工作；当温度介于 5 ℃和 10 ℃之间时，暖风机和冷风机都不工作。
8. 试为某水坝设计一个水位报警控制器，设水位高度用 4 位二进制数 ABCD 提供，输出报警信号用白、黄、红 3 个指示灯表示。当水位上升到 8 m 时，白指示灯开始亮；当水位上升到 10 m 时，黄指示灯开始亮；当水位上升到 12 m 时，红指示灯开始亮，其他灯灭。试用或非门设计此报警器的控制电路。
9. 题图 7.4 所示为一工业用水容器示意图，图中虚线表示水位，A、B、C 电极被水浸没时会有高电平信号输出，试用与非门构成的电路来实现下述控制作用：水面在 A、B 间，为正常状态，亮绿灯 G；水面在 B、C 间或在 A 以上为异常状态，点亮黄灯 Y；水面在 C 以下为危险状态，点亮红灯 R。要求写出设计过程。
10. 分析题图 7.5 所示电路的功能(74LS148 为 8 线-3 线优先编码器)。

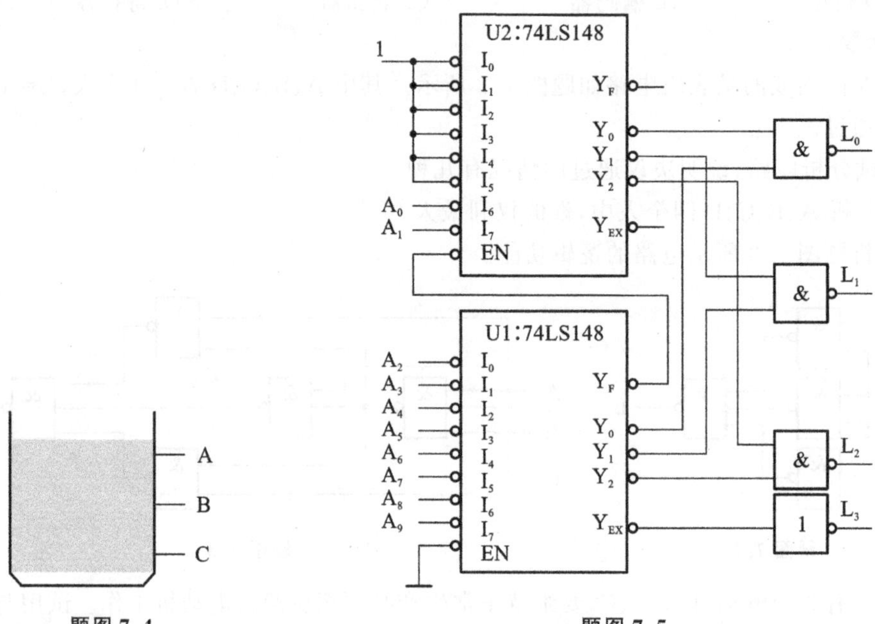

题图 7.4

题图 7.5

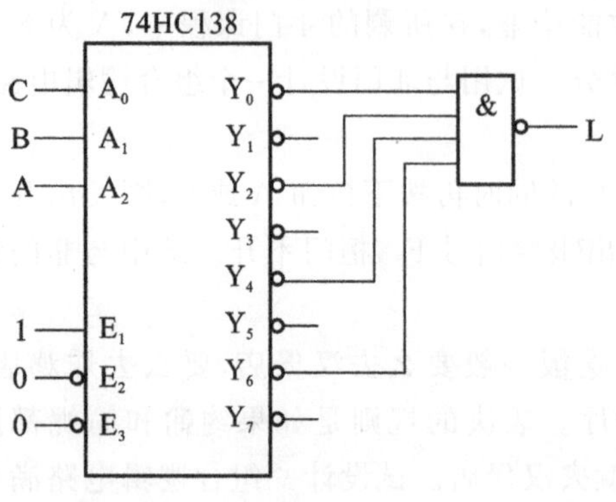

题图 7.6

11. A、B 为四位二进制数，试用一片 74LS283 实现 Y＝4A＋B。
12. 用一片 74LS283 和尽量少的门电路设计余 3 码到 8421 码的转换。
13. 写出题图 7.6 所示电路的逻辑函数，并化简为最简与或表达式。
14. 用集成二进制译码器 74LS138 和与非门构成全减器。
15. 用集成二进制译码器 74LS138 和与非门实现下列逻辑函数。

(1) $F_1 = AC + B\overline{C} + \overline{A}\,\overline{B}$；

(2) $F_2 = A\overline{B} + AC$；

(3) $F_3 = A\overline{C} + A\overline{B} + \overline{A}B + \overline{B}C$；

(4) $F_4 = A\overline{B} + BC + AB\overline{C}$。

16. 题图 7.7 所示电路是由 3 线-8 线译码器 74HC138 及门电路构成的地址译码电路。试列出此译码电路每个输出对应的地址，要求输入地址 $A_7A_6A_5A_4A_3A_2A_1A_0$ 用十六进制表示。

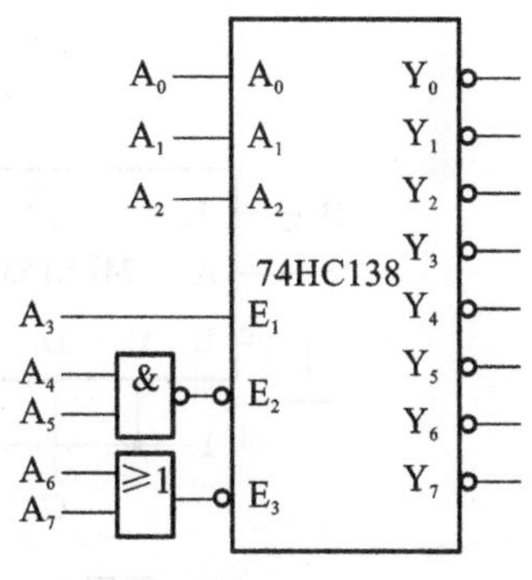

题图 7.7

17. 用一个 3 线-8 线优先编码器 74HC148 和一个 3 线-8 线译码器 74HC138 实现 3 位格雷码→3 位二进制的转换。

18. 已知可用 7 段译码器驱动日字 LED 管，显示出十进制数字。指出题表 7.2 所示真值表中哪一行是正确的。（注：逻辑“1”表示灯亮。）

题表 7.2

	D	C	B	A	a	b	c	d	e	f	g*
0	0	0	0	0	0	0	0	0	0	0	0
4	0	1	0	0	0	1	1	0	0	1	1
7	0	1	1	1	0	0	0	1	1	1	1
9′	1	0	0	1	0	0	0	0	1	0	0

19. 已知某仪器面板有 10 只 LED 构成的条式显示器。它受 8421BCD 码驱动，经译码而点亮，如题图 7.8 所示。当输入 DCBA=0111 时，试说明该条式显示器点亮的情况。

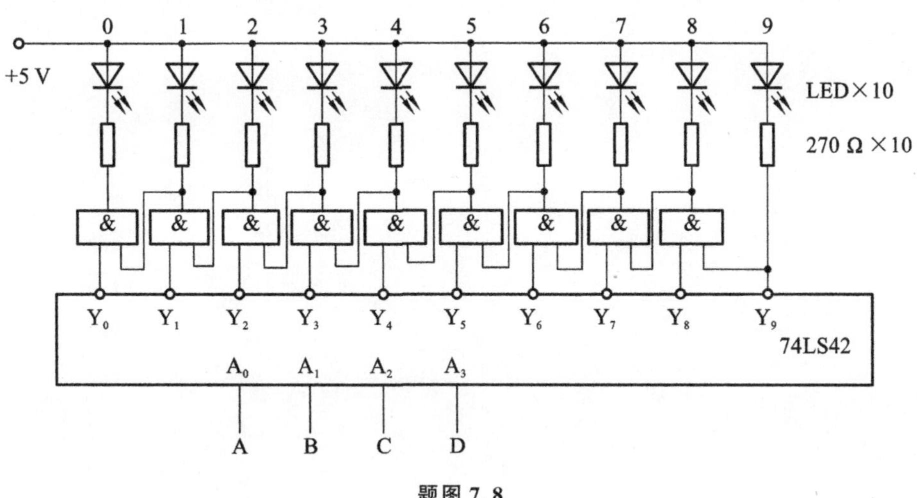

题图 7.8

20. 根据题图 7.9 所示四选一数据选择器，写出输出 Z 的最简与或表达式。

21. 由四选一数据选择器和门电路构成的组合逻辑电路如题图 7.10 所示，试写出输出 E 的最简表达式。

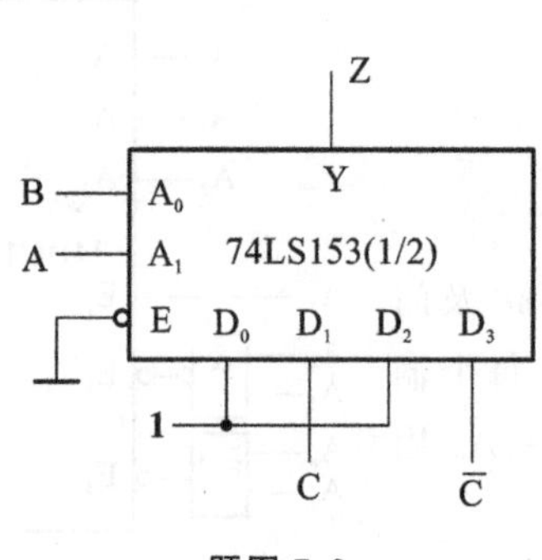

题图 7.9

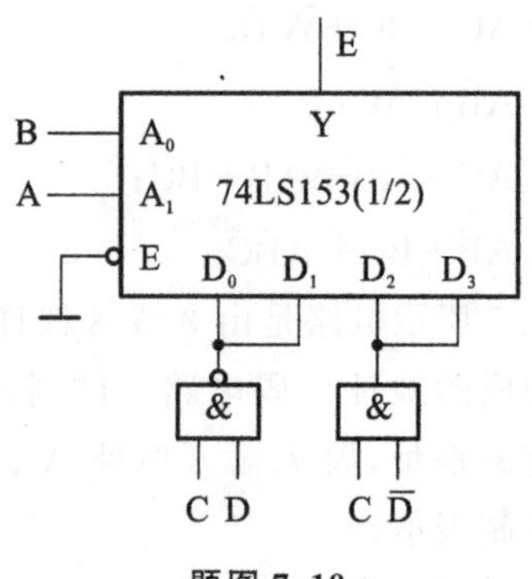

题图 7.10

22. 用数据选择器 74LS153 分别实现下列逻辑函数。

(1) $F_1=\overline{A}\,\overline{B}+AB$;

(2) $F_2=\overline{A}B+A\overline{B}$;

(3) $F_3=\overline{A}\,\overline{B}C+AB$;

(4) $F_4=\overline{A}B+A\overline{C}+A\overline{B}$。

23. 用 3 线-8 线译码器 74LS138、八选一数据选择器 74LS151 和少量与非门设计组合逻辑电路。当控制变量 $C_2C_1C_0=000$ 时，$F=0$；$C_2C_1C_0=001$ 时，$F=ABC$；$C_2C_1C_0=010$ 时，$F=A+B+C$；$C_2C_1C_0=011$ 时，$F=\overline{ABC}$；$C_2C_1C_0=100$ 时，$F=\overline{A+B+C}$；$C_2C_1C_0=101$ 时，$F=A\oplus B\oplus C$；$C_2C_1C_0=110$ 时，$F=AB+AC+BC$；$C_2C_1C_0=111$ 时，$F=1$。画出电路图。

第8章 时序逻辑电路

教学提示：在上章讨论的门电路及由其组成的组合逻辑电路中，输出变量状态完全由当时的输入变量的组合状态来决定，而与电路的原来状态无关，也就是说，组合逻辑电路不具备记忆功能。但在数字系统中，为了能按一定程度进行运算，需要记忆功能。在本章将讨论的触发器及由其组成的时序逻辑电路中，输出状态不仅取决于当时的输入状态，而且与电路的原来状态有关，也就是说，时序逻辑电路具有记忆功能。

教学目标：掌握基本触发器、同步触发器、主从触发器和边沿触发器；掌握触发器的分类、逻辑功能表示方法；掌握时序逻辑电路在逻辑功能和电路结构上的特点，重点掌握分析时序逻辑电路的具体方法和步骤；掌握寄存器、计数器等常用时序逻辑电路的工作原理。

8.1 时序逻辑电路的基本概念

数字电路分为组合逻辑电路和时序逻辑电路两大类。在第7章中讨论的电路为组合逻辑电路。组合逻辑电路在任何时刻产生的稳定输出信号都仅仅取决于该时刻电路的输入信号，而与该时刻以前的输入信号无关。因而，组合逻辑电路无记忆功能，即电路不能储存与过去输入有关的信息。时序逻辑电路和组合逻辑电路不同，时序逻辑电路在任何时刻的输出稳态值，不仅与该时刻的输入信号有关，而且与该时刻以前的输入信号有关。

例如，有一台自动售饮料机器，它有一个投币口，规定只允许投入1元面值的硬币。若一罐饮料的价格为3元，则当顾客连续投入三个1元的硬币后，机器将输出一罐饮料。在这一操作过程中，输出饮料这一动作虽然发生在第三枚硬币投入以后，但和前两次硬币的投入有关。机器之所以能在第三枚硬币投入后输出饮料，是因为在第三枚硬币投入之前它已把前两次投币的信息记录并保存了下来，自动售饮料机器的这一功能，可由机器内部的时序逻辑电路来实现。在时序逻辑电路中，用来保存与过去输入相关的信息的器件称为存储电路。存储电路中保存的信息称为状态。

时序逻辑电路可分为同步时序逻辑电路和异步时序逻辑电路两类。它们的主要区别是，前者的所有触发器受同一时钟脉冲控制，而后者的各触发器则受不同的脉冲源控制。

时序逻辑电路的逻辑功能可用逻辑表达式、状态表、卡诺图、状态图、时序图和逻辑图6种方式表示，这些表示方式在本质上是相同的，可以互相转换。

8.2 触发器

门电路是组合逻辑电路最基本的单元，触发器是构成时序逻辑电路及各种复杂数字系统的基本逻辑单元。触发器是一种具有记忆功能的时序逻辑组件，可记录二进制数字信号0和1。触发器按其稳定工作状态可分为双稳态触发器、单稳态触发器和无稳态触发器（多谐振荡器）等。双稳态触发器按其逻辑功能可分为RS触发器、JK触发器、D触发器和T触发器等；按结构可分为基本触发器、钟控触发器、主从触发器和边沿触发器等。

8.2.1 基本RS触发器

基本RS触发器也称直接复位-置位（reset-set）触发器，是组成门控触发器的基础，一般有由与非门组成的基本RS触发器和由或非门组成的基本RS触发器两种。以下介绍由与非门组成的基本RS触发器。

1）由与非门组成的基本RS触发器的电路结构

由与非门组成的基本RS触发器由两个与非门交叉直接耦合而成，其逻辑电路图和逻辑符号如图8.2.1所示。它有两个输出端，一个标为Q，另一个标为$\overline{Q}$。在正常情况下，这两个输出端总是逻辑互补的，即一个为0时，另一个为1。它有两个输入端$\overline{R}$和$\overline{S}$，是用来加入触发信号的端子。“R”和“S”上面的“－”表明这种触发器输入信号为低电平有效，并在相应的端子上加注小圆圈。

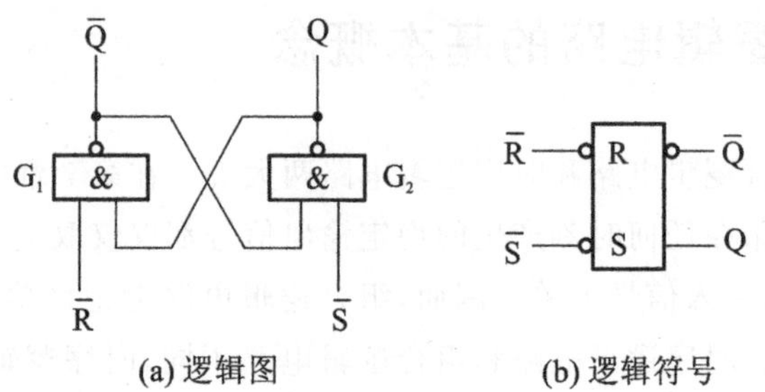

图8.2.1　由与非门组成的基本RS触发器的逻辑图和逻辑符号

2）由与非门组成的基本RS触发器的逻辑功能

分析图8.2.1所示(a)的逻辑图可知：

(1) 当$\overline{R}=0$，$\overline{S}=1$时，因$\overline{R}=0$，G_2门的输出端$\overline{Q}=1$，G_1门的两输入为1，所以G_1门的输出端$Q=0$，称$\overline{R}$为置0端，又称复位端。

(2) 当$\overline{R}=1$，$\overline{S}=0$时，因$\overline{S}=0$，G_1门的输出端$Q=1$，G_2门的两输入为1，所以G_2门的输出端$\overline{Q}=0$，称$\overline{S}$为置1端，又称置位端。

(3) 当$\overline{R}=1$，$\overline{S}=1$时，G_1门和G_2门的输出端被它们的原来状态锁定，故输出不变。

(4) 当$\overline{R}=0$，$\overline{S}=0$时，则有$Q=\overline{Q}=1$。若输入信号$\overline{S}=0$、$\overline{R}=0$之后出现$\overline{S}=1$、$\overline{R}=1$，则输出状态不确定。因此，$\overline{S}=0$、$\overline{R}=0$的情况不能出现。为避免出现这种情况，特给该触发器加一个约束条件$\overline{S}+\overline{R}=1$。

由以上分析可得到表 8.2.1 所示的由与非门组成的基本 RS 触发器的真值表。

表 8.2.1　由与非门组成的基本 RS 触发器的真值表

$\overline{R}$	$\overline{S}$	Q^{n+1}	$\overline{Q^{n+1}}$
0	0	不定	不定
0	1	0	1
1	0	1	0
1	1	Q^n	$\overline{Q^n}$

3）由与非门组成的基本 RS 触发器的波形图

波形图直观地反映基本 RS 触发器的逻辑关系。波形图分为理想波形图和实际波形图，理想波形图不考虑门电路的时间延迟，而实际波形图需要考虑门电路的时间延迟。

由与非门组成的基本 RS 触发器的理想波形图如图 8.2.2 所示。

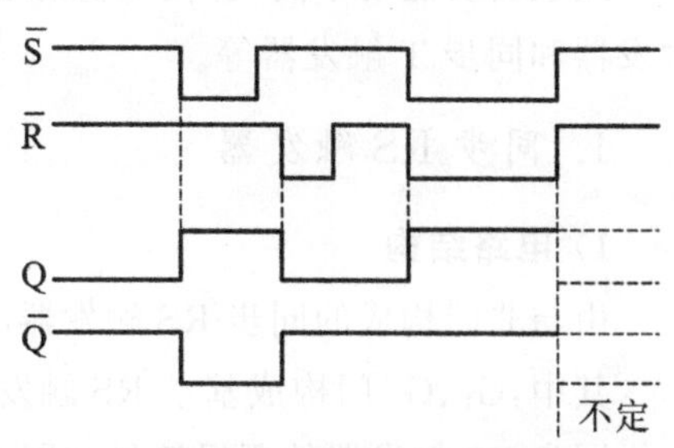

图 8.2.2　由与非门组成的基本 RS 触发器的理想波形图

【例 8.2.1】　图 8.2.3(a)所示为一个防抖动输出的开关电路。当拨动开关 S 时，由于开关触点接触瞬间发生抖动，$\overline{S}_D$ 和 $\overline{R}_D$ 的电压波形如图 8.2.3(b)所示，试画出 Q、$\overline{Q}$ 端对应的电压波形图。

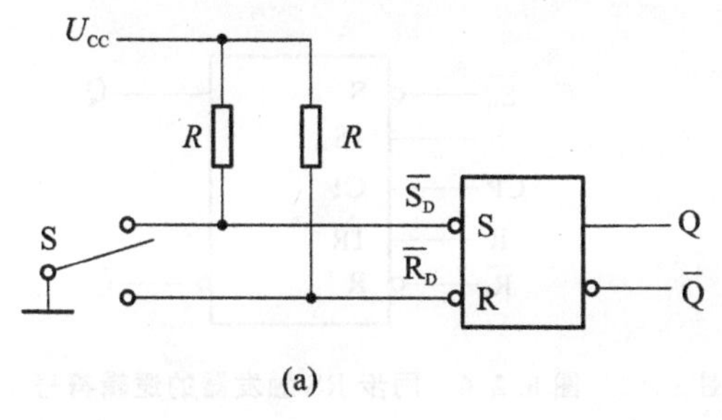

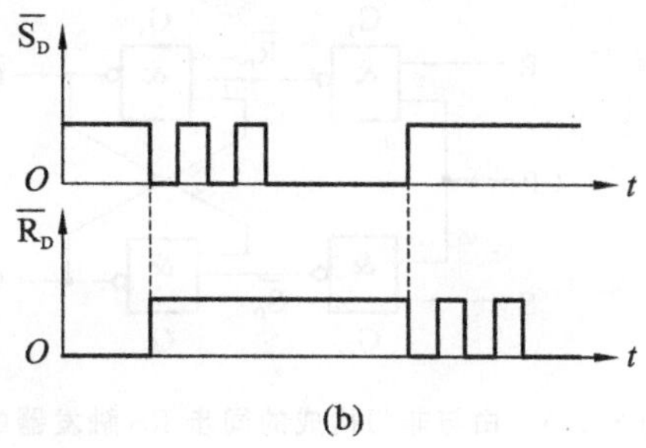

图 8.2.3　例 8.2.1 图

【解】　根据基本 RS 触发器的逻辑功能，可得 Q、$\overline{Q}$ 端对应的输出电压波形如图 8.2.4 所示。

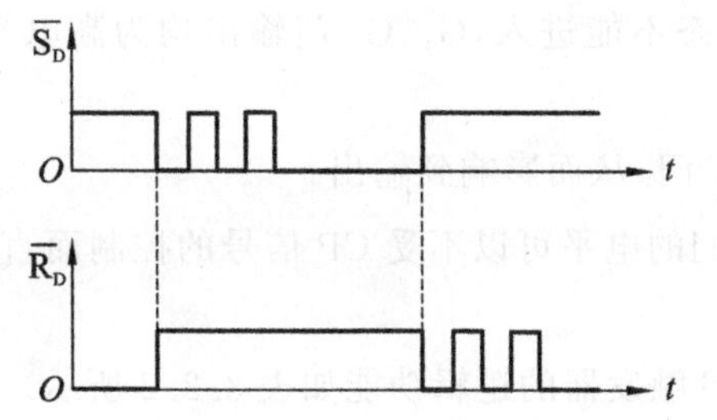

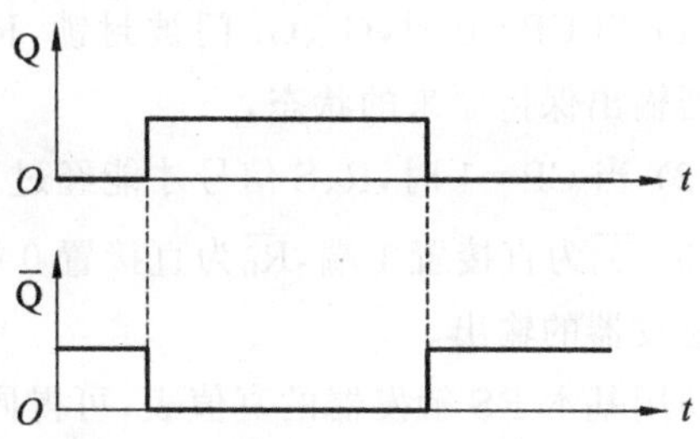

图 8.2.4　例 8.2.1 开关电路输出电压波形

由输出电压波形可见，电路串接基本 RS 触发器后，可有效地消除抖动干扰信号。

8.2.2 钟控双稳态触发器

基本 RS 触发器具有置 0、置 1 和记忆的功能，但其输出只和输入有关，缺乏控制，只要输入激励状态发生变化，输出响应也将随之而变。而一个数字系统往往有多个双稳态触发器，它们的动作速度各异，为了避免众触发器动作参差不齐，就需要由统一的控制信号协调各触发器的动作，这个控制信号称为时钟脉冲 CP。有时钟脉冲的双稳态触发器称为钟控双稳态触发器，又称同步触发器。

按逻辑功能的不同，钟控双稳态触发器可分为同步 RS 触发器、同步 JK 触发器、同步 D 触发器和同步 T 触发器等。

1. 同步 RS 触发器

1）电路结构

由与非门构成的同步 RS 触发器的逻辑图如图 8.2.5 所示。

其中，G_1、G_2 门构成基本 RS 触发器，G_3、G_4 门组成引导电路，CP 是控制脉冲。

同步 RS 触发器的逻辑符号如图 8.2.6 所示，为了表示时钟输入对激励输入(R、S)的控制作用，时钟端用控制字符 C 加标记序号 1 表示，置位端 S 前加标记序号 1 写成 1S，同理复位端写成 1R，表示它/它们是受 C1 控制的置位端、复位端。图 8.2.5 中 R 和 S 的前面没有标记序号，表示$\overline{R_D}$和$\overline{S_D}$是不受时钟控制的复位端、置位端，也称为异步复位端、异步置位端。

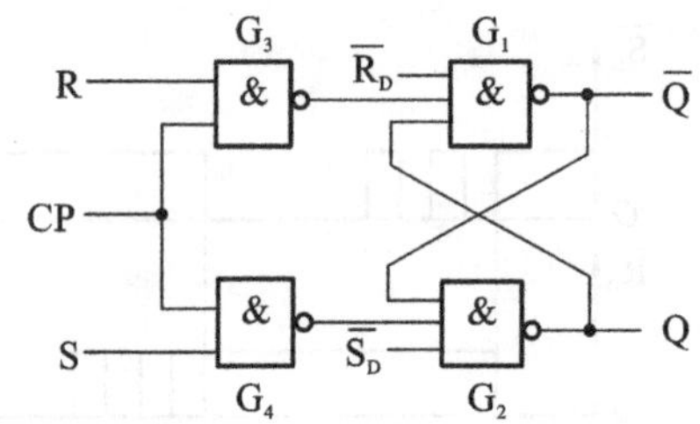

图 8.2.5　由与非门构成的同步 RS 触发器的逻辑图

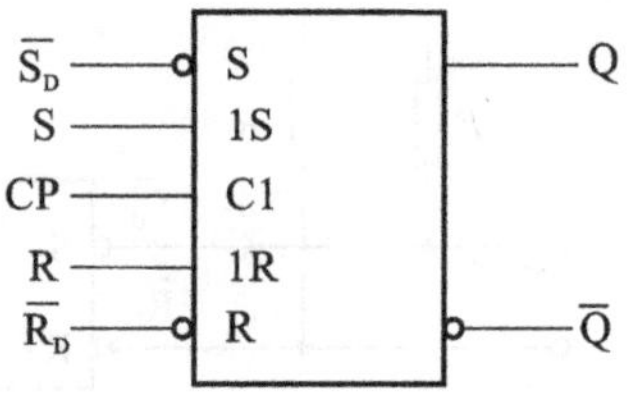

图 8.2.6　同步 RS 触发器的逻辑符号

2）逻辑功能

所谓同步，就是指触发器状态的改变与时钟脉冲同步，电路逻辑功能分析如下。

(1) 当 CP=0 时，G_3、G_4 门被封锁，R、S 状态不能进入，G_3、G_4 门输出均为高电平，则触发器输出保持原来的状态。

(2) 当 CP=1 时，R、S 信号才能经过 G_3、G_4 门，从而影响到输出。

(3) $\overline{S_D}$为直接置 1 端，$\overline{R_D}$为直接置 0 端，它们的电平可以不受 CP 信号的控制而直接影响到触发器的输出。

利用基本 RS 触发器的真值表，可得同步 RS 触发器的逻辑功能如表 8.2.2 所示。因为有 CP 脉冲的加入，要考虑 CP 脉冲作用前后 Q 端的状态，所以将 CP 脉冲作用前 Q 端的状态用 Q^n 表示，称为触发器的原状态，CP 脉冲作用后 Q 端的状态用 Q^{n+1} 表示，称为触发器的次状态。将这种考虑了 CP 脉冲作用前后 Q 端状态转换的表格称为特性表或状态表。

表 8.2.2　同步 RS 触发器的特性表

CP	R	S	Q^n	Q^{n+1}	逻辑功能
0	×	×	×	Q^n	$Q^{n+1}=Q^n$，保持
1	0	0	0	0	$Q^{n+1}=Q^n$，保持
1	0	0	1	1	
1	0	1	0	1	$Q^{n+1}=1$，置 1
1	0	1	1	1	
1	1	0	0	0	$Q^{n+1}=0$，置 0
1	1	0	1	0	
1	1	1	0	不用	不允许
1	1	1	1	不用	

3）同步 RS 触发器逻辑功能的其他描述方法

（1）特性方程。根据表 8.2.2 画出卡诺图如图 8.2.7 所示，可得到同步 RS 触发器的特性方程：

$$\begin{cases} Q^{n+1}=S+\overline{R}Q^n \\ RS=0（约束条件）\end{cases} \quad （CP=1 期间有效）$$

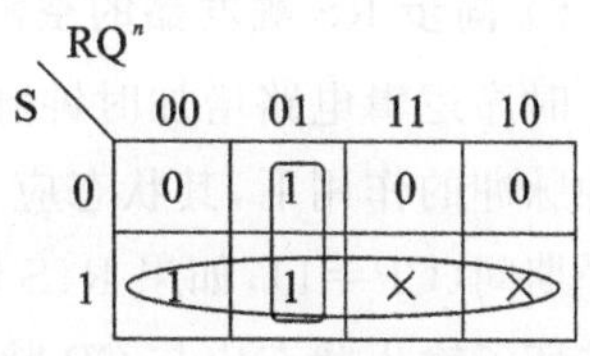

图 8.2.7　同步 RS 触发器的卡诺图

特性方程同样描述了同步 RS 触发器的逻辑功能。将 RS 的不同状态代入特征方程可得：RS=00，$Q^{n+1}=Q^n$，触发器状态不变；RS=01，$Q^{n+1}=1$，触发器置位；RS=10，$Q^{n+1}=0$，触发器复位；RS=11 不满足约束条件，这是一种禁止输入状态。

（2）状态转换图。状态转换图是描述触发器的状态转换关系及转换条件的图形，它表示触发器从一个状态变化到另一个状态或保持原来状态不变时，对输入信号的要求。它形象地表示了在 CP 控制下触发器的转换规律。同步 RS 触发器的状态转换图如图 8.2.8 所示。

在图 8.2.8 中，两个圆圈分别表示触发器的两种状态，箭头代表状态转换方向，箭头线旁边标注的是输入信号取值，表明转换条件。

（3）时序图（又称波形图）。触发器的逻辑功能也可以用输入、输出波形图直观地表现出来。反映时钟 CP、输入信号 R 和 S 及触发器状态 Q 对应关系的工作波形图称为时序图。图 8.2.9 所示为同步 RS 触发器的时序图。

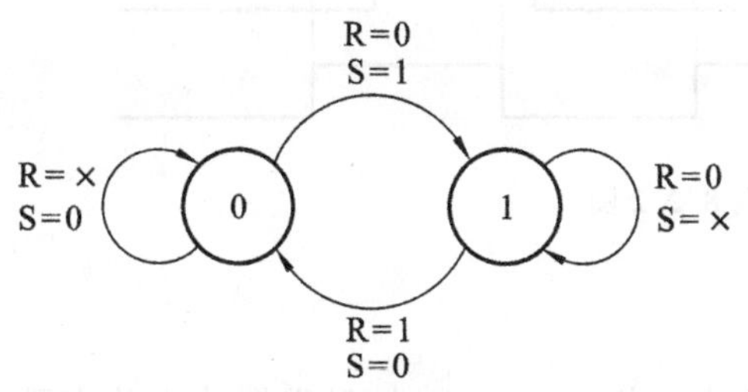

图 8.2.8　同步 RS 触发器的状态转换图

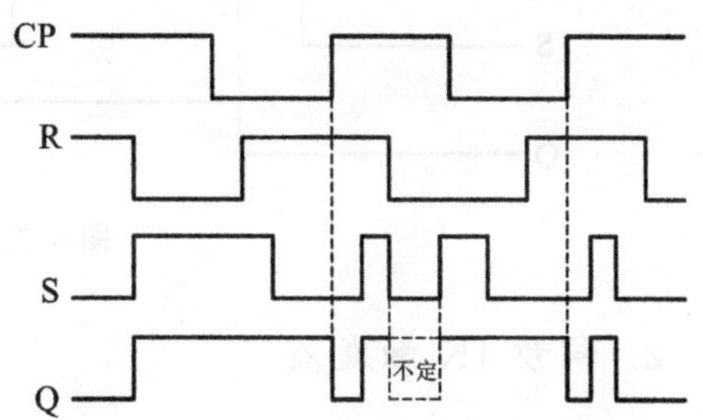

图 8.2.9　同步 RS 触发器的时序图

综上所述，描述触发器逻辑功能的方法主要有特性表、特性方程、卡诺图、状态转换图和时序图五种，它们之间可以相互转换。

4）触发方式

时钟脉冲由0跳变至1的时间，称为正脉冲的前沿时间或上升沿时间。时钟脉冲由1跳变至0的时间，称为正脉冲的后沿时间或下降沿时间。所谓触发方式，就是指触发器在时钟脉冲的什么时间接收输入信号和输出相应的状态。

如图8.2.5所示，只有在CP=1时，同步RS触发器才能接收输入信号，并立即输出相应的状态。而在CP=1的整个时间内，输入信号变化时，输出状态都要发生相应的变化。像这种只要在CP脉冲为规定电平时，触发器都能接收输入信号并立即输出相应状态的触发方式称为电平触发。它又分为高电平触发和低电平触发，图8.2.5所示电路采取的是高电平触发方式。如果在图8.2.5中CP端之前加一个非门，则变成只有在CP=0时，触发器才能接收输入信号，并输出相应的状态，而且在CP=0的整个期间内，输入信号变化时，输出状态都要发生相应的变化，此时则为低电平触发。

5）同步RS触发器的空翻问题

时序逻辑电路增加时钟脉冲的目的是统一电路动作的节拍。对于触发器而言，在一个时钟脉冲的作用下，其状态应只能改变一次。而同步RS触发器在一个时钟周期的整个高电平期间（CP=1），如果R、S端输入信号多次发生变化，可能引起输出端状态多次翻转，这就破坏了输出状态应与CP脉冲同步，即每来一个CP脉冲，输出状态只能翻转一次的要求。此时，时钟脉冲失去控制作用，这种现象称为空翻，如图8.2.9所示。空翻是有害的，要避免空翻现象，则要求在时钟脉冲作用期间，输入信号（R、S）不能发生变化；另外，要求CP的脉宽不能太大，显然，这些要求是较为苛刻的。为了克服该问题，需对触发器电路做进一步改进，进而产生了主从触发型、边沿触发型等各种类型的触发器。

【例8.2.2】 有一个由与非门构成的同步RS触发器，已知输入CP、R、S波形如图8.2.10所示，画出输出Q端的波形。

【解】 分析同步RS触发器的特性表、特征方程或状态转换图等可知，在CP=1时同步RS触发器接收输入信号，并输出相应的状态，于是可得其Q端的波形如图8.2.10所示。

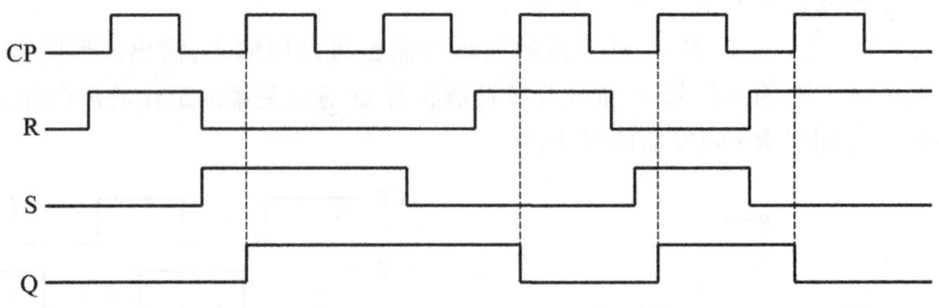

图8.2.10 例8.2.2图

2. 同步JK触发器

由同步RS触发器的特性表（见表8.2.2）可知，当R=S=1时，触发器输出状态不定，

须避免使用，这给使用带来不便，为此引入同步 JK 触发器，这样就可从电路设计上不出现这种情况。

将 $S=J\overline{Q^n}$、$R=KQ^n$ 代入同步 RS 触发器的特性方程，得同步 JK 触发器的特性方程：

$Q^{n+1}=S+\overline{R}Q^n=J\overline{Q^n}+\overline{KQ^n}Q^n=J\overline{Q^n}+\overline{K}Q^n$　（CP=1 期间有效）

同步 JK 触发器不但具有记忆（保持）和置数（置“0”和置“1”）功能，而且具有计数功能。

同步 JK 触发器的逻辑图如图 8.2.11 所示，特性表如表 8.2.3 所示。

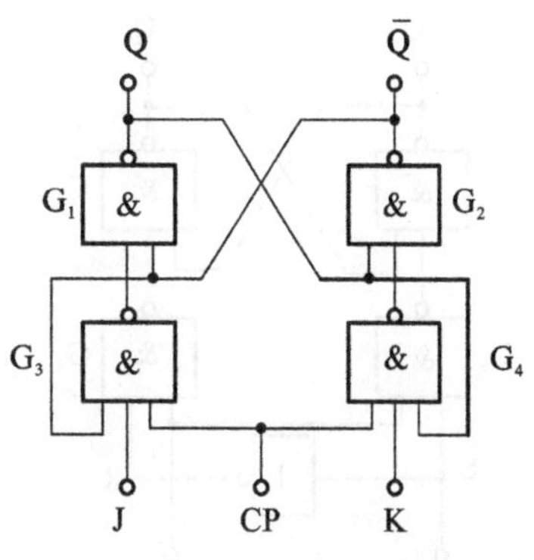

图 8.2.11　同步 JK 逻辑图

表 8.2.3　同步 JK 触发器的特性表

J	K	Q^n	Q^{n+1}
0	0	0	0
0	0	1	1
0	1	×	0
1	0	×	1
1	1	0	1
1	1	1	0

所谓计数，就是每来一个脉冲，触发器就翻转一次，从而记下脉冲的数目。在 J=1，K=1 时，若将 CP 脉冲改作计数脉冲，同步 JK 触发器便可实现计数。

在数字电路中，凡在 CP 时钟脉冲控制下，根据输入信号 J、K 情况的不同，具有置 0、置 1、保持和翻转功能的电路，都称为 JK 触发器。JK 触发器状态图如图 8.2.12 所示，时序图如图 8.2.13 所示。

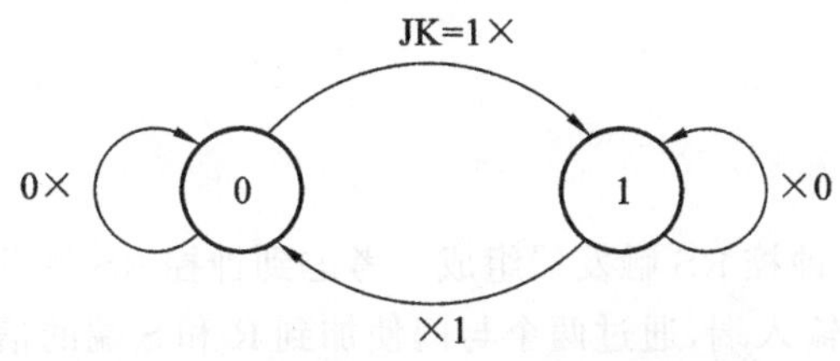

图 8.2.12　同步 JK 触发器的状态转换图

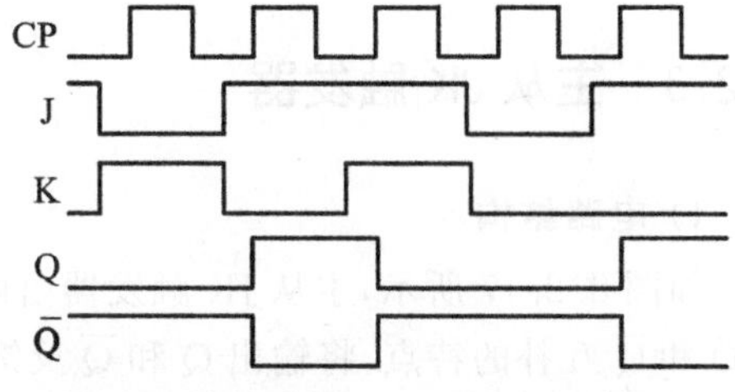

图 8.2.13　同步 JK 触发器的时序图

3. 同步 D 触发器

1）电路结构

同步 D 触发器如图 8.2.14 所示。

2）工作原理

（1）当 CP=0 时，$\overline{R}=\overline{S}=1$，所以电路维持原来的状态不变。

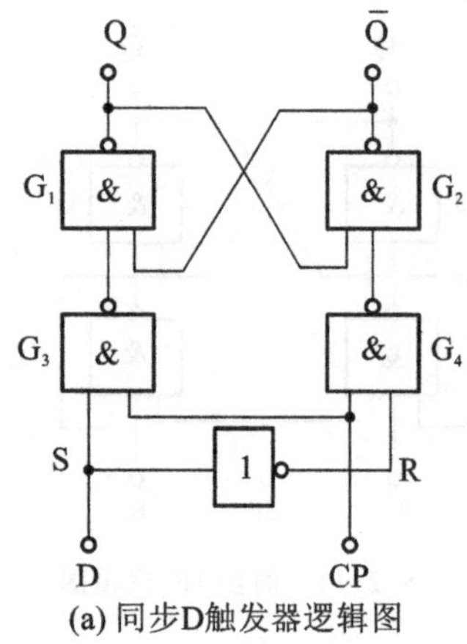

(a) 同步D触发器逻辑图

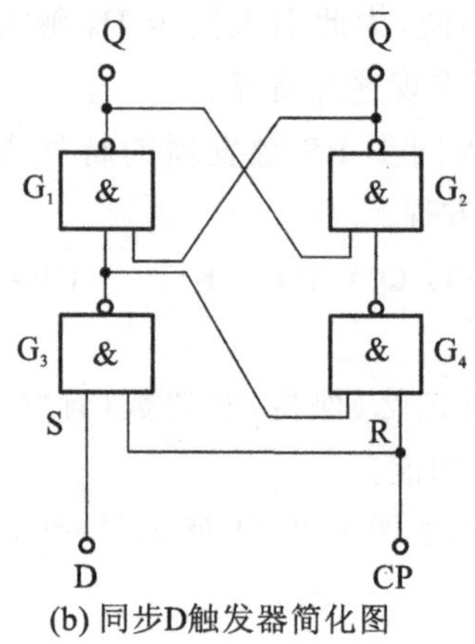

(b) 同步D触发器简化图

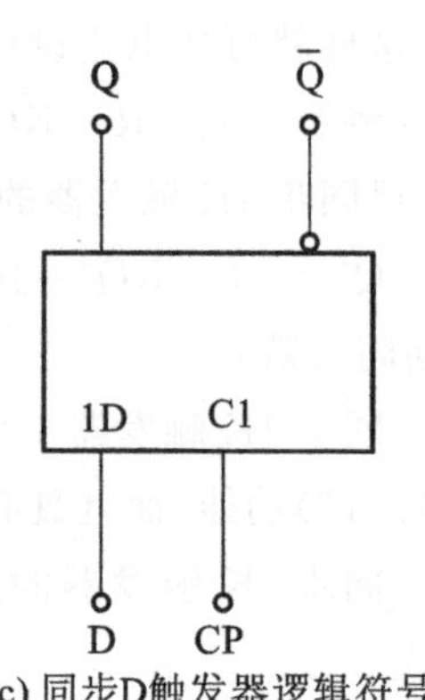

(c) 同步D触发器逻辑符号

图 8.2.14　同步 D 触发器

(2) 当 CP=1 时，$\overline{R}$=D，$\overline{S}$=$\overline{D}$，这时若 D=0，则 Q=0，$\overline{Q}$=1，即同步 D 触发器处于 0 状态；若D=1，则 Q=1，$\overline{Q}$=0，即同步 D 触发器处于 1 状态。也就是说，同步 D 触发器的状态由激励输入 D 来确定，并和 D 值相同。

3）特性方程

将 S=D、R=D 代入同步 RS 触发器的特性方程，得同步 D 触发器的特性方程：

$$Q^{n+1}=S+\overline{R}Q^n=D+\overline{\overline{D}}Q^n=D \quad \text{（CP=1 期间有效）}$$

同步 D 触发器的状态转换图和时序图分别如图 8.2.15 和图 8.2.16 所示。

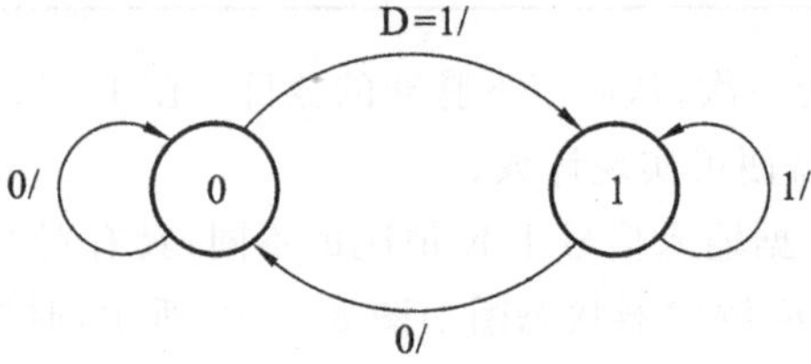

图 8.2.15　同步 D 触发器的状态转换图

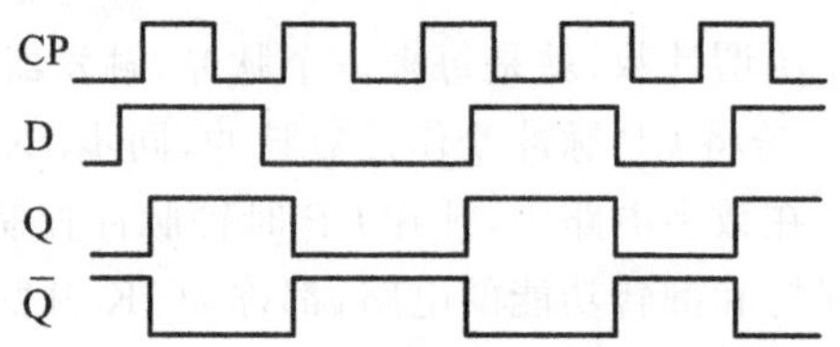

图 8.2.16　同步 D 触发器的时序图

8.2.3　主从 JK 触发器

1）电路结构

如图 8.2.17 所示，主从 JK 触发器由两个钟控 RS 触发器组成。考虑到钟控 RS 触发器的 Q 和 $\overline{Q}$ 互补的特点，将输出 Q 和 $\overline{Q}$ 反馈到输入端，通过两个与门使加到 R 和 S 端的信号不能同时为 1，从而满足同步 RS 触发器要求的约束条件。为区别于原来的 RS 触发器，将对应于原图中的 R 用 K 表示、S 用 J 表示。输入信号的 RS 触发器称为主触发器，为高电平触发；输出信号的 RS 触发器称为从触发器，为低电平触发。主触发器的输出信号是从触发器的输入信号，从触发器的输出状态将由主触发器的状态来决定，即主触发器是什么状态，从触发器也会是什么状态，因而称为主从 JK 触发器。

$\overline{S_D}$是直接置 1 端，$\overline{R_D}$是直接置 0 端，用来预置触发器的初始状态，触发器正常工作时，应使$\overline{S_D}$=$\overline{R_D}$=1。

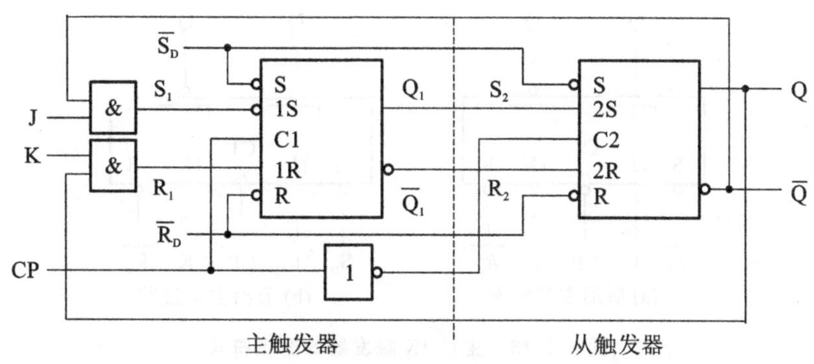

图 8.2.17　主从 JK 触发器电路结构图

时钟脉冲 CP 除了直接控制主触发器外，还经过非门以$\overline{CP}$控制从触发器。

2）逻辑功能

当 CP=1 时，$\overline{CP}$=0，从触发器被封锁，则触发器的输出状态 Q 维持不变；此时，主触发器被打开，主触发器的状态受 J、K 端输入信号状态的控制。

当 CP=0 时，$\overline{CP}$=1，主触发器被封锁，不接收 J、K 端输入信号，主触发器状态维持不变；而从触发器解除封锁，由于 $S_2=Q_1$、$R_2=\overline{Q_1}$，所以当主触发器 $Q_1=1$ 时，$S_2=1$、$R_2=0$，从触发器置 1；当主触发器 $Q_1=0$ 时，$S_2=0$、$R_2=1$，从触发器置 0。主触发器的状态决定从触发器的状态，即 $Q_{从}=Q_{主}$。

由此可见，主从 JK 触发器的状态转换分两步完成：CP=1 期间，接收输入信号并决定主触发器的输出状态；而当 CP=0 时，从触发器接收主触发器的输出信号，状态的翻转发生在 CP 脉冲的下降沿。也就是说，对于整个触发器来说，相当于 CP 为高电平时做准备，CP 下降沿到来时才翻转。因此，无论 CP 为高电平还是低电平，主、从触发器总是一个打开，另一个被封锁，J、K 端输入状态的改变不可能直接影响输出状态，从而解决了空翻现象。

2）触发方式

在图 8.2.17 所示的主从 JK 触发器电路中，主触发器在 CP=1 时接收信号，从触发器在 CP 由 1 下跳至 0 时，即 CP 后沿到来时输出相应的状态。如果改变电路结构，例如将主触发器改用低电平触发，将从触发器改用高电平触发，则变成主触发器在 CP=0 时接收信号，而从触发器在 CP 由 0 上跳至 1 时，即 CP 前沿到来时输出相应的状态。像这种在 CP 为规定的电平时，主触发器接收输入信号，当 CP 再跳变时，从触发器输出相应状态的触发方式称为主从触发。主从触发按输出状态变换时间的不同分为后沿（下降沿）主从触发和前沿（上升沿）主从触发两种。图 8.2.17 所示的电路属于后沿主从触发，刚才提到的将主、从触发器的触发电平颠倒过来的电路则属于前沿主从触发。主从 JK 触发器的逻辑符号如图 8.2.18 所示，图中用符号“∧”表示边沿触发，而用符号“┌─”表示输出延迟。图 8.2.18(a)表示后沿触发，在 C1 处加小圆圈，表示触发器在 CP=1 时接收输入信号，而延迟至 CP 后沿到来时输出相应的状态。图 8.2.18(b)表示前沿主从触发，在 C1 处不加小圆圈，表示触发器是在CP=0 时接收输入信号，而延迟至 CP 前沿到来时输出相应的状态。

【例 8.2.3】 已知后沿主从触发的 JK 触发器 J、K、CP 波形图如图 8.2.19 所示，试画出 Q 的波形图。设 Q 的初始状态为 1。

【解】 由题知该触发器为后沿触发。根据主从 JK 触发器的工作原理，在 CP=1 期间，

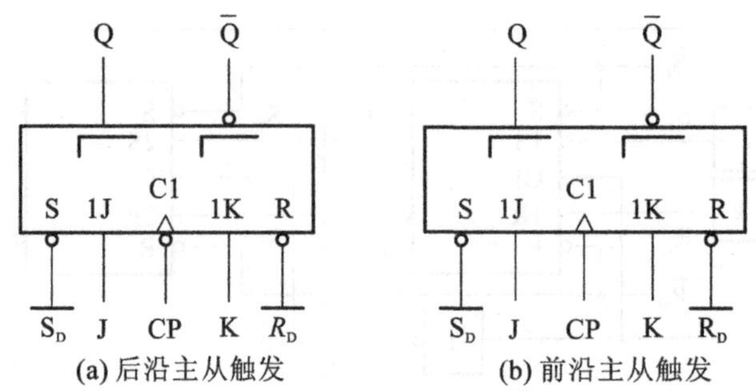

图 8.2.18　主从 JK 触发器的逻辑符号

主触发器接收 J、K 端输入信号，而当 CP 的下降沿到来时，从触发器输出相应的状态，因而得到 Q 端对应的波形图如图 8.2.19 所示。

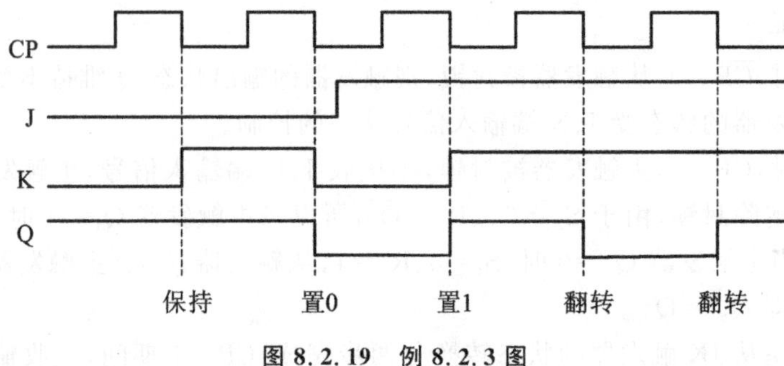

图 8.2.19　例 8.2.3 图

8.2.4　边沿触发器

边沿触发器接收的是时钟脉冲 CP 的某一约定跳变(正跳变或负跳变)来到时的输入数据。在 CP=1 和 CP=0 期间及 CP 非约定跳变到来时，触发器不接收数据。常用的边沿触发器是边沿 D 触发器。

边沿触发器和主从触发器的不同在于：主从触发器在 CP=1 期间来到的数据会立刻被接收；但对于边沿触发器，在 CP=1 期间来到的数据，必须“延迟”到该 CP=1 过后的下一个 CP 边沿来到时才被接收。因此，边沿触发器又称延迟型触发器。在 CP 正跳变(对正边沿触发器)以外期间出现在 D 端的数据变化和干扰不会边沿触发器被接收，因此边沿触发器有很强的抗数据端干扰的能力，应用广泛。它除用来组成寄存器外，还可用来组成计数器和移位寄存器等。

至于主从触发器，只要 CP 为约定电平，数据来到后就可立即被接收，它不需要像边沿触发器那样保持到约定控制信号跳变来到才接收数据。

1. 边沿 D 触发器

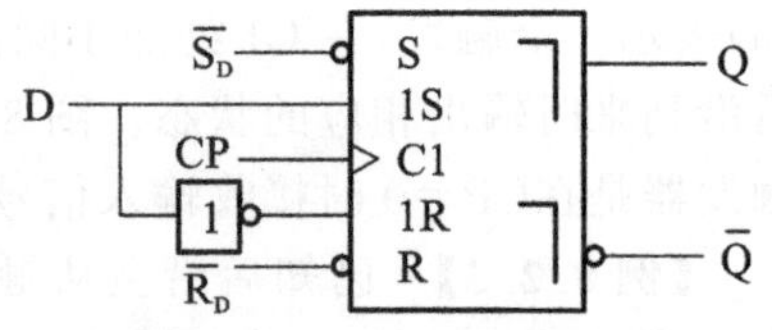

图 8.2.20　D 触发器的构成

JK 触发器功能较完善，应用广泛，但需两个输入控制信号(J 和 K)，如果在 JK 触发器的 K 端前面加上一个非门再接到 J 端，如图 8.2.20 所示，使输入端只有一个，在某些场合用这种电路进行逻辑设计可使电路得到

简化，将这种触发器的输入端符号改用 D 表示，称为边沿 D 触发器。

由 JK 触发器的特性表可得边沿 D 触发器的特性表如表 8.2.4 所示。

表 8.2.4　边沿 D 触发器的特性表

D	Q^{n+1}
0	0
1	1

边沿 D 触发器的逻辑符号和状态转换图如图 8.2.21 所示。图中 CP 输入端处无小圆圈，表示在 CP 脉冲上升沿触发。除了异步置 0 端、置 1 端 R、S 外，只有一个控制输入端 D，因此边沿 D 触发器的特性表比 JK 触发器的特性表简单。边沿 D 触发器的特征方程为

$$Q^{n+1}=D$$

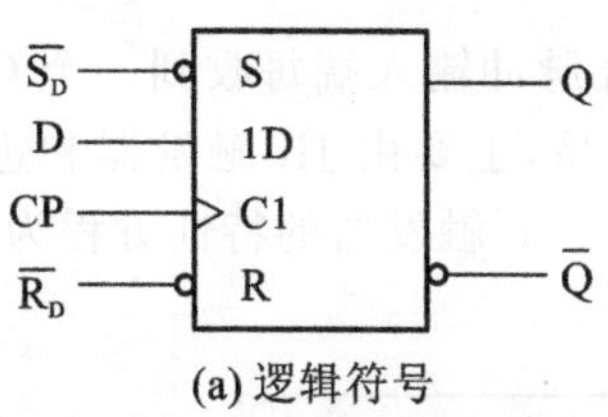

(a) 逻辑符号

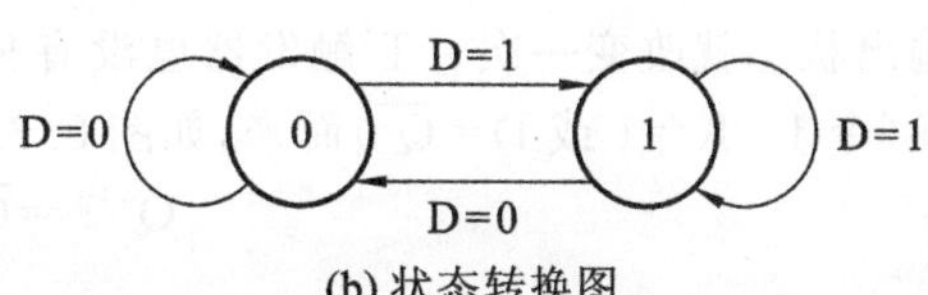

(b) 状态转换图

图 8.2.21　边沿 D 触发器的逻辑符号和状态转换图

【例 8.2.4】 图 8.2.22 所示是由边沿 D 触发器和与门组成的移相电路，在时钟脉冲的作用下，其输出端 A、B 输出两个频率相同，相位差 90° 的脉冲信号，试画出 Q、$\overline{Q}$、A、B 端的时序图。

【解】 根据边沿 D 触发器的特性方程分析该电路，画出 Q、$\overline{Q}$、A、B 端的时序图如图 8.2.23所示。

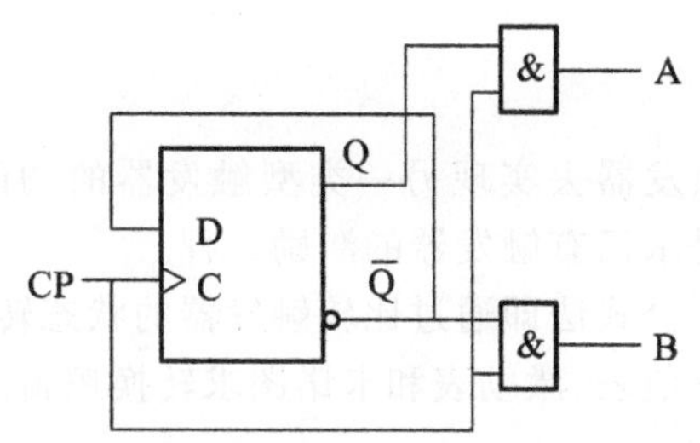

图 8.2.22　例 8.2.4 图

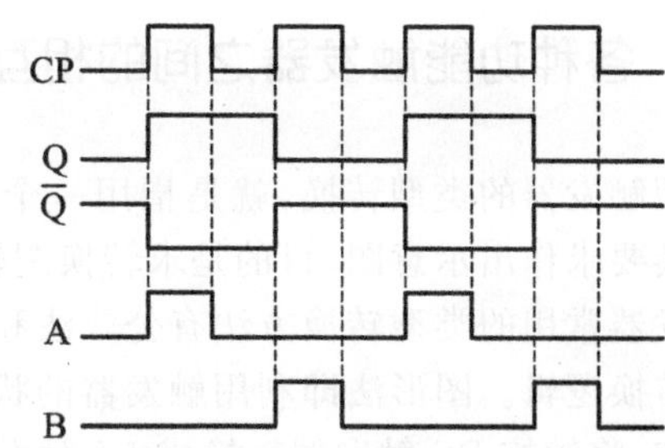

图 8.2.23　例 8.2.4 中 Q、$\overline{Q}$、A、B 端的时序图

由图 8.2.23 可见，输出端 A、B 输出频率相同、相位差为 90° 的脉冲信号。

2. T 触发器

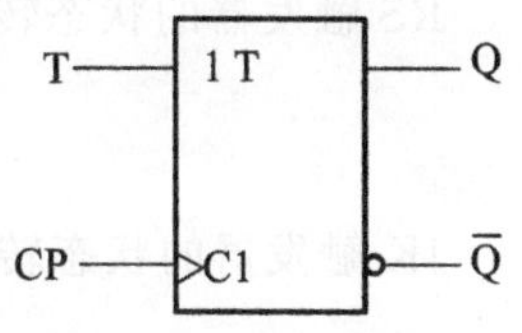

图 8.2.24　国际逻辑符号

T 触发器设有一个输入和输出，当时钟频率由 0 转为 1 时，如果 T 和 Q 不相同，其输出值会是 1。在输入端 T 为 1 的时候，输出端的状态 Q 发生反转；在输入端 T 为 0 的时候，输出端的状态 Q 保持不变。把 JK 触发器的 J 和 K 输入点连接在一起，即构成一个 T 触发器。

T 触发器的特征方程为

$$Q^{n+1}=T\oplus Q^n$$

T 触发器的特性如表 8.2.5 所示。

表 8.2.5 T 触发器的特性表

T	Q^n	Q^{n+1}
0	0	0
0	1	1
1	0	1
1	1	0

3. T′触发器

T′触发器又称为翻转型(计数型)触发器,其功能是在脉冲输入端每收到一个 CP 脉冲,触发器输出状态就改变一次。T′触发器也没有独立的产品,主要由 JK 触发器和边沿 D 触发器转换(令 J=K=1 或 $D=\overline{Q^n}$)而来,如图 8.2.25 所示。T′触发器的特性方程为

$$Q^{n+1}=\overline{Q^n}$$

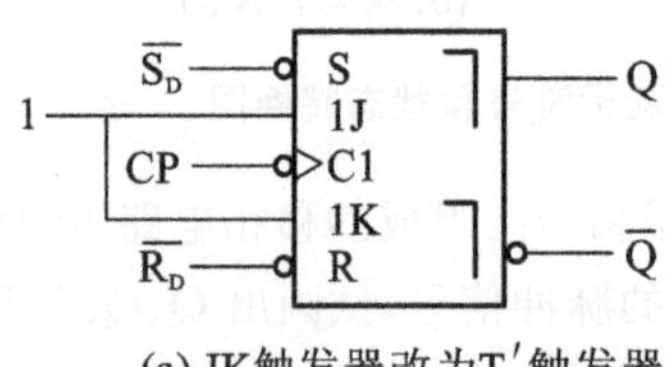

(a) JK触发器改为T′触发器

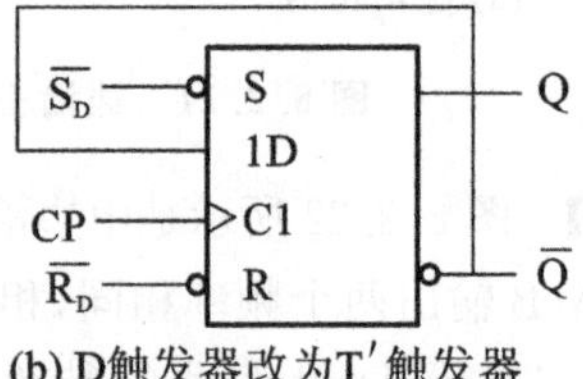

(b) D触发器改为T′触发器

图 8.2.25 T′触发器的边沿

8.2.5 各种功能触发器之间的相互转换

所谓触发器的类型转换,就是指用一个已有的触发器去实现另一类型触发器的功能。一般转换要求作出示意图,目的是求转换逻辑,也就是求已有触发器的激励方程。

触发器常用的类型转换方法有公式法和图形法。公式法即通过比较触发器的状态转移方程求转换逻辑。图形法即利用触发器的状态转换真值表、激励表和卡诺图求转换逻辑。

例如:将钟控 RS 触发器转换成 JK 触发器。

采用公式法求转换逻辑的过程如下。

RS 触发器的状态转移方程为

$$\begin{cases}Q^{n+1}=S+\overline{R}Q^n\\SR=0\end{cases}$$

JK 触发器的状态转移方程为

$$Q^{n+1}=\overline{K}Q^n+J\,\overline{Q^n}$$

因为 SR=0 为约束条件,所以令 $\overline{R}=S$,且令 R=K,则 $S=\overline{K}$,由 RS 触发器状态转移方程和 JK 触发器的状态转移方程得

$$S+SQ^n=J\,\overline{Q^n}+SQ^n$$

故得

$$\begin{cases} S=J\,\overline{Q^n} \\ R=K \end{cases}$$

但是,考虑到 RS 触发器的约束条件,在 J=K=1,$Q^n=0$ 的条件下,不能满足,故应变换 JK 触发器的状态转移方程,即

$$Q^{n+1}=J\,\overline{Q^n}+\overline{K}Q^n=J\,\overline{Q^n}+\overline{KQ^n}Q^n$$

SR=0 为约束条件,所以令 $\overline{R}=S$,且令 R=K,则 $S=\overline{K}$,由 RS 触发器的状态转移方程和 JK 触发器的状态转移方程得

$$S+\overline{S}Q^n=J\,\overline{Q^n}+\overline{S}Q^n$$

再比较状态转移方程,得

$$\begin{cases} S=J\,\overline{Q^n} \\ R=KQ^n \end{cases}$$

这样就使得约束条件始终能够满足。图 8.2.26 所示是将 RS 触发器转换为 JK 触发器的电路图。

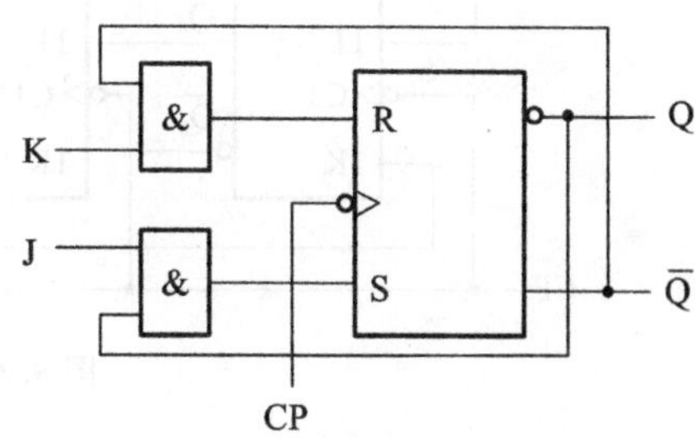

图 8.2.26　将 RS 触发器转换为 JK 触发器的电路图

对于其余各种类型的触发器之间的转换,请读者仿照上述方法自行练习。

8.3　时序逻辑电路的一般分析方法

同步时序逻辑电路的主要特点是在同步时序逻辑电路中,由于所有触发器都由同一个时钟脉冲信号 CP 来触发,它只控制触发器的翻转时刻,而对触发器翻转到何种状态并无影响,所以,在分析同步时序逻辑电路时,可以不考虑时钟条件。

1. 基本分析步骤

1）写方程式

输出方程:时序逻辑电路的输出逻辑表达式,通常为现态和输入信号的函数。

驱动方程:各触发器输入端的逻辑表达式。

状态方程:将驱动方程代入相应触发器的特性方程中,便得到该触发器的状态方程。

2）列状态转换真值表

将电路现态的各种取值代入状态方程和输出方程中进行计算,求出相应的次态和输出,从而列出状态转换真值表。如果现态的起始值已给定,则从给定值开始计算。如果现态的起始值没有给定,则可设定一个现态起始值依次进行计算。

3）逻辑功能的说明

根据状态转换真值表来说明电路的逻辑功能。

4）画状态转换图和时序图

状态转换图:电路由现态转换到次态的示意图。

时序图:在时钟脉冲 CP 的作用下,各触发器状态变化的波形图。

5）检验电路能否自启动

关于电路的自启动问题和检验方法，在下例中进行说明。

2. 分析举例

【例 8.3.1】 试分析图 8.3.1 所示电路的逻辑功能，并画出状态转换图和时序图。

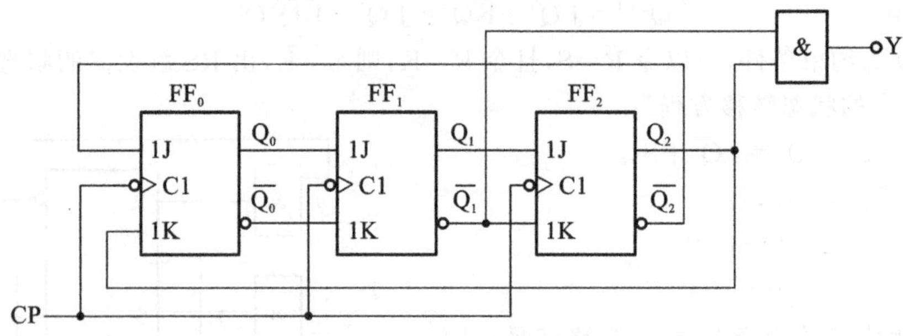

图 8.3.1 例 8.3.1 图

(1) 写方程式。

该同步时序逻辑电路的时序方程为

$$CP_2=CP_1=CP_0=CP$$

输出方程为

$$Y=\overline{Q_1^n}Q_2^n$$

驱动方程为

$$\begin{cases}J_2=Q_1^n, & K_2=\overline{Q_1^n}\\ J_1=Q_0^n, & K_1=\overline{Q_0^n}\\ J_0=\overline{Q_2^n}, & K_0=Q_2^n\end{cases}$$

(2) 求状态方程。

JK 触发器的特性方程为

$$Q^{n+1}=J\,\overline{Q^n}+\overline{K}Q^n$$

将各触发器的驱动方程代入，即得电路的状态方程，为

$$\begin{cases}Q_2^{n+1}=J_2\,\overline{Q_2^n}+\overline{K_2}Q_2^n=Q_1^n\,\overline{Q_2^n}+Q_1^nQ_2^n=Q_1^n\\ Q_1^{n+1}=J_1\,\overline{Q_1^n}+\overline{K_1}Q_1^n=Q_0^n\,\overline{Q_1^n}+Q_0^nQ_1^n=Q_0^n\\ Q_0^{n+1}=J_0\,\overline{Q_0^n}+\overline{K_0}Q_0^n=\overline{Q_2^n}\,\overline{Q_0^n}+\overline{Q_2^n}Q_0^n=\overline{Q_2^n}\end{cases}$$

(3) 计算，列状态转换真值表。

$$\begin{cases}Q_2^{n+1}=Q_1^n\\ Q_1^{n+1}=Q_0^n\\ Q_0^{n+1}=\overline{Q_2^n}\end{cases},\quad \begin{cases}Q_2^{n+1}=1\\ Q_1^{n+1}=1\\ Q_0^{n+1}=\overline{1}=0\end{cases}$$

$$Y=\overline{Q_1^n}Q_2^n,\quad Y=\overline{0}\cdot 0=0$$

状态转换真值表如表 8.3.1 所示。

表 8.3.1　例 8.3.1 状态转换真值表

现态			次态			输出
Q_2^n	Q_1^n	Q_0^n	Q_2^{n+1}	Q_1^{n+1}	Q_0^{n+1}	Y
0	0	0	0	0	1	0
0	0	1	0	1	1	0
0	1	0	1	0	1	0
0	1	1	1	1	1	0
1	0	0	0	0	0	1
1	0	1	0	1	0	1
1	1	0	1	0	0	0
1	1	1	1	1	0	0

(4) 画出时序图。

画出时序图如图 8.3.2 所示。

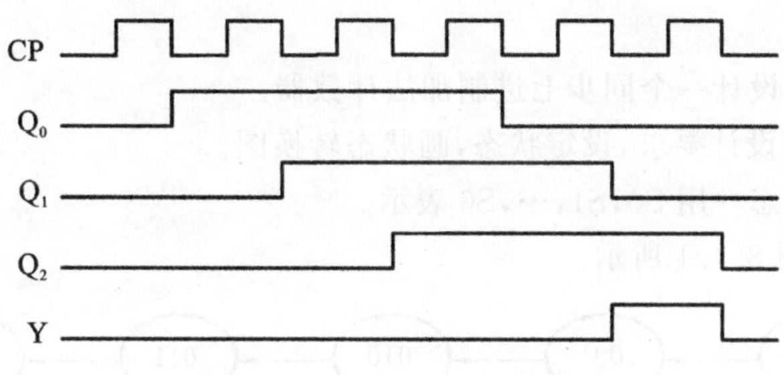

图 8.3.2　例 8.3.1 时序图

(5) 电路功能。

有效循环的 6 个状态分别是 0～5 这 6 个十进制数字的格雷码，并且在时钟脉冲 CP 的作用下，这 6 个状态是按递增规律变化的，即

$$000 \to 001 \to 011 \to 111 \to 110 \to 100 \to 000 \to \cdots$$

所以这是一个用格雷码表示的六进制同步加法计数器。当对第 6 个脉冲计数时，计数器又重新从 000 开始计数，并产生输出 Y=1。

8.4　时序逻辑电路的一般设计方法

1. 同步时序逻辑电路的设计

1) 基本设计步骤

设计关键：根据设计要求，确定状态转换的规律，求出各触发器的驱动方程。

设计步骤：

(1) 根据设计要求，设定状态，确定触发器的数目和类型，画出状态转换图。

(2) 状态化简。

前提:保证满足逻辑功能要求。

方法:将等价状态(多余的重复状态)合并为一个状态。

(3) 状态分配,列出状态转换编码表。

通常采用自然二进制数进行编码。N 为电路的状态数。每个触发器表示一位二进制数,因此,触发器的数目 n 可按下式确定:

$$2^n \geqslant N > 2^{n-1}$$

(4) 画状态转换图,求出状态方程、输出方程。

选择触发器的类型(一般可选 JK 触发器或 D 触发器,由于 JK 触发器使用比较灵活,因此,在设计中多选用 JK 触发器),将状态方程和触发器的特性方程进行比较,求出驱动方程。

(5) 根据驱动方程和输出方程画逻辑图。

(6) 检查电路有无自启动能力。

当所设计的电路存在无效状态时,应检查电路进入无效状态后,能否在时钟脉冲的作用下自动返回有效状态工作。如果电路能回到有效状态工作,说明电路有自启动能力;如果不能,则需修改设计,使电路具有自启动能力。

2）设计举例

【例 8.4.1】 试设计一个同步七进制加法计数器。

【解】 (1) 根据设计要求,设定状态,画状态转换图。

七进制→7 个状态→用 S0,S1,…,S6 表示。

状态转换图如图 8.4.1 所示。

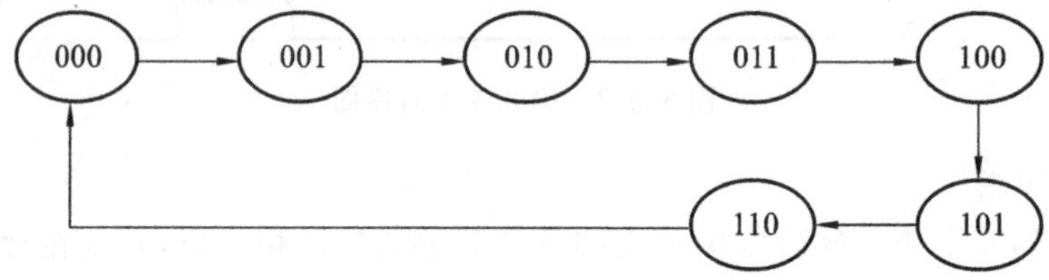

图 8.4.1　例 8.4.1 状态转换图

(2) 状态化简。

本例中 7 个状态都是有效状态。

(3) 状态分配,列状态转换编码表。

由 $2^n \geqslant N > 2^{n-1}$ 得 $N=7$,$n=3$,即采用三个触发器。

选择用三位自然二进制加法计数编码,列出状态转换编码表,如表 8.4.1 所示。

表 8.4.1　例 8.4.1 状态转换编码表

状态转换顺序	现态			次态			输出
	Q_2^n	Q_1^n	Q_0^n	Q_2^{n+1}	Q_1^{n+1}	Q_0^{n+1}	Y
S0	0	0	0	0	0	1	0
S1	0	0	1	0	1	0	0

续表

状态转换顺序	现　　态			次　　态			输　出
	Q_2^n	Q_1^n	Q_0^n	Q_2^{n+1}	Q_1^{n+1}	Q_0^{n+1}	Y
S2	0	1	0	0	1	1	0
S3	0	1	1	1	0	0	0
S4	1	0	0	1	0	1	0
S5	1	0	1	1	1	0	0
S6	1	1	0	0	0	0	1

(4) 选择触发器的类型，求出状态方程、驱动方程和输出方程。

根据状态转换编码表，得到各触发器的次态和输出函数的卡诺图，得输出方程为

$$Y=Q_2^nQ_1^n$$

状态方程为

$$\begin{cases}Q_2^n=Q_0^nQ_1^n\ \overline{Q_2^n}=Q_2^nQ_1^n\ \overline{Q_2^n}+\bar{1}Q_2^n\\ Q_1^n=Q_0^n\ \overline{Q_1^n}+\overline{Q_0^n}Q_1^n\\ Q_0^{n+1}=\overline{Q_2^n}\,\overline{Q_0^n}=\overline{Q_2^n}\,\overline{Q_0^n}+\bar{1}Q_0^n\end{cases}$$

选用 JK 触发器驱动方程，将状态方程与特性方程 $Q^{n+1}=J\,\overline{Q^n}+\overline{K}Q^n$ 进行比较得驱动方程

$$\begin{cases}J_2=Q_1^nQ_0^n,\quad K_2=Q_1^n\\ J_1=Q_0^n,\quad K_1=\overline{\overline{Q_2^n}\,\overline{Q_0^n}}\\ J_0=\overline{Q_2^nQ_1^n},\quad K_0=1\end{cases}$$

(5) 根据驱动方程和输出方程画出逻辑图，如图 8.4.2 所示。

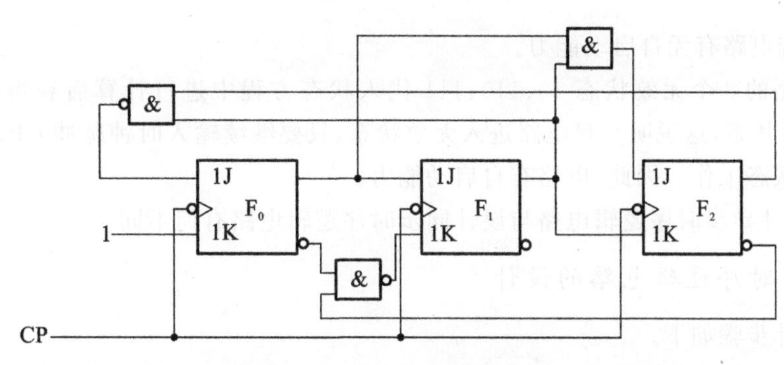

图 8.4.2　例 8.4.1 逻辑图

(6) 检查电路有无自启动能力。

该电路有一个无效状态 111，将该状态代入状态方程中得 000。这说明一旦电路进入无效状态，只要再输入一个计数脉冲 CP，电路便回到有效状态 000。因此，该电路具有自启动能力。

【例 8.4.2】 设计一个脉冲序列为 10100 的序列脉冲发生器。

【解】 (1) 根据设计要求设定状态，画出状态转换图。

由于串行输出 Y 的脉冲序列为 10100，故电路应有 5 个状态，即 $N=5$，它们分别用 S0，

S1,…,S4 表示。输入第一个时钟脉冲 CP 时,状态由 S0 转到 S1 ,输出 Y=1;输入第二个 CP 时,状态由 S1 转为 S2,输出 Y=0;其余依次类推。

(2) 状态分配,列出状态转换编码表。

根据 $2^n \geqslant N > 2^{n-1}$ 可知,当 $N=5$ 时,$n=3$,即采用三位二进制代码。

(3) 选择触发器的类型,求出输出方程、状态方程和驱动方程。

根据状态转换编码表得到各触发器次态和输出函数的卡诺图,进一步得出输出方程为

$$Y=\overline{\overline{Q_2^n}\,\overline{Q_1^n}}$$

状态方程为

$$Q_2^n = Q_0^n Q_1^n \overline{Q_2^n} = Q_0^n Q_1^n \overline{Q_2^n} + \bar{1} Q_2^n$$

$$Q_1^{n+1} = Q_0^n \overline{Q_1^n} + \overline{Q_0^n} Q_1^n$$

$$Q_0^{n+1} = \overline{Q_2^n}\,\overline{Q_0^n} = \overline{Q_2^n}\,\overline{Q_0^n} + \bar{1} Q_0^n$$

选用 JK 触发器驱动方程,将状态方程与特性方程 $Q^{n+1}=J\overline{Q^n}+\overline{K}Q^n$ 进行比较得驱动方程

$$\begin{cases} J_2 = Q_1^n Q_0^n, & K_2 = 1 \\ J_1 = Q_0^n, & K_1 = Q_0^n \\ J_0 = \overline{Q_2^n}, & K_0 = 1 \end{cases}$$

(4) 根据驱动方程和输出方程画出逻辑图如图 8.4.3 所示。

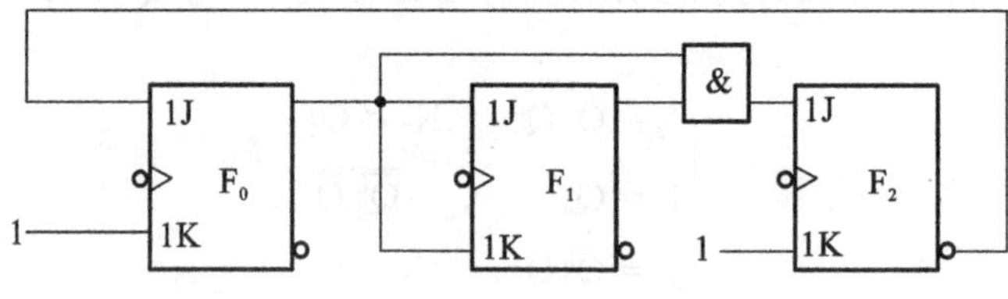

图 8.4.3 例 8.4.2 逻辑图

(5) 检查电路有无自启动能力。

将该电路的 3 个无效状态 10、110、111 代入状态方程中进行计算后获得的 010、010、000 都为有效状态,这说明一旦电路进入无效状态,只要继续输入时钟脉冲 CP,电路便可自动返回有效状态工作。因此,电路有自启动能力。

思考: 设计异步时序逻辑电路与设计同步时序逻辑电路有何不同?

2. 异步时序逻辑电路的设计

基本设计步骤如下。

(1) 根据状态转换编码表画触发器输出波形图。

(2) 根据波形图确定各触发器的时钟。

(3) 计算驱动端的表达式。

(4) 画逻辑图。

(5) 验证电路能否自启动。

【例 8.4.3】 设计五状态异步增 1 计数器。

(1) 状态转换编码表如表 8.4.2 所示。

表 8.4.2　例 8.4.3 状态转换编码表

状　态	Q_3	Q_2	Q_1
0	0	0	0
1	0	0	0
2	0	0	1
3	0	0	1
4	0	1	0
5	0	0	0

(2) 画出触发器输出波形图如图 8.4.4 所示。

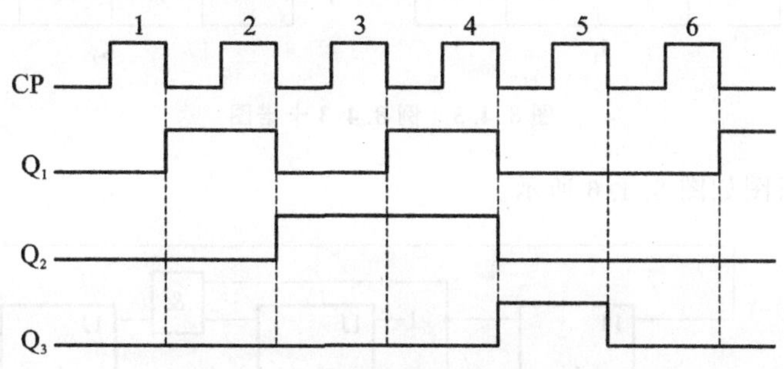

图 8.4.4　例 8.4.3 触发器输出波形图

(3) 触发器时钟的确定。由状态转换编码表知，电路要用 3 个触发器，选用 JK 触发器，3 个 JK 触发器的时钟分别为 CP_1、CP_2、CP_3，由波形图可确定：$CP_1=CP$，因 JK 触发器的翻转必须使时钟有负跳变，观察波形图可知，Q_1 的时钟只能取自 CP(计数脉冲)，由于 CP 第 5 个脉冲负跳变到来后，要求 Q_1 不翻转，所以 J_1 和 K_1 需计算。

对于触发器 Q_2，$CP_2=Q_1$，从波形图看，只要 Q_1 有负跳变，Q_2 就应当翻转，当 $J_2=K_2=1$ 时就能满足这一要求，所以 J_2 和 K_2 不必计算了。

对于触发器 Q_3，$CP_3=CP$，从波形图看，CP 为 1、2、3 时 Q_3 都不应该翻转，即时钟有多余的负跳变，所以 J_3 和 K_3 需计算。

(4) 计算 J_1、K_1、J_3、K_3 的表达式，根据状态转换表 8.4.3 并把 $Q_3^nQ_2^nQ_1^n$ 为 101、110、111 的状态做任意项处理，经卡诺图(见图 8.4.5)化简可以得到

$$J_1=\overline{Q_3^n},\quad K_1=1$$

$$J_3=Q_1^nQ_2^n,\quad K_3=1$$

例 8.4.3　例 8.4.3 状态转换表

Q_3^n	Q_2^n	Q_1^n	Q_3^{n+1}	Q_2^{n+1}	Q_1^{n+1}	J_3	K_3	J_1	K_1
0	0	0	0	0	1	0	×	1	×
0	0	1	0	1	0	0	×	×	1
0	1	0	0	1	1	0	×	1	×
0	1	1	1	0	0	1	×	×	1
1	0	0	0	0	0	×	1	0	×

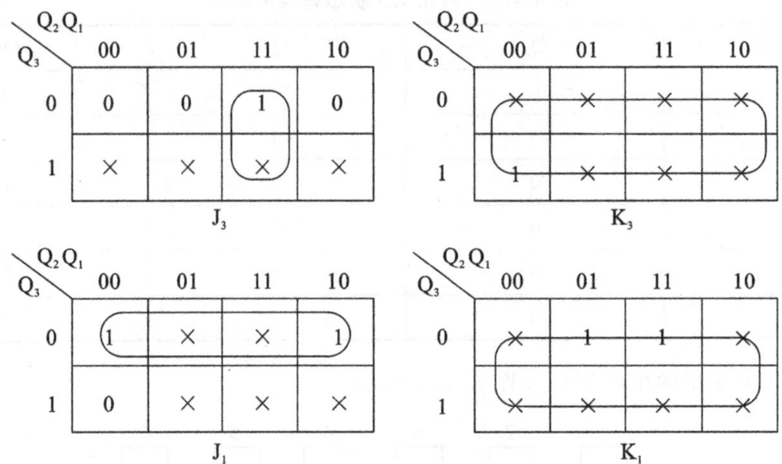

图 8.4.5　例 8.4.3 卡诺图

(5) 画出逻辑图如图 8.4.6 所示。

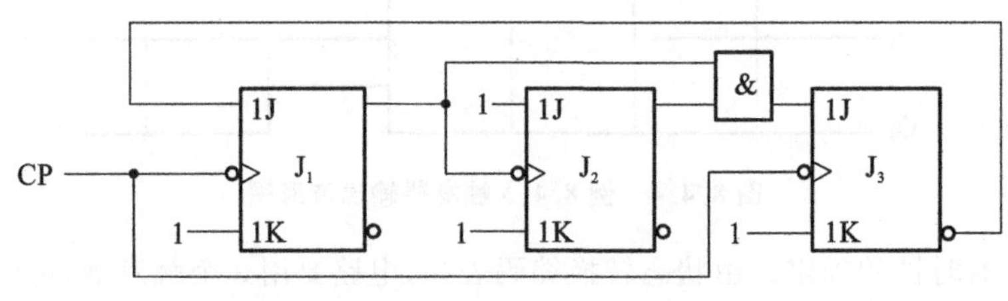

图 8.4.6　例 8.4.3 逻辑图

8.5　寄存器和移位寄存器

在实际生活中，会碰到大量寄存的例子。例如：一个单位的办公室，总是先把送来的文件和报纸杂志接收下来，再由办事员分发；商店中的货柜，售货人员总是先把商品从大仓库中取出来，然后放在货柜中，以备顾客选购。

1. 基本寄存器

基本寄存器是存储二进制数码的时序逻辑电路组件，它具有接收和寄存二进制数码的逻辑功能。各种集成触发器就是可以存储一位二进制数的寄存器，用 n 个触发器就可以存储 n 位二进制数。

图 8.5.1(a)所示是由 D 触发器组成的 4 位集成寄存器 74LS175 的逻辑电路图，其引脚图如图 8.5.1(b)所示。其中，$\overline{R_D}$是异步清零控制端，低电平有效，D_0～D_3 是并行数据输入端，CP 为时钟脉冲端，Q_0～Q_3 是并行数据输出端，$\overline{Q_0}$～$\overline{Q_3}$是反码数据输出端。

该电路工作过程如下。

(1) 先清零，$\overline{R_D}$端输入一个低电平脉冲，所有输出端均为 0。存取数据时，$\overline{R_D}$为 1。

(2) 将需要存储的四位二进制数码送到并行数据输入端 $D_0 \sim D_3$，给 CP 端送一个时钟脉冲，脉冲上升沿作用后，四位数码并行输出到相应的四个触发器的 Q 端。

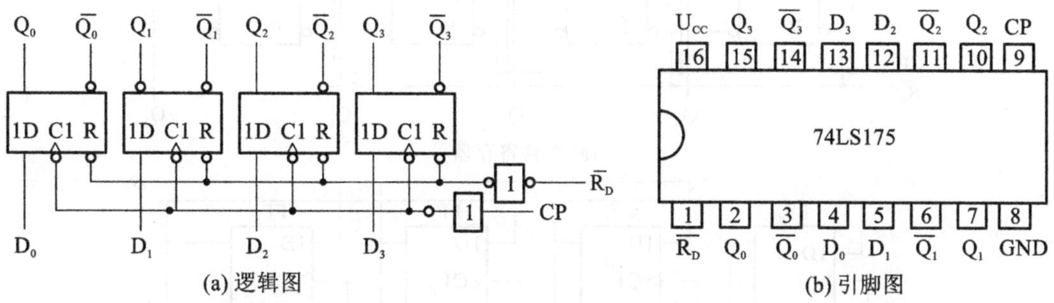

图 8.5.1　4 位集成寄存器 74LS175

74LS175 的功能表如表 8.5.1 所示。

表 8.5.1　74LS175 功能表

清　零	时　钟	输		入		输		出		工作模式
$\overline{R_D}$	CP	D_0	D_1	D_2	D_3	Q_0	Q_1	Q_2	Q_3	
0	×	×	×	×	×	0	0	0	0	异步清零
1	↑	D_0	D_1	D_2	D_3	D_0	D_1	D_2	D_3	数码寄存
1	1	×	×	×	×	保持				数据保持
1	0	×	×	×	×	保持				数据保持

2. 移位寄存器

移位寄存器不仅具有存储功能，而且存储的数据能够在时钟脉冲的控制下逐位左移或右移。根据移位方式的不同，移位寄存器分为单向移位寄存器和双向移位寄存器两大类。

1）单向移位寄存器

单向移位寄存器分为左移寄存器和右移寄存器。

现以图 8.5.2(a)所示的右移寄存器为例进行说明，图 8.5.2(b)所示左移寄存器的工作原理和右移寄存器类似。

(1) 先清零，$\overline{R_D}$端输入一个低电平脉冲，所有输出端均为 0。存取数据时，$\overline{R_D}$为 1。

(2) 当 CP 上升沿到来时，串行输入端 D_i 送数据入 FF_0 中，$FF_1 \sim FF_3$ 接收各自左边触发器的状态，即 $FF_0 \sim FF_2$ 的数据依次向右移动一位。

(3) 经过 4 个 CP 时钟脉冲的作用，4 个数据被串行送入寄存器的 4 个触发器中。

(4) 此后，可从 $Q_0 \sim Q_3$ 获得 4 位并行输出，实现串并转换；或者，再经过 4 个 CP 脉冲作用，存储在 $FF_0 \sim FF_3$ 的数据依次从串行输出端 Q_3 移出。

如表 8.5.2 所示，在 4 个 CP 时钟脉冲的作用下依次输入 4 个 1，经过 4 个 CP 时钟脉冲，寄存器变成全 1 状态，再经过 4 个 CP 时钟脉冲连续输入 4 个 0，寄存器被清零。

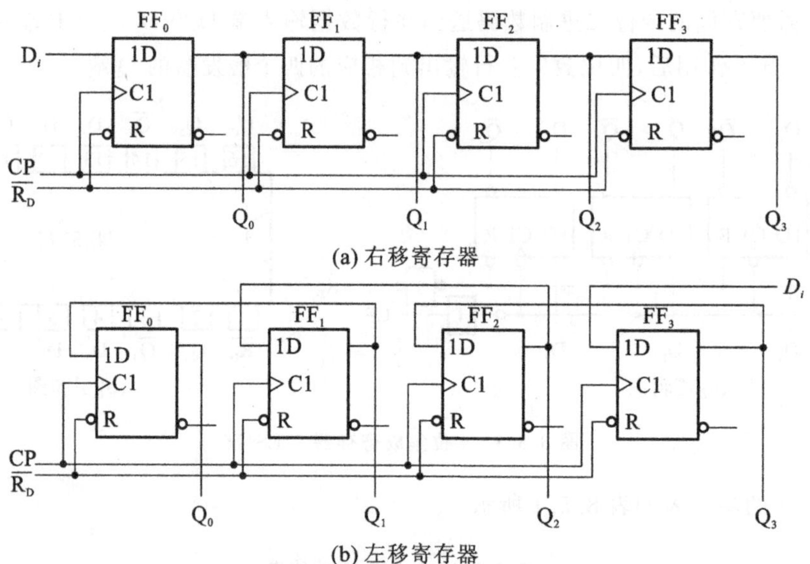

(a) 右移寄存器

(b) 左移寄存器

图 8.5.2　单向移位寄存器

表 8.5.2　四位右移寄存器的状态表

输　入		现　态				次　态				输　出
D_i	CP	Q_0^n	Q_1^n	Q_2^n	Q_3^n	Q_0^{n+1}	Q_1^{n+1}	Q_2^{n+1}	Q_3^{n+1}	Q_3
1	↑	0	0	0	0	1	0	0	0	0
1	↑	1	0	0	0	1	1	0	0	0
1	↑	1	1	0	0	1	1	1	0	0
1	↑	1	1	1	0	1	1	1	1	1
0	↑	1	1	1	1	0	1	1	1	1
0	↑	0	1	1	1	0	0	1	1	1
0	↑	0	0	1	1	0	0	0	1	1
0	↑	0	0	0	1	0	0	0	0	0

2）双向移位寄存器

将右移寄存器和左移寄存器组合起来，并引入一控制端 S 便可构成既可左移又可右移的双向移位寄存器。由 D 触发器组成的四位双向左移寄存器如图 8.5.3 所示。每个 D 触发器的数据输入端 D 同由与或非门及缓冲门组成的转换控制门相连，移位的方向取决于移位控制端 S 的状态。

其中，D_{SR}为右移串行输入端，D_{SL}为左移串行输入端。当 S=1 时，与或非门左门打开，右边与门封锁，$D_0=D_{SR}$，$D_1=Q_0$，$D_2=Q_1$，$D_3=Q_2$，即 FF_0 的 D_0 端与右端串行输入端 D_{SR} 端连通，FF_1 的 D_1 端与 Q_0 端连通……在 CP 时钟脉冲的作用下，由 D_{SR}端输入的数据将实现右移操作；当 S=0 时，$D_0=Q_1$，$D_1=Q_2$，$D_2=Q_3$，$D_3=D_{SL}$，在 CP 时钟脉冲的作用下，便可实现左移操作。

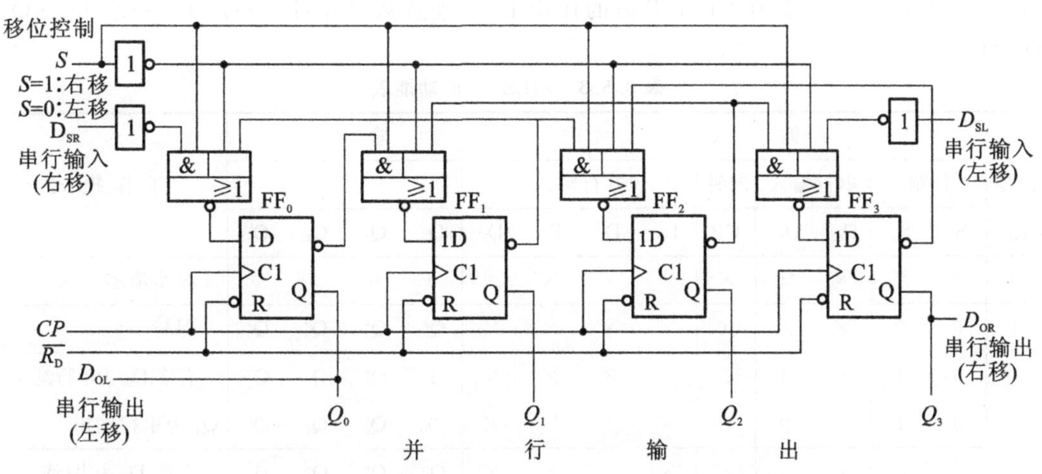

图 8.5.3　由 D 触发器组成的 4 位双向左移寄存器

3. 集成寄存器

目前，许多寄存器已做成单片集成电路。集成寄存器按结构来分有单一寄存器和寄存器堆两种。单一寄存器是指在一个单片集成电路上只有一个寄存器。而寄存器堆是指在单片集成电路上有由几个寄存器组成寄存器阵列，可存放多个多位二进制码。

下面介绍一种 74LS194 通用型多功能集成寄存器。它是一种具有串行输入、串行输出、并行输入、并行输出、左移、右移和保持等多种功能的移位寄存器，如图 8.5.4 所示。其中，D_{SL} 和 D_{SR} 分别是左移和右移的串行输入端，D_0、D_1、D_2 和 D_3 是并行输入端，Q_0 和 Q_3 分别是左移和右移时的串行输出端，Q_0、Q_1、Q_2 和 Q_3 为并行输出端。

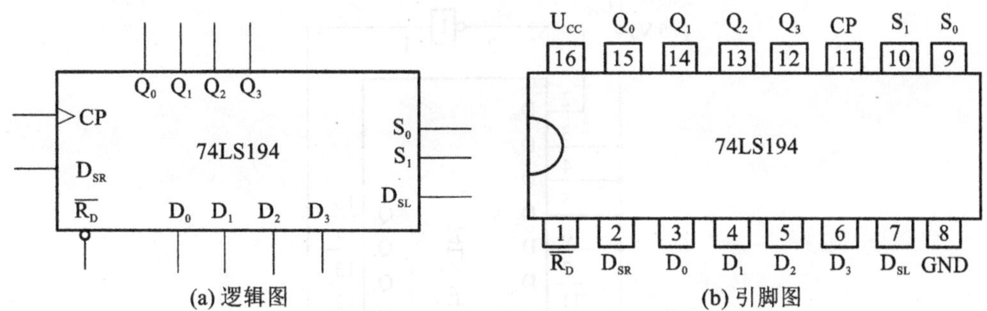

图 8.5.4　集成寄存器 74LS194

74LS194 的功能如表 8.5.3 所示，具体功能如下。

(1) 异步清零。当 $\overline{R_D}=0$ 时，即刻清零，与其他输入状态及 CP 无关，优先级别最高。

(2) S_1、S_0 是控制输入端。当 $\overline{R_D}=1$ 时，74LS194 有以下 4 种工作方式。

① 当 $S_1S_0=00$ 时，不论有无 CP 到来，各触发器状态不变，为保持工作状态。

② 当 $S_1S_0=01$ 时，在 CP 上升沿的作用下，实现右移操作，流向是 $S_R \to Q_0 \to Q_1 \to Q_2 \to Q_3$。

③ 当 $S_1S_0=10$ 时，在 CP 上升沿的作用下，实现左移操作，流向是 $S_L \to Q_3 \to Q_2 \to Q_1 \to Q_0$。

④ 当 $S_1S_0=11$ 时，在 CP 上升沿的作用下，实现置数操作：$D_0 \to Q_0$，$D_1 \to Q_1$，$D_2 \to Q_2$，$D_3 \to Q_3$。

表 8.5.3　74LS194 的功能表

输入										输出				工作模式
清零	控制		串行输入		时钟	并行输入								
$\overline{R_D}$	S_1	S_0	D_{SL}	D_{SR}	CP	D_0	D_1	D_2	D_3	Q_0	Q_1	Q_2	Q_3	
0	×	×	×	×	×	×	×	×	×	0	0	0	0	异步清零
1	0	0	×	×	×	×	×	×	×	Q_0^n	Q_1^n	Q_2^n	Q_3^n	保持
1	0	1	×	1		×	×	×	×	1	Q_0^n	Q_1^n	Q_2^n	右移，D_{SR} 为串行输入，
	0	1	×	0		×	×	×	×	0	Q_0^n	Q_1^n	Q_2^n	Q_3 为串行输出
1	1	0	1	×		×	×	×	×	Q_1^n	Q_2^n	Q_3^n	1	左移，D_{SL} 为串行输入，
	1	0	0	×		×	×	×	×	Q_1^n	Q_2^n	Q_3^n	0	Q_0 为串行输出
1	1	1	×	×		D_0	D_1	D_2	D_3	D_0	D_1	D_2	D_3	并行置数

4. 寄存器的应用

【例 8.5.1】 用移位寄存器构成序列脉冲发生器。

【解】 序列信号是指在同步脉冲的作用下按一定周期循环产生的一串二进制信号。例如，0111，每 4 位重复一次，称为 4 位序列信号。

序列脉冲信号广泛用于数字设备测试、通信和遥控中的识别信号或基准信号等。

用移位寄存器构成序列脉冲发生器电路如图 8.5.5 所示。

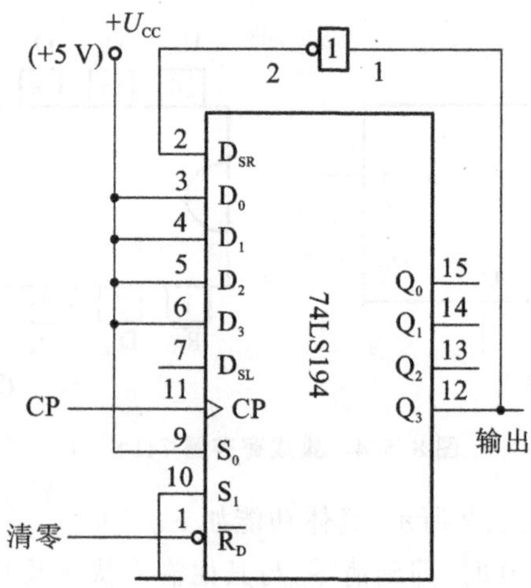

图 8.5.5　用移位寄存器构成序列脉冲发生器电路

移位寄存器组成的 8 位序列脉冲发生器序列信号为 00001111。

移位寄存器组成的 8 位序列脉冲发生器工作原理：$S_1S_0=01$，为右移方式，Q_3 作为输出端。首先令 CR=0，输出端全为零，Q_3 非后送 D_{SR}，则 D_{SR} 为 1；然后，连续送入移位脉冲，各输出状态的变化如表 8.5.4 所示。电路产生的序列信号为 00001111。

表 8.5.4　8 位序列脉冲发生器状态表

CP	D_{SR}	Q_0	Q_1	Q_2	Q_3
0	1	0	0	0	0
1	1	1	0	0	1
2	1	1	1	0	0
3	1	1	1	1	0
4	0	1	1	1	1
5	0	0	1	1	1
6	0	0	0	1	1
7	0	0	0	0	1
8	1	0	0	0	0

8 位序列脉冲发生器的时序图如图 8.5.6 所示，接线图如图 8.5.7 所示。

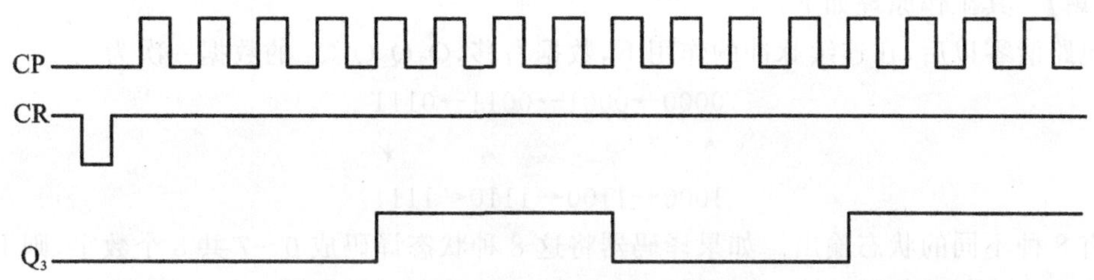

图 8.5.6　8 位序列脉冲发生器的时序图

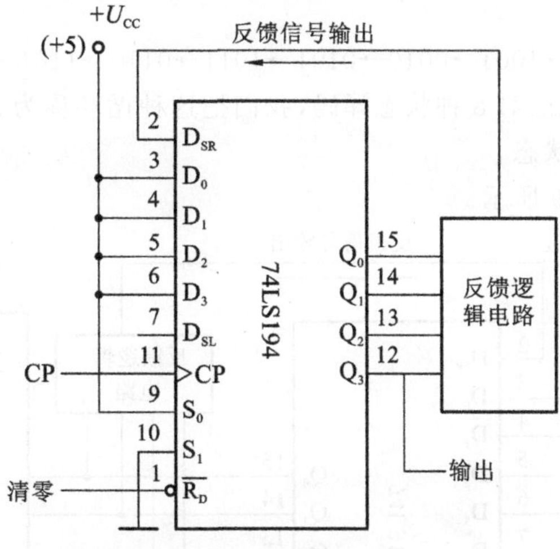

图 8.5.7　8 位序列脉冲发生器接线图

8 位序列脉冲发生器产生序列信号的关键是：从移位寄存器的输出端引出一个反馈信号送至串行输入端，反馈电路由组合逻辑门电路构成。

N 位移位寄存器构成的序列脉冲发生器产生的序列信号的最大长度 $P=2n$。

【例 8.5.2】　利用移位寄存器构成计数器。

利用移位寄存器构成计数器电路如图 8.5.8 所示。

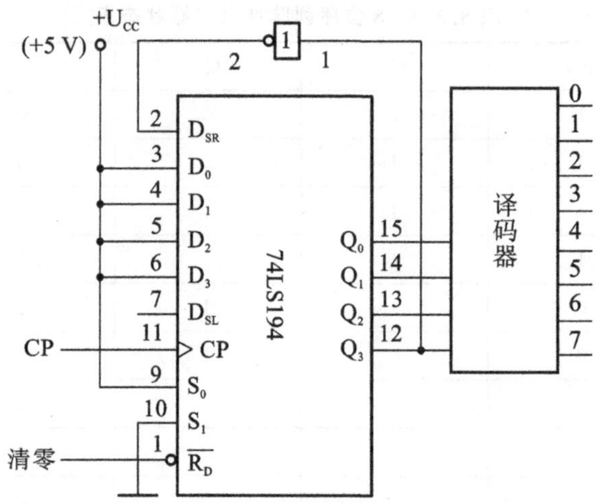

图 8.5.8　利用移位寄存器构成计数器电路

【解】 其工作原理如下。

电路清零以后，在连续脉冲的作用下，数据右移，$Q_3Q_2Q_1Q_0$ 的数据一次为

$$
\begin{array}{ccccccc}
0000 & \rightarrow & 0001 & \rightarrow & 0011 & \rightarrow & 0111 \\
\uparrow & & & & & & \downarrow \\
1000 & \leftarrow & 1100 & \leftarrow & 1110 & \leftarrow & 1111
\end{array}
$$

有 8 种不同的状态输出。如果译码器将这 8 种状态译码成 0～7 共 8 个数字，则上述电路就构成 8 进制计数器。注：此处译码器不是 LED 管显示译码器。

计数前，如果不清零，由于随机性，随着计数脉冲的到来，$Q_3Q_2Q_1Q_0$ 的状态可能进入如下的无效循环：

$$0100\rightarrow1001\rightarrow0010\rightarrow0101\rightarrow1011\rightarrow0110\rightarrow1101\rightarrow1010$$

无效循环：译码器无法对 8 种状态译码，我们把这种循环称为无效循环。因此，不允许寄存器工作在这种循环状态。

改进电路如图 8.5.9 所示。

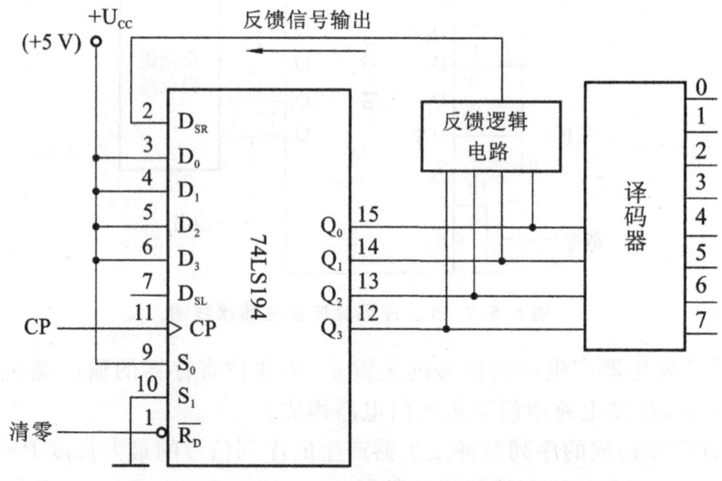

图 8.5.9　利用移位寄存器构成计数器改进电路

当 $n=4$ 时，反馈逻辑表达式为

$$D_{SR}=Q_3\oplus Q_1,\quad Q_3\oplus Q_0$$

当 $n=8$ 时，反馈逻辑表达式为

$$D_{SR}=Q_7\oplus Q_5\oplus Q_4\oplus Q_3,\quad Q_7\oplus Q_3\oplus Q_2\oplus Q_1$$

计数器的最大长度为 $N=2n-1$。

【例 8.5.3】 数据显示锁存器。

【解】 在计数显示电路中，如果计数器的计数值变化的速度很快，人眼则无法辨认显示的字符，如信号源频率显示器(见图 8.5.10)。

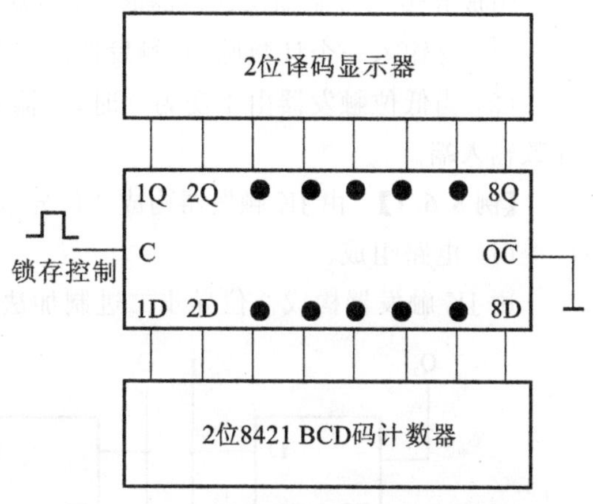

图 8.5.10　信号源频率显示器接线图

工作原理分析：

在计数器和译码器之间加入锁存器，就可以控制数据显示的时间。

若锁存信号 C=0，数据被锁存，译码显示电路稳定显示锁存数据。

若锁存信号 C=1 时，显示值随数据变化而变化，实时显示。

8.6　计数器

计数是一种最简单的运算，而计数器就是实现这种运算的逻辑电路。它们不仅可用于对脉冲计数，还可以实现测量、计数、控制和分频的功能。计数器的种类有很多，如果按触发器是否同时翻转，计数器可分为同步计数器和异步计数器；如果按计数数值增减分类，计数器可分为加计数器、减计数器和可逆计数器；如果按编码分类，计数器又可分为二进制码计数器、BCD 码计数器和循环计数器。还有其他很多种分类方法，此外不再一一列举，计数器最常用的是第一种分类方法。

1. 二进制计数器

二进制计数器是结构最简单的计数器，应用很广。二进制计数器是按二进制数运算规律进行计数的电路。二进制计数器按计数器中触发翻转是否同步又可分为同步二进制计数器和异步二进制计数器。

(1) 同步二进制计数器。计数脉冲同时加到所有触发器的时钟信号输入端，使应翻转的触发器同时翻转的二进制计数器，称作同步二进制计数器。

(2) 异步二进制计数器。计数脉冲只加到部分触发器的时钟脉冲输入端，而其他触发器的触发信号则由电路内部提供，应翻转的触发器状态更新有先有后的二进制计数器，称作异步二进制计数器。

以异步二进制加法计数器为例来介绍二进制计数器。异步二进制计数器是计数器中最基本最简单的电路，它一般由接成计数型的触发器连接而成，计数脉冲加到最低位触发器的 CP 端，低位触发器的输出 Q 作为相邻高位触发器的时钟脉冲。

异步二进制加法计数器必须满足二进制加法原则，即逢二进一(1+1=10，即 Q 由 1→0 时有进位)。

组成异步二进制加法计数器时，各触发器应当满足：

(1) 每输入一个计数脉冲，触发器应当翻转一次(即用 T′触发器)；

(2) 当低位触发器由 1 变为 0 时，应输出一个进位信号，并将其加到相邻高位触发器的计数输入端。

【例 8.6.1】 由 JK 触发器构成 3 位异步二进制加法计数器(用 CP 脉冲下降沿触发)。

(1) 电路组成。

由 JK 触发器构成 3 位异步二进制加法计数器电路图如图 8.6.1 所示。

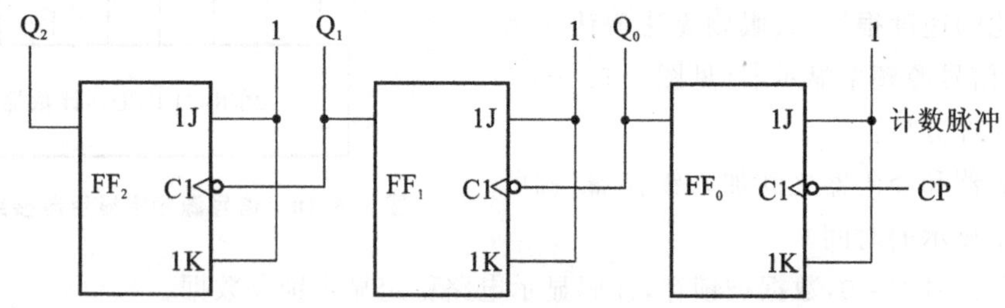

图 8.6.1 由 JK 触发器构成 3 位异步二进制加法计数器电路图

(2) 工作原理。

$FF_0: Q_0^{n+1}=\overline{Q_0^n}$(CP 下降沿触发)。

$FF_1: Q_1^{n+1}=\overline{Q_1^n}$($Q_0$ 下降沿触发)。

$FF_2: Q_2^{n+1}=\overline{Q_2^n}$($Q_1$ 下降沿触发)。

(3) 状态转换表。

由 JK 触发器构成的 3 位异步二进制加法器的状态转换表如表 8.6.1 所示。

表 8.6.1 由 JK 触发器构成的 3 位异步二进制加法计数器的状态转换表

CP 顺序	Q_2	Q_1	Q_0	等效十进制
0	0	0	0	0
1	0	0	1	1
2	0	1	0	2
3	0	1	1	3
4	1	0	0	4
5	1	0	1	5
6	1	1	0	6
7	1	1	1	7
8	0	0	0	0

(4) 时序图。

由 JK 触发器构成的 3 位异步二进制加法计数器的时序图如图 8.6.2 所示。

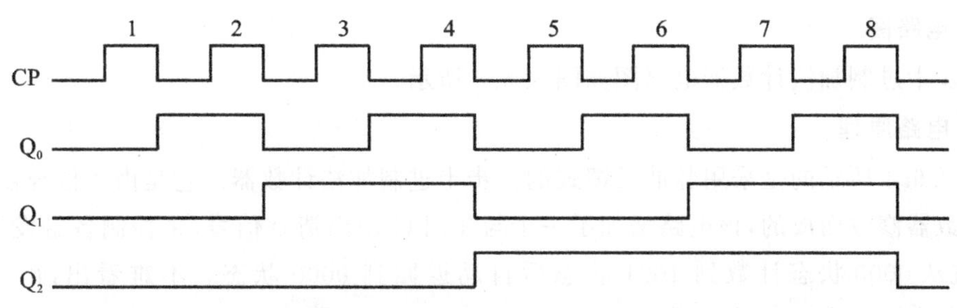

图 8.6.2　由 JK 触发器构成的 3 位异步二进制加法计数器的时序图

(5) 状态转换图。

由 JK 触发器构成的 3 位异步二进制加法计数器的状态转换图如图 8.6.3 所示。

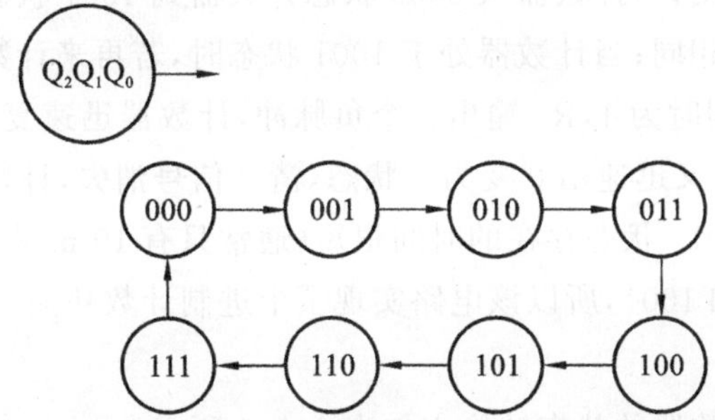

图 8.6.3　由 JK 触发器构成的 3 位异步二进制加法计数器的状态转换图

图中圆圈内数字表示 $Q_2Q_1Q_0$ 的状态，箭头表示状态转换的方向。

2. 十进制加法计数器

二进制加法计数器运用起来比较简洁方便，结构图和原理图也比其他进制的计数器的简单明了，但二进制表示一个数时，位数一般比较长。十进制是我们日常生活中经常用到的数制，由于不用转换，所以十进制加法计数器比二进制加法计数器应用广泛。加法是数据的累加过程，在日常生活中，数据的累加普遍存在，有时候需要一种计数器对累加过程进行运算处理，而十进制加法计数器的设计满足了广大人民生活的需要。

这里以一种简单的异步十进制加法计数器(电路图见图 8.6.4)为例来介绍十进制加法计数器。

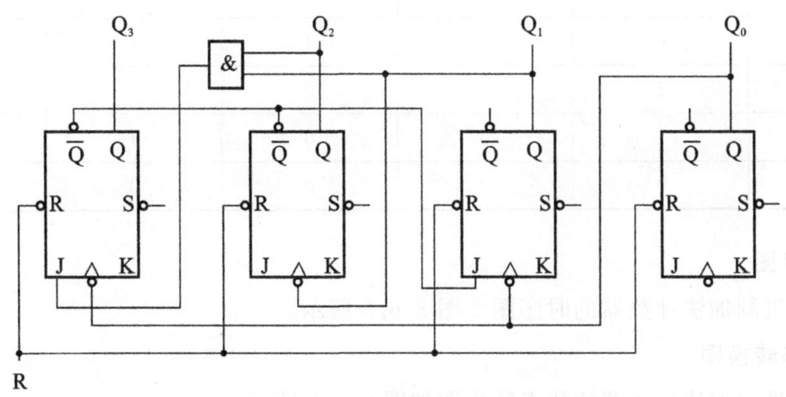

图 8.6.4　异步十进制加法计数器电路图

1）电路图

异步十进制加法计数器电路图如图 8.6.4 所示。

2）电路原理

图 8.6.4 所示的是采用脉冲反馈式的异步十进制加法计数器。它是由 4 位异步二进制加法计数器修改而成的，该电路增加了一个与非门 G 输出清 0 信号，来控制各触发器的 R_D 端，实现从 0000 状态计数到 1001 状态后自动返回到 0000 状态。不难看出，由于 $R_D=Q_1Q_3$，当计数器从 1001 状态变为 1010 状态时，Q_1、Q_3 同时为 1，$R_D=0$，使各触发器置 0。各触发器置 0 后，Q_1、Q_3 也变为 0，R_D 迅速由 0 变为 1。

下面分析其工作原理。

由表 8.6.2 可以看出，当计数器从 0000 状态计数器到 1001 状态时，其计数原理与 4 位二进制加法计数器完全相同；当计数器处于 1001 状态时，若再来计数脉冲，则计数器会进入 1010 状态，此时 Q_1Q_3 同时为 1，R_D 输出一个负脉冲，计数器迅速复位到 0000 状态；当计数器变为 0000 状态后，R_D 又迅速由 0 变为 1 状态，清 0 信号消失，计数器又可以从 0000 状态重新开始计数。显然，1010 状态存在的时间很短（通常只有 10 ns 左右），可以认为实际出现的计数状态只有 0000 和 1001，所以该电路实现了十进制计数功能。

3）状态转换表

异步十进制加法计数器的状态转换表如表 8.6.2 所示。

表 8.6.2　异步十进制加法计数器的状态转换表

CP 顺序	Q_3	Q_2	Q_1	Q_0	等效十进制
0	0	0	0	0	0
1	0	0	0	1	1
2	0	0	1	0	2
3	0	0	1	1	3
4	0	1	0	0	4
5	0	1	0	1	5
6	0	1	1	0	6
7	0	1	1	1	7
8	1	0	0	0	8
9	1	0	0	1	9
10	0	0	0	0	0

4）时序图

异步十进制加法计数器的时序图如图 8.6.5 所示。

5）状态转换图

异步十进制加法计数器的状态转换图如图 8.6.6 所示。

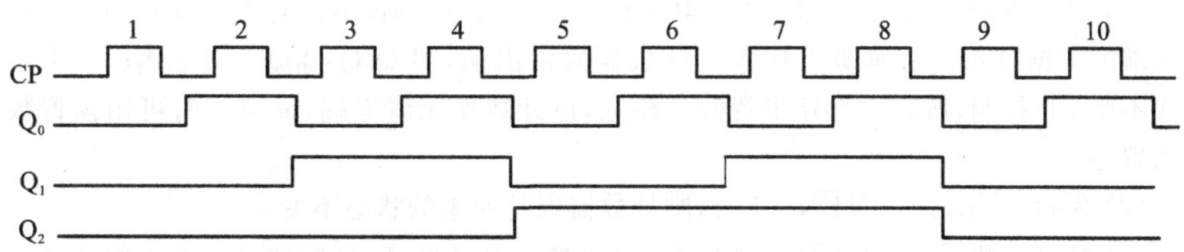

图 8.6.5　异步十进制加法计数器的时序图

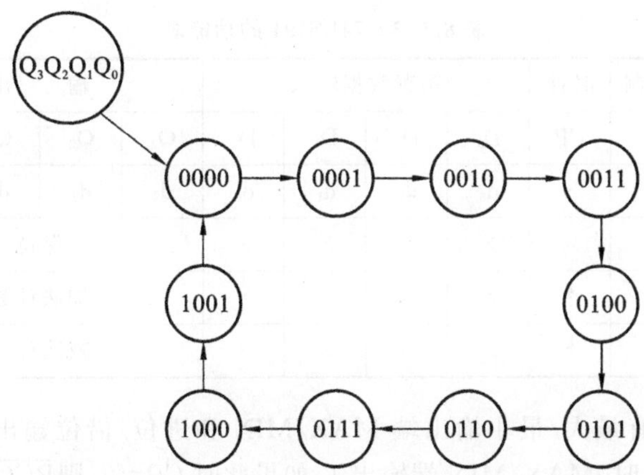

图 8.6.6　异步十进制加法计数器的状态转换图

3. 集成计数器

目前，计数器有多种集成电路可供选用，下面以集成计数器 74LS191 为例简单介绍。

图 8.6.7(a)所示是集成 4 位二进制同步可逆计数器 74LS191 的逻辑图，图 8.6.7(b)所示是其引脚图。其中$\overline{L_D}$是异步预置数控制端，D_3、D_2、D_1、D_0 是预置数据输入端；$\overline{EN}$是使能端，低电平有效；$D/\overline{U}$ 是加/减控制端，为 0 时做加法计数，为 1 时做减法计数；MAX/MIN 是最大/最小输出端；$\overline{RCO}$是进位/借位输出端。

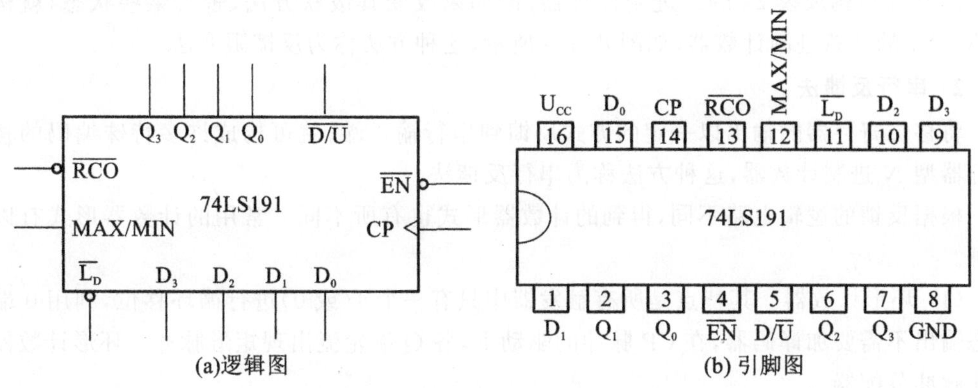

图 8.6.7　74LS191 的逻辑图和引脚图

表 8.6.3 所示是 74LS191 的功能表。由表可知，74LS191 具有以下功能。

(1) 异步置数。当$\overline{L_D}=0$时,不管其他输入端的状态如何,不论有无时钟脉冲 CP,并行输入端的数据 $d_3d_2d_1d_0$ 都被直接置入计数器的输出端,即 $Q_3Q_2Q_1Q_0=d_3d_2d_1d_0$。由于该操作不受 CP 控制,所以称为异步置数。注意,该计数器无清零端,需清零时可用预置数的方法置零。

(2) 保持。当$\overline{L_D}=1$且$\overline{EN}=1$时,则计数器保持原来的状态不变。

(3) 计数。当$\overline{L_D}=1$且$\overline{EN}=0$时,在 CP 端输入计数脉冲,计数器进行二进制计数。当 $D/\overline{U}=0$ 时,做加法计数;当 $D/\overline{U}=1$ 时,做减法计数。

表 8.6.3　74LS191 的功能表

预置	使能	加/减控制	时钟	预置数据输入				输　出				工作模式
$\overline{L_D}$	$\overline{EN}$	$D/\overline{U}$	CP	D_3	D_2	D_1	D_0	Q_3	Q_2	Q_1	Q_0	
0	×	×	×	d_3	d_2	d_1	d_0	d_3	d_2	d_1	d_0	异步置数
1	1	×	×	×	×	×	×	保持				数据保持
1	0	0	↑	×	×	×	×	加法计数				加法计数
1	0	1	↑	×	×	×	×	减法计数				减法计数

另外,该电路还有最大/最小输出端 MAX/MIN 和进位/借位输出端$\overline{RCO}$。当加法计数,计到最大值 1111 时,MAX/MIN 端输出 1,如果此时 CP=0,则$\overline{RCO}=0$,输出进位信号;当减法计数,计到最小值 0000 时,MAX/MIN 端也输出 1,如果此时 CP=0,则$\overline{RCO}=0$,输出借位信号。

4. N 进制计数器

在计数脉冲的驱动下,计数器中循环的状态个数称为计数器的模数。如果用 N 来表示,n 位二进计数器的模数为 $N=2n$(n 为构成计数器的触发器的个数)。

构成 N 进制计数器的三种方法如下。

1) 反馈阻塞法

N 触发可构成模 $2n$ 的二进制计数器,但如果改变其级联方法,舍去某些状态,就构成了 $N<2n$ 的任意进制计数器,如图 8.6.8 所示,这种方法称为反馈阻塞法。

2) 串行反馈法

将移位寄存器的输出以一定的方式反馈到串行输入端,就可构成许多特殊编码的移位寄存器型 N 进制计数器,这种方法称为串行反馈法。

根据反馈的逻辑电路不同,得到的计数器形式也有所不同。常用的计数器形式有以下几种。

(1) 环形计数器。其特点是所有触发器中只有一个 1(或 0)进行循环移位,利用 0 端做状态输出不需要加译码器,在 CP 脉冲的驱动下,各 Q 端轮流出现矩形脉冲。环形计数器也称作脉冲分配器。

自启的 4 位环形计数器的逻辑图如图 8.6.9 所示,状态转换图如图 8.6.10 所示,时序图如图 8.6.11 所示。

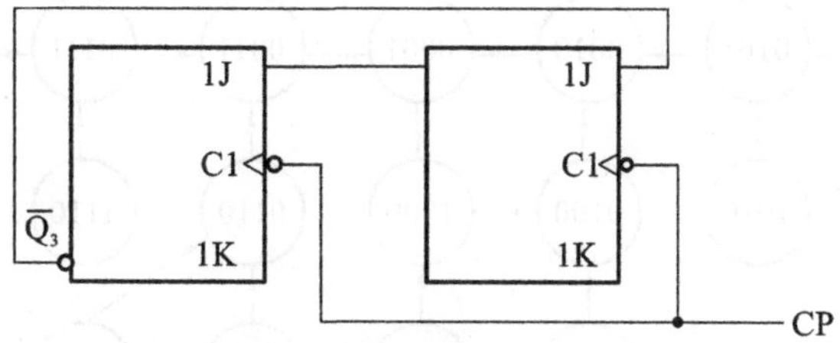

(a) 同步三进制计数器

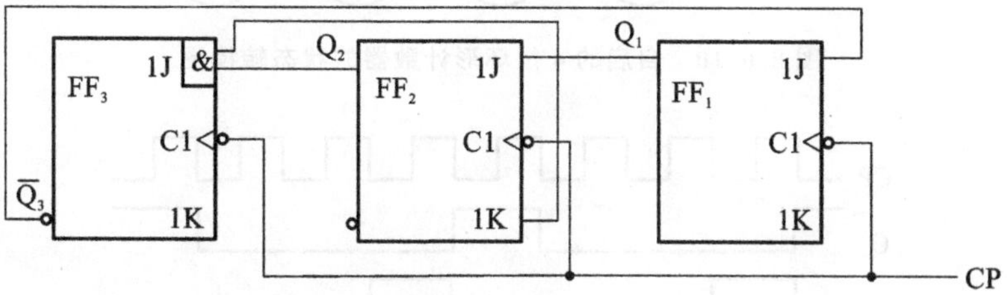

(b) 同步五进制计数器

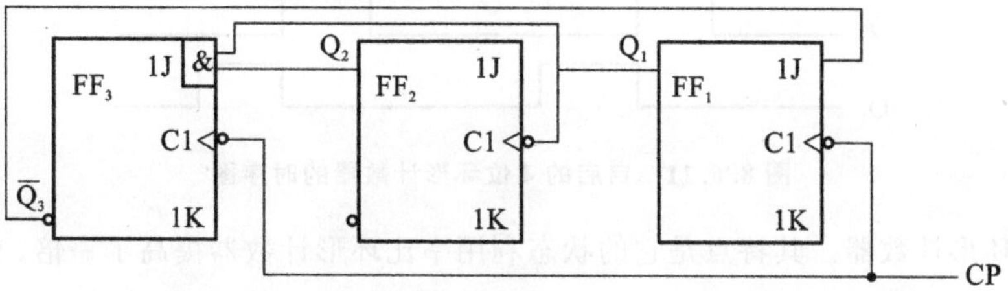

(c) 异步五进制计数器

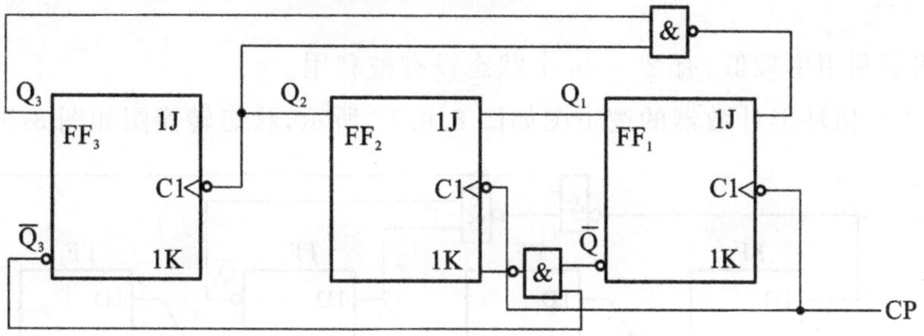

(d) 异步七进制计数器

图 8.6.8　同步计数器和异步计数器接线图

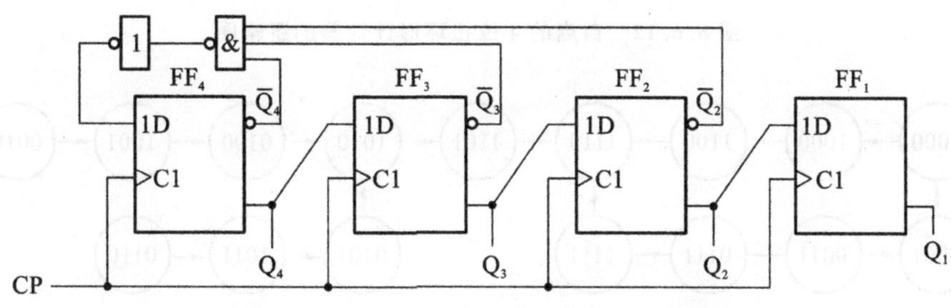

图 8.6.9　自启的 4 位环形计数器的逻辑图

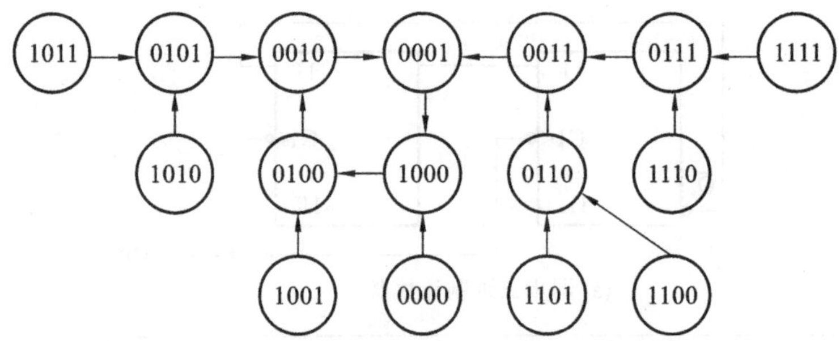

图 8.6.10　自启的 4 位环形计数器的状态转换图

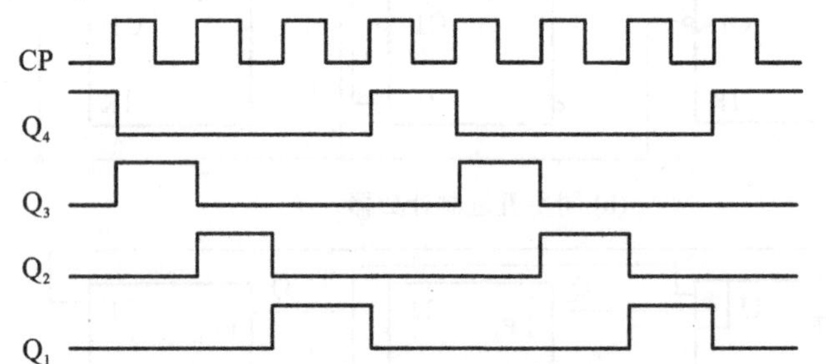

图 8.6.11　自启的 4 位环形计数器的时序图

(2) 扭环形计数器。其特点是它的状态利用率比环形计数器提高了一倍，$N=2n$。

优点：每次状态变化端只有一个触发器翻转，译码时不存在竞争和冒险，所有的译码门只需两个输入端。

缺点：状态利用率较低，有 2^n-2n 个状态没有被利用。

自启的 4 位扭环形计数器的逻辑图如图 8.6.12 所示，状态转换图如图 8.6.13 所示。

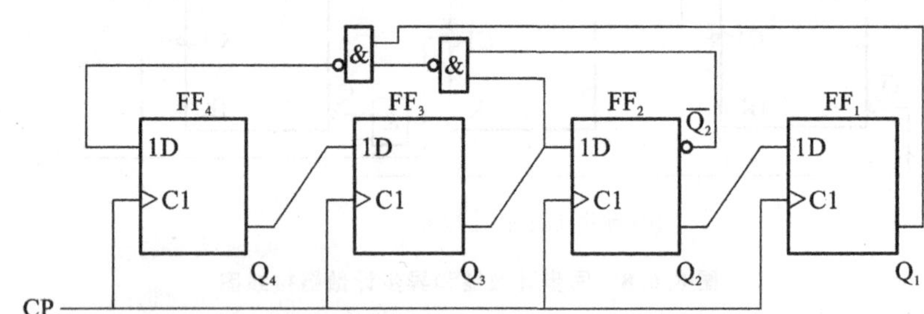

图 8.6.12　自启的 4 位扭环形计数器的逻辑图

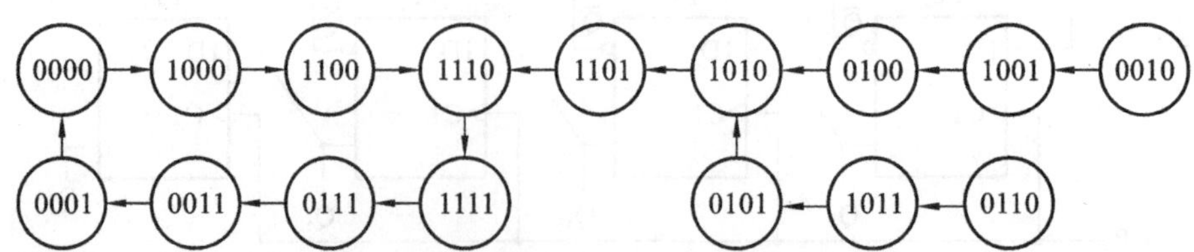

图 8.6.13　自启的 4 位扭环形计数器的状态转换图

3）反馈清零法和反馈置数法

利用集成二进制或集成十进制计数芯片可以很方便地构成任意进制计数器，采用的方法有以下两种。

（1）反馈清零法：清零信号的选择与芯片的清零方式有关（产生清零信号的状态称为反馈识别码 Na）。清零方式又分为异步清零方式和同步清零方式两种。

① 异步清零方式：Na＝N，其有效循环状态从 0～（Na－1）。

② 同步清零方式：Na＝$N-1$，其有效循环状态从 0～Na。

（2）反馈置数法：当输入第 N 个计数脉冲时，利用置数功能对计数器进行置数操作，强迫计数器进入计数循环，从而实现 N 进制计数。这种计数器的起始状态值就是置入的数，可以是零，也可以不是零，因此应用更灵活。

反馈清零法和反馈置数法只能用于构成模 N 小于集成计数器 M 的 N 进制计数器；将模 $M_1, M_2, \cdots, M_m$ 的计数器串接起来（称为计数器的级联），可获得模 $N=M_1 \cdot M_2 \cdot \cdots \cdot M_m$ 的大容量 N 进制计数器。

8.7　顺序脉冲发生器

在数字电路中，能按一定时间、一定顺序轮流输出脉冲波形的电路称为顺序脉冲发生器。在数字系统中，顺序脉冲发生器常用来控制某些设备按照事先规定的顺序进行运算或操作。

顺序脉冲发生器也称为脉冲分配器或节拍脉冲发生器，一般由计数器（包括移位寄存器型计数器）和译码器组成。作为时间基准的技术脉冲由计数器的输入端送入，译码器即将计数器状态译成输出端上的顺序脉冲，使输出端上的状态按一定时间、一定顺序轮流为 1，或者轮流为 0。顺序脉冲发生器分为计数型顺序脉冲发生器和移位型顺序脉冲发生器。

计数型顺序脉冲发生器一般由按自然态序计数的二进制计数器和译码器构成。移位型顺序脉冲发生器由移位寄存器型计数器和译码电路构成。其中，环形计数器的输出就是顺序脉冲，故它可不加译码电路就直接作为顺序脉冲发生器使用。

1. 计数型顺序脉冲发生器

计数型顺序脉冲发生器一般都是由按自然态序计数的二进制计数器和译码器组成。在计数脉冲——时钟脉冲的作用下，计数器的状态是依次转换的，而且在有效状态中循环工作，显然，用译码器把这些状态“翻译”出来，就可以得到顺序脉冲。

1）电路组成

计数器型顺序脉冲发生器的电路组成如图 8.7.1 所示。

2）状态方程

$$Q_0^{n+1}=\overline{Q_0^n}$$

$$Q_1^{n+1}=Q_0^n\,\overline{Q_1^n}+\overline{Q_0^n}\,Q_1^n=Q_0^n \oplus Q_1^n$$

3）时序图

计数型顺序脉冲发生器的时序图如图 8.7.2 所示。

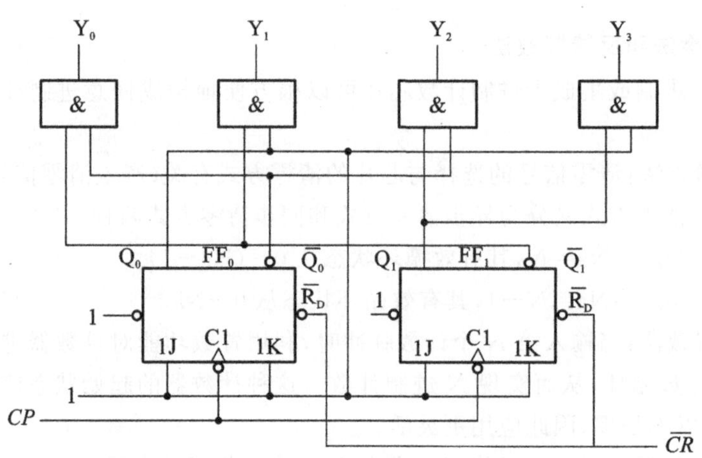

图 8.7.1　计数型顺序脉冲发生器的电路组成

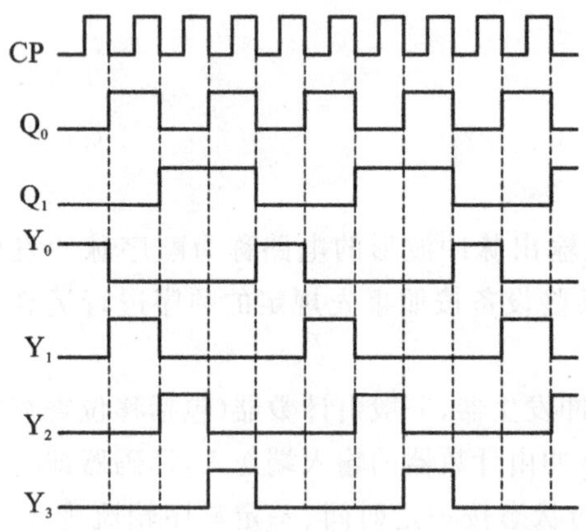

图 8.7.2　计数型顺序脉冲发生器的时序图

2. 移位型顺序脉冲发生器

从本质上看，移位型顺序脉冲发生器仍然是由计数器和译码器构成的，与计数型顺序脉冲发生没有区别。但是，它采用的是按非自然态序进行计数的移位寄存器型计数器，其电路组成、工作原理和特性都别具特色。因此，将其定名为移位型顺序脉冲发生器。

1）由环形计数器构成的移位型顺序脉冲发生器

图 8.7.3 所示是由 4 位环形计数器构成的 4 输出移位型顺序脉冲发生器的电路组成图。

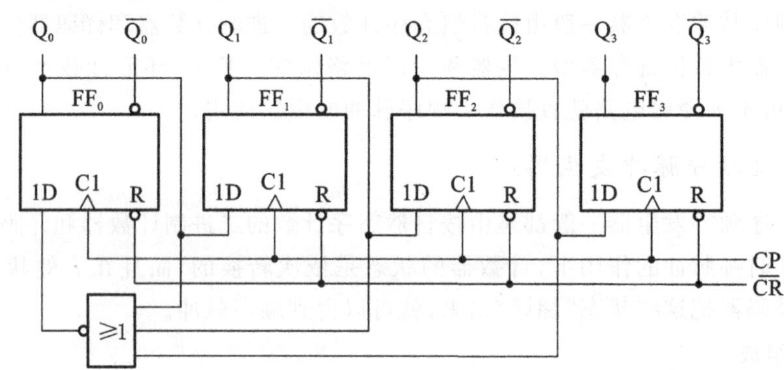

图 8.7.3　由 4 位环形计数器构成的 4 输出移位型顺序脉冲发生器的电路组成图

2）状态方程

$$Q_0^{n+1}=\overline{Q_0^n}\cdot\overline{Q_1^n}\cdot\overline{Q_2^n}$$
$$Q_1^{n+1}=Q_0^n$$
$$Q_2^{n+1}=Q_1^n$$
$$Q_3^{n+1}=Q_2^n$$

3）时序图

由 4 位环形计数器构成的 4 输出移位型顺序脉冲发生器如图 8.7.4 所示。

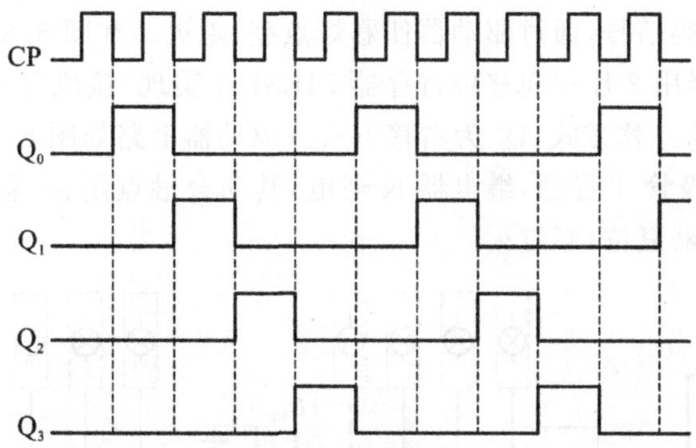

图 8.7.4 由 4 位环形计数器构成的 4 输出移位型顺序脉冲发生器的时序图

8.8 时序逻辑电路的应用实例

1. 抢答器

在智力竞赛中，参赛者通过抢先按动按钮取得答题权。图 8.8.1 所示是由 4 个 D 触发器和 2 个与非门、1 个非门等组成的 4 人抢答电路。

抢答前，主持人按下复位按钮 SB，4 个 D 触发器全部清 0，4 个发光二极管均不亮，与非门 G_1 输出为 0，三极管截止，扬声器不发声。同时，G_2 输出为 1，时钟信号 CP 经 G_3 送入触发器的时钟控制端。此时，抢答按钮 $SB_1 \sim SB_4$ 未被按下，均为低电平，4 个 D 触发器输入的全是 0，保持 0 状态不变。时钟信号 CP 可用 555 定时器组成多谐振荡器的输出。

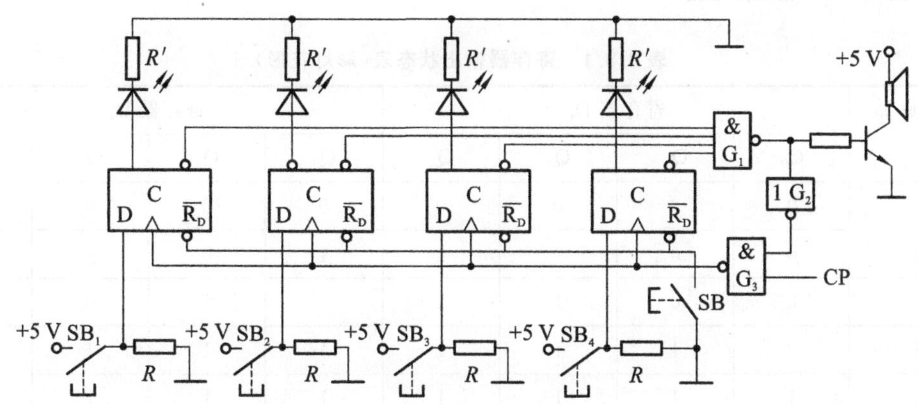

图 8.8.1 4 人抢答电路

当抢答按钮 $SB_1 \sim SB_4$ 中有一个被按下时，相应的 D 触发器输出为 1，相应的发光二极管亮，同时，G_1 输出为 1，使扬声器响，表示抢答成功。另外，G_1 输出经 G_2 反相后，关闭 G_3，封锁时钟信号 CP。此时，各触发器的时钟控制端均为 1，如果再有按钮被按下，就不起作用了，触发器的状态也不会改变。抢答完毕，复位清零，准备下次抢答。

2. 八路彩灯控制器

八路彩灯控制器由编码器、驱动器和显示器(彩灯)组成,编码器根据彩灯显示的花形按节拍送出八位状态编码信号,通过驱动器使彩灯点亮、熄灭。在图 8.8.2 所示的八路彩灯控制器电路图中,编码器用 2 片双向移位寄存器 74LS194 实现,接成自启动脉冲分配器(扭环形计数器),其中 D_1 为左移方式,D_2 为右移方式。驱动器电路如图 8.8.3 所示,当寄存器输出 Q 为高电平时,三极管 T 导通,继电器 K 通电,其动合触点闭合,彩灯亮;当 Q 为低电平时,三极管截止,继电器复位,彩灯灭。

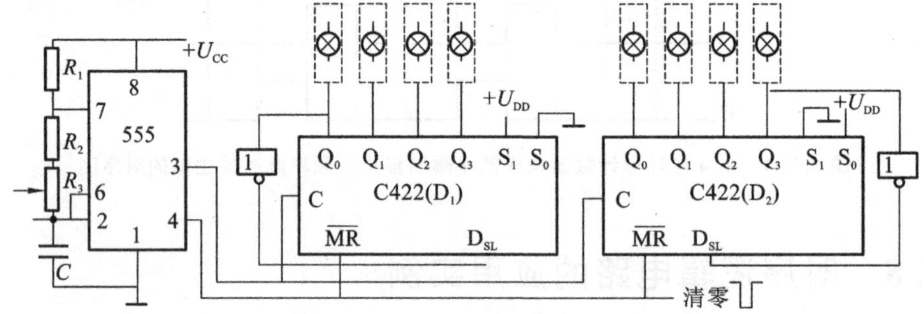

图 8.8.2　八路彩灯控制器电路图

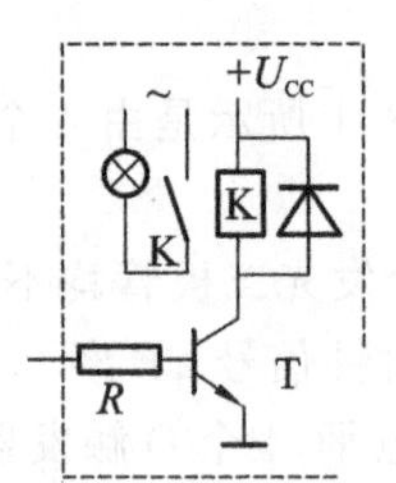

图 8.8.3　驱动器电路

工作时,先用负脉冲清零,使寄存器输出全部为 0,然后在节拍脉冲(可由 555 定时器构成的多谐振荡器输出)的控制下,寄存器的各个输出 Q 按表 8.8.1 所示的状态变化,每 8 个节拍重复一次。这里假定八路彩灯的花形是由中间向两边对称地逐次点亮,全亮后,再由中间向两边逐次熄灭。

表 8.8.1　寄存器输出状态表(彩灯花形)

节拍脉冲 C	寄存器 D_1				寄存器 D_2			
	Q_0	Q_1	Q_2	Q_3	Q_0	Q_1	Q_2	Q_3
0	0	0	0	0	0	0	0	0
1	0	0	0	1	1	0	0	0
2	0	0	1	1	1	1	0	0
3	0	1	1	1	1	1	1	0
4	1	1	1	1	1	1	1	1
5	1	1	1	0	0	1	1	1
6	1	1	0	0	0	0	1	1
7	1	0	0	0	0	0	0	1
8	0	0	0	0	0	0	0	0

3. 数字钟

在许多场合大量使用的数字电子钟，具有显示时、分、秒，以及自动计时和校正对时的功能。图 8.8.4 给出了数字钟的原理框图。石英晶体的振荡频率极其稳定，如果石英晶体振荡器输出10^6 Hz 的方波，经整形（最简单的串接一个非门）后，得到波形标准的脉冲序列。10^6 Hz 的脉冲序列用 6 个十进制计数器进行 6 次十分频，得到 1 Hz 的标准秒脉冲信号，送入秒计数器后，得到分脉冲，分脉冲送入分计数器后，得到时脉冲，时脉冲送入时计数器。分计数器和秒计数器是六十进制的，时计数器是二十四进制的。各计数器的输出经译码电路后用显示器（如数码管）显示出来，最大显示值为 23 小时 59 分 59 秒。校对开关 S_1～S_3 可分别对时、分、秒用单脉冲发生器进行校正对时。计数器、分频器可用 74LS290 构成。

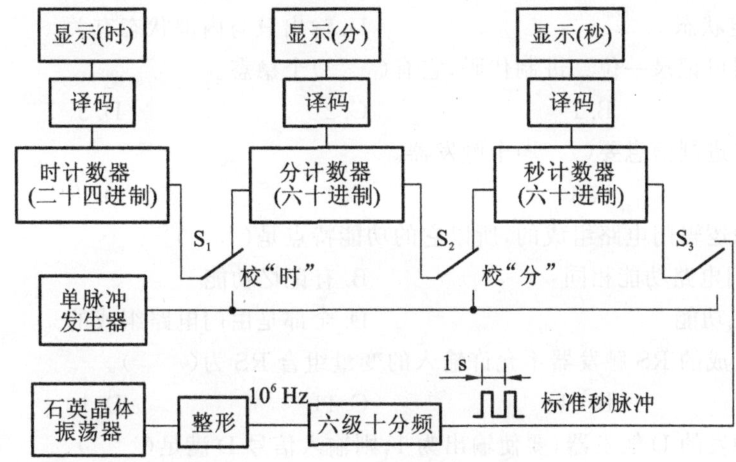

图 8.8.4　数字钟的原理框图

4. 数字转速测量系统

在许多场合需要测量旋转部件的转速，如电机转速、机动车车速等，转速多以十进制数字显示。图 8.8.5 所示是测量电机转速的数字转速测量系统示意图。

电机每转一周，光线透过圆盘上的小孔照射光电元件一次，光电元件产生一个电脉冲。光电元件每秒发出的脉冲个数就是电机的转速。光电元件产生的电脉冲信号较弱，且不够规则，必须经过放大、整形后，才能作为计数器的计数脉冲。脉冲发生器产生一个脉冲宽度为 1 s 的矩形脉冲，去控制门电路，让“门”打开 1 s。在这 1 s 内，来自整形电路的脉冲可以经过门电路进入计数器。根据转速范围，采用 4 位十进制计数器，计数器以 8421 码输出，经过译码器后，再接数字显示器，显示电机转速。

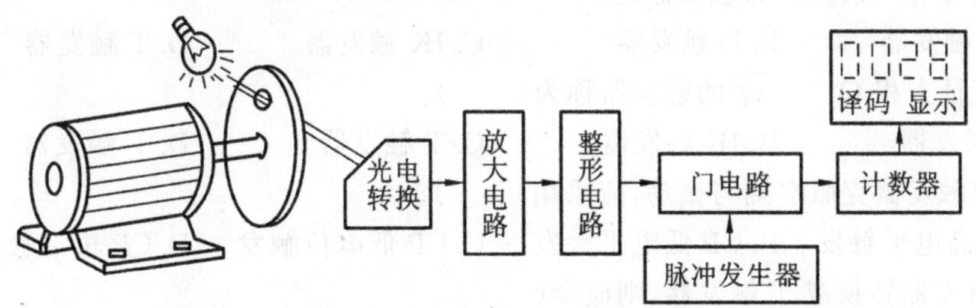

图 8.8.5　测量电机转速的数字转速测量系统示意图

习　题

一、选择题

1. 时序逻辑电路与组合逻辑电路的主要区别是(　　)。

A. 时序逻辑电路只能计数，而组合逻辑电路只能寄存
B. 时序逻辑电路没有记忆功能，组合逻辑电路则有
C. 时序逻辑电路具有记忆功能，组合逻辑电路则没有

2. 同步时序逻辑电路和异步时序逻辑电路的区别在于异步时序逻辑电路(　　)。

A. 没有触发器　　B. 没有统一的时钟脉冲控制
C. 没有稳定状态　　D. 输出只与内部状态有关

3. 一个触发器可记录一位二进制代码，它有(　　)个稳态。

A. 0　　B. 1　　C. 2　　D. 3　　E. 4

4. 存储 8 位二进制信息要(　　)个触发器。

A. 2　　B. 3　　C. 4　　D. 8

5. 触发器是由逻辑门电路组成的，所以它的功能特点是(　　)。

A. 和逻辑门电路功能相同　　B. 有记忆功能
C. 没有记忆功能　　D. 全部是由门电路组成的

6. 由与非门组成的 RS 触发器不允许输入的变量组合 RS 为(　　)。

A. 00　　B. 01　　C. 11　　D. 10

7. 对于同步触发的 D 触发器，要使输出为 1，则输入信号 D 满足(　　)。

A. D=1　　B. D=0　　C. 不确定　　D. D=0 或 D=1

8. 某主从型 JK 触发器，当 J=K=1 时，C 端的频率 $f=200$ Hz，则 Q 的频率为(　　)。

A. 200 Hz　　B. 400 Hz　　C. 100 Hz

9. 某 JK 触发器工作时，输出状态始终保持为 1，则可能的原因有(　　)。

A. 无时钟脉冲输入　　B. 异步置 1 端始终有效
C. J=K=0　　D. J=1，K=0

10. 对于 T 触发器，当 T=(　　)时，触发器处于保持状态。

A. 0　　B. 1　　C. 0，1 均可　　D. 以上都不对

11. 对于 D 触发器，欲使 $Q^{n+1}=0$，应使输入 D=(　　)。

A. 0　　B. 1　　C. Q　　D. $\overline{Q}$

12. 激励信号有约束条件的触发器是(　　)。

A. RS 触发器　　B. D 触发器　　C. JK 触发器　　D. T 触发器

13. 满足特征方程 $Q^{n+1}=\overline{Q^n}$ 的触发器称为(　　)。

A. D 触发器　　B. JK 触发器　　C. T 触发器　　D. T′触发器

14. 为了使触发器克服空翻与振荡，应采用(　　)。

A. CP 高电平触发　　B. CP 低电平触发　　C. CP 低电位触发　　D. CP 边沿触发

15. 将 D 触发器转换成 T 触发器，则应令(　　)。

A. $T=D\oplus Q$　　B. $D=T\oplus\overline{Q}$　　C. $D=T\oplus Q$　　D. $T=D+\overline{Q}$

16. 逻辑电路如题图 8.1 所示，当 A=1 时，基本 RS 触发器(　　)。

A. 置 1　　B. 置 0　　C. 保持原状态

17. 逻辑电路如题图 8.2 所示，A=0 时，CP 脉冲来到后 D 触发器(　　)。

A. 具有计数器功能　　B. 置 0　　C. 置 1

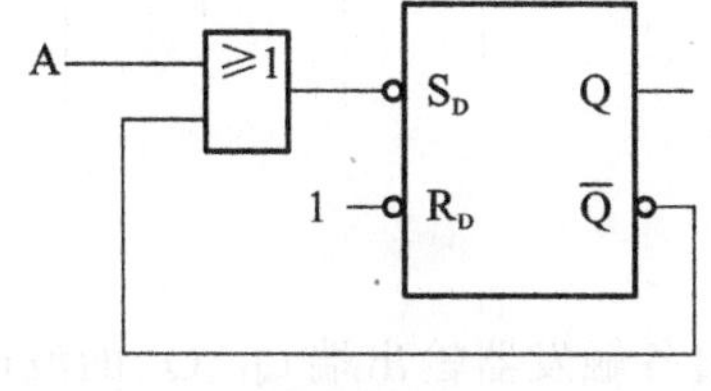

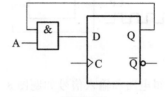

题图 8.1　　题图 8.2

18. 下列触发器中，不能用于移位寄存器的是(　　)。

A. D 触发器　　B. JK 触发器　　C. 基本 RS 触发器　　D. T 触发器

19. 构成计数器的基本单元电路是(　　)。

A. 或非门　　B. 与非门　　C. 同或门　　D. 触发器

20. 组成一个模为 60 的计数器，至少需要 (　　)个触发器。

A. 6　　B. 7　　C. 8　　D. 9

21. 如果要构成 n 位二进制计数器，需用双稳态触发器的个数最少为(　　)。

A. n　　B. $n+1$　　C. $n-1$

22. 一位十进制计数器由(　　)位二进制计数器组成。

A. 2　　B. 3　　C. 4

二、分析计算题

1. 由或非门组成的触发器和输入端信号如题图 8.3 所示，请写出触发器输出 Q 的特征方程。设触发器的初始状态为 1，画出输出端 Q 的波形。

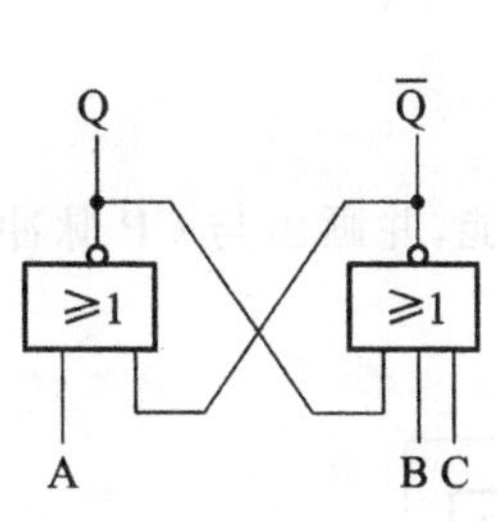

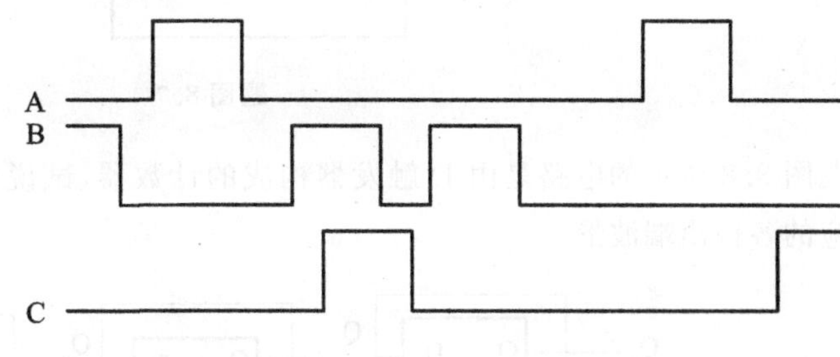

题图 8.3

2. 钟控 RS 触发器如题图 8.4 所示，设触发器的初始状态为 0，画出输出端 Q 的波形。

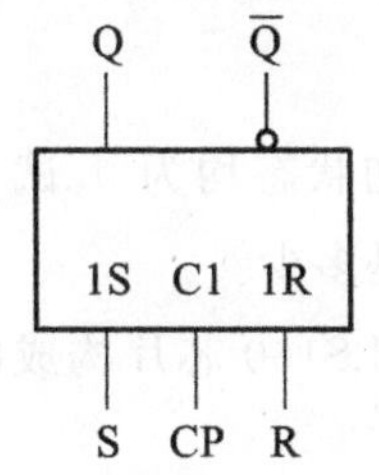

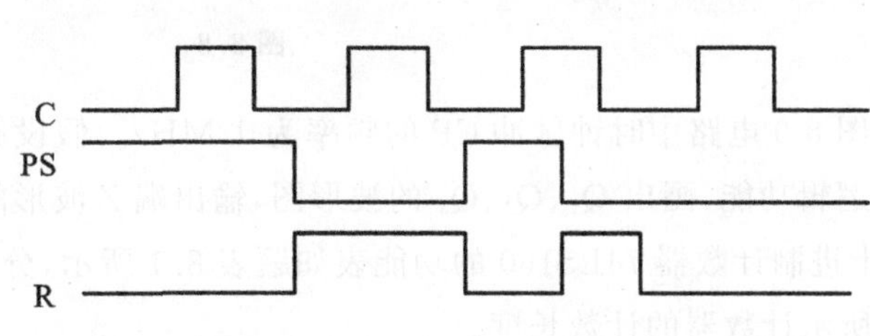

题图 8.4

3. 边沿 D 触发器如题图 8.5 所示，确定相关于时钟的 Q 输出，并分析其特殊功能。设触发器的初始状态为 0。

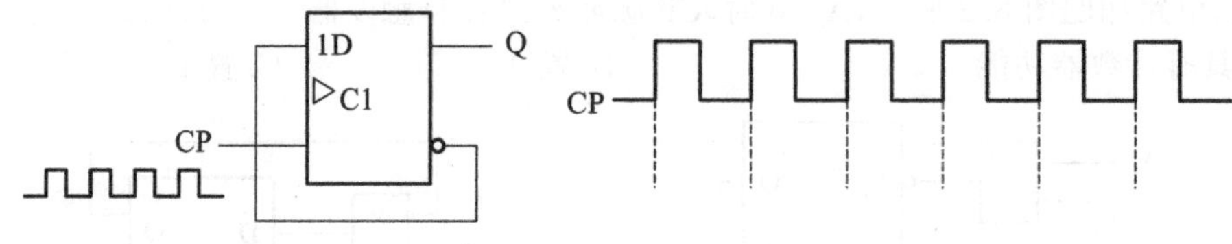

题图 8.5

4. 已知逻辑电路和输入信号如题图 8.6 所示，画出各触发器输出端 Q_1、Q_2 的波形。设触发器的初始状态均为 0。

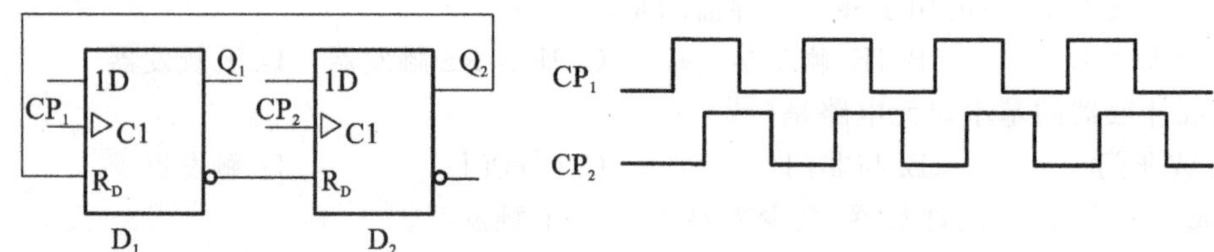

题图 8.6

5. 已知 J、K 信号如题图 8.7 所示，分别画出主从 JK 触发器和边沿(下降沿)JK 触发器的输出端 Q 的波形。设触发器的初始状态为 0。

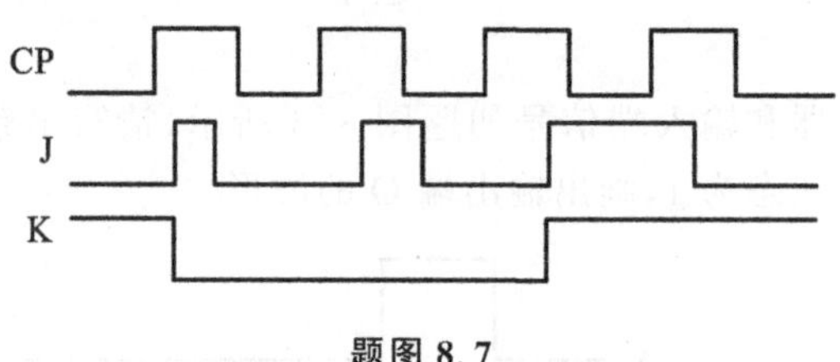

题图 8.7

6. 题图 8.8 所示的电路是由 D 触发器构成的计数器，试说明其功能，并画出与 CP 脉冲对应的各输出端波形。

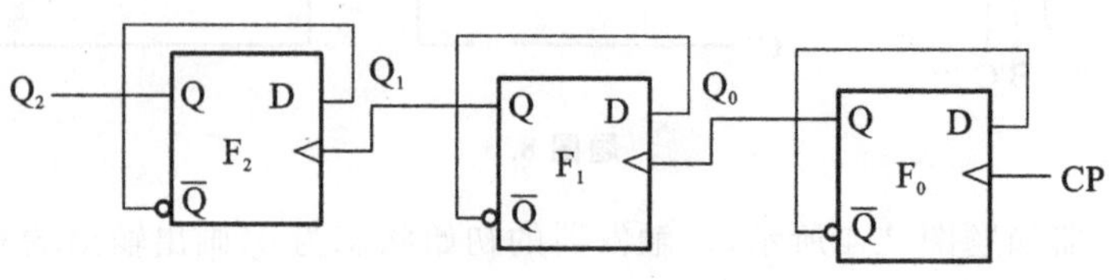

图 8.8

7. 已知图 8-9 电路中时钟脉冲 CP 的频率为 1 MHz。假设触发器初状态均为 0，试分析电路的逻辑功能，画出 Q_1、Q_2、Q_3 的波形图，输出端 Z 波形的频率是多少？

8. 同步十进制计数器 74LS160 的功能表如题表 8.1 所示，分析由 74LS160 芯片构成的题图 8.10 所示计数器的计数长度。

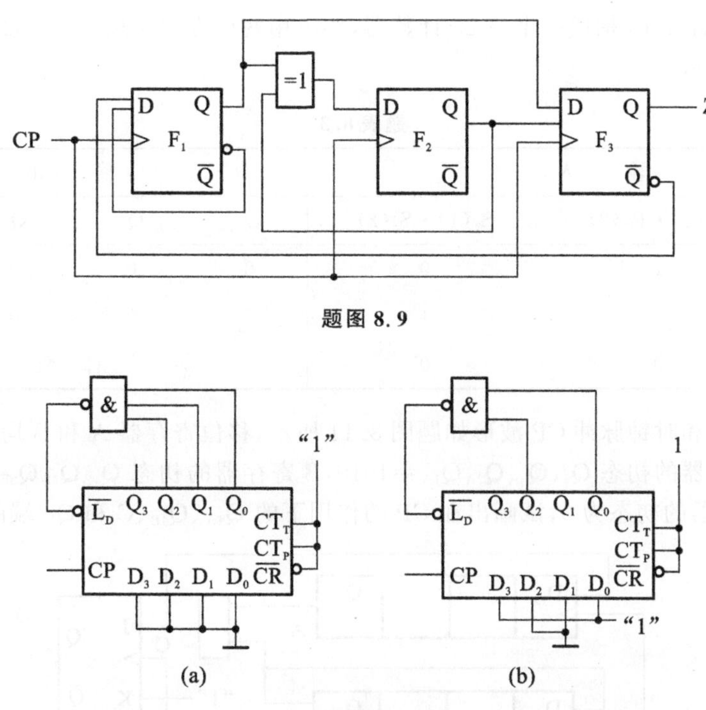

题图 8.9

题图 8.10

题表 8.1

$\overline{CR}$	$\overline{LD}$	CT_T	CT_P	CP	芯片功能
0	×	×	×	×	清零
1	0	×	×		预置数
1	1	1	1		计数
1	1	0	1	×	保持
1	1	×	0	×	保持

9. 应用同步四位二进制计数器 74LS161 实现模 11 计数。试分别用清除端复位法与预置数控制法实现。74LS161 功能表如题表 8.2 所示。

题表 8.2

输　入						输　出
$\overline{CR}$	$\overline{LD}$	CT_T	CT_P	CP	$D_3 \sim Q_0$	$Q_3 \sim Q_0$
0	×	×	×	×	×	0
1	0	×	×	↑	$d_3 \sim d_0$	$d_3 \sim d_0$
1	1	1	1	↑	×	计数
1	1	0	×	×	×	保持，$C_0 = 0$
1	1	×	0	×	×	保持

10. 试用两片 74LS210 构成一个模 25 计数器，要求用两种方法实现。74LS210 的功能表如题表 8.3 所示。

题表 8.3

输　入			输　出			
CP	$R_0(1)\cdot R_2(2)$	$S_9(1)\cdot S_9(2)$	Q_4	Q_3	Q_2	Q_1
×	1	0	0	0	0	0
×	0	1	1	0	0	1
↓	0	0	计　数			

11. 已知逻辑图和时钟脉冲 CP 波形如题图 8.11 所示，移位寄存器 A 和 B 均由 D 触发器组成。A 寄存器的初态 $Q_{4A}Q_{3A}Q_{2A}Q_{1A}=1010$，B 寄存器的初态 $Q_{4B}Q_{3B}Q_{2B}Q_{1B}=1011$，主从 JK 触发器的初态为 0，试画出在 CP 的作用下的 Q_{4A}、Q_{4B}、C 和 Q_D 端的波形图。

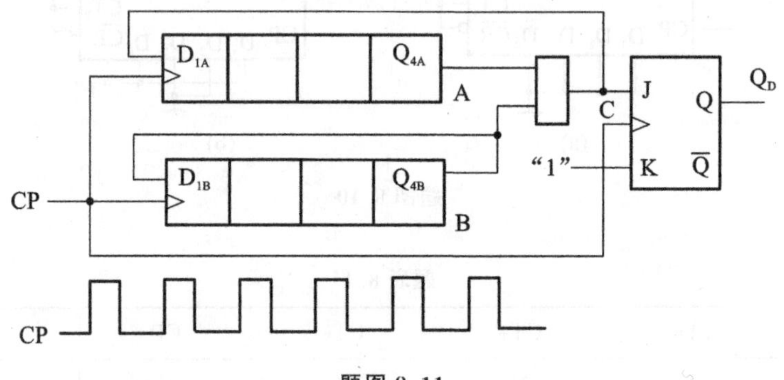

题图 8.11

12. 试求 101 序列信号检测器的状态图，检测器的功能是当收到序列 101 时输出为 1，并规定检测的 101 序列不重迭，即

X：0101011101

Z：0001000001

13. 用 JK 触发器设计具有以下特点的计数器：

(1) 计数器有两个控制输入 C_1 和 C_2，C_1 用以控制计数器的模数，C_2 用以控制计数的增减；

(2) 若 $C_1=0$，计数器模为 3；如果 $C_1=1$，则计数器模为 4；

(3) 若 $C_2=0$，则为加法计数；若 $C_2=1$ 则为减法计数。

作出状态转换图与状态表，并画出逻辑图。

第9章 数/模与模/数转换电路

教学提示：数/模和模/数转换电路是数字系统中数字信号与外界模拟信号进行交换的接口电路，在数字信号和模拟信号之间起到一种重要的桥梁作用。本章主要介绍常用的数/模和模/数转换电路的基本原理、结构和相应集成芯片及其典型应用。

教学要求：本章要求掌握常用数/模和模/数转换电路的基本概念、原理和结构，理解一些常见的集成芯片及其典型应用。

9.1 概述

数字系统只能处理数字信号，但在工业过程控制、智能化仪器仪表和数字通信等领域，数字系统处理的对象往往是模拟信号。图9.1.1所示是一个数字系统输入/输出信号关系示意图。在生产过程中，通常是对温度、压力、光强、流量等物理量进行控制，而这些模拟信号必须转换成数字信号才能由数字系统进行加工、运算和处理。另一方面，数字系统输出的数字信号，有时又必须转换成模拟信号才能去控制执行单元，通过执行单元对控制对象进行调节。因此，在实际应用中，数/模和模/数转换电路是数字系统中数字信号与外界模拟信号进行交换的接口电路，必须解决模拟信号与数字信号之间的转换问题。

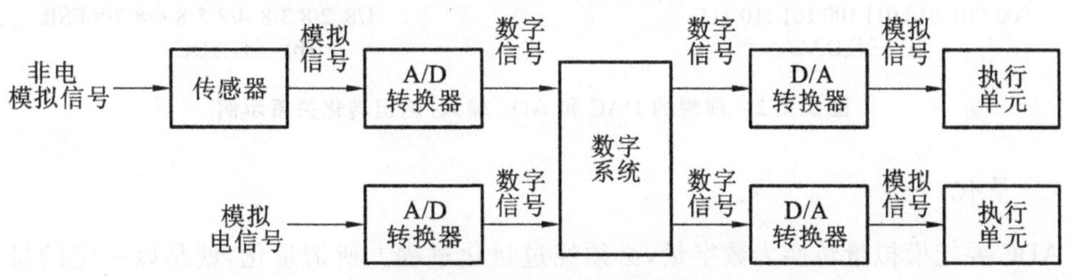

图9.1.1 数字系统输入/输出信号关系示意图

把数字信号转换成模拟信号的器件称为数/模转换器，简称D/A转换器或DAC(digital to analog converter)；把模拟信号转换成数字信号的器件称为模/数转换器，简称A/D转换器或ADC(analog to digital converter)。

9.1.1 转换关系和量化编码

1. 转换关系

理想的 DAC 和 ADC 输入\输出转化关系示例如图 9.1.2 所示。无论是 ADC，还是 DAC，其输出与输入之间都是成正比例关系。DAC 将输入数字量转换为相应的离散模拟值；ADC 将连续的输入模拟量转换为相应的数字量。

任何 ADC 和 DAC 的转换结果都是同其数字编码形式密切相关的。在图 9.1.2 中，转换器采用的是自然二进制码，它在转换器中称为单极性码。在转换器应用中，通常将数字量表示为满刻度（也称满量程）模拟值的一个分数值，称为归一化表示法。例如，在图 9.1.2 (a)中，数字 111 经 DAC 转换为$\frac{7}{8}$FSR（FSR 为满刻度值的英文字头大写），数字 001 转换为$\frac{1}{8}$FSR。数字的最低有效位为 1，并且仅该位为 1 时所对应的模拟值常用 LSB（least significant bit）表示，其值为$\frac{n}{2}$FSR（n 为转换器的位数）。

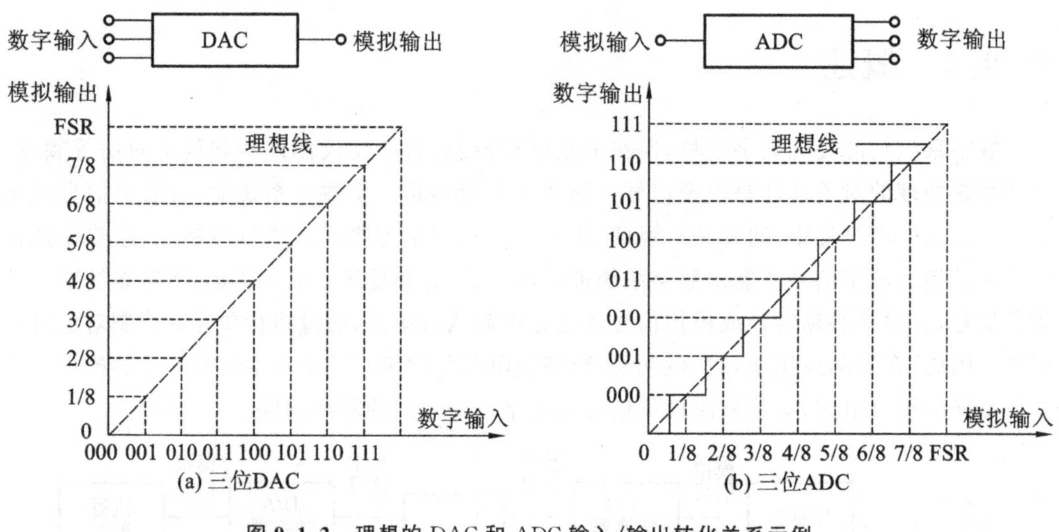

图 9.1.2 理想的 DAC 和 ADC 输入/输出转化关系示例

2. 量化

ADC 要把模拟量转换为数字量，必须经过量化过程。所谓量化，就是以一定的量化单位，把数值上连续的模拟量通过量化装置转变为数值上离散的阶跃量的过程。例如，用天平称量重物就是量化过程。这里，天平为量化装置，物重为模拟量，最小砝码的质量为量化单位，平衡时砝码的读数为阶跃量（数字量）。

很显然，只有当输入的模拟量数值正好等于量化单位的整数倍时，量化后的数字量才是准确值。否则，量化结果只能是输入模拟量的近似值。这种由于量化而引起的误差称为 ADC 的量化误差。例如，在图 9.1.2(b)中，输入在$\left(\frac{1}{8}\pm\frac{\text{LSB}}{2}\right)$范围的模拟值都转换为数字

001，在$\left(\frac{7}{8}\pm\frac{LSB}{2}\right)$范围的模拟值都转换为数字 111。理想的 ADC，其量化误差为$\pm\frac{LSB}{2}$。量化误差是由于量化单位的有限造成的，所以它是原理性误差，只能减小，而无法从根本上消除。为减小量化误差，只能取更小的量化单位（即增加 ADC 的位数，相应地会提高硬件成本。）

3. 数字编码

所谓数字编码，就是把量化后的数值用二进制代码表示。对于一个无极性的信号，二进制代码所有数位均为数值位，则该数为无符号数。

转换器还经常使用双极性码。双极性码可用于表示模拟信号的幅值和极性，适用于具有正负极性的模拟信号的转换。常用的双极性码有原码、反码、补码和偏移码，如表 9.1.1 所示。偏移码是由二进制码经过偏移而得到的一种双极性码。偏移码可直接由补码导出，补码的符号位取反即为偏移码。在转换器的应用中，偏移码是最易实现的一种双极性码。图 9.1.3 所示为采用偏移码的三位转换器的理想输入/输出转换图。这种转换也称为两象限转换。

表 9.1.1　常用的双极性码(三位)表

十进制分数	原　码	反　码	补　码	偏移码
$\frac{3}{4}$	011	011	011	111
$\frac{2}{4}$	010	010	010	110
$\frac{1}{4}$	001	001	001	101
0	000	000	000	100
$-\frac{1}{4}$	101	110	111	011
$-\frac{2}{4}$	110	101	110	010
$-\frac{3}{4}$	111	100	101	001
$-\frac{4}{4}$			100	000

在图 9.1.3 中，因为三位偏移码的最高位表示模拟信号的正负，因此，满刻度模拟值被划分成$+FSR/2$和$-FSR/2$两个部分。这里，数字量所表示的模拟值被减小了一半。例如：数字输入 000 转换为模拟值$-FSR/2$；数字输入 011 转换为模拟值$-FSR/8$；数字输入 100 转换为模拟值 0；数字输入 111 转换为模拟值$\frac{3}{8}FSR$，该值是转换器可以转换的最大正模拟值。

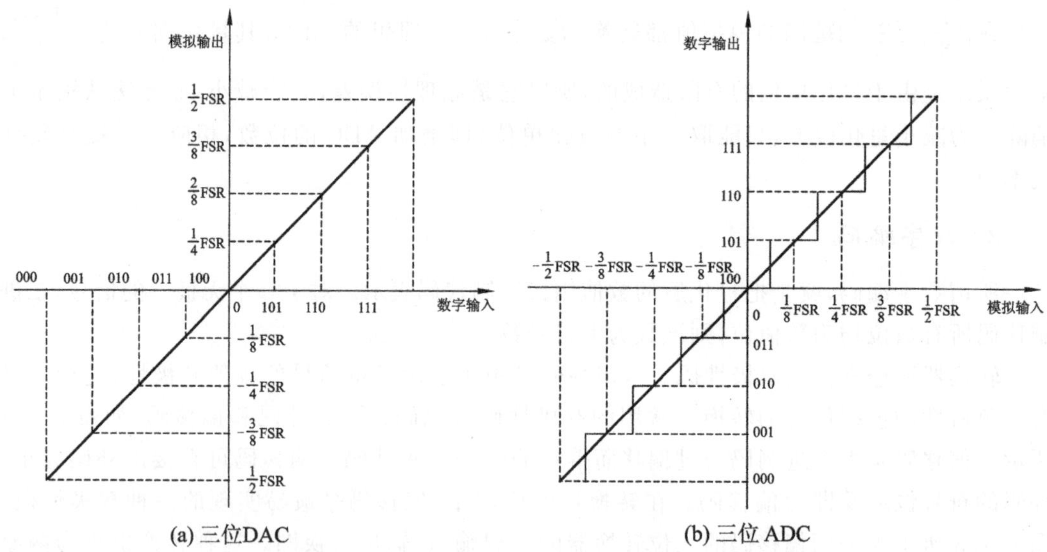

图 9.1.3　采用偏移码的三位转换器的理想输入/输出转换图

9.1.2　主要技术指标

1. 分辨率和转换精度

分辨率是指转换器分辨模拟信号的灵敏度，它同转换器的位数和满刻度值相关。n 位转换器的分辨率一般表示为

$$分辨率=\frac{1}{2^n-1}$$

例如，集成 5G9520 是 10 位的 D/A 转换器，其分辨率为

$$\frac{1}{2^{10}-1}=\frac{1}{1\ 023}\approx 0.000\ 978$$

有时也用常用位数来表示转换器的分辨率。

转换精度是指转换器实际能达到的转换程度，一般用转换器的最大转换误差与满刻度模拟器之比的百分数来表示。分辨率是理想状态的技术指标，而转换精度则是实际性能指标。

2. 转换误差

对转换器的选用，具有决定意义的因素之一是转换精度，而转换器的转换精度是由各项转换误差综合决定的。

(1) DAC 的转换误差。

① 失调误差。失调误差又称零点误差，它的定义是：当数字输入全为 0 时，其模拟输出值与理想输出值的偏差值。对于单极性 DAC，模拟输出的理想值为零点；对于双极性 DAC，理想值为负域满刻度。偏差值大小一般用 LSB 的分数或用偏差值相对满刻度的百分数表示。

② 增益误差。DAC 的输入与输出传递特性曲线的斜率称为 D/A 转换器增益或标度系数，实际转换的增益与理想增益之间的偏差称为增益误差。增益误差用在消除失调误差后用满码(全 1)输入时，其输出值与理想输出值(最大值)之间的偏差表示，一般也用 LSB 的分数或用偏差值相对满刻度的百分数来表示。

③ 非线性误差。DAC 的非线性误差定义为实际转换特性曲线与理想转换特性曲线之间的最大偏差，并以该偏差相对于满刻度的百分数度量。非线性误差不可调整。

失调误差和增益误差可通过调整使它们在某一温度的初始值为零，但受温度系数的影响，仍存在相应的温漂失调误差和增益误差。DAC 的最大转换误差为失调误差、增益误差和非线性误差之和。

(2) ADC 的转换误差。ADC 也存在失调误差、增益误差和非线性误差，除此之外，还存在前面提到的量化误差。ADC 的最大转换误差为量化误差、失调误差、增益误差和非线性误差之和。

转换误差可用输出电压满刻度值的百分数表示，也可用 LSB 的倍数表示。例如，转换误差为$\frac{1}{2}$LSB。

3. 转换速率

DAC 和 ADC 的转换速率常用转换时间来描述。大多数情况下，转换速率是转换时间的倒数。DAC 的转换时间是由其建立时间决定的，建立时间通常由手册给出。ADC 的转换时间规定为转换器完成一次转换所需要的时间，也即从转换开始到转换结束的时间。ADC 的转换速率主要取决于转换电路的类型。

9.2　D/A 转换器

D/A 转换器(DAC)是将数字信号转换为模拟信号的器件。

9.2.1　D/A 转换器的基本原理

众所周知，数字量是由数字字符按位组合形成的一组代码，每位字符有一定的“权”，将数字量转换成模拟量的基本原理是：首先把数字量的每一位代码按其权的大小依次转换成相应的模拟量，然后将代表各位数字量的模拟量相加，便可得到与数字量对应的模拟量。

9.2.2　D/A 转换器的构成

D/A 转换器主要由数字寄存器、模拟电子开关、解码网络、求和电路和基准电压源 U_{REF} 组成。n 位 D/A 转换器的结构框图如图 9.2.1 所示。其中，数字寄存器用于存放 n 位数字量，数字寄存器输出的每位数码分别控制相应位的模拟电子开关，使之在解码网络中获得与该位数码权值对应的模拟量并将其送至求和电路，求和电路将各位权值对应的模拟量相加，便可得到与 n 位数字量对应的模拟量。

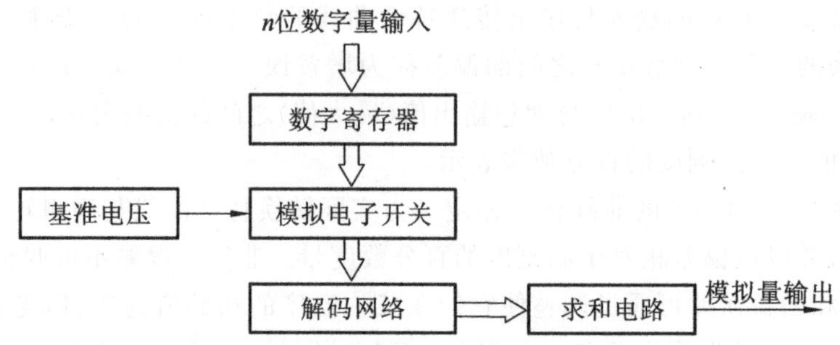

图 9.2.1　n 位 D/A 转换器的结构框图

根据电阻网络的结构形式，D/A 转换器可以分为 T 形电阻网络 DAC 和倒 T 形电阻网络 DAC，下面分别对它们做详细讲解。

1. T 形电阻网络 DAC

图 9.2.2 所示是 4 位 T 形电阻网络 DAC 电路原理图，该电路由以下四个部分构成。

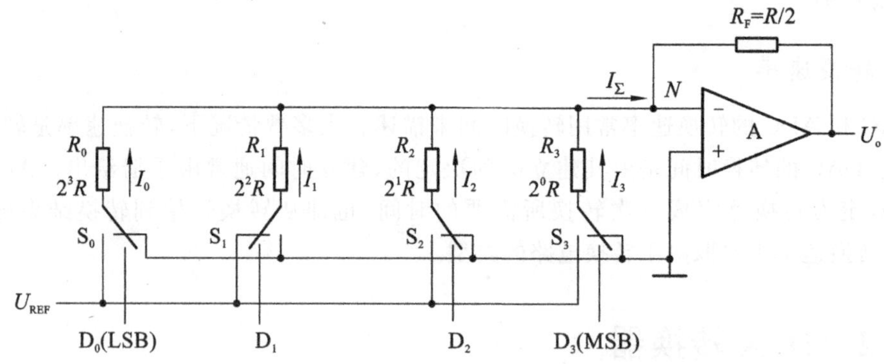

图 9.2.2　4 位 T 形电阻网络 DAC 电路原理图

(1) 模拟电子开关。每一个电阻都有一个单刀双掷的模拟开关与其串联，4 个模拟开关的状态分别由 4 位二进制数码控制。当 $D_i=0$ 时，开关 S_i 打到右边，使电阻 R_i 接地；当 $D_i=1$ 时，开关 S_i 打到左边，使电阻 R_i 接基准电压源 U_{REF}。

(2) 解码网络。该电阻解码网络由 4 个电阻构成，它们的阻值满足以下关系：

$$R_i=2^{n-1-i}R$$

n 为输入二进制数的位数，R_i 为与二进制数 D_i 位相对应的电阻值，$2i$ 则为 D_i 位的权值，二进制数的某一位所对应的电阻的大小与该位的权值成反比，这就是权电阻网络名称的由来。

例如：$R_3=2^{n-1-i}R=2^{4-1-3}R=2^0R$，$R_0=2^{4-1-0}=2^3R$。

可看到：权值大的位电阻小，所以流过的电流大；权值小的位电阻大，所以流过的电流小。由最高位到最低位，每一位的电阻值是相邻位的 2 倍，使各支路电流逐位递减 1/2。

(3) 基准电压源 U_{REF}。基准电压 U_{REF} 是 A/D 转换的参考值，所以要求基准电压准确度高、稳定性好。

(4) 求和电路。求和电路通常由运算放大器构成，并接成反相放大器的形式。

将运算放大器近似看成是理想的放大器，由于 N 点为虚地，当 $D_i=0$ 时，相应的电阻 R_i

上没有电流；当 $D_i=1$ 时，电阻 R_i 上有电流流过，大小为 $I_i=U_{\mathrm{REF}}/R_i$。根据叠加原理，对于任意输入的一个二进制$(D_3D_2D_1D_0)_2$，应有

$$\begin{aligned} I_{\sum} &= D_3I_3+D_2I_2+D_1I_1+D_0I_0 \\ &= D_3\frac{U_{\mathrm{REF}}}{R_3}+D_2\frac{U_{\mathrm{REF}}}{R_2}+D_1\frac{U_{\mathrm{REF}}}{R_1}+D_0\frac{U_{\mathrm{REF}}}{R_0} \\ &= D_3\frac{U_{\mathrm{REF}}}{2^{3-3}R}+D_2\frac{U_{\mathrm{REF}}}{2^{3-2}R}+D_2\frac{U_{\mathrm{REF}}}{2^{3-1}R}+D_0\frac{U_{\mathrm{REF}}}{2^{3-0}R} \\ &= \frac{U_{\mathrm{REF}}}{2^3R}\sum_{i=0}^{3}D_i\times 2^i \end{aligned}$$

求和电路的反馈电阻 $R_{\mathrm{F}}=R/2$，则输出电压 U_{o} 为

$$U_{\mathrm{o}}=-I_{\sum}R_{\mathrm{F}}=-\frac{U_{\mathrm{REF}}}{2^4}\sum_{i=0}^{3}D_i\times 2^i$$

推广到 n 位 T 形电阻网络 DAC 电路，可得：

$$U_{\mathrm{o}}=-\frac{U_{\mathrm{REF}}}{2^n}\sum_{i=0}^{3}D_i\times 2^i$$

由上式可以看出，T 形电阻网络 DAC 电路的输出电压和输入数字量之间的关系与前面的描述完全一致，输出电压与基准电压的极性相反。

T 形电阻网络 DAC 电路的优缺点如下。

优点：结构简单，所用的电阻个数比较少。

缺点：电阻的取值范围太大，这个问题在输入数字量的位数较多时尤其突出。

例如，当输入数字量的位数为 12 位时，最大电阻与最小电阻之间的比例达到 2 048 : 1，要在如此大的范围内保证电阻的精度，集成 DAC 的制造是十分困难的。

2. 倒 T 形电阻网络 DAC

图 9.2.3 所示是 4 位倒 T 形电阻网络 DAC 电路原理图。该电路由模拟电子开关（S_0、S_1、S_2 和 S_3）、解码网络、基准电压源和求和电路四个部分构成。

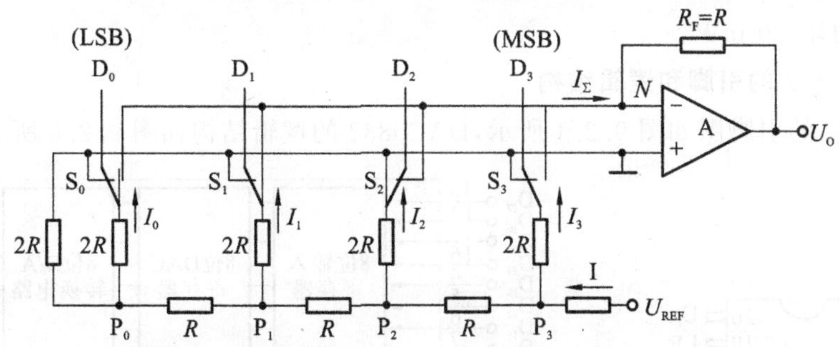

图 9.2.3　4 位倒 T 形电阻网络 DAC 电路原理图

倒 T 形电阻网络 DAC 电路的特点如下。

(1) 电阻网络呈倒 T 形分布。

(2) 倒 T 形电阻网络 DAC 电路中，模拟电子开关位于电阻网络和求和放大器之间，并在求和放大器的虚地 N 和地之间切换。当 $D_i=1$ 时，S_i 接虚地；当 $D_i=0$ 时，S_i 接地。

根据叠加原理，对于任意输入的一个二进制数$(D_3D_2D_1D_0)_2$，流向求和放大器的电流

$I_{\sum}$ 应为

$$\begin{aligned} I_{\sum} &= I_0 + I_1 + I_2 + I_3 \\ &= \frac{1}{2^4}\frac{U_{\mathrm{REF}}}{R}(D_0 \times 2^0 + D_1 \times 2^1 + D_2 \times 2^2 + D_3 \times 2^3) \\ &= \frac{1}{2^4}\frac{U_{\mathrm{REF}}}{R}\sum_{i=0}^{3} D_i \times 2^i \end{aligned}$$

求和放大器的反馈电阻 $R_F = R$，则输出电压 U_o 为

$$U_o = -I_{\sum} R_F = -\frac{U_{\mathrm{REF}}}{2^4}\sum_{i=0}^{3} D_i \times 2^i$$

倒 T 形电阻网络 DAC 电路的突出优点在于：无论输入信号如何变化，流过基准电压源、模拟开关和各电阻支路的电流均保持恒定，电路中各节点的电压也保持不变，这有利于提高 DAC 的转换速度。

倒 T 形电阻网络 DAC 电路只有两种电阻值，非常便于集成，成为目前集成 DAC 中应用最多的转换电路。

9.2.3 集成 D/A 转换器及其应用

1. 典型芯片 DAC083

1）DAC0832 的特性

美国国家半导体公司生产的 DAC0832 芯片是 8 位 DAC，它能直接与 51 单片机连接，其主要特性如下。

(1) 分辨率为 8 位，电流输出；

(2) 建立时间(即电流稳定时间)为 1 μs；

(3) 可双缓冲输入、单缓冲输入或直接数字输入；

(4) 单一电源供电(+5～+15 V)。

(5) 低功耗，20 mW。

2）DAC0832 的引脚和逻辑结构

DAC0832 的引脚图如图 9.2.4 所示，DAC0832 的逻辑结构如图 9.2.5 所示。

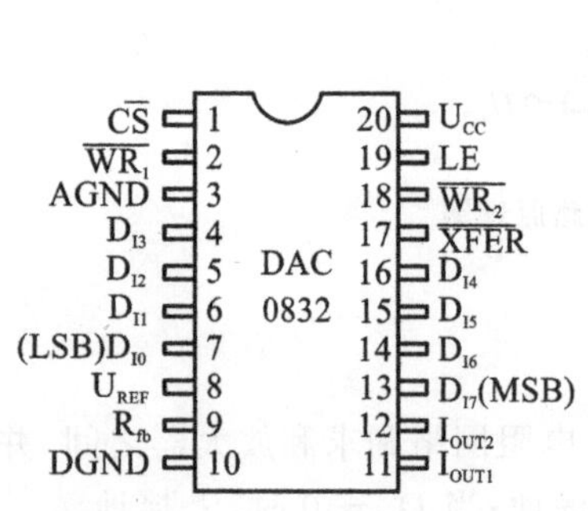

图 9.2.4 DAC0832 的引脚图

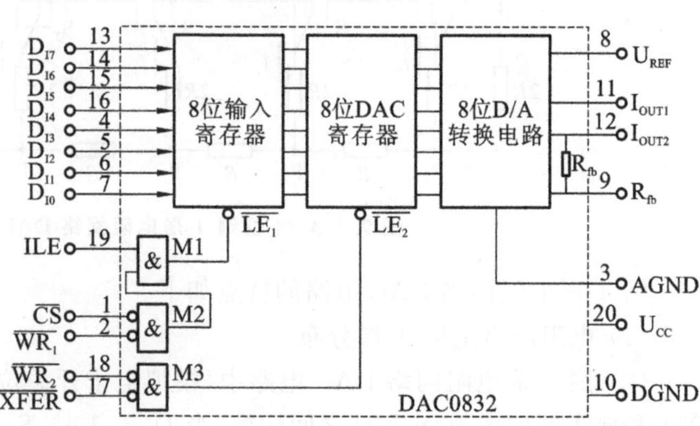

图 9.2.5 DAC0832 的逻辑结构

(1) DAC0832 引脚的功能如下。

D_{I7}～D_{I0}：数字信号输入端，通常与单片机的数据线相连。

$\overline{CS}$：片选端，$\overline{CS}$=0 时，芯片被选中。

ILE：数据锁存允许控制端，高电平有效。

$\overline{WR_1}$：输入寄存器写选通控制，低电平有效。

$\overline{XFER}$：数据传送控制，低电平有效。

$\overline{WR_2}$：DAC 寄存器写选通控制端，低电平有效。

I_{OUT1}：D/A 转换器电流输出 1 端，输入数字量全为"1"时，I_{OUT1} 最大；输入数字量全为"0"时，I_{OUT1} 最小。

I_{OUT2}：D/A 转换器电流输出 2 端，$I_{OUT1}+I_{OUT2}$=常数。

R_{fb}：外部反馈信号输入端，内部已有反馈电阻 R_{fb}，根据需要也可外接反馈电阻。

U_{CC}：电源输入端，在+5～+15 V 范围内。

DGND：数字信号地。

AGND：模拟信号地，最好与基准电压共地。

(2) DAC0832 内部逻辑结构。DAC0832 内部逻辑结构由三部分电路组成，如图 9.2.5 所示。

① 8 位输入寄存器：第一级 8 位输入寄存器，用于存放单片机送来的数字量，使输入数字量得到缓冲和锁存，由$\overline{LE_1}$加以控制；当 ILE=1，$\overline{CS}=\overline{WR_1}=0$，$\overline{LE_1}=0$ 有效，单片机送来的数字信号锁存到 8 位输入寄存器中。

② 8 位 DAC 寄存器：第二级 8 位 DAC 寄存器，用于存放待转换的数字量，由$\overline{LE_2}$控制；当$\overline{XFER}=\overline{WR_2}=0$ 时，输入寄存器中的数据送入 DAC 寄存器。此时数字信号可进入 8 位 D/A 转换电路转换，并输出和数字量成正比的模拟电流。

2. 典型应用

根据图 9.2.6 所示的电路，采用 DAC0832 作为波形发生器，产生锯齿波信号。

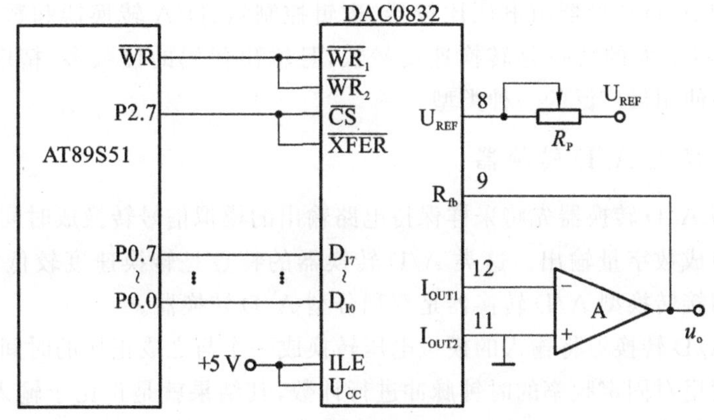

图 9.2.6　波形产生电路原理图

产生锯齿波的方法是输入 D/A 转换器的数字量从 0 开始，逐次加 1，进行数字量到模

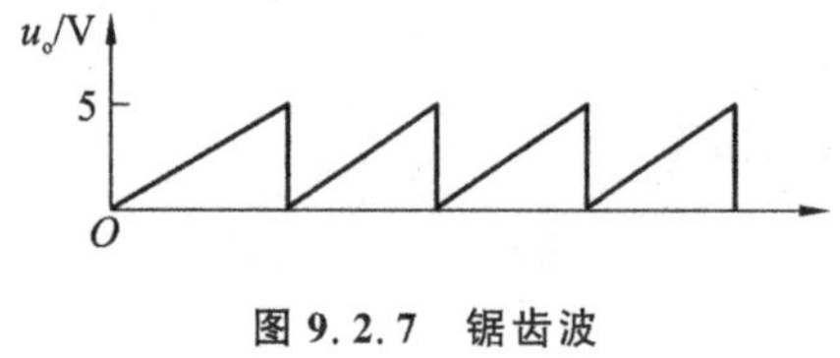

图 9.2.7 锯齿波

拟量的转换，每次转换时延时，形成阶梯状的输出。当输入数字量为 FFH 时，再加 1 则溢出清零，模拟则输出又为 0，然后重复上述过程，如此循环，输出的波形就是锯齿波，如图 9.2.7 所示。

9.3 A/D 转换器

A/D 转换器(ADC)是把模拟量转换成数字量的器件。

9.3.1 A/D 转换器的分类

A/D 转换器的类型有很多，根据工作原理的不同，A/D 转换器可分为直接转换型 A/D 转换器和间接转换型 A/D 转换器两大类。

1. 直接转换型 A/D 转换器

直接转换型 A/D 转换器可以直接将采样保持电路输出的模拟信号转换成数字信号。这类 A/D 转换器最大的特点是转换速度快，广泛应用于各种控制系统中。根据转换方法的不同，最典型的直接转换型 A/D 转换器有两种，即并行比较型 A/D 转换器和逐次比较型 A/D 转换器。

并行比较型 A/D 转换器由电阻分压器、电压比较器、数码寄存器和编码器四个部分组成。由于是并行转换，所以这种 A/D 转换器最大的优点是转换速度快，转换时间只受电路传输延时时间的限制；缺点是随着输出二进制位数的增加，器件数目按几何级数增加。一个 n 位的转换器，需要 2^n-1 个比较器。例如：当 $n=8$ 时，需要 $2^8-1=255$ 个比较器。因此，制造高分辨率的集成并行 A/D 转换器受到一定限制，所以这种类型的 A/D 转换器适用于要求转换速度高但分辨率较低的场合。

逐次比较型 A/D 转换器由电压比较器、逻辑控制器、D/A 转换器和数码寄存器组成。这种 A/D 转换器最大的特点是转换速度较快，且输出代码的位数多、精度高。它是集成 A/D转换芯片中使用最广泛的一种类型。

2. 间接转换型 A/D 转换器

间接转换型 A/D 转换器先将采样保持电路输出的模拟信号转换成时间或频率，然后将时间或频率转换成数字量输出。这类 A/D 转换器的特点是转换速度较低，但转换精度较高。最典型的间接转换型 A/D 转换器是双积分型 A/D 转换器。

双积分型 A/D 转换器将输入的模拟电压转换成一个与之成正比的时间宽度信号，然后在这个时间宽度里对固定频率的时钟脉冲进行计数，其结果就是正比于输入模拟信号的数字量输出。它由积分器、检零比较器、时钟控制门和计数器等组成。双积分型 A/D 转换器的优点是精度高、抗干扰能力强，缺点是速度较慢。在对速度要求不高的数字化仪表中，双积分型 A/D 转换器得到广泛使用。

9.3.2　A/D 转换器的基本原理

实现 A/D 转换的方案有很多种，不同方案所对应的电路形式及其工作原理各不相同。下面以逐次比较型 A/D 转换器为例，对 A/D 转换器的工作原理做简单介绍。

逐次比较型 A/D 转换器通过逐个产生比较电压，依次与输入电压进行比较，以逐渐逼近的方式进行 A/D 转换，故又称为逐次逼近型 A/D 转换器。用逐次逼近方式进行 A/D 转换的过程与用天平称重物的过程十分类似。天平称重物的过程是，从最重的砝码开始试放，与被称物体质量进行比较，若砝码重于物体，则去除该砝码，否则保留；再加上第二个次重砝码，同样根据砝码的质量是否大于物体的质量，决定第二个砝码是被去除还是留下；以此类推，一直加到最小的一个砝码为止。将所有留下的砝码质量相加，即可得到物体质量。按此思想，逐次比较型 A/D 转换器就是将输入模拟信号与不同的比较电压进行多次比较，使转换所得的数字量在数值上逐渐逼近输入模拟量的对应值。

逐次比较型 A/D 转换器的结构框图如图 9.3.1 所示。它由控制与时序电路、逐次逼近寄存器、D/A 转换器、电压比较器和输出数据寄存器等组成。

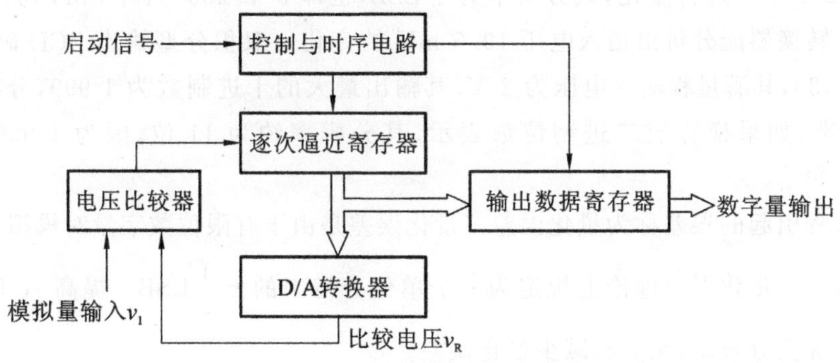

图 9.3.1　逐次比较型 A/D 转换器的结构框图

各组成部分功能如下。

(1) 控制与时序电路：产生 A/D 转换器工作过程中所需要的控制信号和时钟信号。

(2) 逐次逼近寄存器：在控制信号的作用下，记忆每次比较结果，并向 D/A 转换器提供输入数据。

(3) D/A 转换器：产生与逐次逼近寄存器中的数据相对应的比较电压 u_R。

(4) 电压比较器：将模拟量输入信号 u_I 与比较电压 u_R 进行比较，当 $u_I \geqslant u_R$ 时，比较器输出为 1；否则，比较器输出为 0。

(5) 输出数据寄存器：存放最后的转换结果，并行输出二进制代码。

图 9.3.1 所示的逐次比较型 A/D 转换器的工作原理如下。

电路由启动信号启动后，在控制与时序电路的作用下，首先将逐次逼近寄存器的最高位置 1，其他位置 0。逐次逼近寄存器的输出送至 D/A 转换器，由 D/A 转换器产生相应的比较电压 u_R 送至电压比较器，与模拟量输入信号 u_I 进行比较。当 $u_I \geqslant u_R$ 时，比较器输出为 1；否则，比较器输出为 0，比较结果被存入逐次逼近寄存器的最高位。然后，在控制与时序电路的作用下，将逐次逼近寄存器的次高位置 1，其余低位置 0，由 D/A 转换器产生与逐次逼近寄存器中数据对应的比较电压 u_R 送至电压比较器，与模拟量输入信号 u_I 进行比较，并将比较结果存入逐次逼近寄存器的次高位置。以此类推，直至确定出逐次逼近寄存器最低位的值为止，即可得到与输入模拟量相对应的数字量。该数字量在控制与时序电路的作用下，被存入输出数据寄存器。

9.3.3 A/D 转换器的主要技术参数

1. 转换时间或转换速率

转换时间是指 A/D 转换器完成一次转换所需要的时间。转换时间的倒数为转换速率。

2. 分辨率

在 A/D 转换器中，分辨率是衡量 A/D 转换器能够分辨出输入模拟量最小变化程度的技术指标。分辨率取决于 A/D 转换器的位数，所以习惯上用输出的二进制位数或 BCD 码位数表示。逐次比较型 A/D 转换器，如 AD0809 的满量程输入电压为 5 V，可输出 8 位二进制数，即用 256 个数进行量化，其分辨率为 1 LSB，也即 5 V/256=19.5 mV，其分辨率为 8 位，或 A/D 转换器能分辨出输入电压 19.5 mV 的变化。双积分型输出 BCD 码的 A/D 转换器 MC14433，其满量程输入电压为 2 V，其输出最大的十进制数为 1 999，分辨率为 3.5 位，即三位半，如果换算成二进制位数表示，其分辨率约为 11 位，因为 1 999 最接近于 2 048。

量化过程引起的误差称为量化误差。量化误差是由于有限位数字量对模拟量进行量化而引起的误差。量化误差理论上规定为一个单位分辨率的 $\pm\frac{1}{2}$LSB。提高 A/D 转换器的位数既可以提高分辨率，又能够减少量化误差。

3. 转换精度

A/D 转换器的转换精度定义为一个实际 A/D 转换器与一个理想 A/D 转换器在量化值上的差值，可用绝对误差或相对误差表示。

9.3.4 集成 A/D 转换器及其应用

1. 典型芯片 ADC0809

1）ADC0809 的引脚及其功能

ADC0809 是一种逐次比较型 8 路模拟输入、8 位数字量输出的 A/D 转换器，其引脚和内部结构图如图 9.3.2 所示。

ADC0809 共有 28 个引脚，采用双列直插式封装。其主要引脚的功能如下。

IN_0～IN_9：8 个模拟信号输入端。

D_0～D_9：转换完毕的 8 位数字量输出端。

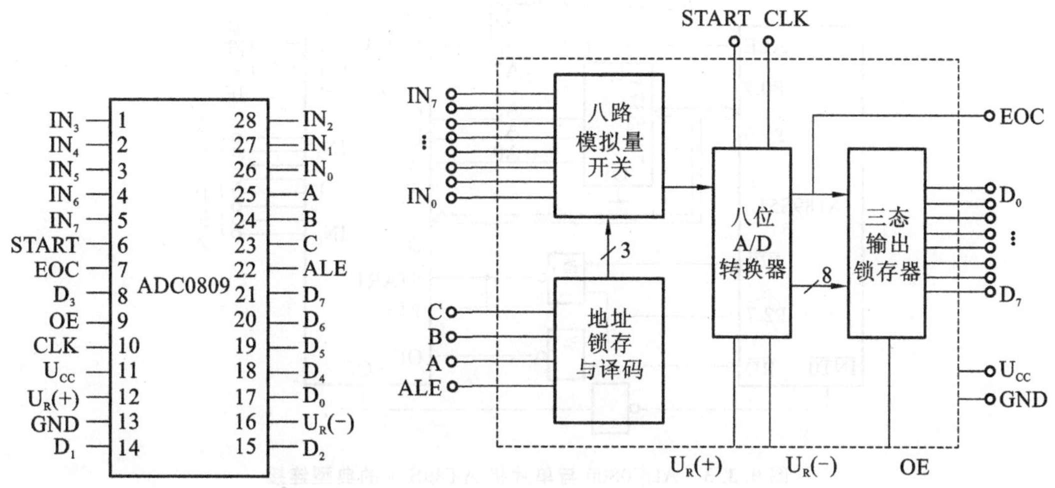

图 9.3.2　ADC0809 引脚和内部结构图

A、B、C 与 ALE：控制 8 路模拟输入通道的切换。A、B、C 分别与单片机的 3 条地址线相连，三位编码对应 8 个通道地址端口。CBA＝000～111 分别对应并选中 IN_0～IN_9 通道。各路模拟输入之间的切换由软件改变 C、B、A 引脚上的编码来实现。

START、CLK：START 为启动 A/D 转换信号，CLK 为时钟信号输入端。

EOC：转换结束输出信号。A/D 转换开始转换时，该引脚为低电平，当 A/D 转换结束时，该引脚为高电平，可以通过查询或申请中断来处理转换后的数字量。

OE：OE 为输出允许端，有效时三态输出锁存器打开，数据可以送出。

2）ADC0809 的转换原理

ADC0809 采用逐次比较的方法完成 A/D 转换，由单一的＋5 V 电源供电。片内带有锁存功能的 8 路选 1 的模拟开关，由 C、B、A 引脚的编码决定所选的通道。ADC0809 完成一次转换需 90 us 左右(典型时钟频率 500 kHz～1 MHz)，它具有输出 TTL 三态锁存缓冲器，可直接与 AT89S51 单片机的数据总线连接。

转换步骤为：使 C、B、A 地址与 ALE 有效，选择 IN_0～IN_9 中的一路模拟信号进入 A/D 转换器；启动 START 信号开始转换；检测 EOC 信号看是否转换结束；当 EOC＝1 时，表明转换结束，可使 OE 有效将转换后的数字量输出。

2. 典型应用

ADC0809 与单片机 AT89S51 的典型连接如图 9.3.3 所示。由于 ADC0809 片内无时钟，可利用 AT89S51 单片机提供的 ALE 信号经 *D* 触发器二分频后获得时钟信号，ALE 引脚的频率是 AT89S51 单片机时钟频率的 1/6。如果单片机时钟频率采用 6 MHz，则 ALE 引脚的输出频率为 1 MHz，再二分频后为 500 kHZ，符合 ADC0809 对时钟频率的要求。若采用独立的时钟源，可直接加到 ADC0809 的 CLK 引脚上。

8 位数据输出引脚 D_0～D_9 接单片机的 P0 口。地址译码引脚 C、B、A 分别与地址总线的低三位 A2、A1、A0 相连，用于选择 IN_0～IN_9 中的一个通道。

根据图 9.3.3 所示的电路，采用 ADC0809，编写程序对 8 路模拟输入依次进行转换。

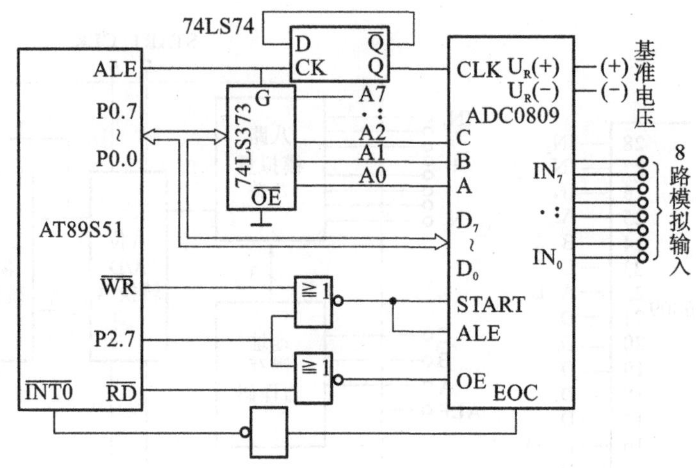

图 9.3.3　ADC0809 与单片机 AT89S51 的典型连接

习　　题

一、填空题。

1. 8 位 D/A 转换器当输入数字量只有最高位为 1 时输出电压为 5 V，若只有最低位为 1 时，则输出电压为________。若输入为 10001000，则输出电压为________。
2. A/D 转换的一般步骤包括________、________、________和________。
3. 已知被转换信号的上限频率为 10 kHz，则 A/D 转换器的采样频率应高于________。完成一次转换所用时间应小于________。
4. 衡量 A/D 转换器性能的两个主要指标是________和________。
5. 就逐次比较型和双斜积分型两种 A/D 转换器而言，________抗干扰能力强，________转换速度快。

二、简答题

1. 对于一个 8 位的 D/A 转化器，若最小输出电压增量为 0.02 V，试问当输入代码为 01001101 时，输出电压 u_o 为多少？若其分辨率用百分数表示是多少？
2. 假如理想的三位 ADC 满刻度模拟输入为 10 V，当输入 u_{iN} 为 10 V 时，求此 ADC 采用自然加权二进制码时的数字输出值。
3. 简述转换器的分辨率与转换速度之间的关系。
4. 简述转换器的 3 种基本误差源。

三、分析计算题

1. 在题图 9.1 所示的电路中，若 $U_{REF}=10$ V，$R_F=\frac{1}{2}R$，$n=3$，求出输出电压 u_o 的最大值。当输入 $D_0=1, D_1=0, D_2=1$ 时，输出 u_o 为多少？
2. T 形电阻网络 DAC 与倒 T 形电阻网络 DAC 结构上有何不同？各有什么特点？
3. 在题图 9.2 所示的电路中，若输入信号在 $\frac{7}{16}U_{FS}$ 到 $\frac{8}{16}U_{FS}$ 之间，画出其时序波形图。
4. $3\frac{1}{2}$ 位十进制数字显示双斜积分型 ADC，是以题图 9.3 所示电路配以显示器构成的，计数部分是由三个十进制计数器和一个触发器构成。若预先确定的积分时间为 1 000 个

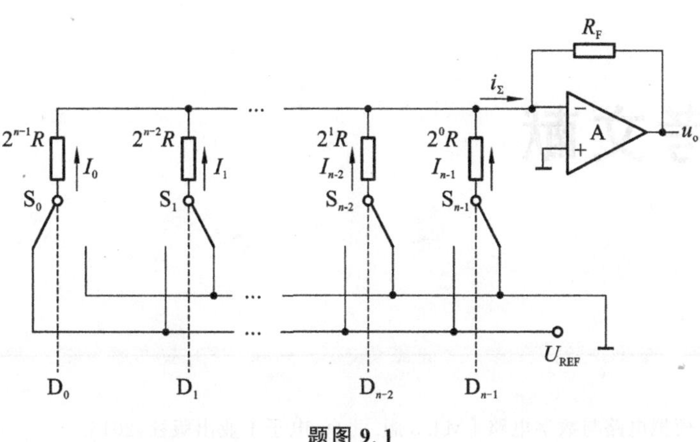

题图 9.1

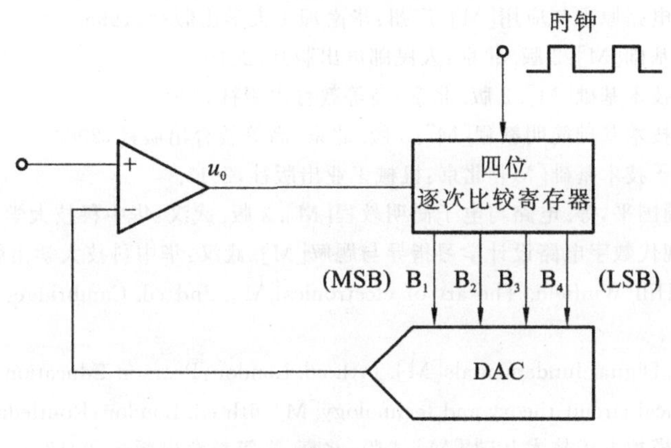

题图 9.2

时钟脉冲，并在定压积分时最大计数要代表最大的模拟输入 1.999 V，求参考电压为多少？若 $f_{CP}=50$ kHz，积分电容 $C=0.1\ \mu$F，电阻 $R=100$ kΩ，请求出和画出当输入为 1.999 V 时的积分器输出值和输出波形图。

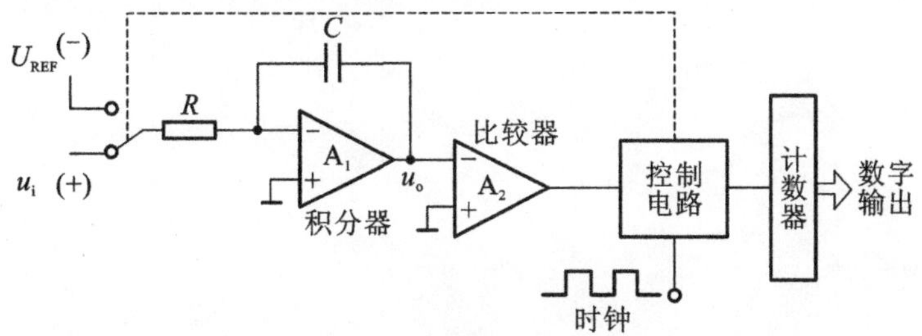

题图 9.3

5. 逐次比较型 A/D 转换器中的 10 位 D/A 转换器的 $u_{o(max)}=12.2106$ V，CP 的频率 $f_{CP}=500$ kHz。

(1) 若输入 $u_i=4.32$ V，则转换后输出状态 $D=Q_9Q_8\cdots Q_0$ 是什么？

(2) 完成转换所需要的时间 T 为多少？

参考文献

[1] 寇戈,蒋立平.模拟电路与数字电路 [M].3 版.北京:电子工业出版社,2015.
[2] 康华光.电子技术基础 数字部分[M].4 版.北京:高等教育出版社,2014.
[3] 吴运昌.模拟集成电路原理与应用[M].广州:华南理工大学出版社,1995.
[4] 曾令琴.电子技术基础[M].2 版.北京:人民邮电出版社,2010.
[5] 陈大钦.模拟电子技术基础[M].2 版.北京:高等教育出版社,2000.
[6] 杨素行.模拟电子技术基础简明教程[M].3 版.北京:高等教育出版社,2006.
[7] 徐秀平.电工与电子技术基础[M].北京:机械工业出版社,2015.
[8] 王槐斌,吴建国,周国平,等.电路与电子简明教程[M].2 版.武汉:华中科技大学大学出版社,2010.
[9] 朱红卫,曹汉房.现代数字电路设计学习指导与题解[M].武汉:华中科技大学出版社,2008.
[10] Horowitz Paul, Hill Winfield. The art of electronics[M]. 2nd ed. Cambridge: Cambridge University Press, 2001.
[11] Floyd Thomas L. Digital fundamentals[M]. 14th ed. London: Pearson Education Limited, 2014.
[12] Bird John. Electrical circuit theory and technology[M]. 6th ed. London: Routledge, 2014.
[13] 童诗白,华成英.模拟电子技术基础 [M].4 版.北京:高等教育出版社,2012.
[14] 华容茂,左全生,邵晓根.电路与模拟电子技术教程[M].2 版.北京:电子工业出版社,2005.
[15] 秦曾煌.电工学上册 电子技术[M].7 版.北京:高等教育出版社,2009.

附录A 半导体分立器件的命名方法

目前对于半导体器件的命名，国际上没有一个统一的标准，不同国家甚至各制造公司都有自己的一套命名方法。这里主要介绍国产半导体分立器件的命名方法，目前国内也比较常用由美国电子工业协会规定的半导体分立器件命名方法，以及国际电子工业联接协会规定的半导体分立器件命名方法。

1. 我国半导体分立器件的命名方法

我国半导体分立器件的命名方法如附表 A.1 所示。

附表 A.1 我国半导体分立器件的命名方法

第一部分		第二部分		第三部分				第四部分	第五部分
用数字表示器件电极的数目		用汉语拼音字母表示器件的材料和极性		用汉语拼音字母表示器件的类型				用数字表示器件序号	用汉语拼音字母表示规格的区别代号
符号	意义	符号	意义	符号	意义	符号	意义		
2	二极管	A	N 型，锗材料	P	普通管	D	低频大功率管（$f_a<3$ MHz，$P_C\geq1$ W）		
		B	P 型，锗材料	V	微波管	A	高频大功率管（$f_a\geq3$ MHz $P_C\geq1$ W）		
		C	N 型，硅材料	W	稳压管	T	半导体闸流管（可控硅整流器）		
		D	P 型，硅材料	C	参量管	Y	体效应器件		
3	三极管	A	PNP 型，锗材料	Z	整流管	B	雪崩管		
		B	NPN 型，锗材料	L	整流堆	J	阶跃恢复管		
		C	PNP 型，硅材料	S	隧道管	CS	场效应器件		
		D	NPN 型，硅材料	N	阻尼管	BT	半导体特殊器件		
		E	化合物材料	U	光电器件	FH	复合管		
				K	开关管	PIN	PIN 型管		
				X	低频小功率管（$f_a<3$ MHz，$P_C<1$ W）	JG	激光器件		
				G	高频小功率管（$f_a\geq$3MHz $P_C<1$ W）				

举例如下。

(1) 锗材料 PNP 型低频大功率三极管的命名示例如附图 A.1 所示。

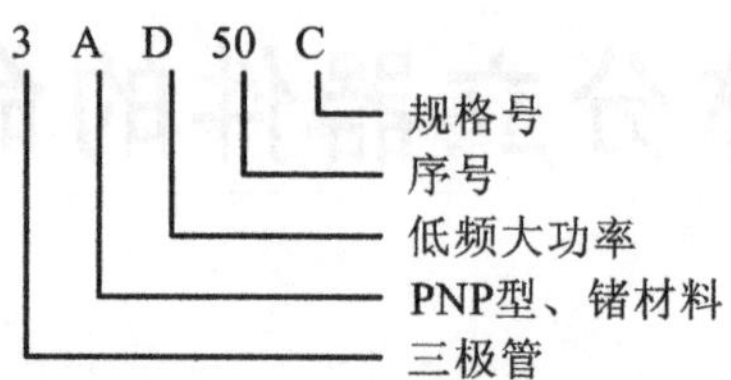

附图 A.1 锗材料 PNP 型低频大功率三极管的命名示例

(2) 硅材料 NPN 型高频小功率三极管的命名示例如附图 A.2 所示。

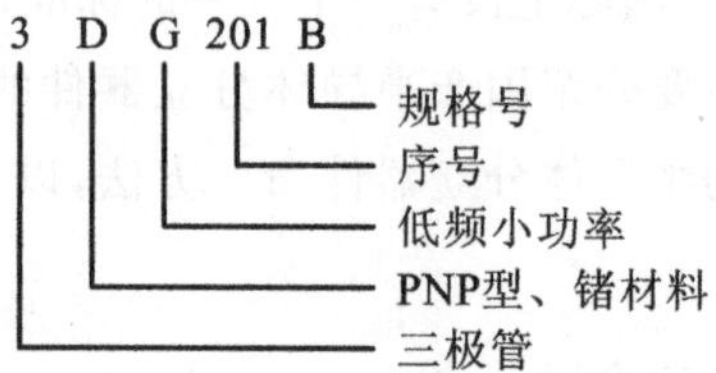

附图 A.2 硅材料 NPN 型高频小功率三极管的命名示例

(3) N 型硅材料稳压二极管的命名示例如附图 A.3 所示。

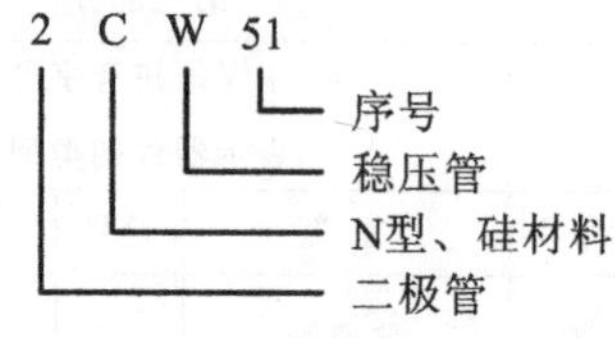

附图 A.3 硅材料 N 型稳压二极管的命名示例

(4) 单结晶体管的命名示例如附图 A.4 所示。

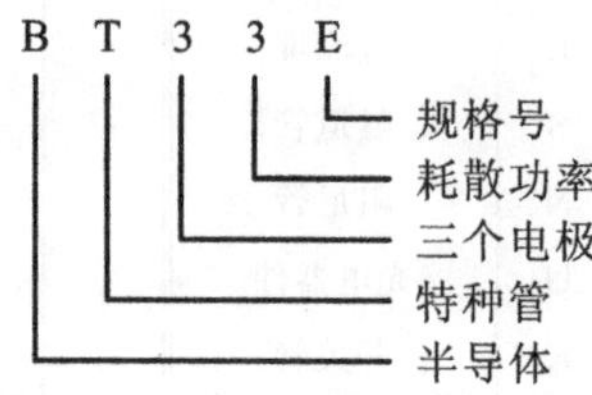

附图 A.4 单结晶体管的命名示例

2. 国际电子工业联接协会半导体分立器件命名方法

国际电子工业联接协会半导体分立器件命名方法如附表 A.2 所示。

附表 A.2　国际电子联合会规定的半导体分立器件命名方法

<table>
<tr><th colspan="2">第一部分</th><th colspan="4">第二部分</th><th colspan="2">第三部分</th><th colspan="2">第四部分</th></tr>
<tr><td colspan="2">用字母表示使用的材料</td><td colspan="4">用字母表示类型及主要特性</td><td colspan="2">用数字或字母加数字表示登记序号</td><td colspan="2">用字母对同一型号者分档</td></tr>
<tr><td>符号</td><td>意义</td><td>符号</td><td>意义</td><td>符号</td><td>意义</td><td>符号</td><td>意义</td><td>符号</td><td>意义</td></tr>
<tr><td rowspan="2">A</td><td rowspan="2">锗材料</td><td>A</td><td>检波、开关和混频二极管</td><td>M</td><td>封闭磁路中的霍尔元件</td><td rowspan="5">三位数字</td><td rowspan="5">通用半导体器件的登记序号(同一类型器件使用同一登记序号)</td><td rowspan="10">A
B
C
D
E
…</td><td rowspan="10">同一型号的器件按某一参数进行分档的标志</td></tr>
<tr><td>B</td><td>变容二极管</td><td>P</td><td>光敏元件</td></tr>
<tr><td rowspan="2">B</td><td rowspan="2">硅材料</td><td>C</td><td>低频小功率三极管</td><td>Q</td><td>发光器件</td></tr>
<tr><td>D</td><td>低频大功率三极管</td><td>R</td><td>小功率可控硅</td></tr>
<tr><td rowspan="2">C</td><td rowspan="2">砷化镓</td><td>E</td><td>隧道二极管</td><td>S</td><td>小功率开关管</td></tr>
<tr><td>F</td><td>高频小功率三极管</td><td>T</td><td>大功率可控硅</td><td rowspan="5">一个字母加两位数字</td><td rowspan="5">专用半导体器件的登记序号(同一类型器件使用同一登记序号)</td></tr>
<tr><td rowspan="2">D</td><td rowspan="2">锑化铟</td><td>G</td><td>复合器件及其他器件</td><td>U</td><td>大功率开关管</td></tr>
<tr><td>H</td><td>磁敏二极管</td><td>X</td><td>倍增二极管</td></tr>
<tr><td rowspan="2">R</td><td rowspan="2">复合材料</td><td>K</td><td>开放磁路中的霍尔元件</td><td>Y</td><td>整流二极管</td></tr>
<tr><td>L</td><td>高频大功率三极管</td><td>Z</td><td>稳压二极管即齐纳二极管</td></tr>
</table>

国际电子工业联接协会半导体分立器件命名示例如附图 A.5 所示。

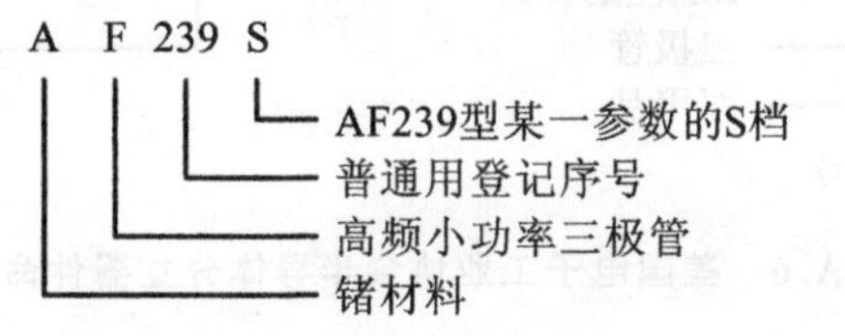

附图 A.5　国际电子工业联接协会半导体分立器件命名示例

国际电子工业联接协会三极管命名方法的特点如下。

(1) 这种命名方法被欧洲许多国家采用。因此，凡型号以两个字母开头，并且第一个字母是 A、B、C、D 或 R 的三极管，大都是欧洲制造的产品，或是按欧洲某一厂家专利生产的产品。

(2) 第一个字母表示材料(A 表示锗管，B 表示硅管)，但不表示极性(NPN 型或 PNP 型)。

(3) 第二个字母表示器件的类别和主要特点。例如，C 表示低频小功率三极管，D 表示低频大功率三极管，F 表示高频小功率三极管，L 表示高频大功率三极管等。若记住了这些字母的意义，不查手册也可以判断出类别。例如，BL49 型，一见便知是硅高频大功率专用三极管。

(4) 第三部分表示登记序号。三位数字者为通用品，一个字母加两位数字者为专用品，登记号相邻的两个型号的特性可能相差很大。例如，AC184 为 PNP 型，而 AC185 则为 NPN 型。

(5) 第四部分字母表示同一型号的器件某一参数(如 h_{FE}或 N_F)进行分档。

(6) 型号中的符号均不反映器件的极性(指 NPN 型或 PNP 型)。极性需查阅手册或通过测量确定。

3. 美国电子工业协会半导体分立器件命名方法

在美国,晶体管或其他半导体分立器件的型号命名法较混乱。这里介绍的是美国晶体管标准命名方法,即美国电子工业协会规定的晶体管分立器件命名方法,如附表 A.3 所示。

附表 A.3　美国电子工业协会半导体分立器件命名方法

第一部分		第二部分		第三部分		第四部分		第五部分	
用符号表示用途的类型		用数字表示PN结的数目		美国电子工业协会注册标志		美国电子工业协会登记序号		用字母表示器件分档	
符号	意义	符号	意义	符号	意义	符号	意义	符号	意义
JAN或J	军用品	1	二极管	N	该器件已在美国电子工业协会注册登记	多位数字	该器件在美国电子工业协会登记的顺序号	A B C D …	同一型号的不同档别
		2	三极管						
无	非军用品	3	三个 PN 结器件						
		n	n 个 PN 结器件						

举例如附图 A.6 所示。

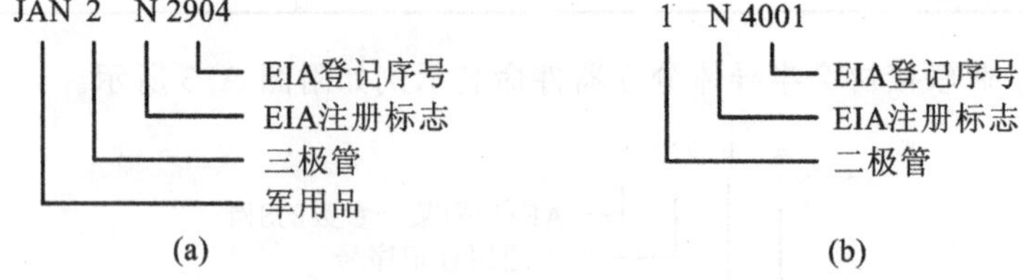

附图 A.6　美国电子工业协会半导体分立器件命名示例

美国电子工业协会半导体分立器件命名方法的特点如下。

(1) 命名方法规定较早,又未做过改进,型号内容很不完备。例如,对于材料、极性、主要特性和类型,在型号中不能反映出来。例如,以 2N 开头的既可能是一般晶体管,也可能是场效应管。因此,仍有一些厂家按自己规定的命名方法命名。

(2) 组成型号的第一部分是前缀,第五部分是后缀,中间的三部分为型号的基本部分。

(3) 除去前缀以外,凡型号以 1N、2N 或 3N 等开头的晶体管分立器件,大都是美国制造的产品,或按美国专利在其他国家制造的产品。

(4) 第四部分数字只表示登记序号,而不含其他意义。因此,序号相邻的两个器件可能特性相差很大。例如,2N3464 为硅材料 NPN 型高频大功率三极管,而 2N3465 为 N 沟道场效应管。

(5) 不同厂家生产的性能基本一致的器件,都使用同一个登记序号。同一型号中某些参数的差异常用后缀字母表示。因此,型号相同的器件可以通用。

(6) 登记序号数大的通常是近期产品。

4. 日本半导体分立器件命名方法

日本半导体分立器件(包括晶体管)或其他国家按日本专利生产的这类器件,都是按日本工业标准(JIS)规定的命名方法命名的。

日本半导体分立器件的型号,由五至七个部分组成。通常只用到前五部分。前五部分符号及其意义如附表 A.4 所示。第六、七部分的符号及其意义通常是由各公司自行规定的。第六部分的符号表示特殊的用途及特性,其常用的符号如下。

M——松下公司用来表示该器件符合日本防卫省海上自卫队参谋部有关标准登记的产品。

N——松下公司用来表示该器件符合日本放送协会(NHK)有关标准的登记产品。

Z——松下公司用来表示专用通信用的可靠性高的器件。

H——日立公司用来表示专为通信用的可靠性高的器件。

K——日立公司用来表示专为通信用的塑料外壳的可靠性高的器件。

T——日立公司用来表示收发报机用的推荐产品。

G——东芝公司用来表示专为通信用的设备制造的器件。

S——三洋公司用来表示专为通信设备制造的器件。

第七部分的符号常被用来作为器件某个参数的分档标志。例如,三菱公司常用 R、G、Y 等字母,日立公司常用 A、B、C、D 等字母,作为直流放大系数 h_{FE} 的分档标志。

附表 A.4　日本半导体分立器件命名方法

第一部分		第二部分		第三部分		第四部分		第五部分	
用数字表示类型和有效电极数		S表示在日本电子工业协会注册的产品		用字母表示器件的极性及类型		用数字表示在日本电子工业协会登记的顺序号		用字母表示对原来型号的改进产品	
符号	意义	符号	意义	符号	意义	符号	意义	符号	意义
0	光电(即光敏)二极管、晶体管及其组合管	S	表示已在日本电子工业协会(EIAJ)注册登记的半导体分立器件	A	PNP 型高频管	四位以上的数字	从 11 开始,表示在日本电子工业协会注册登记的顺序号,不同公司性能相同的器件可以使用同一顺序号,其数字越大产品越新	A B C D E F …	用字母表示对原来型号的改进产品
				B	PNP 型低频管				
1	二极管			C	NPN 型高频管				
				D	NPN 型低频管				
2	三极管、具有两个以上 PN 结的其他晶体管			F	P 控制极可控硅				
				G	N 控制极可控硅				
				H	N 基极单结晶体管				
3 … …	具有四个有效电极或具有三个 PN结的晶体管			J	P 沟道场效应管				
				K	N 沟道场效应管				
				M	双向可控硅				
n−1	具有 n 个有效电极或具有 $n-1$ 个PN结的晶体管								

举例如下。

(1) 日本收音机中常用的中频放大管的命名示例如附图 A.7 所示。

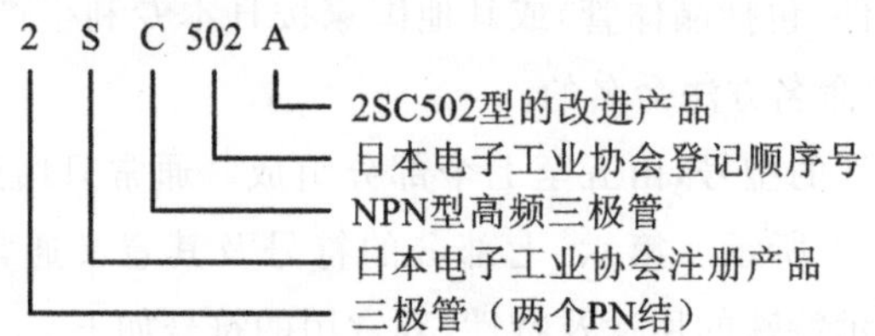

附图 A.7 日本收音机中常用的中频放大管的命名示例

(2) 日本夏普公司 GF-9494 收录机用小功率管的命名示例如附图 A.8 所示。

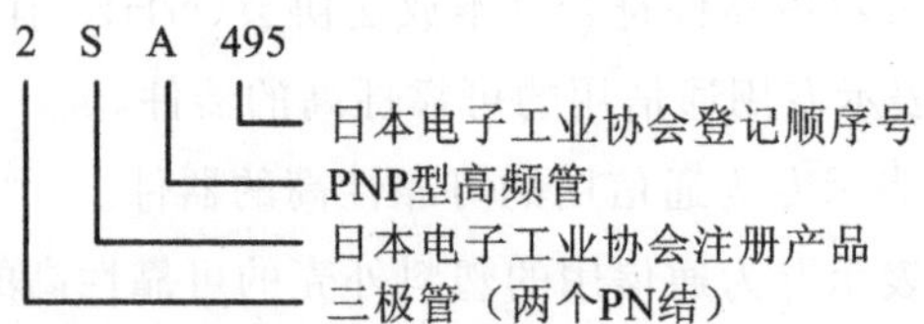

附图 A.8 日本夏普公司 GF-9494 收录机用小功率管的命名示例

日本半导体分立器件命名方法有以下特点。

(1) 型号中的第一部分是数字，表示器件的类型和有效电极数。例如，用“1”表示二极管，用“2”表示三极管。注意，屏蔽用的接地电极不是有效电极。

(2) 第二部分均为字母 S，表示日本电子工业协会注册产品，而不表示材料和极性。

(3) 第三部分表示极性和类型。例如，用 A 表示 PNP 型高频管，用 J 表示 P 沟道场效应管。但是，第三部分既不表示材料，也不表示功率的大小。

(4) 第四部分只表示在日本电子工业协会注册登记的顺序号，并不反映器件的性能，顺序号相邻的两个器件的某一性能可能相差很远。例如，2SC2680 型的最大额定耗散功率为 200 mW，而 2SC2681 的最大额定耗散功率为 100 W。但是，登记的顺序号能反映产品生产时间的先后。登记顺序号的数字越大，产品越新。

(5) 第六、七部分的符号和意义，各公司不完全相同。

(6) 日本有些半导体分立器件的外壳上标记的型号，常采用简化标记的方法，即把 2S 省略。例如，2SD764 简化为 D764，2SC502A 简化为 C502A。

(7) 在低频管(2SB 和 2SD 型)中，也有工作频率很高的管子。例如，2SD355 的特征频率 f_T 为 100 MHz，所以，它们也可当高频管用。

(8) 日本通常把 $P_{cm} \geqslant 1$ W 的管子称作大功率管。

附录B 集成电路基础知识

集成电路(IC,即通常所说的芯片)是指以半导体材料为基片,采用专门的工艺技术将元器件和连接线集成在基片之上,集信息处理、存储、传输于一体的电路或系统。集成电路被誉为20世纪世界最伟大20项工程技术之一,已成为当代各行各业智能工作的基石。

集成电路规模的划分目前在国际尚无严格、确切的标准,人们一般将芯片上所含逻辑门电路或晶体管的个数(集成度)作为划分标志,将集成电路分为小规模集成电路(SSI)、中规模集成电路(MSI)、大规模集成电路(LSI)、甚大规模集成电路(VLSI)、超大规模集成电路(ULSL)和巨大规模集成电路(GSI),如附表B.1所示。

附表 B.1　划分集成电路的标准

类　　别	数字集成电路的个数/个	模拟集成电路的个数/个
SSI	$<10^2$	<50
MSI	$10^2\sim10^3$	50～100
LSI	$10^3\sim10^5$	100～300
VLSI	$10^5\sim10^7$	>300
ULSI	$10^7\sim10^9$	
GSI	$>10^9$	

集成电路要经过复杂的工序才能生产出来,这些工序包括把很薄的硅晶片分层,精确地上涂料,把计算机上设计出来的电路图用光照到金属薄膜上,制造出掩膜,在不同的区域蚀刻形成微部件。该过程涉及的IC基本概念如下。

1. 晶圆(片)

硅棒是生产单晶硅片的原材料,由普通硅沙提纯、拉制而成。把硅棒切成一片一片厚度近似相等的薄薄的圆片,对其进行修整至合适直径,称为切割晶圆。直径越大的圆片,所能刻制的集成电路越多,芯片的成本就越低,但材料技术和生产技术要求会越高。晶圆按其直径分为4英寸、5英寸、6英寸、8英寸等规格,近来已研制出12英寸甚至更大规格。

2. 流片

像流水线一样通过一系列工艺步骤制造芯片,称为流片。现在,为了检查集成电路设计是否成功，也需要进行流片检验，即检验从电路图到芯片的每一个工艺步骤、性能和功能是否达到要求。如果流片合格，就可以大规模地生产；否则，需要进行相应的优化设计。

3. 光刻

光刻是IC生产的主要工艺手段，指用光技术在晶圆上刻蚀电路。

4. 封装

封装是指把硅片上的电路管脚用导线接引到外部接头处，以便与其他器件连接。

5. 线宽

线宽是指IC生产工艺可达到的最小线条宽度。集成电路技术的发展体现在设计线宽的不断缩小上。线宽越小，集成度就越高，在同一面积上，就能集成更多的电路单元。

附录C 常见芯片的引脚图

常见芯片的引脚图如附图 C.1～附图 C.15 所示。

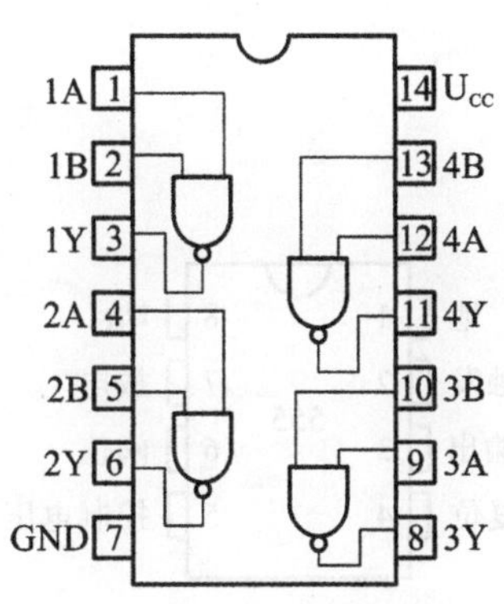

附图 C.1 四路两输入与非门 74HC00 引脚图

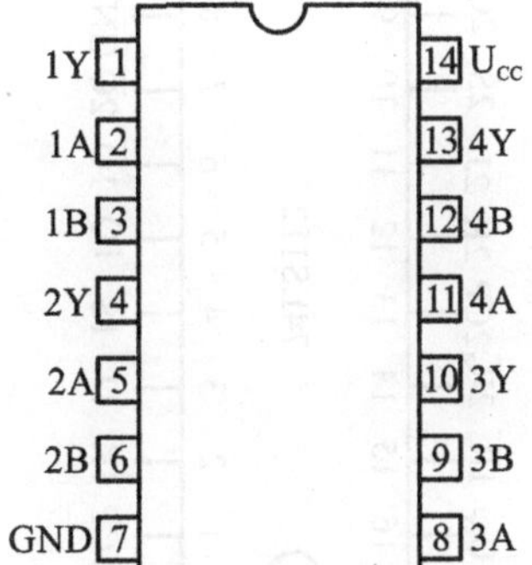

附图 C.2 四路两输入与非门 74HC02 引脚图

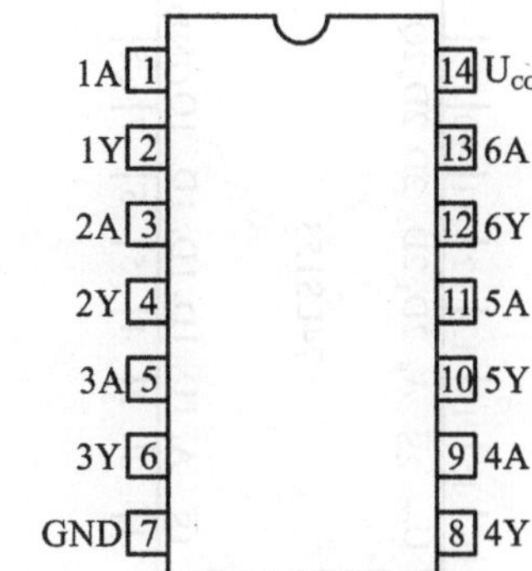

附图 C.3 六反相器 74HC04 引脚图

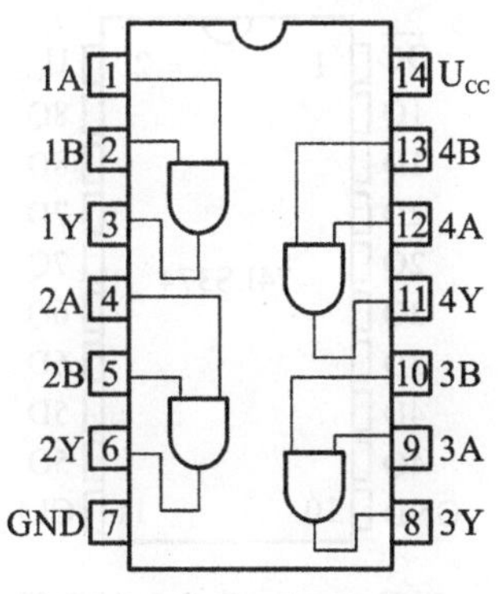

附图 C.4 四路两输入与门 74HC08 引脚图

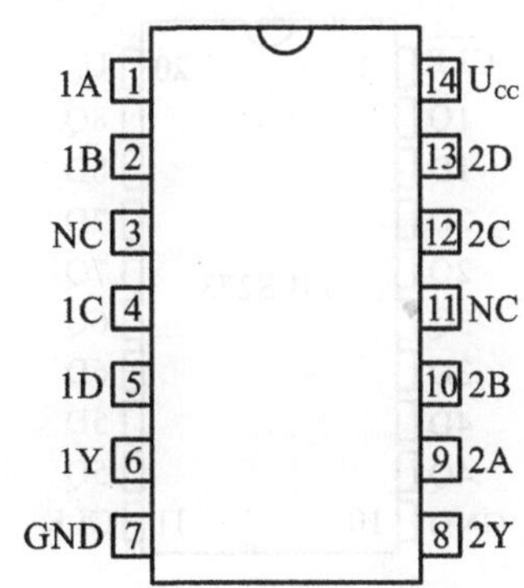

附图 C.5 四路两输入或非门 74HC20 引脚图

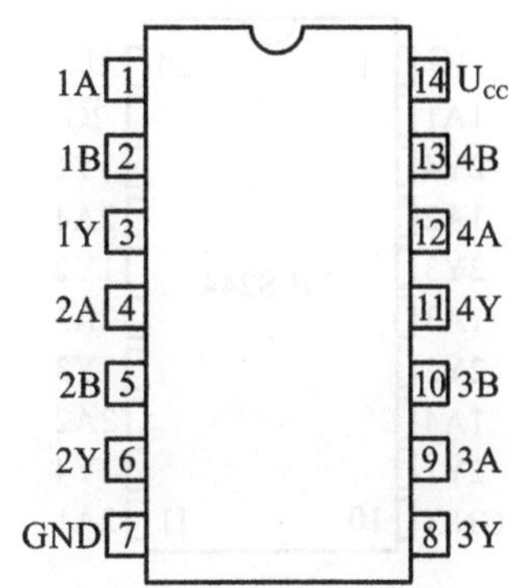

附图 C.6 四路两输入或门 74HC32 引脚图

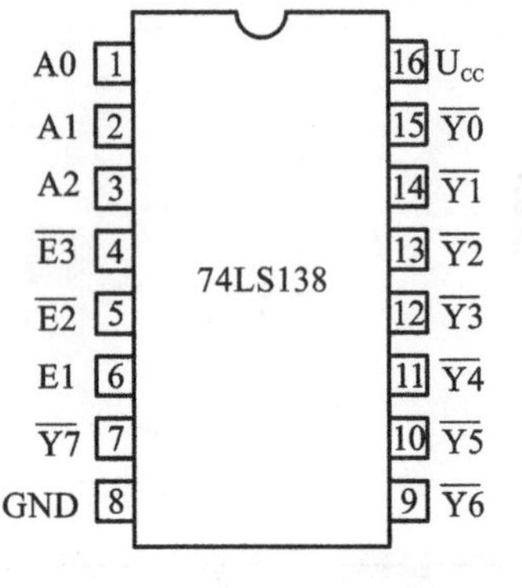

附图 C.7　3 线-8 线译码器 74LS138 引脚图

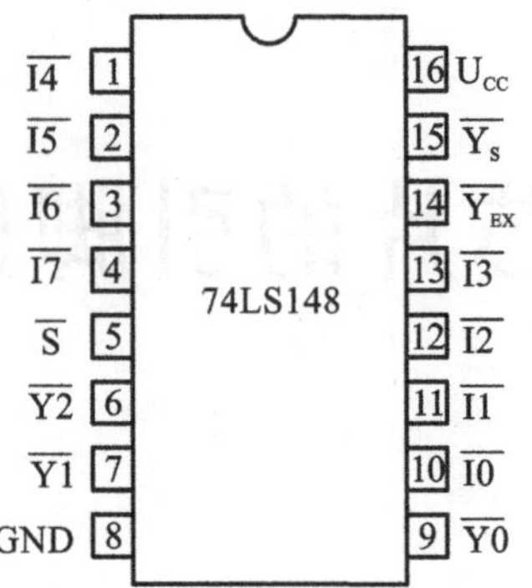

附图 C.8　优先编码器 74LS148 引脚图

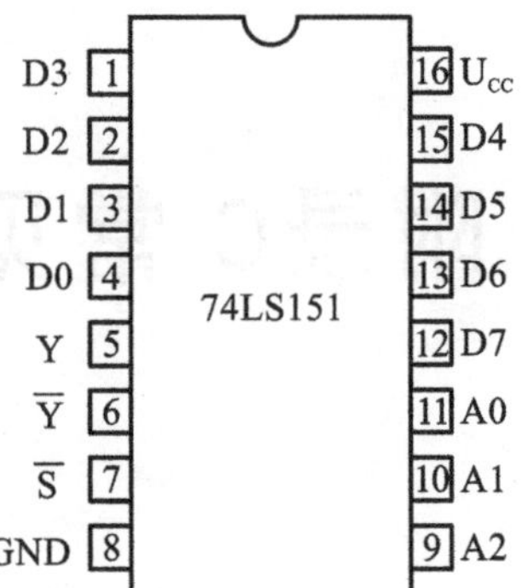

附图 C.9　数据选择器 74LS151 引脚图

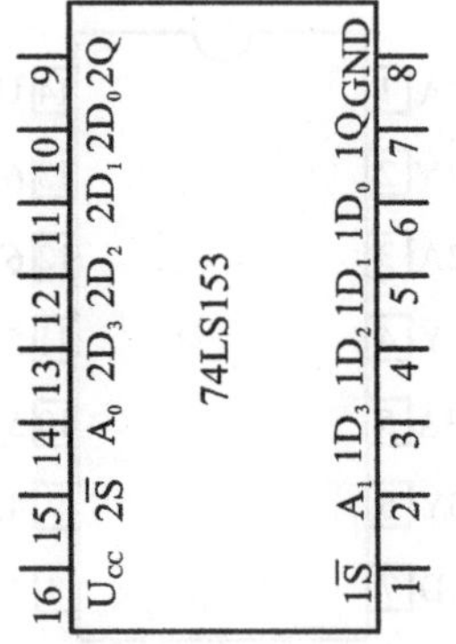

附图 C.10　双四选一数据选择器 74LS153 引脚图

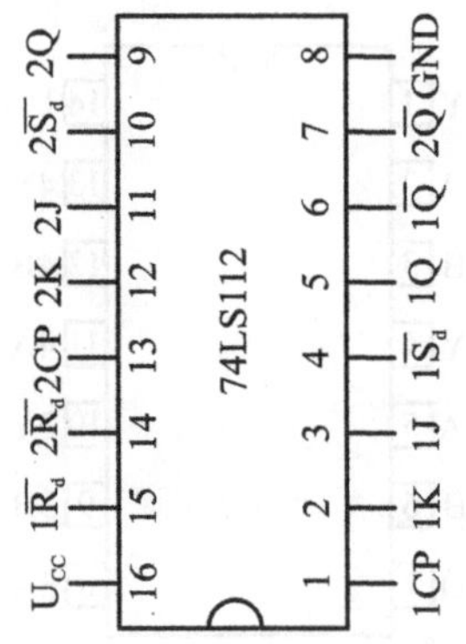

附图 C.11　双 JK 触发器 74LS112 引脚图

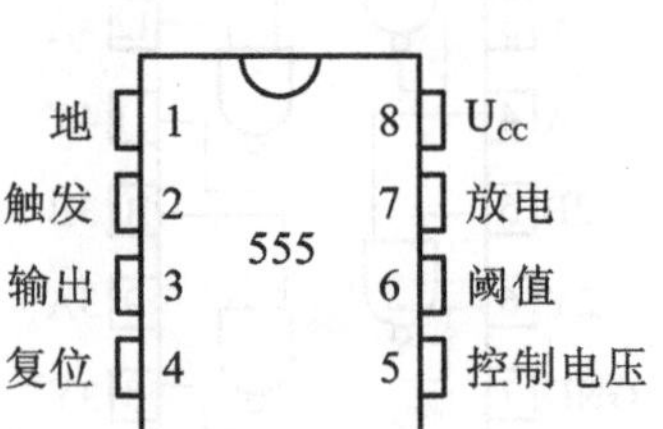

附图 C.12　555 定时器引脚图

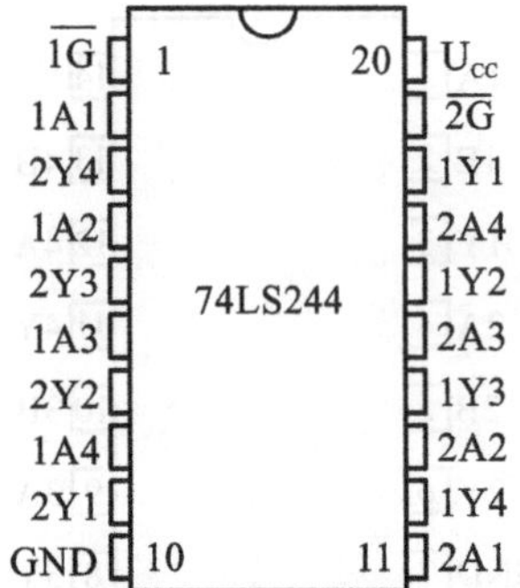

附图 C.13　八路正相缓冲器 74LS244 引脚图

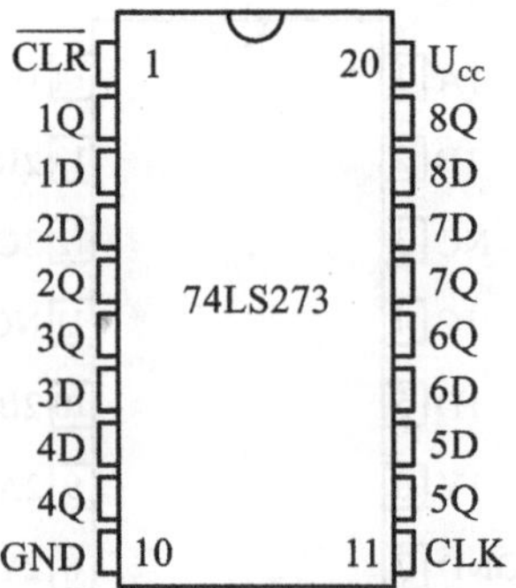

附图 C.14　八位数据锁存器 74LS273 引脚图

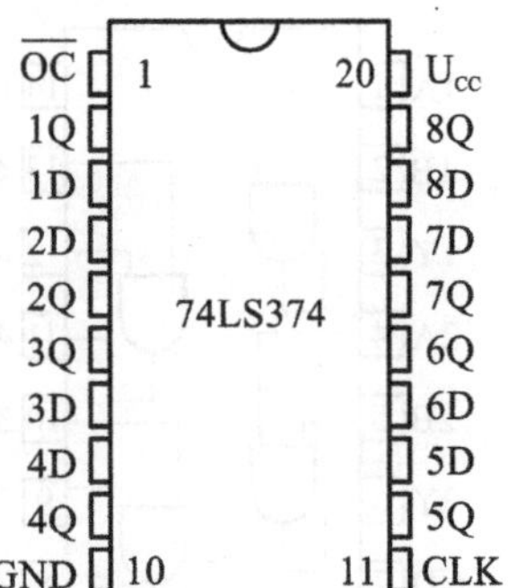

附图 C.15　八路 D 触发器 74LS374 引脚图